“十三五”国家重点出版物出版规划项目
现代机械工程系列精品教材

工程热力学

第2版

主编　傅秦生
参编　尹建国　王　苗
主审　史　琳

机 械 工 业 出 版 社

本书按学科体系进行内容编排，全书分为四篇：第一篇基本概念和基本定律、第二篇工质的热力性质和热力过程、第三篇工程应用、第四篇化学热力学基础。书中配有较丰富的实际热工转换设备图和循环流程图，以及相应的与工程实际相结合的例题，各章设有本章小结、思考题和习题，并附有参考答案。

本书适用于高等学校能源动力类、航空航天类、化工与制药类、建筑类、核工程类和交通运输类等专业，也可供相关工程技术人员参考。

图书在版编目（CIP）数据

工程热力学/傅秦生主编. —2版. —北京：机械工业出版社，2020.1（2025.1重印）
“十三五”国家重点出版物出版规划项目　现代机械工程系列精品教材
ISBN 978-7-111-64559-7

Ⅰ.①工…　Ⅱ.①傅…　Ⅲ.①工程热力学-高等学校-教材　Ⅳ.①TK123

中国版本图书馆CIP数据核字（2019）第299265号

机械工业出版社（北京市百万庄大街22号　邮政编码100037）
策划编辑：蔡开颖　尹法欣　　责任编辑：蔡开颖　段晓雅
责任校对：杜雨霏　封面设计：张　静
责任印制：单爱军
保定市中画美凯印刷有限公司印刷
2025年1月第2版第7次印刷
184mm×260mm · 18.5印张 · 465千字
标准书号：ISBN 978-7-111-64559-7
定价：49.80元

电话服务　　网络服务
客服电话：010-88361066　机　工　官　网：www.cmpbook.com
010-88379833　机　工　官　博：weibo.com/cmp1952
010-68326294　金　书　网：www.golden-book.com
封底无防伪标均为盗版　机工教育服务网：www.cmpedu.com

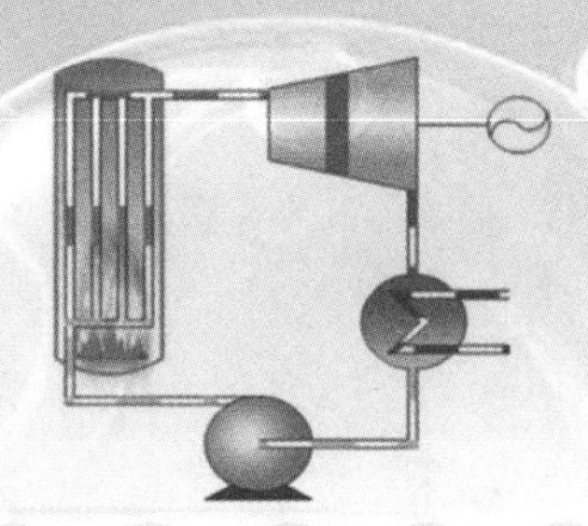

第 2 版前言

本书自 2012 年第 1 版出版以来，受到广大师生的肯定与欢迎，被国内许多高等院校选为教材。

为了适应新时代高等教育事业的发展，本书保持了第 1 版的特色，即仍按学科体系进行内容编排，使之既有系统性、理论性，又循序渐进和深入浅出，且娓娓道来，叙述流畅。全书分为四篇：第一篇基本概念和基本定律、第二篇工质的热力性质和热力过程、第三篇工程应用、第四篇化学热力学基础。各章设有本章小结、思考题和习题。为了帮助学生更好地掌握所学内容，提高学生分析问题和解决问题的能力，适应新时代节能减排的需要，本书适当增加了一些典型例题、思考题和习题。另外，为便于学生更好地学习，本书删除了一些抽象难懂又非教学基本要求的内容，并在章后增加了习题的参考答案，扫描二维码即可查看。

本书由西安交通大学傅秦生主编，参加编写的有：傅秦生（绪论、第一章、第二章、第三章、第十一章、第十二章），太原理工大学尹建国（第四章、第五章、第六章、第七章、第八章、第九章）和西安交通大学城市学院王苗（第十章、第十三章、第十四章）。清华大学的史琳教授审阅了本书，她的宝贵意见对提高本书质量起到了极大的作用，编者深表谢意！编者对西安交通大学能源与动力工程学院、太原理工大学和西安交通大学城市学院的老师在编写过程中给予的支持与帮助表示衷心的感谢！

本书配有电子课件，向授课教师免费提供，需要者可登录机工教育服务网（www.cmpedu.com）下载。

由于编者水平有限，书中难免有错误和不妥之处，敬请广大师生批评指正。

编　者

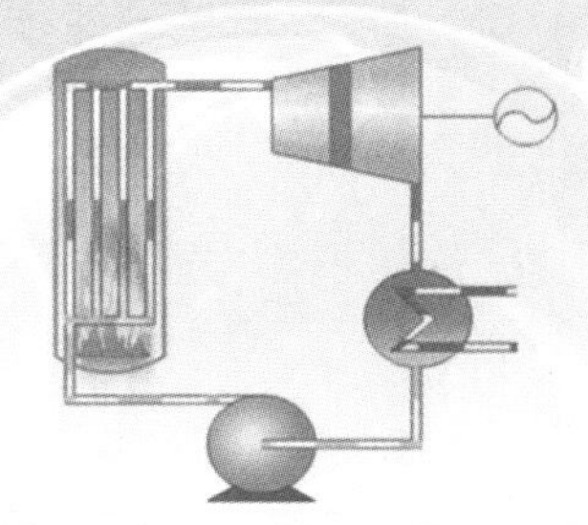

第 1 版前言

本书是根据《高等学校工科本科工程热力学课程教学基本要求》编写的，适用于高等学校能源动力类、航空航天类、化工与制药类、建筑工程类、核工程类和交通运输类等专业。通过本课程的学习，学生能对涉及热能的间接利用、节能降耗等的工程热力学问题全面理解、融会贯通，以解决有关工程实际问题并为专业课学习奠定基础。本书涉及的内容较广，适用面较宽，所配的较为丰富的实际热工转换设备图和循环流程图以及相应的结合工程实际的例题、习题，都有利于学生工程实践观念的增强和实践能力的提高，因此本书特别适用于高素质应用型本科人才的培养。本书按学科体系进行内容编排，既注意到系统性、理论性，又循序渐进和深入浅出，且叙述流畅、推导清晰。全书共分为四篇：第一篇阐述工程热力学的基本概念和基本定律，奠定全课程的理论基础；第二篇研究热能和机械能相互转换所凭借的物质——工质的热力性质和热力过程，它们是能量转换的内部条件和外部条件；第三篇讨论了工程热力学基础理论和基本知识在工程当中的应用，包括工程热力过程和热力循环；第四篇对热能和机械能转换所涉及的燃烧等化学热力学问题，应用热力学基本定律进行了分析。为了帮助学生更好地掌握所学内容，每一章都有本章小结和思考题。书中的典型例题不但考虑了能源动力各专业及相关专业不同层次的需要，而且取材广泛、实用，注重学生分析问题和解决问题能力的培养，尤其是解决实际工程问题的能力。大部分例题后的讨论不仅可以启发读者的思维，而且常有画龙点睛的作用。

本书由傅秦生教授主编，诸文俊教授参编。清华大学的史琳教授审阅了本书，她的宝贵意见对提高本书质量起到了极大的作用，编者深表谢意！同时对西安交通大学的老师在编写过程中给予的支持与帮助表示衷心的感谢！

本书配有电子课件，向授课教师免费提供，需要者可登录机工教育服务网（www.cmpedu.com）下载。

由于编者水平有限，书中难免有错误和不妥之处，敬请广大师生批评指正。

编　者

主要物理量符号表

A	面积
$A_{n,Q}$	热量无效能
$a_{n,Q}$	比热量无效能
C	热容
C_m	摩尔热容
$C_{p,m}$	摩尔定压热容
$C_{V,m}$	摩尔定容热容
COP	工作性能系数
c	流速，比热容
c_a	声速
c_p	比定压热容
c_V	比定容热容
D	过热度
d	含湿量，直径
E	总储存能（总能量）
$E_{x,Q}$	热量有效能
e	比储存能
$e_{x,Q}$	比热量有效能
F	力，亥姆霍兹函数
f	比亥姆霍兹函数
G	吉布斯函数
g	重力加速度，比吉布斯函数
H	焓
H_m	摩尔焓
h	比焓
I	有效能损失（㶲损失）
K_c	以浓度表示的化学平衡常数
K_p	以分压力表示的化学平衡常数
k	玻耳兹曼常数
L	长度
M	摩尔质量
Ma	马赫数
M_{eq}	折合（平均）摩尔质量
M_r	相对分子质量
m	质量
n	多变指数，物质的量
P	功率
p	绝对压力
p_b	大气压力，背压
p_g	表压力
p_i	分压力
p_s	饱和压力
p_v	真空度，湿空气中水蒸气分压力
Q	热量
q	比热量
q_m	质量流量
q_V	体积流量
R	摩尔气体常数
R_g	气体常数
$R_{g,eq}$	折合（平均）气体常数
r	半径，汽化热
S	熵
s	比熵
T	热力学温度
T_0，t_0	环境（大气）温度
T_d，t_d	露点温度
T_s，t_s	饱和温度
T_i	转回温度
t	摄氏温度
t_w	湿球温度
U	热力学能
u	比热力学能
V	体积
V_i	分体积
V_m	摩尔体积
v	比体积
W	体积变化功（膨胀功）
W_0	净功

W_C	压气机耗功
W_f	流动功
W_{sh}	轴功
W_t	技术功
W_{tot}	总功
w	比体积变化功（比膨胀功）
w_0	比净功
w_f	比流动功
w_{sh}	比轴功
w_t	比技术功
w_{tot}	比总功
w_i	质量分数
x	干度，笛卡儿坐标
x_i	摩尔分数
y	笛卡儿坐标
Z	压缩因子
z	高度，笛卡儿坐标
α	回热抽汽量
α_V	体膨胀系数
γ	比热比
ΔH_c^0	标准燃烧焓
ΔH_f^0	标准生成焓
ε	制冷系数，压缩比，相对偏差
ε'	供热（供暖）系数
ζ	能量损失系数，余隙容积比
η	效率
η_c	卡诺循环热效率，卡诺因子
$\eta_{C,s}$	压气机绝热效率
η_N	喷管效率
η_T	汽轮机、燃气轮机相对内效率
η_t	动力循环热效率
κ	等熵指数
κ_T	等温压缩率
λ	升压比
μ	化学势
μ_J	焦耳-汤姆逊系数（节流微分效应）
ν	化学计量系数
ν_{cr}	临界压比
ξ	能源消费弹性系数，能量利用系数
π	增压比
ρ	密度，预胀比
σ	回热度
τ	时间，增温比
φ	相对湿度，速度系数
φ_i	体积分数

主要下标

a	干空气参数
ad	绝热系
B	锅炉
b	大气
C	压气机
c	卡诺循环，冷凝
cr	临界状态参数，临界流动状况参数
f	流体，流动，（熵）流，液体参数
g	气体的参数，（熵）产
H	高温（热源）的
HR	热源（高温热源）
i，j，k	序号
iso	孤立系
k	动能
L	低温（热源）的
LR	冷源（低温热源）
m	平均，机械
max	最大
min	最小
opt	最佳
p	位能，水泵
p	定压过程物理量
re	可逆
s	定熵过程物理量
s	饱和状态
T	汽轮机，燃气轮机
T	定温过程物理量
v	真空，水蒸气的参数
V	定容过程物理量
w	水，湿球温度
0	环境参数，滞止参数，标准状态

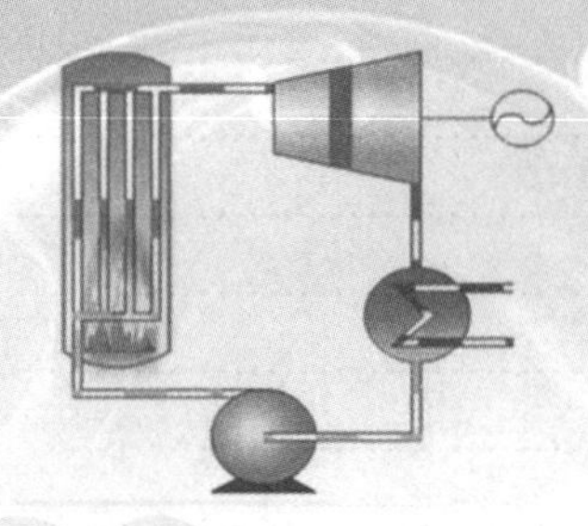

目录

第二篇 工质的热力性质和热力过程

第三篇　工程应用

第四篇 化学热力学基础

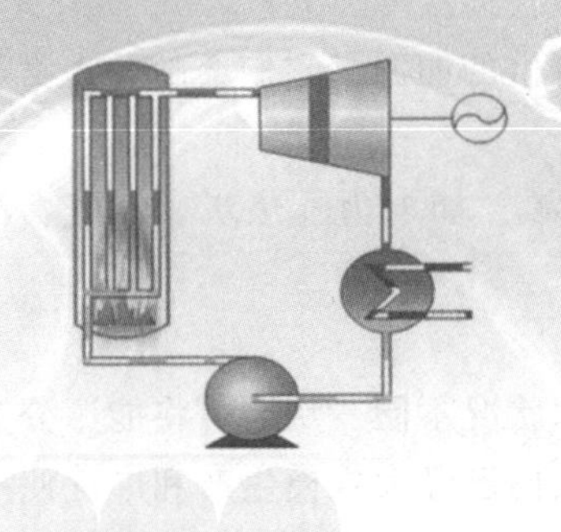

绪　论

第一节　自然界的能源及其利用

翻开人类的发展史，不难看到人类社会的发展与人类对能源的开发、利用息息相关。能源的开发和利用水平是衡量社会生产力和社会物质文明的重要标志，而且关系着社会可持续发展和社会精神文明建设。

了解和掌握能源的基本知识，不但对能源动力类的专业人才来说是必需的，而且对于机械、材料、建筑环境、力学、工业企业管理和科技外语等专业的人才培养和未来发展也是不可缺少的。尤其在21世纪，为培养和造就复合型人才和全面提高各类人才的科学素质，掌握能源知识是十分必要的。

一、能源及其分类

所谓能源是指可向人类提供各种能量和动力的物质资源。迄今为止，由自然界提供的能源有：水能、风能、太阳能、地热能、燃料的化学能、核能、海洋能以及其他一些形式的能量。能源可以根据来源、形态、使用程度和技术、污染程度以及性质等进行分类。

1. 按来源分

根据来源，能源大致可分为三类：第一类是来自地球以外的太阳辐射能，除了直接的太阳能外，煤、石油、天然气以及生物能、水能、风能和海洋能也都间接地来源于太阳能；第二类是来自地球本身的能量，一种是以热能形式储存于地球内部的地热能（如地下蒸汽、热水和干热岩体），另一种是地球上的铀、钍等核燃料所具有的能量，即核能；第三类则是来自月球和太阳等天体对地球的引力，而以月球引力为主，如海洋的潮汐能。

2. 按形态分

能源可按其有无加工、转换分为一次能源和二次能源。一次能源是自然界现成存在、可直接取得而未改变其基本形态的能源，如煤、石油、天然气、水能、风能、海洋能、地热能和生物能等。一次能源又可根据能否再生分为可再生能源和非再生能源。可再生能源是指那些可以连续再生、不会因使用而逐渐减少的能源，它们大都直接或间接来自太阳，如太阳

能、水能、风能、地热能等；非再生能源是指那些不能循环再生的能源，它们会随着人类不断地使用而逐渐减少，如煤、石油、天然气和核燃料等。

由一次能源经过加工转换成另一形态的能源称为二次能源，如电力、焦炭、煤气、沼气、氢气、高温蒸汽、汽油和柴油等各种石油制品。

3. 按使用程度和技术分

在不同历史时期和不同科技水平条件下，能源使用的技术状况不同，从而可将能源分为常规能源和新能源。常规能源是指那些在现有技术条件下，人们已经大规模生产和广泛使用的能源，如煤、石油、天然气和水能等。新能源是指目前科技水平条件下尚未大规模利用或尚在研究开发阶段的能源，如太阳能、地热能、潮汐能、生物能、风能和核能等。常规能源与新能源的分类是相对的。常规能源与新能源的分类是相对的。例如，在我国、俄罗斯和发达的西方国家，应用核裂变作为动力和发电已经成为成熟技术，并得到广泛应用，因此核能基本已成为常规能源。然而，如果考虑和平利用核聚变作为能源，则无论在我国还是在工业发达国家都有大量技术问题要解决，从这个意义上讲，核能仍被视为新能源。从广义而言，在核科学和工程领域仍认为核能属于新能源。即使是一般意义上的常规能源，当研究利用新的技术进行开发时又可被视为新能源。如磁流体发电，利用的燃料仍是常规的煤、石油和天然气等，和常规火电厂不同的是将气体加热成高温等离子体后通过强磁场直接发电，此时的常规燃料又是新能源。又如风能和沼气亦是如此。

4. 按污染程度分

按对环境的污染程度，能源又可分为清洁能源和非清洁能源。无污染或污染很小的能源称为清洁能源，如太阳能、风能、水能、氢能和海洋能等。对环境污染大或较大的能源称为非清洁能源，如煤和石油等。

5. 按性质分

按能源本身性质可分为含能体能源和过程性能源。含能体能源是指集中储存能量的含能物质，如煤、石油、天然气和核燃料等。而过程性能源是指物质在运动过程中产生和提供的能源，这种能源无法储存并随着物质运动过程的结束而消失，如水能、风能和潮汐能等。

还有一些其他分类方法和基准。但对于能源工作者而言，更多的是采用一次能源和二次能源的概念，着眼于一次能源的开发和利用，并按常规能源和新能源进行研究，这样的分类见表 0-1。

表 0-1 能源分类

类　别	常规能源	新　能　源
一次能源	煤、石油、天然气、水能等	核能、太阳能、风能、地热能、海洋能、生物能等
二次能源	煤气、焦炭、汽油、柴油、液化石油气、电力、蒸汽等	沼气、氢能等

二、能源的利用与社会的发展

从能源利用的观点看，人类社会发展经历了三个不同的能源时期，而这三个不同的能源时期都与人类社会生产力的发展密切地联系在一起。这三个时期是：薪柴时期、煤炭时期和石油时期。

古人类从“钻木取火”开始，就开启了能源利用的第一个时期——薪柴时期。在这一时期，人类以薪柴、秸秆和部分动物的排泄物作为燃料，用于制作熟食和取暖。恰恰是食用熟食，才使人类自身进化有了长足的发展。在这个时期，人类除了利用薪柴等作为能源进行食物加工、取暖和生产（陶瓷加工和冶炼金属等）外，同时以人力、畜力以及一小部分风力和水力作为动力，从事一些生产活动。由于以薪柴等生物质燃料为主要能源，能源使用水平低下，因而社会生产力和人类生活的水平都很低，社会发展缓慢。能源的结构和利用长期得不到根本性的变革，从而使薪柴时期延续了相当长的时间。在我国可以说从远古时代一直到清王朝的几千年都属于这一时期。

18 世纪工业革命开创了以煤炭作为主要能源的第二个时期——煤炭时期。在这一时期，蒸汽机成为生产的主要动力，从而促进了工业迅速发展，劳动生产力得到了极大解放，生产水平有了显著提高。特别是在 19 世纪后期出现了电能，由于它具有易于传输，能方便地转变为光能、热能和机械能的特点，因此电能的应用突飞猛进，并进入到社会的各个领域。电动机代替蒸汽机成为工矿企业的基本动力，电灯代替油灯和蜡烛成为生产和生活照明的主要光源，社会生产力有了大幅度的提高。随着各种电器的出现，人们的物质和精神文明生活也有了极大提高，从根本上改变了人类社会的面貌。

石油资源的发现和开发开创了能源利用的新时代。尤其是 20 世纪 50 年代，人们在美国、中东和北非等地区相继发现了巨大的油田和气田后，工业发达国家很快从以煤炭作为主要能源转换到以石油、天然气作为主要能源，开启了人类能源历史的第三个时期——石油时期。到 20 世纪 50 年代中期，世界石油和天然气的消费超过了煤炭，石油和天然气成为世界能源的主力。这是继薪柴向煤炭转换后能源结构变化上的又一里程碑。随着石油、天然气的开发利用和内燃机械的快速发展，汽车、飞机、内燃机车和远洋客货轮这些以石油制品为能源动力的交通工具也迅猛发展，不但缩短了地区和国家间的距离，也促进了世界经济的发展和繁荣。近 60 年来，世界上许多国家依靠石油、天然气以及蓬勃发展的电力，创造了人类历史上空前的物质文明。

进入 21 世纪，随着可控热核反应的实现，核能将成为世界能源的重要角色，同时随着煤炭清洁化技术的开发和利用，一个清洁能源的时代也将随之而来，并将迎来又一个能源变革新时代。世界将变得更加繁荣，人类生产和生活水平将会得到更大的提高。

从人类所经历的三个能源时期不难看出，能源和人类历史发展有着密切联系。

能源的开发和利用，不但推动着社会生产力发展和社会历史的进程，而且与国民经济发展的关系密切。首先，能源是现代生产的动力来源，无论是现代工业还是现代农业都离不开能源动力。现代化生产是建立在机械化、电气化和自动化基础上的高效生产，所有生产过程都与能源的消费同时进行着。例如：工业生产中，各种锅炉和窑炉要用煤、石油和天然气；钢铁和有色金属冶炼要用焦炭和电力；交通运输需要各种石油制品和电力。现代农业生产的耕种、灌溉、收获、烘干和运输、加工等都需要消耗能源。现代国防也需大量的电力和石油。其次，能源还是珍贵的化工原料。以石油为例，除了能提炼出汽油、柴油和润滑油等石油产品外，对它们进一步加工可取得 5000 多种有机合成原料。有机化学工业的 8 种基本原料，即乙烯、丙烯、丁二烯、苯、甲苯、二甲苯、乙炔和萘，主要来自石油。这些原料经过加工，便可得到塑料、合成纤维、化肥、染料、医药、农药和香料等多种多样的工业制品。

此外，煤炭、天然气等也是重要的化工原料。

由此可以看出一个国家的国民经济发展与能源开发和利用的依存关系，可以说没有能源就不可能有国民经济的发展。对世界各国经济发展的考察表明，在经济正常发展的情况下，一个国家的国民经济发展与能源消耗增长率之间存在正比例关系。这个比例关系通常用能源消费弹性系数 ξ 表示，即

$$\xi=\frac{\text{能源消费的年增长率}}{\text{国民经济生产总值的年增长率}}$$

表面上看该系数关系简单，其值越小越好，但实际上影响该系数的因素较多，较复杂。一个国家的能源消费弹性系数与该国的国民经济结构，国民经济政策，生产模式，能源利用率，产品质量，原材料消耗、运输，以及人民生活需求等诸多因素有关。尽管各国实际情况不同，但只要处于类似的经济发展阶段，就具有相近的能源消费弹性系数。一般而言，发展中国家的该值大于 1，工业发达国家的该值小于 1。包括我国在内的世界几个主要国家的一次能源消费和经济发展概况见表 0-2。

表 0-2 世界主要国家一次能源消费和经济发展概况

序号	国家	2006 年 GDP[①]/亿美元	2016 年 GDP/亿美元	2006~2016 年 GDP 年增长率(%)	2006 年能源(标准煤)消耗量/万 t	2016 年能源(标准煤)消耗量/万 t	2006~2016 年能源消耗年增长率(%)	2006~2016 年能源消费弹性系数	2016 年人口/万人	2016 年人均能源消费量/kg
1	美国	1.32×10^5	1.80×10^5	2	3330.9×10^2	3246.8×10^2	-0.16	-0.08	32276	10059
2	德国	2.90×10^4	3.36×10^4	0.9	487.6×10^2	460.7×10^2	-0.35	-0.39	7975.8	5776
3	法国	2.25×10^4	2.42×10^4	0.5	373.2×10^2	337×10^2	-0.64	-1.28	6701.9	5028
4	英国	2.38×10^4	2.86×10^4	1.2	323.3×10^2	268.7×10^2	-1.15	-0.96	6504	4131
5	加拿大	1.27×10^4	1.55×10^4	1.2	456.4×10^2	471×10^2	0.20	0.17	3587.3	13130
6	俄罗斯	9.91×10^3	1.33×10^4	1.9	965.9×10^2	962.7×10^2	-0.02	-0.01	14635	6578
7	日本	4.37×10^4	4.38×10^4	0.02	743.4×10^2	636.2×10^2	-0.97	-48.5	12682	5017
8	韩国	8.88×10^3	1.38×10^4	2.8	318.4×10^2	408.9×10^2	1.58	0.56	5046.4	8103
9	中国	2.66×10^4	1.1×10^5	9.3	3007.2×10^2	4562.5×10^2	2.64	0.28	140537.3	3246
10	巴西	1.07×10^4	1.77×10^4	3.2	309.7×10^2	425.4×10^2	2.00	0.63	20529	2072
11	墨西哥	8.40×10^3	1.14×10^4	1.9	247×10^2	266.4×10^2	0.47	0.25	12627	2110
12	阿根廷	2.14×10^3	5.83×10^3	6.5	103.6×10^2	127×10^2	1.28	0.2	4278.3	2968
13	印度	9.16×10^3	2.09×10^4	5.3	591.4×10^2	1034.2×10^2	3.55	0.67	130420	793
全世界		4.82×10^5	7.4×10^5	2.7	11266.7×10^2	13276.3×10^2	1.03	0.38	726291	1828

① GDP 为国民生产总值。

能源消费弹性系数不但反映了能源与国民经济发展之间的关系，而且利用它可以预测未来国民经济发展中能源需求和供应之间的关系，以便在制定国民经济发展规划时进行综合平衡。

发展生产和国民经济需要能源，其重要目的是不断改善人民生活。在某种程度上可以说是用能源换取粮食和其他农作物，用能源直接或间接地保证人民的生活质量。在人们的生活

中，不仅衣、食、住和行需要能源，而且文教卫生、娱乐等也都离不开能源。随着人们生活水平的不断提高，所需的能源数量、形式越来越多，对能源的质量要求也越来越高。一般而言，从一个国家的能源消耗状况可以看出一个国家人民的生活水平。例如：生活富裕的北美地区的年人均能耗比贫穷的南亚地区要高出 55 倍。根据不同的发展水平，现代社会生活需要消耗的能源大致有三种。

1）维持生存所必需的能源消费量，每人每年约 400kg 标准煤（1kg 标准煤相当于 29.3MJ）。这个量是以人体的需要和生存可能性为依据得到的，只能维持最低生活水平的需要。

2）现代化生产和生活最低限度的能源消费量，每人每年约 1200~1600kg 标准煤。这是保证人们能够丰衣足食，满足最起码的现代化生活所需要的能源消费。国内外包括衣食住行等各方面，满足现代生活最低的能源消费量见表 0-3。

表 0-3　现代生活最低的能源（标准煤）消费量　［单位：kg/(人·a)］

项　　目	国外提出的现代化最低标准	中国式现代化的标准
衣	108	70~80
食	323	300~320
住	323	320~340
行	215	100~120
其他	646	440~460
合计	1615	1230~1320

3）更高级的现代化生活所需要的能源消费量，每人每年至少 20000~30000kg 标准煤。这是以工业发达国家已有水平作为参考依据，使人们能够享有更高的物质与精神文明生活所必需的能源量。

总之，社会和国民经济的发展，人民生活水平的不断提高都离不开能源。尤其在实现现代化的进程中，能源更是举足轻重。不但现代农业、现代工业和现代国防需要大量能源，而且随着现代物质生活的改善和精神文明程度的提高，各种现代家庭用能设备，如微波炉、电视机、音响、个人电脑、冰箱、空调不断增加，新的社会公益福利设施也在不断兴建，这就需要进一步增加能源消费。可以说，现代化社会意味着大量消耗能源，没有相当数量的能源，现代化社会就无法实现。表 0-2 所列出的世界主要国家的人均能源消费量也充分说明了这一点。

三、能源与环境

经济的发展、社会的进步和人类物质文明、精神文明生活水平的提高，都离不开能源。然而，作为人类生存基础的能源，在其开采、输送、加工、转换、利用和消费过程中，都必然会对生态系统产生各种影响，成为环境污染的主要根源，主要表现在以下几个方面。

1. 温室效应与热污染

空气是氮气、氧气、氢气、二氧化碳和水蒸气等气体的混合物。由气体辐射理论（详见参考文献［11］）知，氮气、氧气和氢气等双原子气体对红外长波热射线可以看作透明体，而二氧化碳和水蒸气等多原子气体对热射线却具有辐射和吸收能力，它们能使太阳的可见光短波射线自由通过，却吸收地面上发出的红外热射线。随着能源消耗量的不断增加，向空气中排放的二氧化碳等气体数量不断增加，破坏了原来自然环境中二氧化碳数量的自然平衡。过多的二氧化碳不阻碍太阳辐射中的可见光，任其自由通过到达地面，但却较多地吸收地面红外辐射，减少了地球表面散失到宇宙的热量，导致地球表面气温升高，造成所谓“温室效应”。

据统计，从工业革命到 1959 年，大气中二氧化碳含量增加了 13%（体积分数），从 1959 年到 1997 年大气中二氧化碳含量又增加了 13%（体积分数），导致全球气候变暖趋势加快。现在全球平均温度与 100 年前比较，提高了 0.61℃。计算机预测表明，当二氧化碳等气体含量增加为目前的两倍时，地面平均温度将上升 1.5~4.5℃。这将引起南极冰山融化，导致海平面升高并淹没大片陆地，同时破坏生态平衡。

由温室效应引起的全球气候变暖问题已引起全世界的关注。1992 年在里约热内卢由 150 多个国家发起并组织召开了“气候变化框架会议”，旨在讨论如何减少温室气体的排放，提高对气候变化过程影响的认识，并在许多方面达成共识。如政府对减少温室气体排放给予财政和科技支持，各国在减少温室气体方面的科研成果共享等。《京都议定书》的签订和哥本哈根会议的召开再次说明全球气候变暖和环境的生态平衡已越来越受到全世界各国和人民的重视。

如果说“温室效应”使大气温度逐渐上升是一种“热污染”，那么，在能源消费和能量转换过程中由冷却水排热造成的是另一种“热污染”。

用江河、湖泊水作为冷源的火力发电厂和核电厂，冷却水吸取汽轮机乏汽放出的热量后，温度上升 6~9℃，然后再返回到江河、湖泊中。于是大量的热量（如 300MW 的火电厂每小时排放约 1.4×10^{12}J 的热量）被排放到自然水域中，使电厂附近的水域温度升高，从而导致水中含氧量降低，影响水生物的生存，同时使水中藻类大量繁殖，破坏自然水域的生态平衡。除了这种热污染外，采用冷却塔的火电厂和核电厂，会使周围空气温度升高、湿度增大，这种温度较高的湿空气对电厂周围的建筑、设备均有强烈的腐蚀作用。

这种热污染不仅仅来自电厂的冷却水排热，原则上一切能量转换和能源消费过程都不可避免地伴随着损失，这些损失最终都将以低温热能的形式传给环境，从而造成热污染。如工业锅炉、工业窑炉、工业用各种冷却设备等均会不可避免地造成热污染。

2. 酸雨

化石燃料，尤其是煤炭燃烧会产生大量的 SO_2 和 NO_x。当雨水在近地的污染层中吸收了大量 SO_2 和 NO_x 后，会产生 pH 值低于正常值的酸雨（pH<5.6）。酸雨使土壤的酸度上升，影响树木、农作物健康生长。例如，德国巴伐利亚山区某森林区的树木曾有 1/4 因酸雨死亡。酸雨会使得湖泊水酸度增大，水生态系统被破坏，某些鱼群和水生物绝迹；酸雨会造成建筑、桥梁、水坝、工业设备、名胜古迹和旅游设施的腐蚀；酸雨还会造成地下水和江河水酸度增大，直接影响人类和牲畜饮用水的质量，危害人畜健康。

20 世纪 70 年代酸雨造成的污染在世界上仅是局部性问题，进入 80 年代后，酸雨危害日趋严重并扩展到世界范围，成为全球面临的严重环境问题之一。世界各国都在采取切实有效的措施控制 SO_2 和 NO_x 的排放，其中最重要的方法是洁净煤技术的开发与推广。

3. 臭氧层的破坏

臭氧（O_3）是氧的同素异构体，它存在于距地面 35km 的大气平流层中，形成臭氧层。

臭氧层能吸收太阳射线中对人类和动植物有害的大部分紫外线，是地球防止紫外线辐射的屏障。但是由于工业革命以来能源消费的不断增加，人类过多地使用氟氯烃类物质作为制冷剂和作为其他用途，以及燃料燃烧产生大量的 N_2O，造成臭氧层中的臭氧被大量循环反应而迅速减少，形成所谓“臭氧层空洞”，导致臭氧层的破坏。近年的研究表明，自 1984 年英国科学家首先发现南极上空出现臭氧层空洞以来，臭氧层空洞正迅速扩大。这将导致地球上人类及动植物免受有害紫外线辐射的屏障受到破坏，使人类患皮肤癌等疾病的概率增加，危及人类健康和生存，同时使地球上的动植物受到危害，导致生态平衡的破坏。

为了保护臭氧层，1987 年的《蒙特利尔议定书》提出了对氟氯烃类物质限制使用和最后使用的期限。对能源利用而言，发展低 NO_x 及烟气、尾气的脱硝技术是减少 N_2O 排放的关键。

4. 放射性污染

在开采、运输核燃料和处理核废料的过程中若发生失误，或核电站核反应堆发生核泄漏，会给环境造成严重污染。从污染物对人和动植物的危害程度看，它所产生的污染比其他污染更为严重。因此，自核能开发和利用以来，人们对放射性污染极其重视，采取了一系列严格的防治措施，并将这些措施以法律形式规定下来，形成了一系列安全法规，以防止核电站的放射性污染。尤其在 1979 年美国三里岛核电站、1986 年苏联切尔诺贝利核电站以及 2011 年日本福岛核电站发生重大核事故后，各国政府更加关注核污染问题，采取了更加严格的防范措施防止核污染，并积极改进现有反应堆的控制设施，提高其安全性，同时开发和利用更加安全的反应堆。

事实上，除核燃料存在核污染问题外，烧煤电站也存在值得重视的核污染。常规火电厂除了非放射性污染外，烟囱排放物中也存在放射性物质（主要是氡-222）。资料分析表明：火电厂通过烟囱排放的放射性元素造成的放射性污染甚至超过正常安全运行的核电站的污染。

5. 其他污染

大量燃烧煤等化石燃料会排放大量的粉尘、烟雾、SO_2、NO_x 和 H_2S 等大气污染物。它们直接污染了人们生活必需的大气环境，危害人类健康与生活。同时这些污染物之间相互作用，又会产生比其本身危害还要大的污染物，如硫酸雾和悬浮的硫酸盐等。所有上述的污染物的聚集，若得不到及时消散，会造成严重的烟雾事件。最典型的是 1952 年 12 月发生在伦敦的烟雾事件，在 5 天时间内竟使 4000 多人死亡。我国兰州市 1977 年冬天也发生过类似事件。

另外，在人类把煤、石油和天然气作为燃料时，大量对健康有毒有害的污染物随排气、烟尘和炉渣排出，造成损害人体和生物健康的环境污染。例如：排放的微量重金属中的汞会引起肾衰竭，并损害神经系统；镍、铬都是致癌物质；烟尘中吸附的环芳烃是强致癌物。

还有一些其他污染，如海上钻井采油时储油结构岩石破裂和油船运输事故造成漏油引起的污染。

水能虽然是清洁能源，但也有相应的环境问题。如开发水力要拦河筑坝、建造水库，而这些对生态平衡、土地盐碱化以及灌溉、航运等方面均有一定影响。

四、能源利用与人类社会的可持续发展

综上所述，能源是关系国民经济发展、人民生活改善的重要基础，同时能源的利用与人类生活的环境又休戚相关。人类的发展和社会的进步需要增加能源的开发和利用，但是能源中比例很高的非再生能源却是有限的，如煤和石油等，它们随着不断开发利用而不复存在，最终会出现“能源短缺”。20 世纪 70 年代石油危机所造成的“能源危机”给人们留下了深刻的印象，敲响了能源问题的警钟。

20 世纪 70 年代的石油危机，是指 1973 年阿拉伯石油输出国以石油为武器，对西方发达国家实行禁运和提价，使不少西方发达国家的经济发展因石油短缺而急转直下，如美国由于缺少 1.6 亿 t 标准煤的能源而使生产损失了 930 亿美元，日本 1974 年国民生产总值出现负增长。当然，石油危机对那些靠进口石油的发展中国家也有影响，从而使能源问题成为世界经济发展的重大问题。

同时，随着经济的日益发展和人民生活水平的不断提高，能源消费迅速增加。前述能源消费中产生的各种污染日趋严重，人类生存的环境日渐恶化。环境的恶化不但影响当代人，而且殃及子孙后代。

能源短缺引起的能源危机和人类生存环境的恶化向人类提出了一个令人深思的问题：社会和人类的发展是大前提，是永恒的主题，那么由于诸如能源和环境等问题，发展是不是可持续的？或者说，由于能源和环境等因素的制约，发展能不能持续地进行呢？这就是可持续发展问题。可持续发展问题引起世界各国的广泛关注。鉴于过去一二百年中，西方发达国家实现工业化过程中资源大量消耗、环境严重污染的情况，联合国在 1989 年提出了“可持续发展”战略。1992 年召开的联合国环境与发展大会通过了以可持续发展为中心的《里约宣言》和《21 世纪议程》等文件。我国政府于 1994 年通过和确定的《中国 21 世纪议程》中指出：“走可持续发展之路，是中国在未来和下一世纪发展的自身需要和必然选择”。

为了子孙后代的未来和社会的可持续发展，必须使能源有与社会可持续发展相适应的可持续供给，并解决能源消费中的环境污染问题。为此，各国都在制定规划，采取措施，组织力量，大力开发新能源和清洁能源，力图在不太久的时间里由目前污染较严重的常规非再生能源，过渡到多样的、可以再生的新能源和清洁能源系统上来。解决能源问题的另一战略措施是节约能源，它已成为各国政府和能源专家所关注的解决能源问题和实现可持续发展的重要途径。

所谓“节能”，就是采用技术上可行、经济上合理以及环境和社会可以接受的措施，减少从能源生产到能源消费中各个环节的损失和浪费，以便更有效、更合理地利用能源，提高能源利用率和能源利用的经济效益。

相对于开发能源，即开源而言，节能是一种不要资源的“开源”，由于它能从提高能源利用率中获得能源，而无需煤矿、油田和电厂等建设，因此是最好的开源和保护资源的方法。正因为此，能源界有关人士将节能与煤、石油及天然气、水能和核能四大能源相提并论，称之为“第五能源”。同时，节能是减少污染保护环境的一个重要方面，这不但在于节能本身节约出的能源是一种无污染的清洁能源，而且从前述能源与环境的关系可以看到，无论热污染、温室效应，还是酸雨、烟尘和烟雾，治理它们的重要途径之一就是提高能源利用率。提高能源利用率不但能减少能源的消耗量，而且可以减少粉尘、烟雾、温室效应气体、

NO_x、SO_2 和其他有害气体的排放量，同时使排放到环境中的废热也相应减少。例如：将一个工业锅炉的效率从80%提高至90%，不仅可节约10%的能源消耗，而且减少了10%的向环境排放的热量，同时还减少了向环境排放的烟雾、粉尘和 SO_2 等有害、污染气体约15%（体积分数）。

五、我国的能源与能源事业发展

我国能源储量丰富、多样。自新中国成立以来，我国能源事业在地质、勘探、规划、加工转换等方面取得了长足的发展。我国不但已成为世界能源大国，而且建立起了自己独立的能源工业体系。我国的能源工业主要有以下几个特点。

1. 储量丰富且种类齐全

我国是世界上能源资源最为丰富的国家之一，而且种类繁多齐全。煤、石油、天然气和水能等常规能源，经新中国成立以来多次普查、勘测，探明的储量不断增加。2018年底，我国煤炭探明储量为1388亿t，居世界第4位。煤炭资源遍及全国，主要集中在山西、内蒙古、贵州、安徽和陕西。截至2018年底，我国石油可采储量为35亿t，居世界第13位。我国主要油田有大庆、胜利、大港、任丘、辽河、克拉玛依、玉门、南阳和江苏等。已探明的天然气储量迅速增长，我国西部已形成塔里木、柴达木、陕甘宁和川渝四个国家级天然气田，仅塔里木累计探明天然气地质储量已达4190亿 m^3，在2018年，全国累计探明的天然气储量达到了6.1万亿 m^3。

我国水力资源较丰富，全国水力资源理论蕴藏量约为 3.78×10^8kW，可开发量约为 2.2×10^8kW，年发电量已达 188×10^{12}kW·h。它们主要分布在西南、中南和西北地区。

我国已探明的核燃料铀矿储量可供4000万kW核电站运行30年。

此外，我国还有一定数量的潮汐能、地热能和油页岩资源，太阳能资源更是用之不尽。

2. 多种能源生产结构

虽然我国能源储量丰富，种类繁多、齐全，但新中国成立初期我国能源工业基础却很薄弱，生产落后，产能低下，且结构单一。1952年我国原煤产量仅为6600万t，原油、天然气和水电产量微乎其微，国内用油主要靠进口。经过几十年的建设和发展，尤其是改革开放以来，随着各项事业的突飞猛进，我国能源事业也得到迅猛的发展。

新中国成立以来能源生产年均增长率为12%，1999年能源产量比1949年提高了40多倍。自1965年我国相继建成大庆等多个大中型油田以来，石油工业得到长足的发展，我国能源工业也从单一的煤炭结构发展成为以煤炭为主的多种能源结构。现在我国已建成了一个部门基本齐全、具有相当规模、布局比较合理的独立能源工业体系。作为二次能源的电力，在社会生产和人民生活中的利用已越来越普遍。电力工业在我国能源工业体系中的地位日益提高，并逐渐显现出其重要性。现在，我国不但能自行设计制造200MW、300MW乃至600MW的火力发电机组，而且已拥有自己的核电机组，如秦山核电站、大亚湾核电站、田湾核电站、岭澳核电站、阳江核电站、台山核电站、宁德核电站、福清核电站、海阳核电站、华能石岛湾核电厂、红沿河核电站、桃花江核电站和防城港核电站等。举世瞩目的长江三峡水利枢纽工程已正式投入运营、发电。

3. 我国能源工业面临的问题

我国能源资源从绝对数量上看是丰富的，但是必须看到我国是一个拥有14亿人口的大国，按人口平均的能源资源占有量很低。中国与美国及世界能源储备及消费的比较见表0-4。从表中不难看到，我国人均能源储备不但与发达的美国相差悬殊，而且与世界的平均水平也相差甚远。

表0-4 中国与美国及世界能源储备及消费的比较（2016年）

国家	原煤储量/t	原油探明储量/t	天然气储量/m^3	水电消费量（油当量）/t	核能消费量（油当量）/t
中国	2.44×10^{11}	3.50×10^{9}	5.40×10^{12}	2.63×10^{8}	5.54×10^{7}
美国	2.52×10^{11}	5.80×10^{9}	8.70×10^{12}	5.92×10^{7}	1.92×10^{8}
世界合计	1.14×10^{12}	2.41×10^{11}	1.87×10^{14}	9.10×10^{8}	5.92×10^{8}
中国人均	174	2.5	3.84×10^{3}	0.187	0.039
美国人均	781	18	26.96×10^{3}	0.183	0.595
世界人均	157	33.2	25.75×10^{3}	0.125	0.082

注：表0-2和表0-4中2016年数据来自《BP世界能源统计年鉴》2017版。

我国能源利用的另一大问题是能源利用率低下。我国能源终端利用率仅为33%~36%，比工业发达国家低约10~20个百分点。我国与工业发达国家部分用能设备的平均用能效率见表0-5。从中可以看到我国能源利用率与工业发达国家的差距较大。

表0-5 各国能源利用率

国家	能源利用率(%)
中国	36.81
美国	50.00
日本	52.51
德国	50.22
印度	40.06
俄罗斯	54.08
澳大利亚	46.21
巴西	62.26
世界平均	50.32

我国不仅能源利用率低下，同时由于我国能源结构以煤为主，从而造成我国能源另一大问题——环境污染严重。二氧化碳的排放量位居世界第二，每年酸雨造成的农业减产损失达400亿元，空气污染对人体健康和生产力造成的损失估计每年超过1600亿元。

为了解决这些问题，除了大力加强多种能源的开发，积极开展新能源和清洁能源技术研究外，最现实的办法就是开展深入、持久的节能活动。为此，国务院制定了能源建设的总方针："能源的开发和节约并重，近期要把节能放在优先地位，大力开展以节能为中心的技术改造和结构改革"，并于1998年1月1日起施行《中华人民共和国节约能源法》，该法律已于2007和2016年修订，在该法中特别指出"节约资源是我国的基本国策。国家实施节约与开发并举、把节约放在首位的能源发展战略。"

据初步估计，我国的节能潜力约为50%，如果把这些潜力完全挖掘出来，那么，在未来几十年内不但国民经济发展所需能源的一半可以解决，而且节能将使环境污染减少、生态环境改善，更是利在当代，功在千秋。

第二节　热能的合理利用

一、热能的利用

回顾人类利用能源的各个时期和目前世界各国及我国的能源构成，人类利用的主要能源有：水能、风能、地热能、太阳能、燃料的化学能和核能。在这些能源中，除水能和风能是机械能外，其余都是直接或间接向人类提供热能形式的能量，例如：太阳能和地热能是直接的热能；燃料的化学能，包括固态的煤、液态的石油或气态的天然气，都是通过燃烧将化学能释放变为热能供人类利用。如果说燃料燃烧是通过“烧分子”将化学能转变为热能，那么核能利用则主要是通过“烧原子”将核能转变为热能。统计资料（表 0-6）表明，以热能形式提供的能量占了能源相当大的比例。我国的发电仍以火电为主，统计表明 2016 年火力发电约占全国总发电量的 74%。因此从某种意义上讲，能源的开发和利用就是热能的开发和利用。

表 0-6　世界一次能源消费结构（%）

年　份	煤	石　油	天然气	水电及其他
1950	61.1	27.4	9.8	1.7
1960	52.0	32.0	14.0	2.0
1970	35.2	42.7	19.9	2.2
1980	30.8	44.2	21.5	3.5
1990	29.0	36.0	19.5	15.5
2010	22.4	38.5	23.9	15.2
2020	24.3	18.0	43.0	16.0

二、热能利用的形式和热科学发展简史

热能的利用可分为直接利用和间接利用。热能的直接利用是指直接用热能加热物体，热能的形式不发生变化，如取暖、烘干、冶炼、蒸煮及化工过程利用热能进行分解或化合等，以满足人类生产和生活的需要。热能的间接利用是指把热能转换为机械能（或进而转变为电能），以满足人类生产和生活对动力的需要，如火力发电、交通运输、石油化工、机械制造和其他各种工程中的蒸汽动力装置、燃气动力装置。在热能的间接利用中，热能的能量形式发生了转换。

人类对热能的直接利用可以追溯到远古时代的钻木取火和对火的利用。或者说，能源利用的第一个时期——薪柴时期是以热能的直接利用开始的。如前所述，火的利用开启了人类利用热能和能源的第一步，它开拓了人类物质文明生活的新局面，从此人类可以用火蒸煮、烤食物、取暖和照明，而后人类又利用火冶炼矿石、制造金属工具，使农业和手工生产得以发展。虽然人类对热能的利用有着漫长的历史，但整个薪柴时期，即从远古直到 18 世纪中

叶，热能的利用仍局限于把热能作为加热热源的直接利用。

随着生产的不断发展，人们对动力的需求日益增长。薪柴时期人们所使用的简单的动力机械，如风车、水车等，受气象和地理等自然条件的严重制约，而且它们的功率太小，如公元4世纪的立式水车功率仅2kW，因此远远满足不了人类日益增长的对动力的需求。这就迫使人类寻求一种不受气象、地理等自然条件限制的、功率较大的动力源。1784年英国人瓦特在前人研究的基础上研制成了工业上通用的性能良好的蒸汽机。它实现了热能向机械能的能量转换，开创了热能间接利用的新纪元，使社会生产力突飞猛进，引发了第一次工业革命。从此，热能的间接利用得到了广泛深入的发展，转换技术和装置不断创新。继蒸汽机后，相继出现了内燃机、燃气轮机和汽轮机等装置，从而出现了汽车、飞机和大型火力发电设备等。热能间接利用的开始和发展历程与前述能源利用的两个重要时期——煤炭时期和石油时期紧密关联，从某种意义上可以说，没有热能的间接利用，这两个时期的出现、发展乃至它们之间的更迭都是不可能的。随着对热能和机械能转换理论的深入研究，以及科学技术的不断发展，各种制冷设备，如冰箱、冷冻机和空调等也相继出现和完善。今天核电站已广泛服务于人类，各种新能源和清洁能源转换装置也相继出现，它们标志着人类热能利用，尤其是热能间接利用的新纪元。

蒸汽机的出现和第一次工业革命，推动了热力学理论的研究。为了提高各种动力机械能量利用的经济性，人们对热的本质、热能和机械能之间转换的基本规律及各种工质的热力性质进行了不懈的深入研究和探讨，从而使得涉及热能间接利用的“工程热力学”的出现、发展和完善。对“工程热力学”创立和发展做出过突出贡献的有：法国工程师卡诺、德国科学家迈耶尔、英国科学家焦耳、德国科学家克劳修斯、英国科学家开尔文以及范德瓦尔、朗肯、喀喇提奥多利和凯南等其他一些科学家。

中华民族的祖先在热能利用方面曾有过辉煌的成就。早在商、周时代，我国就有了高水平的冶炼和铸造技术。在隋朝民间已流行有流星焰火。北宋时代已出现走马灯，它是现代燃气轮机的雏形，比欧洲同类记载至少早400年。到了宋朝，我们的祖先已发明了火药、火箭，17世纪创造了原始的两级火箭。但近200年来，在国外工业大发展、热工事业突飞猛进之时，我国却由于受到长期封建制度的束缚和帝国主义侵略等种种原因，生产力非但没得到发展，反而遭到一定程度的破坏，也几乎谈不上什么自己的热工事业。

正如前面所述，新中国成立以后，我国政府十分重视能源、动力工业。尤其在改革开放以来，国家更是把能源交通作为支柱产业予以优先考虑，从而使能源动力工业得到飞速发展。我国不但自行设计制造了万吨级船用柴油机和数千千瓦的机车内燃机，而且还能制造600MW的全套火力发电设备。我国自行研制的多级火箭已进入国际市场，秦山核电站、大亚湾核电站、岭澳核电站和田湾核电站已并网发电。所有这一切都说明我国的能源热工事业正蓬勃地朝着现代化发展。

第三节 工程热力学的研究对象、内容和方法

一、工程热力学的研究对象

前已述及，节能关系到人类社会的可持续发展和人类生存环境的改善，是具有战略意义

的措施。既然能源的利用在很大程度上是热能的利用，因此节约能源的重点应是合理有效地利用热能。事实上，从热能利用的开始，尤其是在瓦特的蒸汽机出现以后，无论是热能的直接利用还是间接利用，人类就一直在孜孜不倦地探求如何有效地利用热能以提高能量利用的完善程度，节约有限的资源。

在热能的间接利用中，为实现热能和机械能之间的转换，在各种热机相继出现的过程中，人们提出了一系列问题：不同热机有着不同的具体转换装置和设备，但它们都能实现热能和机械能之间的转换，那么热能和机械能之间的转换遵循什么样的规律，依据怎样的基本原理，或者说从原理上讲如何才能实现热能和机械能之间的转换；为了节能，如何提高热机的热效率，或者说，提高热机能量利用率的基本原理和根本途径是什么；对于制冷机，人们提出如何实现制冷和提高制冷循环的制冷系数等问题。综上所述，涉及热能间接利用的“工程热力学”是研究热能和机械能相互转换的基本原理和规律，以提高热能利用经济性为主要目的的一门学科。

二、工程热力学的主要内容和研究方法

热能间接利用所涉及的热能和机械能之间的转换属工程热力学的研究范畴。热能和机械能之间的转换必须遵循的普遍规律是热力学第一定律和第二定律。这两大定律是本课程所要研究的主要内容之一。在涉及热现象的能量转换过程中，虽然不能违背热力学第一定律和第二定律，但是人们可以通过选择能量转换所凭借的物质——工质，以及合理安排热力过程来提高热能间接利用的经济性。因此，热力学两大定律、工质的热力性质和热力过程，一起构成了工程热力学的理论基础。运用这些理论，对实际工程中的热力过程和热力循环进行分析，提出提高能量利用经济性的具体途径和措施，是研究热能和机械能转换的一个重要目的和内容。

物质具有能量，能量离不开物质。本课程在研究热能的直接利用和间接利用中，当然也涉及物质。研究热能间接利用的工程热力学采用宏观和唯象的方法，即把物质视为连续体，用宏观物理量去描述物质的性质、行为。在此基础上工程热力学以大量观察、实验中总结出的热力学基本定律为依据，通过推理、演绎得出可靠和普遍适用的结论、公式，以解决热力过程中的能量转换问题。宏观、唯象的研究方法虽然简单、可靠，但由于这种方法不考虑物质的微观结构和运动规律，所以对于许多物理现象及其本质，对物质的性质，如比热容等，热力学不能提供相关的理论；对于物质宏观性质的涨落现象，也不能给出任何解释。为此，工程热力学在必要时要引用微观的气体分子论以及统计热力学的方法、观点和理论对一些物理现象、物质的性质等进行说明和解释。

热能的利用与转换离不开热工设备，诸如锅炉、汽（燃气）轮机和内燃机等。它们承担着热能利用与转换的具体任务。另外，工程中还有另一类热工设备与装置，如压气机和制冷机等，虽然它们的工作过程与热机等相反，但同样存在着热能和机械能的转换。因此，要利用基本理论和基本知识对常用的热力设备、装置与循环的原理、构造和性能进行介绍。

学好工程热力学就是要掌握本学科的主要线索——研究热能转化为机械能的规律、方法以及怎样提高热能利用的经济性；深刻理解和掌握本学科的各种概念和热力学基本定律，对热能和机械能间的转换问题进行分析研究。学习中必须重视习题、实验等环节，从而培养分析问题、解决问题的能力，并加深对各种概念、基本定律的理解，掌握解决本学科问题的基

本方法。

本章小结

本章围绕自然界能源的开发利用，阐述了能源利用与社会历史发展、能源利用与国民经济和人民生活以及能源利用与环境等之间的关系，说明了能源利用关系人类社会的可持续发展，并进一步说明“节能”的重要性。

通过对能源构成的分析可知，从某种意义上讲，能源的利用就是热能的利用。热能的利用包括热能形式不发生变化的直接利用和把热能转换为机械能的间接利用。热能的间接利用形式就是本门课程要研究的基础理论——工程热力学，从而引出本课程的研究对象，以及本课程的主要内容和研究方法的介绍。

通过本章学习，要求读者：

1）了解能源利用方面的基本知识。

2）掌握本课程的研究对象和目的。工程热力学是研究热能与机械能相互转换规律，以提高热能利用率为主要目的的一门课程。

3）掌握本课程的主要内容。热力学的两大基本定律，工质的热力性质和工质的热力过程，以及这些理论在工程热力过程和热力循环装置中的应用。

4）了解本课程研究的主要方法。工程热力学是采用宏观和唯象的方法进行研究的，即把物质视为连续体，用宏观物理量去描述物质的性质、行为，以实验和现象观察总结出来的基本定律为依据，通过推理、演绎得出可靠和普遍适用的结论、公式，以解决热能与机械能相互转换的工程问题。

思考题

0-1 能源是如何分类的？

0-2 能源利用的三个时期是什么？各有哪些特征？

0-3 试述能源利用与国民经济发展之间的关系。

0-4 试述能源利用与人民生活之间的关系。

0-5 为什么在发展能源事业的同时必须加强环境保护？

0-6 在诸多能源形式中，人类获取能量的主要形式是什么？

0-7 热能利用的两种形式是什么？

0-8 节能的重要意义是什么？

0-9 工程热力学与节能有怎样的关系？

0-10 工程热力学的研究对象是什么？重要内容有哪些？

第一篇

基本概念和基本定律

研究热能的间接利用，即热能和机械能之间的转换，所依据的基本定律是热力学第一定律和第二定律。前者揭示了在能量传递和转换过程中能量“数量”的守恒关系，后者阐明了能量不但有“数量”的多少问题，而且有“品质”的高低问题。在学习热力学两大基本定律之前，首先要掌握热能和机械能相互转换所涉及的基本概念和术语，它们是学习两大基本定律和其他后续内容的基础。

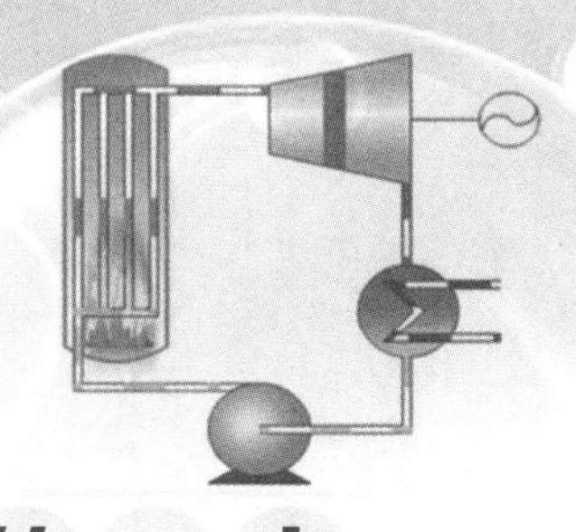

第一章

基本概念

第一节 热力系统、状态及状态参数

一、热力系统与工质

1. 热力系统

分析任何问题和现象，首先应明确研究对象，分析热力现象也不例外。根据研究问题的需要和某种研究目的，人为地将研究对象从周围物体中分割出来，这种人为划定的一定范围内的研究对象称为热力系统，简称热力系或系统。热力系以外的物体称为外界。热力系与外界的交界处称为边界。边界根据热力系的划分可以是真实的，也可以是假想的；可以是固定的，也可以是移动的。如图 1-1a 所示的气缸活塞机构，若把虚线所包围的空间取作热力系，则其边界就是真实的，其中有一条边界是移动的。如图 1-1b 所示的汽轮机，若取 1—1、2—2 截面及气缸所包围的空间作为热力系，那么 1—1、2—2 截面所形成的边界就是假想的。

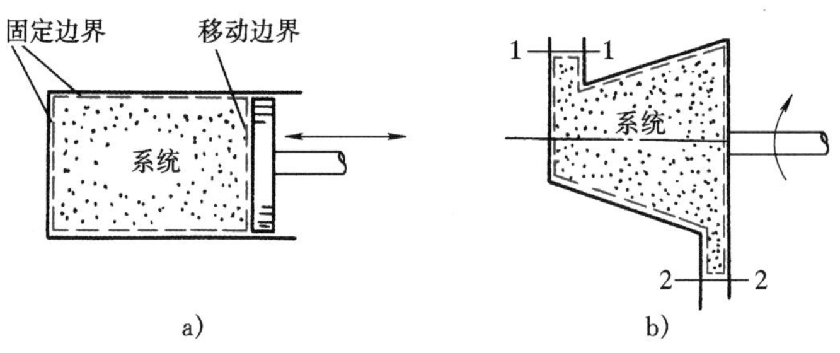

图 1-1 热力系统

在一般情况下，热力系与外界总是处于相互作用之中，它们彼此可以通过边界进行物质和能量的交换。根据热力系与外界有无物质交换，热力系可分为以下两种。

闭口系——与外界无物质交换的热力系。此时，热力系内物质的质量保持不变，称为控制质量（CM）。因此，闭口系属于控制质量系统。

开口系——与外界有物质交换的热力系，即热力系内的物质质量可以变化。这时，可以把研究对象规划在一定的空间范围内，如图 1-1b 中虚线所示，该空间范围称为控制容积（CV）。所以开口系又常称为控制容积系统。

根据热力系与外界的能量交换情况，热力系可分为以下几种。

简单可压缩系——热力系由可压缩流体构成，与外界只有热量和可逆（可逆即指可逆过程，参见本章第二节）体积变化功的交换。热能转换所涉及的系统大多属于简单可压缩系。

绝热系——与外界无热量交换的热力系。

孤立系——与外界无任何能量和物质交换的热力系。

热源——与外界仅有热量的交换，且有限热量的交换不引起系统温度变化的热力系。根据热源温度的高低和作用，热源可分为高温热源和低温热源，又称为热源和冷源。

另外，还可以根据热力系的其他特点，定义许多不同性质的热力系，如多元热力系、多相热力系、均匀与非均匀热力系等。

2. 工质

能量的转换必须通过物质来实现。用来实现能量相互转换的媒介物质称为工质，它是实现能量转换必不可少的内部条件。如在内燃机中，凭借燃气的膨胀把热转化为功，燃气就是工质；蒸汽动力装置中的工质是水蒸气。

原则上，气、液、固三态物质都可作为工质，但是，本课程研究的热能和机械能的相互转换是通过物质体积变化来实现的，对体积变化敏感、有效而迅速的是气（汽）态物质。因此，在热力学中的工质是气（汽）态物质以及涉及气态物质相变的液体。

不同性质的工质对能量转换效果有直接影响，所以，工质性质的研究也是本学科的重要内容之一。

二、平衡状态

为了分析热力系中能量转换的情况，首先必须能够正确地描述系统的热力状态。所谓热力状态（简称状态），是指热力系在某一瞬间所呈现的宏观物理状况。

热力系可能呈现各种不同的状态，其中具有特别重要意义的是平衡状态（平衡态），所谓平衡状态是指在没有外界影响（重力场除外）的条件下，热力系的宏观性质不随时间变化的状态。

处于平衡状态的热力系，各处应具有均匀一致的温度、压力等参数。试设想各物体之间有温差存在而发生接触时，必然有热自发地从高温物体传向低温物体，这时系统不会维持状态不变，而是不断产生状态变化直至温差消失而达到平衡，这种平衡称为热平衡。可见，温差是驱动热传递的不平衡势差，而温差的消失则是系统建立热平衡的充要条件。同样，如果物体间有力差的作用，则将引起物体的宏观位移变化，这时系统的状态不断变化直至力差消失而建立起平衡，这种平衡称为力平衡。所以，力差也是驱使系统状态变化的一种不平衡势差，而力差的消失是使系统建立起力平衡的充要条件。对于有相变或化学反应的系统，因为相变或化学反应现象是在不平衡化学势差推动下发生的，所以，化学势差的消失是使系统建立平衡的另一充要条件。

综上所述，系统内部以及系统与外界之间各种不平衡势差的消失是系统建立起平衡状态的充要条件。

$$\Delta p=0,\quad \Delta T=0,\quad \Delta\mu=0$$

式中，μ 为化学势。

处于平衡状态的热力系应具有均匀一致的温度（T）、压力（p）等参数，从而可以用确定的 T、p 等物理量来描述。而处于非平衡状态的热力系其参数是不确定的。

三、热力状态参数、基本状态参数

1. 热力状态参数

描述系统状态的宏观物理量称为热力状态参数，简称状态参数。通常系统内充满工质，因而描述系统在某瞬间所呈现的宏观物理状况的状态参数，也就是工质的状态参数。

常用的状态参数有六个，它们是压力（p）、温度（T）、比体积（v）、热力学能（U）、焓（H）和熵（S）。

状态参数可分为强度参数和广延参数。在给定状态下，凡与系统内所含工质的数量无关的状态参数称为强度参数，如压力、温度等；与系统内所含工质的数量有关的参数称为广延参数，如体积、热力学能、焓和熵等。广延参数具有可加性，在系统中它的总量等于系统内各部分同名参数值之和。

单位质量的广延参数，具有强度参数的性质，称为比参数。系统的广延参数除以系统的总质量即为比参数，从而成为强度参数，用相应的小写字母表示，如比体积 v、比热力学能 u、比焓 h 和比熵 s 等。为书写和叙述方便，常常把除比体积以外的其他比参数的“比”字省略。

常用的六个状态参数中，压力、比体积和温度可以直接并容易地用仪器测定，称为基本状态参数。其他状态参数可依据这些基本状态参数之间的关系间接地导出，称为非基本状态参数。

要强调指出的是，状态参数是热力状态的单值函数，即状态参数的值仅取决于给定的状态。状态一定，描述状态的参数也就确定。亦即，状态参数具有如下数学特性：

当系统由初态 1 变化到终态 2 时，任一状态参数 ζ 的变化量均等于初、终态下该状态参数的差值，而与经历的路径无关，即

$$\int_1^2 \mathrm{d}\zeta = \zeta_2 - \zeta_1 \tag{1-1}$$

当系统经历一系列状态变化而又回到初态时，其状态参数的变化为零，即

$$\oint \mathrm{d}\zeta = 0 \tag{1-2}$$

因此，状态参数具有势函数的性质，它的全微分是恰当微分。

反之，如果某物理量具有上述数学特征，即它的全微分是恰当微分，则该物理量一定是状态参数。

2. 基本状态参数

（1）比体积　比体积就是单位质量的工质所占的体积，单位是 m^3/kg。若以 m 表示质量，V 表示所占体积，则比体积为

$$v=\frac{V}{m} \tag{1-3}$$

密度是单位体积内所包含的工质的质量，单位是 kg/m^3，即

$$\rho = \frac{m}{V} \tag{1-4}$$

不难看出，比体积与密度互为倒数，即

$$v\rho = 1 \tag{1-5}$$

可见它们不是相互独立的参数，可以任意选用其中的一个。为方便起见，热力学中通常选用比体积 v 作为独立状态参数。

(2) 压力　压力是指单位面积上承受的垂直作用力，即物理学中的压强。如用 A 表示面积，F 表示垂直于 A 的均匀作用力，则压力为

$$p = \frac{F}{A} \tag{1-6}$$

气体的压力是气体分子运动撞击容器壁面，而在容器壁面的单位面积上所呈现的平均作用力。

流体的压力常用压力表或真空表来测量。常用的测压计有弹簧管测压计和 U 形管测压计。不论哪种测压计，通常测定的都是压差。如图 1-2a 所示是弹簧管测压计的基本结构，它利用弹簧管内外压差的作用产生变形带动指针转动，指示被测工质与环境间的压差。如图 1-2b 所示是 U 形管测压计，U 形管中盛有测压液体，如酒精、水或汞。U 形管的一端与被测系统相连，另一端敞开在环境中，测压液体的高度差即指示被测物质和环境间的压差。

工质的真实压力称为绝对压力，以 p 表示。如以 p_b 表示大气压力（或测压计所在空间的压力），则当 $p>p_b$ 时，测压计称为压力表，压力表上的读数称为表压力 p_g，于是有

$$p = p_b + p_g \tag{1-7}$$

当 $p<p_b$ 时，测压计称为真空表，真空表上的读数称为真空度 p_v，于是有

$$p = p_b - p_v \tag{1-8}$$

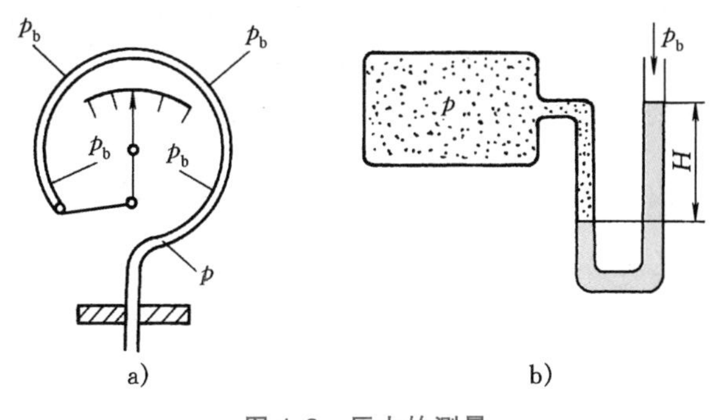

图 1-2　压力的测量

由于大气压力随时间、地点不同而不同，因此，即使表压力或真空度不变，绝对压力也要随大气压力的变化而变化。在后面的分析与计算中，所要用的压力均为绝对压力。

国际单位制中压力的单位是帕（Pa），$1Pa = 1N/m^2$。由于“帕（Pa）”这个单位过小，工程上常用千帕（kPa）或兆帕（MPa）作为压力单位。$1kPa = 10^3Pa$，$1MPa = 10^6Pa$。各种压力单位之间的换算关系参见表 A-1。

(3) 温度　通俗地讲，温度是物体冷热程度的标志，它来源于人们对冷、热的感觉。但是，单凭感觉往往会产生错觉。温度概念的建立以及温度的测量是以热力学第零定律（或称热平衡定律）为依据的。该定律表明：两个物体如果分别和第三个物体处于热平衡，则这两个物体之间必然处于热平衡。根据这个定律，处于同一热平衡状态的各个系统，无论是否相互接触，必定具有一个彼此相同的宏观特性，描述此宏观特性的物理量称为温度。换言之，温度是决定系统间是否存在热平衡的物理量。因为温度是系统状态的函数，所以它是

一个状态参数。一切处于热平衡的系统其温度值均相等。

热力学第零定律不但为建立温度的概念提供了实验依据，还为温度的测量奠定了理论基础。由于处于热平衡的系统具有相同的温度，所以可选择一个称为温度计的参考系统，当温度计与被测物体达到热平衡时，温度计的温度即等于被测物体的温度。当比较两个物体的温度时，它们也无需直接接触，只要使用温度计分别与它们接触即可。

温度的数值表示称为温标。温标的建立一般需要选定测温物质及其物理性质，规定基准点及分度方法。例如，旧的摄氏温标规定标准大气压下纯水的冰点温度和沸点温度为基准点，并规定冰点温度为0℃，沸点温度为100℃。这两个基准点之间的温度，按照温度与测温物质的某种性质（如液柱的体积或金属的电阻等）的线性函数确定。

采用不同的测温物质，或者采用同种测温物质的不同测温性质所建立的温标，除了基准点的温度值按规定相同外，其他的温度值都有微小差异。因而，需要寻求一种与测温物质的性质无关的温标，这就是热力学温标。它是在热力学第二定律基础上引入的理论温标，以符号 T 表示，单位为开［尔文］，以符号 K 表示。

热力学温标选用水的汽、液、固三相平衡共存的状态点——三相点为基准点，并规定它的温度为 273.16K。热力学温度的每单位开尔文等于水的三相点热力学温度的 1/273.16。

与热力学温标并用的还有摄氏温标，以符号 t 表示，单位为摄氏度，以符号℃表示。摄氏温标的定义式为

$$\{t\}_{℃}=\{T\}_{K}-273.15 \tag{1-9}$$

此式不但规定了摄氏温标的零点，而且说明摄氏温标和热力学温标的温度刻度完全一致，或者说两种温标的每一温度间隔完全相同。这样，热力系两状态间的温度差，不论是采用热力学温标，还是采用摄氏温标，其差值相同，即 $\Delta T=\Delta t$。

四、状态参数坐标图和状态方程式

热力系的各状态参数分别从不同角度描述系统的某一宏观特性，这些参数并不都是独立的。那么，要想确定系统的平衡状态，需要多少独立参数呢？状态公理指出，对于简单可压缩系统，只要给定两个相互独立的状态参数就可以确定它的平衡状态。例如，一定量的气体在固定容积内被加热，其压力会随着温度的升高而升高。若规定容积和温度，则压力就只能具有一个确定不变的数值，而状态即被确定。

既然给出两个相互独立的状态参数就能完全确定简单可压缩系的一个平衡状态，那么其他状态参数也必然随之而定。于是可以有如下关系式，即

$$u=u(T,v)$$
$$h=h(p,s)$$

等。对于只有两个独立参数的热力系，可以任选两个参数组成二维平面坐标图来描述被确定的平衡状态，这种坐标图称为状态参数坐标图。显然，不平衡状态由于没有一个确定的参数，所以在坐标图上无法表示。

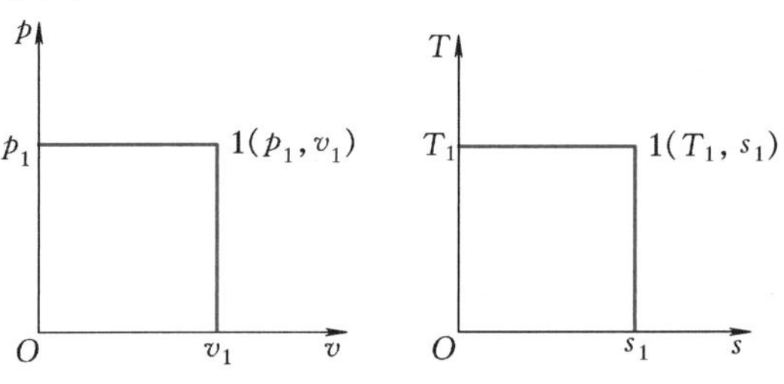

图 1-3　状态参数坐标图

经常应用的状态参数坐标图有压容图（p-v 图）和温熵图（T-s 图）等，如图 1-3

所示。利用坐标图进行热力分析，既直观清晰，又简单明了，因此在后面的学习中坐标图被广泛应用。

对于基本状态参数，有

$$p=p(v,T),\quad v=v(p,T),\quad T=T(p,v)$$

或

$$F(p,T,v)=0 \tag{1-10}$$

此式建立了平衡状态下压力、温度、比体积这三个基本状态参数之间的关系。这一关系式称为状态方程式。状态方程式的具体形式取决于工质的性质。

第二节 热力过程、功及热量

一、热力过程

热能和机械能的相互转化必须通过工质的状态变化才能实现。热力系从一个状态向另一个状态变化时所经历的全部状态的总和称为热力过程。

就热力系本身而言，工程热力学仅可对平衡状态进行描述，“平衡”就意味着宏观是静止的；而要实现能量的转换，热力系又必须通过状态的变化即过程来完成，“过程”就意味着变化，意味着平衡被破坏。“平衡”和“过程”这两个矛盾的概念怎样统一起来呢？这就要靠准平衡过程。

1. 准平衡（准静态）过程

考察如图 1-4 所示的气缸活塞系统。设气缸、活塞是绝热的，气缸内储有气体，活塞上放有一组砝码。开始时气体处于平衡状态 1，现突然将所有砝码取走，则系统的平衡被破坏，经一热力过程后达到新平衡状态 2。在这一过程中，除初、终态是平衡状态外，所经历的状态都不能确定是平衡状态，因此在 p-v 图上除 1、2 点以外，均无法在图上表示。

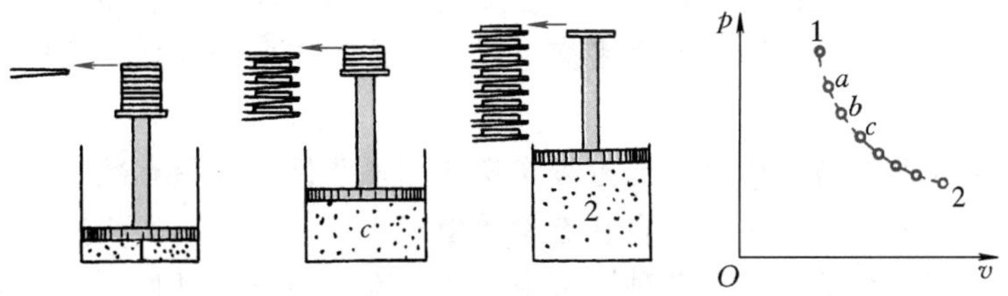

图 1-4 准平衡过程的实现

然后改变取砝码的方法，重新进行上述过程。这次不是一次将全部砝码取走，而是一次取走一块砝码，待系统恢复平衡后再取走另一块砝码，依次这样取走全部砝码，则在初、终态间又增加若干个如图 1-4 所示的 a、b、c 状态的平衡状态。显然，每次取走的砝码质量越小，中间的平衡状态越多。在极限情况下，每次取走一无限小质量的砝码，那么在初、终态之间就会有一系列连续的平衡状态。这种由一系列平衡状态组成的热力过程称为准平衡（或准静态）过程。显然，准平衡过程可以在状态参数坐标图上用一连续的曲线表示。对于含有非平衡状态的非准平衡过程，由于其经历的状态没有确定的状态参数，所以不能表示在状态参数坐标图上。

将上述过程的结论推广到传热、有相变和化学反应的过程中去，不难发现准平衡的实现

条件是：破坏平衡状态存在的不平衡势差（温差、力差、化学势差）应为无限小。

要实现不平衡势差无限小推动下的准平衡过程，从理论上讲要无限缓慢。然而由于实际热力过程热力系恢复平衡的速度比破坏平衡的速度要快得多，即系统恢复平衡的时间（弛豫时间）相对破坏平衡的时间要少得多，从而可使（与初态之间的）不平衡势差得以迅速连续地增加。这样，可将有限势差推动下的实际过程看作是连续平衡状态构成的准平衡过程。

2. 可逆过程

准平衡过程只是为了对系统的热力过程进行描述而提出的。但是当研究涉及系统与外界的功和热量交换时，即涉及热力过程能量传递的计算时，就必须引出可逆过程的概念。可逆过程的定义为：如果系统完成某一热力过程后，再沿原来路径逆向进行时，能使系统和外界都返回原来状态而不留下任何变化，则这一过程称为可逆过程。否则，其过程称为不可逆过程。

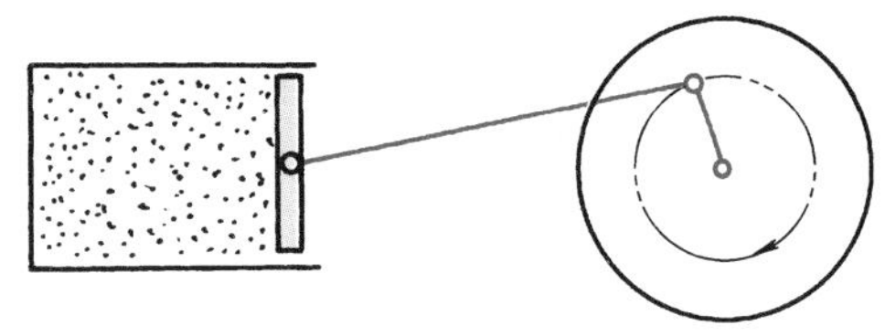

图 1-5 有摩阻的准平衡过程

可逆过程的特征是：首先它应是准平衡过程，因为有限势差的存在必然导致不可逆。例如，两个不同温度的物体相互接触，高温物体会不断放热，低温物体会不断吸热，直到两者达到热平衡为止。要使两物体恢复原状，必须借助于外界的作用，这样外界就留下了变化，因此是一个不可逆过程。其次在可逆过程中不应包括诸如摩阻、电阻、磁阻等的耗散效应（通过摩阻、电阻和磁阻等使机械能、电能和磁能变为热能的效应）。例如，假定图 1-5 所示的气缸内气体的膨胀过程是准平衡过程，但气体内部及气体与气缸间存在着摩阻。在正向过程中，气体的膨胀功有一部分消耗于摩阻变为了热；在反向过程中，不仅不能把正向过程中由摩阻变成的热量再转换回来变成功，而且还要再消耗额外的机械功。也就是说，外界必须提供更多的功，才能使工质回到初态，这样外界就发生了变化。只有没有摩阻的准平衡过程，系统工质所做的功，外界才能没有损失地全部得到。

可逆过程的上述两个特征也是可逆过程实现的充要条件，即只有准平衡过程且过程中无任何耗散效应的过程才是可逆过程。在状态参数坐标图上，通常用实线描绘可逆过程。

实际过程都或多或少地存在着各种不可逆因素，都是不可逆过程。对不可逆过程进行分析计算往往是相当困难的，因为此时热力系内部以及热力系与外界之间不但存在着不同程度的不可逆，而且错综复杂。由于可逆过程是没有耗散的准静态过程，因此可以用系统的状态参数及其变化计算系统与外界的能量交换——功和热量，而不必考虑外界复杂繁乱的变化，从而解决了热力过程的计算问题。同时，由于可逆过程突出了能量转换的主要矛盾，因此可以通过对可逆过程的分析选择更合理的热力过程，达到预期的结果。正是由于可逆过程反映了热力过程中能量转换的主要矛盾，因此可逆过程偏离实际过程有限，可以用一些经验系数对可逆过程计算结果加以修正而得到实际过程系统与外界的能量交换。如第三篇中讲述的相对内效率 η_{T}、绝热效率 $\eta_{C,s}$ 等就是这样一些系数。而且可逆过程是一切实际过程的理想化极限模型，因而可以作为实际过程中能量转换效果的比较标准。所以可逆过程是热力学中极为重要的概念。

二、可逆过程的功和热量

热力系实施热力过程，会与外界发生两种方式的能量交换——做功和传热。

1. 体积变化功

功是系统与外界间在力差的推动下，通过有序（有规则）运动方式传递的能量。在力学中，功被定义为力与力方向上的位移的乘积。若系统在力 F 的作用下在力 F 的方向上产生微小位移 dx，则所做的微元功为

$$\delta W = F\mathrm{d}x$$

若在力 F 作用下，系统从点 1 移动到点 2，则所做的功为

$$W = \int_1^2 F\mathrm{d}x$$

从上式可见，功的大小不仅与初、终态有关，而且与过程中 F 随 x 的变化函数关系有关，也就是说功与过程进行的性质、路径有关。因此，功不是状态参数，不能说某状态下的系统具有多少功。功是与过程有关的过程量，只有在能量的传递过程中才有意义，即功是迁移的能量。为了将功与状态参数加以区别，微元过程的功记作 δW，而不用全微分符号 $\mathrm{d}W$。

热力学中规定：系统对外做功时取为正值，而外界对系统做功时取为负值。

一般来说，热力系可用不同的方式与外界发生能量交换。在工程热力学中，热和功的相互转换是通过气体的体积变化功（膨胀功或压缩功）来实现的，因此体积变化功具有特别重要的意义。下面来导出可逆过程的体积变化功。

如图 1-6 所示，取气缸活塞机构中的气体为系统。气体的压力为 p，活塞的面积为 A。当活塞移动 $\mathrm{d}x$ 时，由于热力系进行可逆过程，外界压力必须始终与系统压力相等，因此系统对外做功为

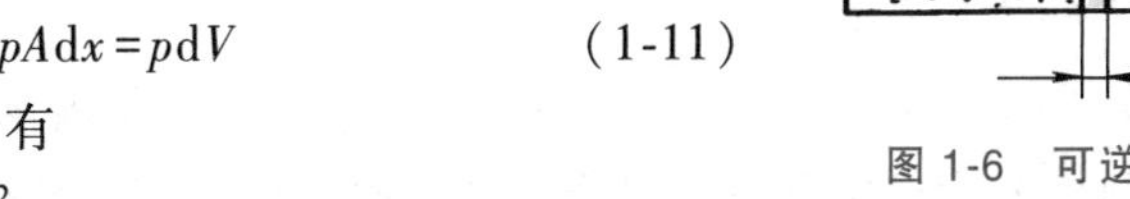

$$\delta W = F\mathrm{d}x = pA\mathrm{d}x = p\mathrm{d}V \tag{1-11}$$

系统从状态 1 变化到状态 2 时，有

$$W = \int_1^2 p\mathrm{d}V \tag{1-12}$$

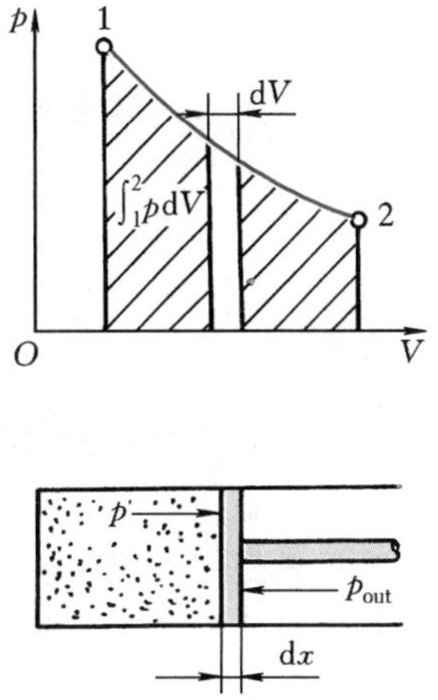

图 1-6 可逆过程的体积变化功

对于系统内质量为 1kg 的工质，系统所做的功为

$$\delta w = p\mathrm{d}v \tag{1-13}$$

$$w = \int_1^2 p\mathrm{d}v \tag{1-14}$$

以上各式中右边的参数全部是系统参数及其变化量，这说明系统进行可逆过程时，对外所做的功可由系统的参数及其变化量来计算，而无需考虑往往不知道情况的外界参数。这正是可逆过程的突出优点。

不难看出，在 p-V 图上可逆过程线 1—2 下面的面积即为 W，因此 p-V 图也叫示功图，用它来分析功是极为方便的。

2. 热量

热量是系统与外界之间在温差的推动下，通过微观粒子无序（无规则）运动的方式传

递的能量。热量和功一样，都是系统和外界通过边界传递的能量，它们都是过程量。

热力学中规定：系统吸热时热量取正值，放热时取负值。

关于热量的计算，在物理学中曾学过利用比热容计算热量的方法，即

$$\delta Q = mc\mathrm{d}T \tag{1-15}$$

或

$$Q = \int_1^2 mc\mathrm{d}T \tag{1-16}$$

式中，c 为工质的比热容。

对于可逆过程，热量还可利用下列公式来计算。热量和功既然都是与过程特征有关的量，它们必然具有某些共性。可逆过程的功可用计算式 $\delta W = p\mathrm{d}V$ 来计算，那么，可逆过程的热量是否也有类似的计算式呢？功的计算公式中，压力 p 是做功的推动力，状态参数 V 的变化是做功与否的标志，若 $\mathrm{d}V=0$，则系统与外界无体积变化功的交换。由此进行类比，既然热量是系统与外界在温差的推动下所传递的能量，则温度 T 是传热的推动力，于是相应地也应有某一状态参数的变化来标志有无传热，这个状态参数就定义为熵，以符号 S 表示。因此，在可逆过程中类比功的关系式，热量也可用如下数学表达式计算，即

$$\delta Q_{\mathrm{re}} = T\mathrm{d}S \quad 或 \quad \delta q_{\mathrm{re}} = T\mathrm{d}s \tag{1-17}$$

$$Q_{\mathrm{re}} = \int_1^2 T\mathrm{d}S \quad 或 \quad q_{\mathrm{re}} = \int_1^2 T\mathrm{d}s \tag{1-18}$$

由式（1-17）可得状态参数熵的定义式为

$$\mathrm{d}S = \frac{\delta Q_{\mathrm{re}}}{T} \tag{1-19}$$

比熵

$$\mathrm{d}s = \frac{\delta q_{\mathrm{re}}}{T} \tag{1-20}$$

式中，δQ_{re} 为微元可逆过程中系统与外界传递的热量；T 为传热时热源的温度。

这里只是用类比法引出状态参数熵，在第三章中将推导出熵，并证明熵是状态参数。

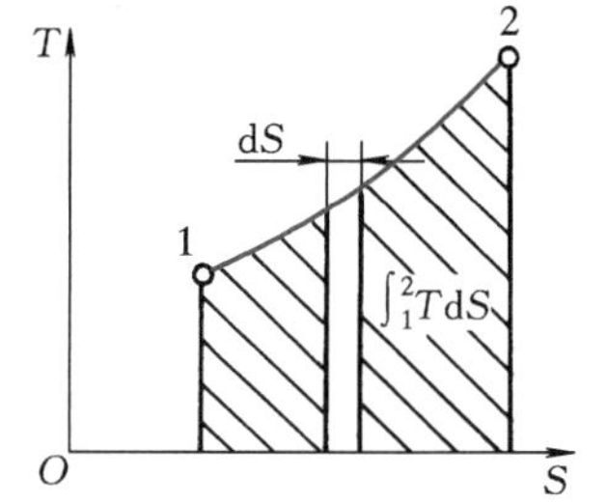

图 1-7 可逆过程的热量

和 p-V 图类似，在 T-S 图上可逆过程线下面的面积表示该过程中系统与外界交换的热量，如图 1-7 所示，所以 T-S 图也叫示热图。

第三节 热力循环

热力循环是指工质从某一初态出发经历一系列热力状态变化后又回到初态的热力过程，即封闭的热力过程，如图 1-8 所示就是一热力循环。系统实施循环的目的是为了实现预期连续的能量转换。

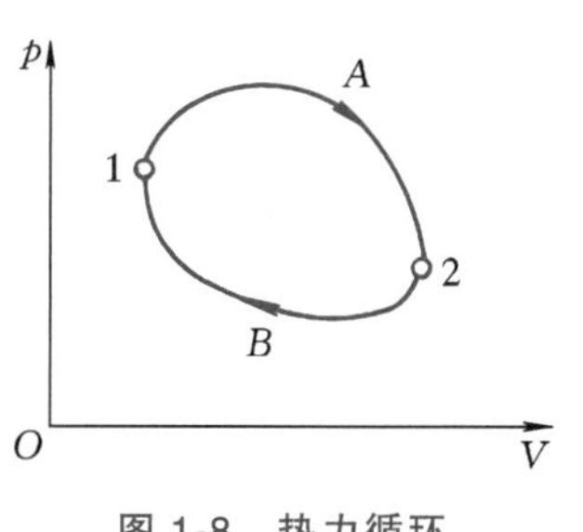

图 1-8 热力循环

热力循环按性质来分有可逆循环（全部由可逆过程组成的循环）和不可逆循环（含有不可逆过程的循环）。按目的来分有正循环（即动力循环）和逆循环（即制冷循环或热泵循环）。正循环的工作原理如图 1-9a 所示，其目的是实现热功转

换，即从高温热源取得热量 Q_H，而对外做净功 W_0。为了对外输出有效功，循环的膨胀功应大于压缩功，所以在状态参数坐标图上正循环的工质状态变化是沿顺时针方向进行的。反之，逆循环的目的是把热量从低温物体取出并排向高温物体，如图 1-9b 所示。为此需要消耗功，故循环在状态参数坐标图上沿逆时针方向进行。

循环中能量利用的经济性（能量利用率）是指通过循环所得收益与所付出代价之比。对于正循环，这一指标是热效率 η_t，即

$$\eta_t=\frac{W_0}{Q_H} \tag{1-21}$$

对于逆循环，当用于制冷装置时，其目的在于将热量 Q_L 从低温冷源取出，它的经济指标是制冷系数 ε，即

$$\varepsilon=\frac{Q_L}{W_0} \tag{1-22}$$

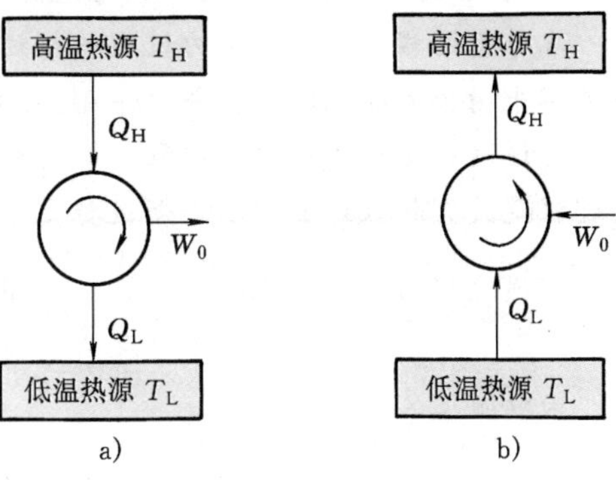

图 1-9　热力循环示意图

当逆循环用于热泵时，其目的是向高温热源（供暖房间等）提供热量 Q_H，它的经济指标称为供热（供暖）系数 ε'，即

$$\varepsilon'=\frac{Q_H}{W_0} \tag{1-23}$$

逆循环的经济性指标还常用工作性能系数 COP 来表示，其含义与 ε 和 ε'相同。

本章小结

本章讨论了工程热力学的基本概念与专门术语。

1. 热力系统

根据研究问题的需要和某种研究目的，人为划定的一定范围内的研究对象称为热力系统，简称热力系或系统。

热力系可以按热力系与外界的物质和能量交换情况进行分类。

2. 工质

用来实现能量相互转换的媒介物质称为工质。

3. 热力状态

热力系统在某瞬时所呈现的宏观物理状况称为热力状态。

对于工程热力学而言，有意义的是平衡状态。其实现条件是：

$$\Delta p=0,\quad \Delta T=0,\quad \Delta\mu=0$$

4. 状态参数和基本状态参数

描述热力系统状态的宏观物理量称为热力状态参数，简称状态参数。

状态参数可按与系统所含工质多少有关与否分为广延量（尺度量）参数和强度参数；按是否可以直接测量分为基本和非基本状态参数。

基本状态参数为压力、比体积和温度。

绝对压力和表压力或真空度之间有关系式：

$$p=p_b+p_g$$

$$p=p_b-p_v$$

热力学温标和摄氏温标间的关系式为：

$$\{T\}_K=\{t\}_{℃}+273.15$$

5. 准平衡（准静态）**过程和可逆过程**

准平衡过程是基于对热力过程的描述而提出的。实现准平衡过程的条件是推动过程进行的不平衡势差要无限小，即 $\Delta p\to 0$，$\Delta T\to 0$（$\Delta\mu\to 0$）。

可逆过程是理想的热力过程，是为分析计算系统与外界的功与热量交换而引入的。可逆过程是没有耗散效应的准平衡过程。

可逆过程的体积变化功 $W=\int_1^2 p\mathrm{d}V$

由熵的定义式 $\mathrm{d}S=\dfrac{\delta Q_{re}}{T}$

得可逆过程的热量 $Q=\int_1^2 T\mathrm{d}S$

6. 热力循环

为了实现连续的能量转换，就必须实施热力循环——封闭的热力过程。

热力循环按照不同的方法可以分为：可逆循环和不可逆循环；动力循环（正循环）和制冷（热）循环（逆循环）等。

动力循环的能量利用率的热力学指标是热效率，即

$$\eta_t=\frac{W_0}{Q_H}$$

制冷循环能量利用率的热力学指标是制冷系数，即

$$\varepsilon=\frac{Q_L}{W_0}$$

在热泵中，这一指标是供热系数，即

$$\varepsilon'=\frac{Q_H}{W_0}$$

通过本章学习，要求读者：

1）掌握研究热能与机械能相互转换所涉及的基本概念和术语。

2）掌握状态参数及可逆过程的体积变化功和热量的计算。

3）掌握热力循环的分类与不同热力循环的热力学指标。

思 考 题

1-1 系统内所有状态都不随时间变化的状态是否一定是平衡状态？为什么？

1-2 平衡状态是否一定是均匀状态？试举例说明。

1-3 倘若容器内气体的压力没有改变，且大于大气压力，试问安装在该容器上的压力表的读数会改变吗？

1-4 高压锅工作时，限压阀上承受的压力是锅内蒸汽的表压力还是绝对压力？

1-5 热力学第零定律有怎样的意义？

1-6 状态参数坐标图的重要性是什么？

1-7 什么是准平衡过程？提出准平衡过程的意义何在？

1-8 准平衡过程是如何解决“平衡”与“过程”这两个矛盾的？

1-9 提出可逆过程的意义何在？实际工程中有可逆过程吗？

1-10 经过了一个不可逆过程后，工质还能不能恢复到原来的状态？

1-11 状态参数和功（热量）的主要不同之处是什么？

1-12 在什么条件下膨胀功可以在 p-V 图上表示？

1-13 正循环和逆循环是如何划分的？

1-14 评判动力循环和制冷循环的热力学指标是什么？

1-15 制冷循环和热泵循环有什么异同点？

习　题

1-1 指出下列各物理量中哪些是状态量，哪些是过程量：压力，温度，动能，位能，热能，热量，功，密度。

1-2 指出下列各物理量中哪些是强度量：

体积，速度，比体积，动能，位能，高度，压力，温度，重量。

1-3 用水银差压计测量容器中气体的压力，为防止有毒的水银蒸气产生，在水银柱上加一段水。若水柱高 200mm，水银柱高 800mm，如图 1-10 所示。已知大气压力为 735mmHg（1mmHg = 133.322Pa），试求容器中气体的绝对压力（用 kPa 表示）。

1-4 锅炉烟道中的烟气常用上部开口的斜管测量，如图 1-11 所示。若已知斜管倾角 $\alpha = 30°$，压力计中使用 $\rho = 0.8\text{g/cm}^3$ 的煤油，斜管液体长度 $L = 200\text{mm}$，当地大气压力 $p_b = 0.1\text{MPa}$。求烟气的绝对压力（用 MPa 表示）。

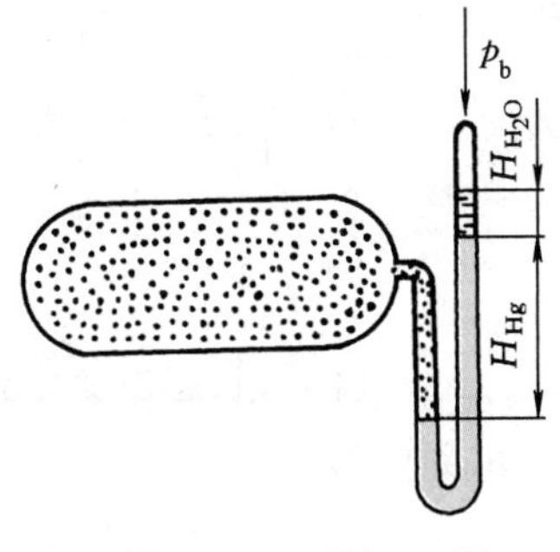

图 1-10 习题 1-3 图

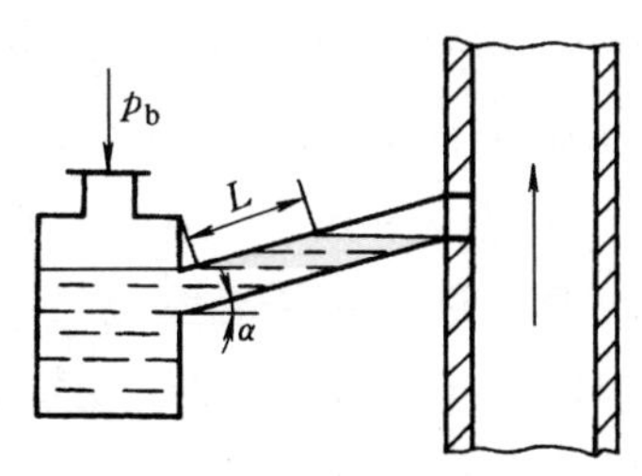

图 1-11 习题 1-4 图

1-5 一容器被刚性壁分成两部分，并在各部装有测压表，如图 1-12 所示。其中 C 为压力表，读数为 110kPa，B 为真空表，读数为 45kPa。若当地大气压力 $p_b=97$kPa，求压力表 A 的读数（用 kPa 表示）。

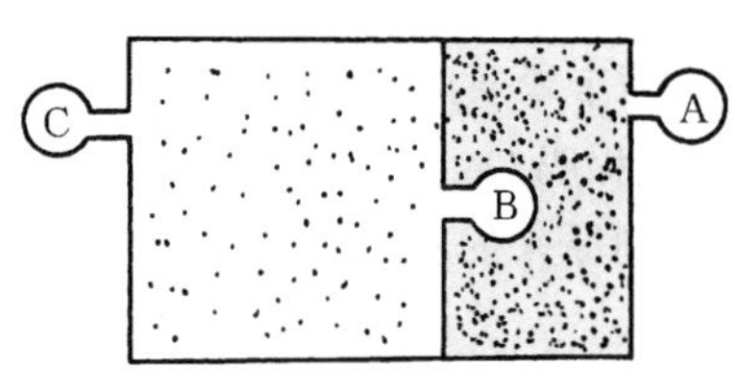

图 1-12 习题 1-5 图

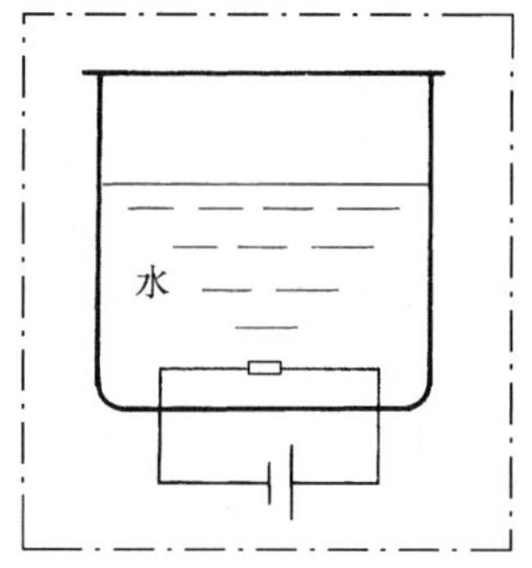

图 1-13 电加热水过程

1-6 如图 1-13 所示，一刚性绝热容器内盛有水，电流通过容器底部的电阻丝加热水。按下列三种方式取系统时，试述系统与外界交换的能量形式：

（1）取水为系统；

（2）取电阻丝、容器和水为系统；

（3）取图中点画线内的空间为系统。

1-7 某电厂汽轮机进口处蒸汽压力用压力表测量，其读数为 13.402MPa；冷凝器内蒸汽压力用真空表测量，其读数为 706mmHg。若大气压力为 0.098MPa，试求汽轮机进口处和冷凝器内蒸汽的绝对压力（用 MPa 表示）。

1-8 测得容器的真空度 $p_v=550$mmHg，大气压力 $p_b=0.098$MPa，求容器内的绝对压力。若大气压力变为 $p_b=0.102$MPa，此时真空表上的读数为多少（用 mmHg 表示）？

1-9 如果气压计压力为 83kPa，试完成以下计算：

（1）绝对压力为 0.15MPa 时的表压力；

（2）真空计上读数为 70kPa 时气体的绝对压力；

（3）绝对压力为 50kPa 时的相应真空度（kPa）；

（4）表压力为 0.25MPa 时的绝对压力（kPa）。

1-10 旧摄氏温标取水在标准大气压下的冰点和沸点分别为 0℃ 和 100℃，而华氏温标则相应地取为 32°F 和 212°F。试导出华氏温度和摄氏温度之间的换算关系，并求出绝对零度（0K 或-273.15℃）所对应的华氏温度。

1-11 以 0K 为起点的华氏温标称为兰氏温标，以 t_R（°R）表示，试求：

（1）0°R 时的华氏温度；

（2）兰氏温标和热力学温标的关系。

1-12 气体进行可逆过程，满足 $pV=C$，C 为常数。试导出该气体从状态 1 变化到状态 2 时膨胀功的表达式，在 p-V 图上定性地画出过程线，并表示出膨胀功。

1-13 若某种气体的状态方程为 $pv=R_gT$，试导出：

（1）定温下气体 p、v 之间的关系；

（2）定压下气体 v、T 之间的关系；

（3）定容下气体 p、T 之间的关系。

1-14 气体在 $p=0.2\text{MPa}$ 的定压条件下，从 $V_1=1.0\text{m}^3$ 膨胀到 $V_2=3.3\text{m}^3$，试求气体膨胀过程的膨胀功。

1-15 蒸汽动力厂的主要设备为锅炉和汽轮机（详见第十二章），水在锅炉中吸收燃料燃烧产生的热量变为蒸汽，蒸汽再进入汽轮机膨胀做功对外输出动力。已知锅炉的蒸汽产量 $q_m=200\text{t/h}$，汽轮机输出功率 $P=50000\text{kW}$，全厂耗煤 $q_{m,\text{c}}=19.5\text{t/h}$，煤的发热量 $q_\text{c}=30\times10^3\text{kJ/kg}$，蒸汽在锅炉中吸热量 $q=2680\text{kJ/kg}$。试求：

（1）该动力厂的热效率 η_t；

（2）锅炉的效率 η_B（蒸汽总吸热量/煤的总发热量）。

1-16 某火力发电厂的标准煤耗为 0.365kg/(kW·h)，若标准煤的热值为 29308kJ/kg，试求该发电厂的热效率为多少？若该发电厂的额定功率为 600MW，则该发电厂每天（24h）燃烧的标准煤为多少吨？

1-17 某家用蒸气压缩制冷空调的额定制冷量为 3179kJ/h，其制冷系数为 1.4，试问该空调的额定耗电量为多少？

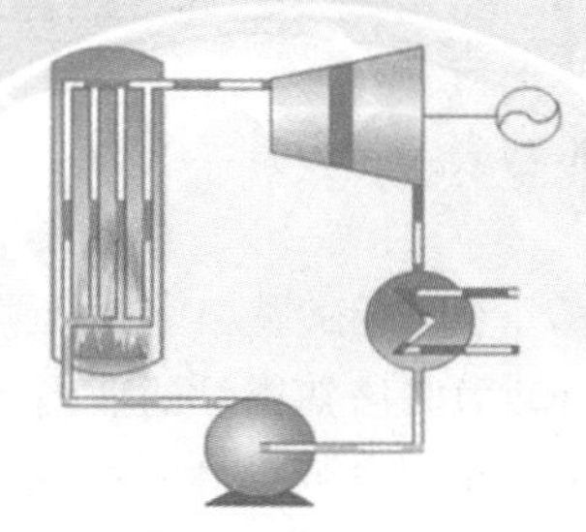

第二章

热力学第一定律

热力学第一定律是物理学中能量守恒定律在涉及热现象的能量转换过程中的应用。由于大多数同学和读者比较熟悉能量守恒定律，且容易理解，故对热力学第一定律采用从一般到特殊的论述方法，即首先导出适用于任意热力系的热力学第一定律的一般表达式（又称能量方程），进而得到实际工程中常用的闭口系和稳定流动系统的能量方程。

第一节　热力学第一定律及其实质

能量守恒定律是自然界的一条普适定律。它指出：自然界中一切物质都具有能量，能量有各种不同的形式，它可以从一个物体或系统传递到另外的物体或系统，能够从一种形式转换成另一种形式。在能量的传递和转换过程中，能量的“量”既不能创生也不能消灭，其总量保持不变。将这一定律应用到涉及热现象的能量转换过程中，即是热力学第一定律，它可以表述为：热可以转变为功，功也可以转变成热；一定量的热消失时，必然伴随产生相应量的功；消耗一定量的功时，必然出现与之对应量的热。换句话说：热能可以转变为机械能，机械能可以转变为热能，在它们的传递和转换过程中，总量保持不变。焦耳的热功当量实验和瓦特蒸汽机的成功，以及以后所有的热功转换装置都证实了热力学第一定律的正确性。

历史上，热力学第一定律的发现和建立正处在资本主义发展初期，当时有人曾幻想制造一种可以不消耗能量而连续做功的“第一类永动机”，由于它违反热力学第一定律，就注定了其失败的命运。因此热力学第一定律也可以表述为：第一类永动机是造不成的。

第二节　热力学能和总储存能

热力学能是工质微观粒子所具有的能量。在分子尺度上它包括分子运动所具有的内动能和分子间由于相互作用力所具有的内位能；在分子尺度以下有维持一定分子结构的化学能和原子核内部的核能。对于不包括化学反应和核变化的简单可压缩系统，热力学能仅包括分子的内动能和分子的内位能。

根据分子运动论，分子的内动能与工质的温度有关；分子的内位能主要与分子间的距离即系统内工质占据的体积有关。因此，确定质量工质的热力学能是温度和体积的函数，即

$$U=U(T,V) \tag{2-1}$$

由于温度和一定质量工质所占据的体积是两个独立的状态参数，根据状态公理，热力学能是状态参数，且是与工质质量有关的广延参数。

单位质量工质的热力学能称为比热力学能，是由广延量转换得到的强度量，显然有

$$u=\frac{U}{m}$$

除储存在热力系内部的热力学能外，热力系作为一宏观整体相对于某参考坐标系还具有宏观的能量：当热力系以速度 c 作宏观运动时，具有宏观动能 E_k；当热力系的相对高度为 z 时，具有宏观位能 E_p。相对于储存在系统内部的热力学能，称它们为外部储存能。

由物理学知，若工质的质量为 m，则

$$E_k=\frac{1}{2}mc^2,\ E_p=mgz$$

热力系的总储存能（或总能量）E 是热力学能和外部储存能的总和，即

$$E=U+E_k+E_p=U+\frac{1}{2}mc^2+mgz \tag{2-2a}$$

对于单位质量工质而言，比总储存能

$$e=u+\frac{1}{2}c^2+gz \tag{2-2b}$$

显然，总储存能是取决于热力状态和力学状态的状态参数。

第三节 热力学第一定律的一般表达式

热力过程中热能和机械能的转换过程，总是伴随着能量的传递和交换。这种交换不但包括功和热量的交换，而且包括因工质流进流出而引起的能量交换。根据热力学第一定律中能量的“量”守恒的原则，对于任意系统可以得到其一般关系式，即

进入系统的能量-流出系统的能量=系统能量的增量 (2-3)

考察如图 2-1 所示的一般热力系（虚线所围），假设该系统在无限短的时间间隔 $d\tau$ 内，从外界吸收热量 δQ，并有 δm_1(kg) 的工质携带 $e_1\delta m_1$ 的能量进入系统；同时，热力系对外界做出各种形式的功，其总和为 δW_{tot}，且有 δm_2 (kg) 的工质携带 $e_2\delta m_2$ 的能量流出系统，其间系统的总储存能从 E_{sy} 增加到 $(E+dE)_{sy}$，根据式(2-3) 有

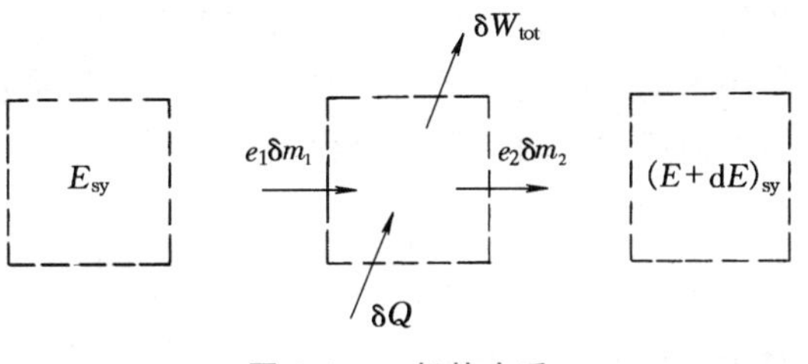

图 2-1 一般热力系

$$(\delta Q+e_1\delta m_1)-(\delta W_{tot}+e_2\delta m_2)=(E+dE)_{sy}-E_{sy}$$

即

$$\delta Q=dE_{sy}+(e_2\delta m_2-e_1\delta m_1)+\delta W_{tot} \tag{2-4a}$$

对式 (2-4a) 积分可以得到在有限时间 τ 内的表达式，即

$$Q=\Delta E_{sy}+\int_{\tau}(e_2\delta m_2-e_1\delta m_1)+W_{tot} \tag{2-4b}$$

式（2-4a）和式（2-4b）即为热力学第一定律的一般表达式。

第四节 闭口系的能量方程——热力学第一定律的基本表达式

在实际热力过程中，许多系统都是闭口系。例如：活塞式压气机的压缩过程，内燃机的压缩和膨胀过程。因此，有必要从式（2-4a）或式（2-4b）进一步推导出适合于闭口系的热力学第一定律表达式，即闭口系的能量方程。

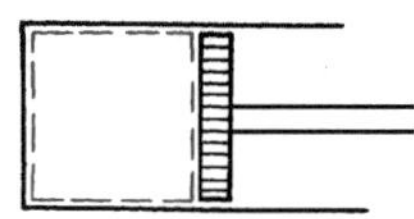
图 2-2 气缸活塞系统

如图 2-2 所示的气缸活塞系统是一个典型的闭口系。通常该系统的宏观动能和宏观位能均无变化，即 $\Delta E_k=0$，$\Delta E_p=0$。因此，系统总储存能的增量仅为热力学能增量 ΔU。闭口系与外界无物质交换，$\delta m_1=\delta m_2=0$。系统对外所做的功仅有因系统工质膨胀（或被压缩）所做的体积变化功（膨胀功）W。这样由式（2-4b）可得闭口系的能量方程为

$$Q=\Delta U+W \tag{2-5}$$

对于单位质量的工质而言，有

$$q=\Delta u+w \tag{2-6}$$

对式（2-5）微分，或由式（2-4a）可得闭口系微元过程的能量方程，即

$$\delta Q=\mathrm{d}U+\delta W \tag{2-5a}$$

及

$$\delta q=\mathrm{d}u+\delta w \tag{2-6a}$$

闭口系的能量方程式（2-5）和式（2-6）等在推导过程中除要求系统是闭口系，即控制质量系外，没有附加任何其他条件，因此适用于一切过程和工质。

将式（2-5）变为

$$Q-\Delta U=W$$

可以看出，欲把包括工质的热力学能——内热能和外热能（从外界获得的热量）在内的热能转变为机械能，必须通过工质的体积膨胀才能实现。正是由于闭口系的能量方程反映了热能和机械能之间转换的基本原理和关系，因此称之为热力学第一定律的基本表达式。

如前所述，对于可逆过程有

$$W=\int_1^2 p\mathrm{d}V \quad 或 \quad w=\int_1^2 p\mathrm{d}v$$

故对于闭口系的可逆过程有

$$Q=\Delta U+\int_1^2 p\mathrm{d}V \tag{2-5b}$$

$$q=\Delta u+\int_1^2 p\mathrm{d}v \tag{2-6b}$$

应用闭口系的能量方程式，应注意单位和量纲的统一，以及热量、功的正负号规定。

例 2-1 图 2-3 所示是一刚性绝热容器，被刚性隔板分成 A、B 两部分，A 中装有氮气，B 内为真空。抽掉隔板后工质经自由膨胀达到新的平衡。设氮气初始温度为 t_1，并有 $u=0.74t$ 的

关系，试求达到新的平衡状态时氮气的温度 t_2。

解 (1) 首先确定系统：以图 2-3 中虚线所围空间为热力系，即系统 = A+B。该系统与外界无质量交换，故是闭口系。

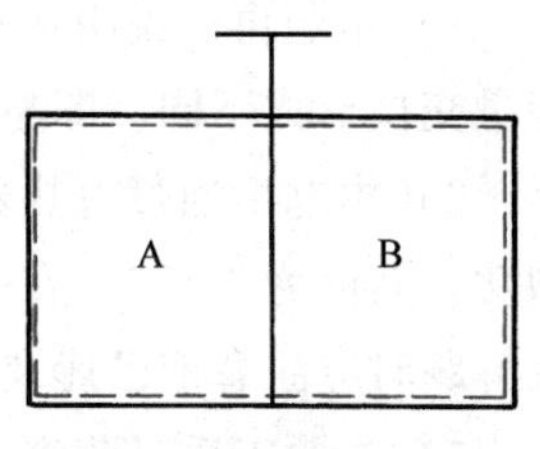

图 2-3 刚性绝热容器

(2) 建立方程：闭口系的能量方程为

$$Q=\Delta U+W$$

(3) 分析系统与外界的能量交换及相互作用，化简方程。

1) 由题意知，容器绝热：$Q=0$。

2) 尽管气体膨胀，但由于是自由膨胀，故对外不做功，即没有功穿过边界而产生举起重物的效应，$W=0$。

由能量方程得
$$\Delta U=0$$
$$\Delta u=0$$
由
$$u=0.74t$$
得
$$\Delta t=0$$
故
$$t_2=t_1$$

讨论

在解决涉及热现象的能量转换和传递的实际问题时，重要的是首先合理地确定系统，即正确地选取研究对象。系统不同，不但与外界交换的功、热不同，而且选取的系统不合理可能导致问题难以求解。试分析，如果本题分别以 A、B 为系统进行求解，结果又会怎样？

例 2-2 一刚性绝热容器内储有蒸汽，通过电热器向蒸汽输入 80kJ 的能量，如图 2-4 所示，问蒸汽的热力学能变化多少？

解 方法一：如图取虚线所包围的蒸汽和电热器为系统，显然是一控制质量系统。能量方程为

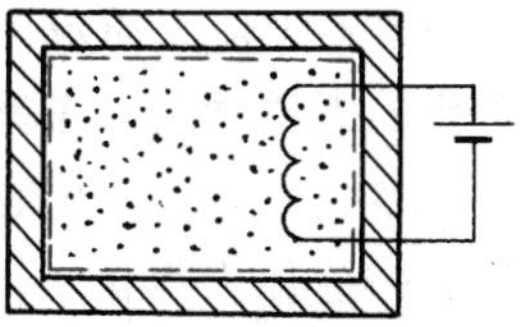

$$Q=\Delta U+W$$
$$\Delta U=Q-W$$

图 2-4 例 2-2 图

分析系统与外界交换的能量，有

$$Q=0$$

由于外界向系统输入电功，故有

$$W=-80\text{kJ}$$

则
$$\Delta U=-W=80\text{kJ}$$

方法二：仅取容器中蒸汽为系统，显然也是一控制质量系统，故能量方程未变。但系统与外界能量交换的形式有变化。系统与外界无功的交换，$W=0$；系统仅吸收电热器产生的热量。根据能量守恒定律，有

$$Q=80\text{kJ}$$

则
$$\Delta U=Q=80\text{kJ}$$

讨论

1）本题再次说明在解决能量转换问题时，必须首先确定系统。系统不同，与外界进行的能量交换形式不同，即与外界交换的功、热不同，能量方程的形式也有可能不同。

2）本题中通过电热器向蒸汽输入 80kJ 的能量，在方法一中是作为功处理，是外界对系统做功，其值为“负”；在方法二中是作为热量处理，是系统从外界吸热，其值为“正”。因此，在解题时应注意前已述及的对功和热量约定的“正”“负”号。

3）本题工质是蒸汽，上题工质是气体，均使用了能量方程式（2-5）。再次说明能量方程式（2-5）对工质无限制。

第五节 稳定流动系统的能量方程

一、稳定流动系统

在实际的热力工程和热工设备中，工质要不断地流入和流出，热力系是一个开口系。在正常运行工况或设计工况下，所研究的开口系是稳定流动系统。所谓稳定流动系统是指热力系统内各点状态参数不随时间变化的流动系统。为实现稳定流动，必须满足以下条件：

1）进出系统的工质流量相等且不随时间而变。

2）系统进出口工质的状态不随时间而变。

3）系统与外界交换的功和热量等所有能量不随时间而变。

二、流动功

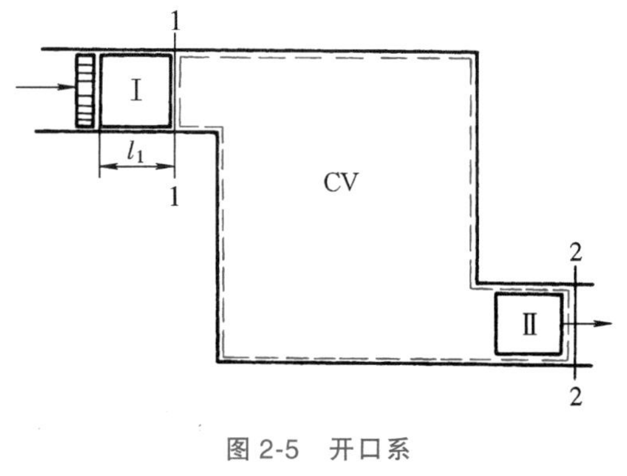

图 2-5 开口系

稳定流动系统是一个开口系，对于任何开口系而言，为使工质流入系统，外界必须对流入系统的工质做功。考察如图 2-5 所示的开口系，取虚线所围空间为控制容积 CV，其进口截面为 1—1，压力为 p_1，出口截面为 2—2，压力为 p_2。为把体积为 V_1、质量为 m_1 的流体 I 推入系统，外界必须做功以克服系统内阻力，此功称为推动功（推挤功）。把流体 I 后面的流体想象为一活塞，其面积为 A_1（即进口流道截面积），若把 I 推入系统移动距离为 l_1，则外界（流体 I 后面的流体）克服系统内阻力所做的推动功为

$$W_{push1}=(p_1A_1)l_1=p_1(A_1l_1)=p_1V_1$$

对系统而言，工质流入系统是外界对系统做功，按前述约定其值为负，故

$$W_{push1}=-p_1V_1 \tag{2-7a}$$

同理，若有质量为 m_2，体积为 V_2 的流体 Ⅱ 流出系统，则系统需对外界做功

$$W_{push2}=p_2V_2 \tag{2-7b}$$

对于同时有工质流入和流出的开口系而言，使工质流入和流出系统所做的推动功的代数和称为流动功 W_f，显然它是维持工质流动所必需的功。

$$W_f=W_{push1}+W_{push2}=-p_1V_1+p_2V_2$$

$$W_f=\Delta(pV) \tag{2-8a}$$

对于流入流出系统的单位质量工质而言，其相应的比流动功为

$$w_f=\Delta(pv) \tag{2-8b}$$

三、稳定流动系统的能量方程

如图 2-6 所示的热力系是一稳定流动系统（虚线所围）。在 τ 时间内系统与外界交换的热量为 Q，同时有 m_1（kg）的工质流入系统，m_2（kg）的工质流出系统，由前述实现稳定流动的条件 1）得

$$m_1=m_2=m=\int_\tau \delta m$$

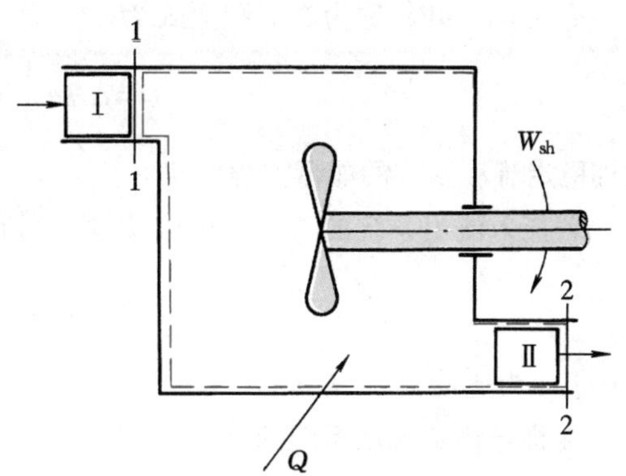

图 2-6　稳定流动系统

若流入和流出系统工质的比储存能分别为 e_1 和 e_2，由前述实现稳定流动的条件 2）知，它们均为常数，从而式（2-4b）中

$$\begin{aligned}\int_\tau (e_2\delta m_2-e_1\delta m_1)&=\int_\tau (e_2-e_1)\delta m\\&=(e_2-e_1)\int_\tau \delta m\\&=(e_2-e_1)m=E_2-E_1\\&=\left(U_2+\frac{1}{2}mc_2^2+mgz_2\right)-\left(U_1+\frac{1}{2}mc_1^2+mgz_1\right)\end{aligned}$$

在 τ 时间内，系统与外界交换的功除维持工质流动的流动功外，还有通过机器的旋转轴与外界交换的轴功 W_{sh}。例如，在汽轮机中，蒸汽冲击叶片使叶轮旋转对外输出轴功；在叶轮式压气机中，电动机（或其他动力机）带动叶轮轴旋转，使气体流速增大，然后经扩压管使其压力升高。因此，系统与外界交换的总功为

$$W_{tot}=W_{sh}+W_f=W_{sh}+\Delta(pV)$$

另外，由于稳定流动系统内各点参数不随时间发生变化，故作为状态参数的系统总能量变化恒为零，即

$$\Delta E_{sy}=0$$

根据上述分析和热力学第一定律的一般表达式（2-4b），有

$$\begin{aligned}Q &= \Delta E_{sy}+\int_{\tau}(e_2\delta m_2-e_1\delta m_1)+W_{tot}\\&=0+(E_2-E_1)+W_{sh}+W_f\\&=\left(U_2+\frac{1}{2}mc_2^2+mgz_2\right)-\left(U_1+\frac{1}{2}mc_1^2+mgz_1\right)+W_{sh}+\Delta(pV)\\&=(U_2+p_2V_2)-(U_1+p_1V_1)+\frac{1}{2}m(c_2^2-c_1^2)+mg(z_2-z_1)+W_{sh}\end{aligned}$$

令 $H=U+pV$，称为焓，则上式为

$$Q=\Delta H+\frac{1}{2}m\Delta c^2+mg\Delta z+W_{sh} \tag{2-9}$$

此即稳定流动系统的能量方程。

若流入流出系统的工质为单位质量，则有

$$q=\Delta h+\frac{1}{2}\Delta c^2+g\Delta z+w_{sh} \tag{2-10}$$

式中，h 为比焓，$h=H/m$。

在推导稳定流动系统的能量方程式（2-9）和式（2-10）的过程中，除要求系统是稳定流动外，没有任何附加条件，故适用于任何过程和工质。

在式（2-9）和式（2-10）中，除功和热量外，其余均为工质的进出口参数。前已述及，稳定流动系统内各点参数不随时间而变，但各点参数却随空间位置连续地从进口变化到出口。若以一定量工质为研究对象（控制质量系统），则这种变化可以视为一定量工质从进口到出口与外界交换功、热量而引起的。于是式（2-9）和式（2-10）可以理解为一定量工质稳定流经控制容积系统、与外界进行能量交换和本身状态变化所必须遵循的能量方程，即控制质量系统的能量方程。

对于微元过程，式（2-9）和式（2-10）可写为

$$\delta Q=\mathrm{d}H+\frac{1}{2}m\mathrm{d}c^2+mg\mathrm{d}z+\delta W_{sh} \tag{2-9a}$$

$$\delta q=\mathrm{d}h+\frac{1}{2}\mathrm{d}c^2+g\mathrm{d}z+\delta w_{sh} \tag{2-10a}$$

四、技术功

分析式（2-9）的后三项可知，前两项是工质的宏观动能和宏观位能的变化，属机械能；W_{sh} 是轴功，也是机械能。它们均是技术上可资利用的能量，称之为技术功，用 W_t 表示为

$$W_t=\frac{1}{2}m\Delta c^2+mg\Delta z+W_{sh} \tag{2-11}$$

于是，式（2-9）可写为

$$Q=\Delta H+W_t \tag{2-12}$$

对于单位质量工质相应有

$$q=\Delta h+w_t \tag{2-13}$$

将式（2-12）进行变换

$$Q=\Delta U+\Delta(pV)+W_t$$

则

$$Q-\Delta U=\Delta(pV)+W_t$$

根据控制质量的能量方程式（2-5）

$$Q-\Delta U=W$$

则有

$$W=\Delta(pV)+W_t=W_f+W_t \tag{2-14}$$

由式（2-14）可知，维持工质流动的流动功和技术上可资利用的技术功，均是由热能转换所得工质的体积变化功（膨胀功）转化而来的。或者说，技术功是由热能转换所得的体积变化功扣除流动功后得到的。

对于可逆过程

$$W=\int_1^2 p\mathrm{d}V$$

代入式（2-14）得

$$W_t=W-\Delta(pV)=\int_1^2 p\mathrm{d}V-\int_1^2 \mathrm{d}(pV)$$

$$=\int_1^2 p\mathrm{d}V-\left(\int_1^2 p\mathrm{d}V+\int_1^2 V\mathrm{d}p\right)$$

故

$$W_t=-\int_1^2 V\mathrm{d}p \tag{2-15a}$$

对于单位质量工质

$$w_t=-\int_1^2 v\mathrm{d}p \tag{2-15b}$$

在图 2-7 所示的 p-v 图上，可逆过程 1—2 的技术功 $-\int_1^2 v\mathrm{d}p$ 可用过程线左边的面积 12341 表示。

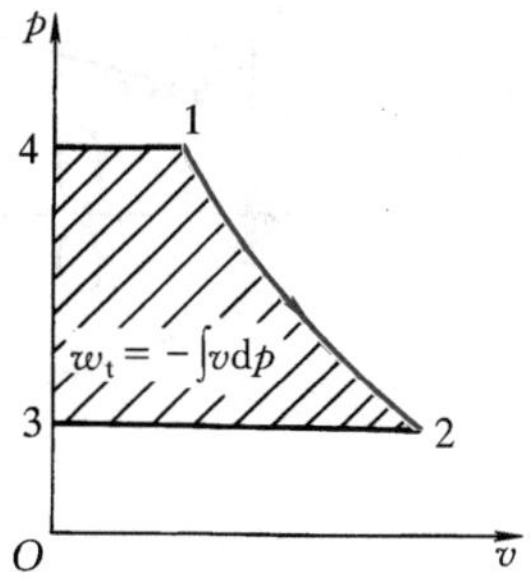

图 2-7 可逆过程的技术功

对于可逆的稳定流动过程，能量方程可表示为

$$Q=\Delta H-\int_1^2 V\mathrm{d}p \tag{2-12a}$$

$$q=\Delta h-\int_1^2 v\mathrm{d}p \tag{2-13a}$$

五、焓

在稳定流动系统的能量方程式（2-9）的推导中，定义了一个新的物理量——焓。

$$H=U+pV \tag{2-16a}$$

根据状态参数的性质可以证明，由状态参数 U、p、V 组成的复合参数 H 也是一个状态参数。它是具有能量量纲的广延量。比焓

$$h=\frac{H}{m}=u+pv \tag{2-16b}$$

是由广延量转换得到的强度量。

在开口系中，对于流入（或流出）系统的工质而言，U 是工质的热力学能，pV 是工质迁移引起的系统与外界交换的推动功，并通过工质的流入（或流出）将此能量带入（或带出）系统。因此，只要有工质流入（或流出）系统，工质的热力学能 U 和能量 pV 必然结合在一起流入（或流出）系统。因此可以说，焓是开口系中流入（或流出）系统工质所携带的取决于

热力学状态的总能量。

第六节 能量方程的应用

热力学第一定律是能量传递和转换所必须遵循的基本定律。闭口系的能量方程反映了热能和机械能相互转换的基本原理和关系；稳定流动系统的能量方程虽然与闭口系的形式不同，但其本质并没有变化。应用它们可以解决工程中的能量传递和转换问题。在分析具体问题时，对于不同的热力设备和热力过程，应根据具体问题的不同条件做出合理简化，得到更加简单明了的方程。在实际工程中，多数热力设备、装置是开口的稳定流动系统，因此，稳定流动系统的能量方程应用得较多。下面以几种典型的热力设备为例进行分析和说明。

一、叶轮式机械

叶轮式机械包括叶轮式动力机和叶轮式耗功机械。叶轮式动力机有汽轮机和燃气轮机等，如图 2-8 所示。在工质流经叶轮式动力机时，压力降低，体积膨胀，对外做功。通常进出口的动能差、位能差以及系统向外散失的热量均可忽略不计，于是稳定流动系统的能量方程式（2-10）可简化为

$$w_{sh}=h_1-h_2$$

上式说明叶轮式动力机对外所做的轴功来源于工质从动力机进口到出口的焓降。

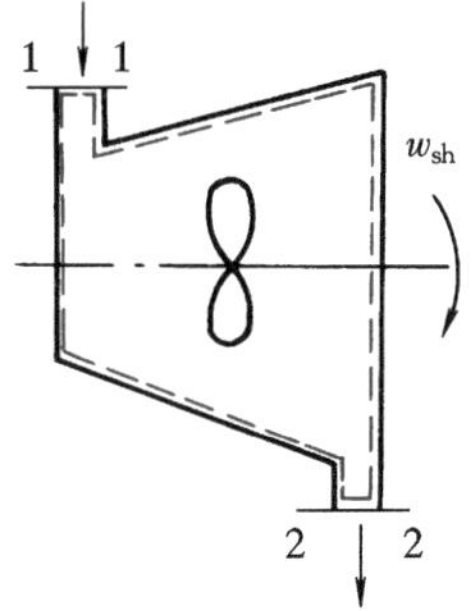

图 2-8 叶轮式动力机

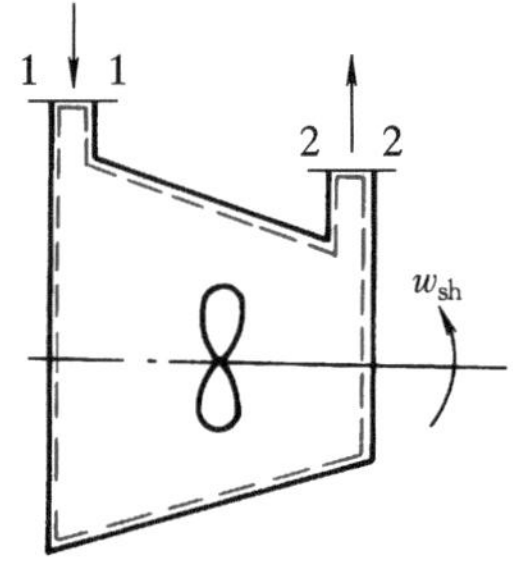

图 2-9 叶轮式耗功机械

对于如图 2-9 所示的叶轮式耗功机械，如叶轮式压气机、水泵等，同理可得

$$w_{sh}=-(h_2-h_1)$$

叶轮式耗功机械是外界通过旋转轴对系统做功。外界所消耗的功用于增加工质的焓，故有 $h_1<h_2$，系统所做的轴功为负值。

二、热交换器

热力工程中的锅炉、回热加热器、冷油器和冷凝器等均属热交换器，即换热器。取如图 2-10 所示换热器工质流经的空间为热力系（虚线所围），工质在换热器中被加热或冷却，与外界有热量交换而无功的交换，忽略进出口工质的宏观动能差与位能差，对于稳定流动，根据式（2-9）则有

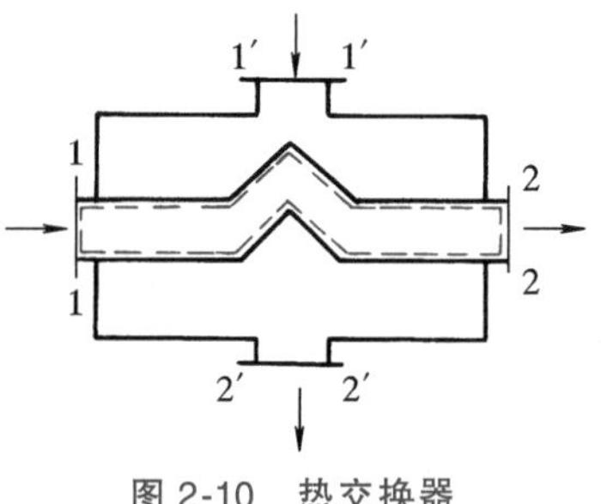

图 2-10 热交换器

$$Q = \Delta H = H_2 - H_1$$

说明冷流体在换热器中吸收的热量等于其焓的增加；相反，热流体放出的热量等于其焓的减少。

三、（绝热）节流

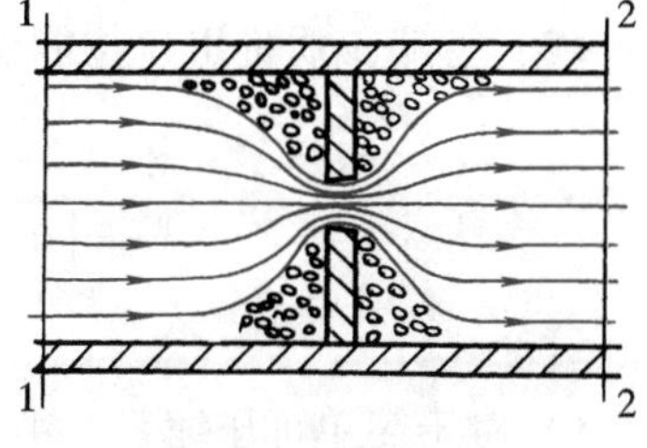

图 2-11 节流过程

阀门、流量孔板等是工程中常用的设备。工质流经这些设备时，流体通过的截面突然缩小（图 2-11），称为节流。在节流过程中，工质与外界交换的热量可以忽略不计，故节流又称绝热节流。

节流中缩孔附近的工质由于摩擦和涡流，流动不但是不可逆过程，且状态不稳定，处于非平衡状态。为了能应用稳定流动系统的能量方程进行分析，进出口截面必须取在离节流孔一定距离的稳定状态处，如图 2-11 所示。节流过程是绝热节流，进出口工质的动能差与位能差可忽略不计，工质在节流过程中与外界无功的交换，因此，稳定流动系统的能量方程式（2-10）可简化为

$$\Delta h = 0 \quad 或 \quad h_2 = h_1$$

说明节流前后工质的焓相等。

例 2-3 新进入汽轮机的蒸汽的参数为：$p_1 = 9.0\text{MPa}$，$t_1 = 500℃$，$h_1 = 3385.0\text{kJ/kg}$，$c_1 = 50\text{m/s}$；出口参数为：$p_2 = 0.004\text{MPa}$，$h_2 = 2320.0\text{kJ/kg}$，$c_2 = 120\text{m/s}$。蒸汽的质量流量 $q_m = 220\text{t/h}$，试求：

（1）汽轮机的功率；

（2）忽略蒸汽进出口动能变化引起的计算误差；

（3）若蒸汽进出口高度差为 12m，求忽略蒸汽进出口位能变化引起的计算误差。

解 （1）取汽轮机进出口所围空间为控制容积系统，如图 2-8 所示，则系统为稳定流动系统，从而有

$$q = \Delta h + \frac{1}{2}\Delta c^2 + g\Delta z + w_{\text{sh}}$$

依题意：$q = 0$，$\Delta z = 0$，故有

$$\begin{aligned} w_{\text{sh}} &= -\Delta h - \frac{1}{2}\Delta c^2 = (h_1 - h_2) - \frac{1}{2}(c_2^2 - c_1^2) \\ &= (3385.0 - 2320.0)\text{kJ/kg} - \frac{1}{2}\times(120^2 - 50^2)\times 10^{-3}\text{kJ/kg} \\ &= 1.059\times 10^3\text{kJ/kg} \end{aligned}$$

功率

$$\begin{aligned} P_{\text{sh}} &= q_m w_{\text{sh}} = 220\times 10^3 \times 1.059\times 10^3\text{kJ/h} \\ &= 2.330\times 10^8\text{kJ/h} = 6.472\times 10^4\text{kW} \end{aligned}$$

（2）忽略工质进出口动能差，单位质量工质对外输出功的增加量（或减少量）为

$$\begin{aligned} \Delta w_{\text{sh}} &= \frac{1}{2}\Delta c^2 = \frac{1}{2}\times(120^2 - 50^2)\times 10^{-3}\text{kJ/kg} \\ &= 5.95\text{kJ/kg} \end{aligned}$$

忽略工质进出口动能差引起的相对误差为

$$\varepsilon_k=\frac{|\Delta w_{sh}|}{|w_{sh}|}=\frac{5.95\text{kJ/kg}}{1.059\times10^3\text{kJ/kg}}=0.56\%$$

（3）忽略工质进出口位能变化引起的相对误差为

$$\varepsilon_p=\frac{|\Delta w_{sh}|}{|w_{sh}|}=\frac{|g\Delta z|}{|w_{sh}|}=\frac{9.81\times12\times10^{-3}}{1.059\times10^3}=0.011\%$$

讨论

1）对于简单可压缩系，由前述知，只要有两个确定的独立参数，就可以决定其状态及其他状态参数。但本题进口不但给出了基本状态参数 p_1 和 t_1，而且给出了 h_1，显然从原理上讲给出 h_1 是多余的。这是由于本章还未介绍如何通过 p、t 去确定蒸汽的 h 及其他状态参数值。学习完第七章，再解此题，就知道给出的 h_1 是多余的了。

2）虽然本题汽轮机进出口工质速度变化较大，进出口高度差也较大，但计算表明动能差和位能差与对外输出功相比却可以忽略不计。

例 2-4　空气在一活塞式压气机中被压缩。压缩前空气的参数是：$p_1=0.1\text{MPa}$，$v_1=0.86\text{m}^3/\text{kg}$；压缩后空气的参数是：$p_2=0.8\text{MPa}$，$v_2=0.18\text{m}^3/\text{kg}$。设在压缩过程中 1kg 空气的热力学能增加 150kJ，同时向外放出热量 50kJ，试求：

（1）压缩过程中对 1kg 空气所做的功；

（2）每生产 1kg 压缩空气所需的功；

（3）若该压气机每分钟生产 15kg 压缩空气，带动此压气机要用多大功率的电动机？

解　（1）活塞式压气机的工作过程包括进气、压缩和排气三个过程。在压缩过程中，进、排气阀均关闭，取如图 2-12 所示虚线所围的空间为热力系，显然是闭口系。系统与外界交换的功为体积变化功（压缩功）w，能量方程为

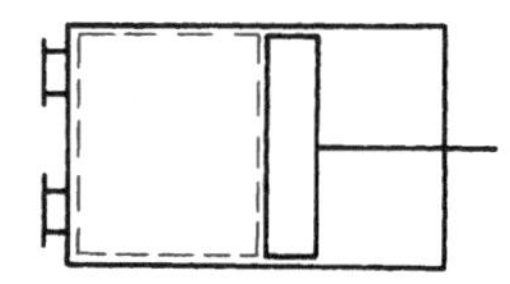

图 2-12　活塞式压气机

$$q=\Delta u+w$$

则

$$w=q-\Delta u=-50\text{kJ/kg}-150\text{kJ/kg}=-200\text{kJ/kg}$$

（2）要生产出压缩空气，压气机的进、排气阀须周期性地打开，故系统是开口系。严格地讲，该系统不是稳定流动系统，因为各点参数在作周期性变化。但考察不同周期的同一时刻，各点参数却是相同的，每个周期进、排气参数和质量不变，与外界交换的能量相同，满足实现稳定流动系统的三个条件。因此，可将压气机的生产过程抽象为气体连续不断流入气缸、受压缩后连续由气缸排出的稳定流动过程。这样，系统可视为稳定流动系统，如图 2-13 所示，则能量方程为

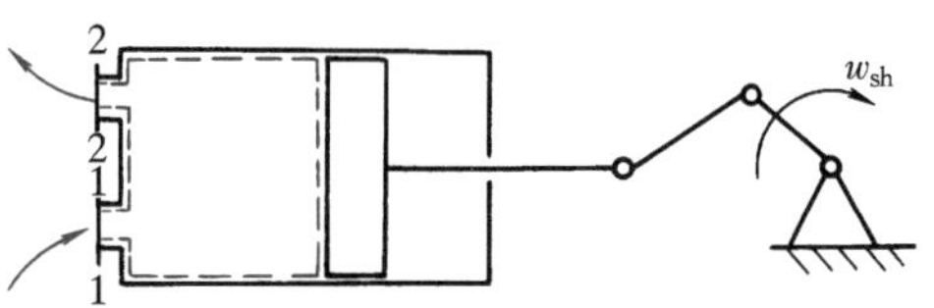

图 2-13　具有进出口的活塞式压气机

$$q=\Delta h+\frac{1}{2}\Delta c^2+g\Delta z+w_{sh}$$

由 $$\Delta c^2=0,\quad \Delta z=0$$

得 $$w_{sh}=q-\Delta h=q-[\Delta u+\Delta(pv)]=(q-\Delta u)-\Delta(pv)$$

由第（1）问知

$$q-\Delta u=w$$

则

$$\begin{aligned}w_{sh}&=w-\Delta(pv)\\&=-200\text{kJ/kg}-(0.8\times0.18-0.1\times0.86)\times10^6\times10^{-3}\text{kJ/kg}\\&=-258\text{kJ/kg}\end{aligned}$$

（3）带动此压气机的电动机功率为

$$\begin{aligned}P_{sh}&=q_m\,|w_{sh}|\\&=\frac{15}{60}\times258\text{kW}\\&=64.5\text{kW}\end{aligned}$$

讨论

1）本题求解过程再次说明正确确定系统的重要性。同一压气机，系统选取不同，能量方程不同，求解的功不同。

2）第（2）问求解，也可以利用能量守恒的一般关系式（2-3），对进气、压缩和排气三个过程分别列能量方程，然后综合得到

$$q=\Delta h+w_t$$

由于 $\Delta c^2=0$，$\Delta z=0$，故 $w_t=w_{sh}$。

3）在使用能量方程分析计算时，要注意单位、量纲的统一和功、热量的正负号。例 2-3 第（1）问求解 w_{sh} 时动能差的计算，以及本题第（2）问求解 w_{sh} 时 Δ（pv）的计算，均出于保持单位统一的考虑才乘以 10^{-3}。本题计算中 q 取负值，因为是散热。

4）通过本章例题，读者可以归纳出在应用能量方程进行分析计算时应遵循的步骤。

本章小结

热力学第一定律是能量守恒定律在涉及热现象的能量转换过程中的应用。热力学第一定律揭示了能量在传递和转换过程中数量守恒这一实质。

闭口系的热力学第一定律表达式，即热力学第一定律基本表达式为

$$Q=\Delta U+W$$

稳定流动系统的能量方程为

$$Q=\Delta H+\frac{1}{2}m\Delta c^2+mg\Delta z+W_{sh}$$

引入技术功概念后的上式可表示为

$$Q=\Delta H+W_t$$

技术功 $$W_t=\frac{1}{2}m\Delta c^2+mg\Delta z+W_{sh}$$

在可逆条件下 $$W_t=-\int_1^2 V\mathrm{d}p$$

通过本章学习，要求读者深入理解热力学第一定律的实质，熟练掌握热力学第一定律的闭口系和稳定流动系统的能量方程，以解决工程实际的有关问题。同时，利用热力学第一定律还可以解决工程上的充气、放气等能量分析计算。

思考题

2-1 热力学第一定律的实质是什么？

2-2 $q=\Delta u+w$ 为什么称为热力学第一定律的基本表达式？它适用于什么工质和过程？

2-3 膨胀功、流动功、轴功和技术功之间有何区别？有何联系？

2-4 为什么稳定流动的能量方程

$$q=\Delta h+\frac{1}{2}\Delta c^2+g\Delta z+w_{sh}$$

可以理解为控制质量系统的能量方程？

2-5 能量方程 $q=\Delta h-\int_1^2 v\mathrm{d}p$ 适用于什么工质和过程？

2-6 焓的物理意义是什么？闭口系有无焓？

2-7 焓和热力学能之间的区别和联系是什么？它们各自在什么条件下使用？

2-8 判断下列能量方程的正误，并说明原因。

$$q=u+w$$

$$\mathrm{d}q=\delta u+\mathrm{d}w$$

$$q=h+w_{sh}$$

2-9 由方程 $q=\Delta u+w$ 得 $\Delta u=q-w$，其中 q 和 w 均是过程量，由此是否可得 Δu 也是与过程有关的过程量？

2-10 放有冰箱的房间温度高于没有放冰箱的房间温度，试问是否可以通过打开冰箱门使放有冰箱的房间温度降低？为什么？

2-11 节流过程的 $\Delta h=0$（即 $h_2=h_1$），据此能说节流过程是等焓过程吗？为什么？

2-12 动力循环的热效率能否大于或等于1？为什么？

2-13 热泵循环的供热系数能否大于1？为什么？是否违反了热力学第一定律和第二定律？

习 题

2-1 系统经一热力过程，放热8kJ，对外做功26kJ。为使其返回原状态，对系统加热6kJ，问需对系统做功多少？

2-2 气体在某一过程中吸收了64kJ热量，同时热力学能增加了114kJ，此过程是膨胀过程还是压缩过程？系统与外界交换的功是多少？

2-3　1kg 空气由 $p_1=5\text{MPa}$、$t_1=500℃$ 膨胀到 $p_2=1\text{MPa}$、$t_2=500℃$，得到热量 357kJ，对外做膨胀功 357kJ。接着又从终态被压缩到初态，放出热量 590kJ。试求：

（1）膨胀过程空气热力学能的增量；

（2）压缩过程空气热力学能的增量；

（3）压缩过程外界消耗了多少功？

2-4　如图 2-14 所示，某闭口系沿 a—c—b 途径由状态 a 变化到为状态 b，吸入热量 90kJ，对外做功 40kJ，试问：

（1）系统从 a 经 d 至 b，若对外做功 10kJ，则吸收热量是多少？

（2）系统由 b 经曲线所示过程返回 a，若外界对系统做功 23kJ，吸收热量为多少？

（3）设 $U_a=5\text{kJ}$，$U_d=45\text{kJ}$，那么在过程 a—d 和 d—b 中系统吸收的热量各为多少？

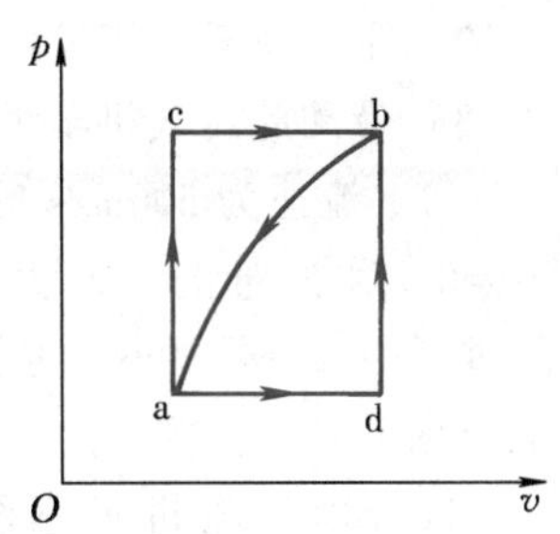

图 2-14　习题 2-4 图

2-5　闭口系中实施以下过程，试填补表中空缺数据。

过程序号	Q/J	W/J	U_1/J	U_2/J	ΔU/J
1	25	-12		-9	
2	-8			58	-16
3		17	-13		21
4	18	-11		7	

2-6　容积为 1m^3 的绝热封闭的气缸中装有完全不可压缩的流体，如图 2-15 所示。试问：

（1）活塞是否对流体做功？

（2）通过对活塞加压，把流体压力从 $p_1=0.5\ \text{MPa}$ 提高到 $p_2=3\text{MPa}$，热力学能变化多少？焓变化多少？

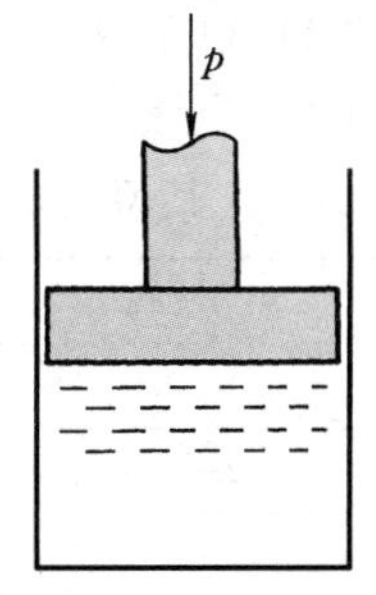

图 2-15　习题 2-6 图

2-7　一质量为 4500kg 的汽车沿坡度为 15°的山坡下行，车速为 300m/s。在距山脚 100m 处开始制动，且在山脚处刚好停住。若不计其他力，求因制动而产生的热量。

2-8　某蒸汽动力装置，蒸汽流量为 40t/h，汽轮机进口处压力表读数为 9MPa，进口比焓为 3440kJ/kg，汽轮机出口比焓为 2240kJ/kg，真空表读数为 95.06kPa，当时当地大气压力为 98.66kPa，汽轮机对环境放热为 $8.0\times10^3\text{kJ/h}$。试求：

（1）汽轮机进出口蒸汽的绝对压力各为多少？

（2）单位质量蒸汽经汽轮机对外输出功为多少？

（3）汽轮机的功率是多少？

（4）忽略汽轮机对环境放热，对汽轮机输出功计算有多大影响？

（5）若进出口蒸汽流速分别为 60m/s 和 140m/s，对汽轮机输出功计算有多大影响？

（6）若汽轮机进出口高度差为 10m，对汽轮机输出功计算有多大影响？

2-9　进入冷凝器乏汽的压力为 $p=0.005\text{MPa}$，比焓 $h_1=2500\text{kJ/kg}$，出口为同压下的水，

比焓 $h_2 = 137.77\text{kJ/kg}$，若蒸汽流量为22t/h，进入冷凝器的冷却水温度为 $t_1' = 17℃$，冷却水出口温度为 $t_2' = 30℃$，试求冷却水流量为多少？

2-10 某活塞式氮气压气机，压缩前后氮气的参数分别为：$p_1 = 0.1\text{MPa}$，$v_1 = 0.68\text{m}^3/\text{kg}$；$p_2 = 1.0\text{MPa}$，$v_2 = 0.18\text{m}^3/\text{kg}$。设在压缩过程中每千克氮气热力学能增加280kJ，同时向外放出热量66kJ。压气机每分钟生产压缩氮气12kg，试求：

（1）压缩过程对每千克氮气所做的功；

（2）生产每千克压缩氮气所需的功；

（3）带动此压气机至少需要多大的电动机？

2-11 流速为500m/s的高速空气突然受阻停止流动，即 $c_2 = 0$，称为滞止。如果滞止过程进行迅速，以致气流受阻过程中与外界的热交换可以忽略，试问滞止过程空气的焓变化了多少？

2-12 燃气轮机示意图如图2-16所示。已知 $h_1 = 286\text{kJ/kg}$ 的燃料和空气的混合物在截面1处以20m/s的速度进入燃烧室，并在定压下燃烧，相当于从外界获得单位质量热量 $q = 879\text{kJ/kg}$。燃烧后的燃气在喷管中绝热膨胀到3，$h_3 = 502\text{kJ/kg}$，流速增大到 c_3。燃气接着进入叶轮中动叶，推动叶轮旋转对外做功。若燃气推动叶轮时热力状态不变，只是流速降低，离开燃气轮机的速度 $c_4 = 150\text{m/s}$。试求：

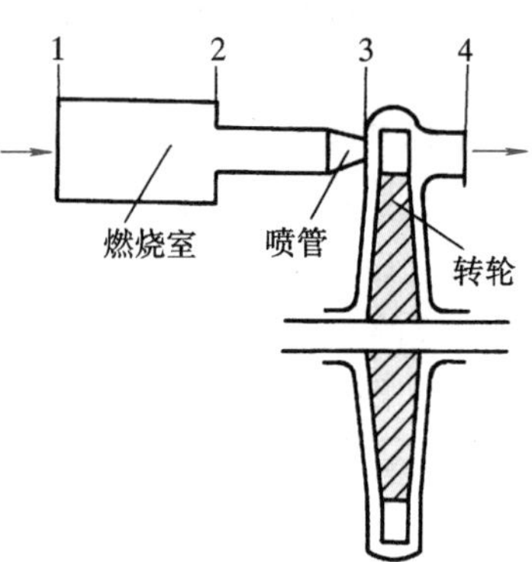

图2-16 燃气轮机示意图

（1）燃气在喷管出口的流速 c_3；

（2）每千克燃气在燃气轮机中所做的功；

（3）当燃气质量流量为5.6kg/s时，燃气轮机输出的功率。

2-13 某系统经历了由四个热力过程所组成的循环，试填补表中空缺数据。

热力过程	Q/kJ	W/kJ	ΔU/kJ
1—2	1210	0	
2—3	0	250	
3—4	-980	0	
4—1	0		
热效率			

2-14 水在绝热混合器中与水蒸气混合而使水温升高。进入混合器的水的压力为200kPa，温度为20℃，质量流量为100kg/min；进入混合器的水蒸气压力为200kPa，温度为300℃，比焓为3072kJ/kg。离开混合器的混合物为液态水，其压力为200kPa，温度为100℃。若水的比焓 $\{h\}_{\text{kJ/kg}} = 4.2\{t\}_{℃}$，试问每分钟需要多少水蒸气？

2-15 气体在一无摩阻的喷嘴中流过，进口流速为 c_1，出口流速为 c_2。试证明出口流速 $c_2 = \sqrt{-\int_1^2 2v\mathrm{d}p + c_1^2}$。

2-16 某冷凝器内的蒸汽压力为0.005MPa，蒸汽以100m/s的速度进入冷凝器，其比焓为 2430kJ/kg，蒸汽冷却成水后其比焓为 137.7kJ/kg，流出冷凝器的速度为 10m/s。若大气压力为 735mmHg，试求：

（1）装在冷凝器上真空表的读数；

（2）每千克蒸汽在冷凝器中放出的热量。

2-17 某闭口系经历一个由两个热力过程组成的循环。在过程 1—2 中系统热力学能增加 30kJ，在过程 2—1 中系统放热 40kJ，系统经历该循环所做的净功为 10kJ。求过程 1—2 传递的热量和过程 2—1 传递的功。

2-18 两股温度不同的空气，稳定地经过如图 2-17 所示的绝热混合器进行混合。两股空气的进口温度分别为 $t_1=25℃$、$t_2=35℃$，流量分别为 $q_{m1}=6.5\text{kg/s}$、$q_{m2}=8.5\text{kg/s}$，且对于空气有 $\Delta h=c_p\Delta t$（c_p 为比定压热容），试求出口处空气温度 t_3。

2-19 理想透热刚性容器内有质量为 m_1、温度与大气温度 T_0 相等的高压气体。由于容器阀门不严，导致气体轻微泄漏，且在泄漏过程中容器内温度保持不变。最后，当容器内剩余空气质量为 m_2、压力与大气压力相等时，试证明容器内气体吸热量为

$$Q=(m_2-m_1)R_gT$$

设气体为理想气体，遵循 $pv=R_gT$，$u=aT$ 和 $h=bt$ 的规律；式中 R_g 为气体常数，a、b 为常数。

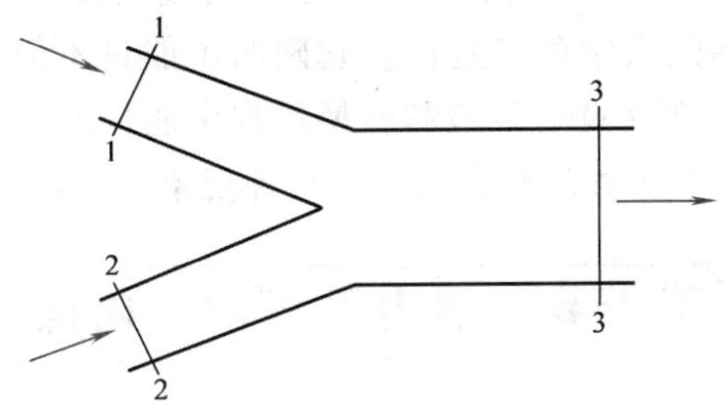

图 2-17 绝热混合过程

2-20 某天然气输气管道的参数为 $p_1=5.0\text{MPa}$、$t_1=32℃$，$h_1=306\text{kJ/kg}$。通过输气管道向真空绝热容器充气，直至容器内压力达到 5.0MPa 为止。在充气过程中，输气管道内的燃气参数保持不变，试求充气后容器内燃气的比热力学能？

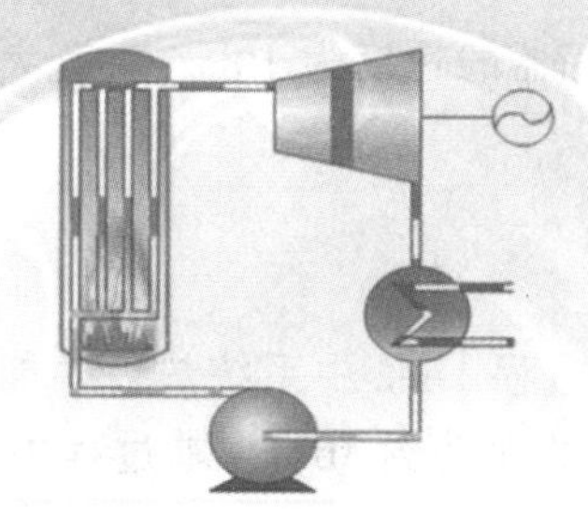

第三章

热力学第二定律

由热力学第一定律知：如果发生了一个热力过程，其能量的传递和转换必然遵循热力学第一定律。然而一个遵循热力学第一定律的热力过程在自然界中是否能够发生，热力学第一定律并未告诉人们。事实上，自然界中遵循热力学第一定律的热力过程未必一定能够发生。这是因为涉及热现象的热力过程具有方向性。揭示热力过程具有方向性这一普遍规律的是独立于热力学第一定律之外的热力学第二定律。它阐明了能量不但有“量”的多少问题，而且有“品质”的高低问题，在能量的传递和转换过程中能量的“量”守恒，但“质”却不守恒。下面就从自然界中热力过程具有方向性的种种现象入手进行讨论。

第一节　热力过程的方向性

自然界中发生的涉及热现象的热力过程都具有方向性。下面是反映这一客观规律的几个例子。

如图 3-1 所示的两物体 A 和 B。物体 A 的温度 T_A 高于物体 B 的温度 T_B。两物体接触，不考虑两物体与周围物体间的热交换，则有热量从物体 A 传向物体 B。若物体 A 放出热量 Q_A，物体 B 吸收热量 Q_B，由热力学第一定律，有

$$Q_B = Q_A$$

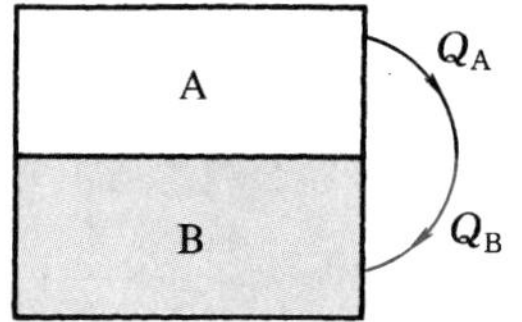

图 3-1　温差传热过程

但相反的过程，即物体 B 失去热量 Q_B，物体 A 得到热量 Q_A，虽满足热力学第一定律

$$Q_A = Q_B$$

却不可能自动发生。如果此种过程可以自动发生，即热量能自动从低温物体传向高温物体，那么在夏天就会出现不用空调、而用火炉从环境和人体吸热以取得制冷效果这种荒诞的情况了。

第二个例子是例 2-1 中的自由膨胀过程（图 3-2）。根据热力学第一定律的分析已得到

$$U_2 = U_1$$

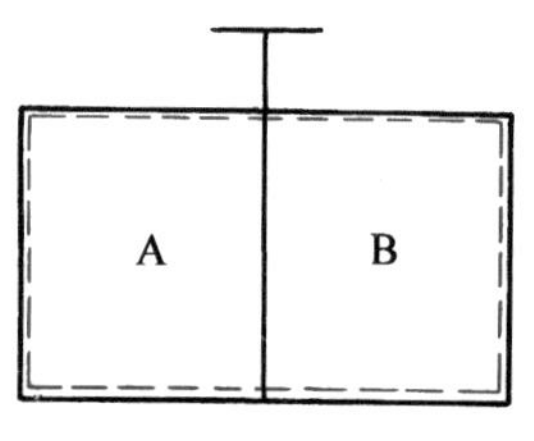

图 3-2　自由膨胀过程

但相反的过程，即在充满氮气的刚性绝热容器中插进一刚性隔板，使得隔板两侧分别形成压力较高的氮气空间和真空，却不可能自动发生。尽管此过程不违反热力学第一定律，因为在以整个容器为系统进行分析时仍可以得到

$$U_1 = U_2$$

第三个例子是如图 3-3 所示的飞轮制动过程。旋转的飞轮具有宏观动能 E_k 和热力学能 U_1，进行制动后飞轮停止了转动，不计制动板的热力学能及其变化，则飞轮的宏观动能被转换成了飞轮的热力学能。根据热力学第一定律有

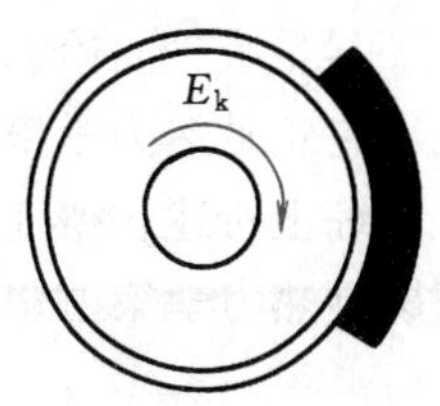

图 3-3 飞轮制动

$$U_2 = E_k + U_1$$

然而相反的过程，即飞轮中热力学能由 U_2 减少为 U_1，所减少的热力学能（$U_2 - U_1$）转变为飞轮的动能 E_k，从而有

$$E_k + U_1 = U_2$$

虽然满足热力学第一定律，也不可能自动发生。

最后考察如图 3-4 所示的绝热密闭容器内的电容-电感电路的热力过程的方向性问题。充过电的电容器在开关接通后形成一个电容-电感电路。由于电路中存在电阻和磁阻，电路内电流不断衰减直至为零。这一过程使得电路中电能 E_e 转变为热能，容器内空气的热力学能由 U_1 增大到 U_2，不计线路的热力学能，由热力学第一定律得

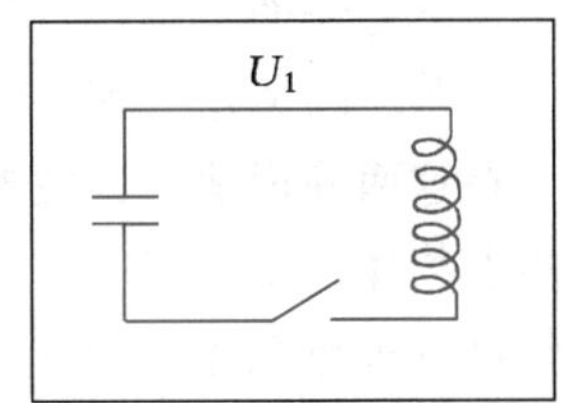

图 3-4 电容-电感电路

$$U_2 = E_e + U_1$$

然而相反的过程，使空气热力学能由 U_2 降低到 U_1，在电路中产生电能 E_e，也满足热力学第一定律

$$E_e + U_1 = U_2$$

却同样不可能自动发生。

除上述四个比较典型的例子外，还有许多例子可以说明热力过程的方向性：有些热力过程可以自动发生，有些则不能。可以自动发生的过程称为自发过程，反之是非自发过程。因此，热力过程的方向性也可以说是自发过程具有方向性。热力过程的方向性说明：在自然界中，热力过程若要发生，必然遵循热力学第一定律，但满足热力学第一定律的热力过程却未必都能自动发生。因而一定有一个独立于热力学第一定律之外的另一个基本定律在决定着热力过程的方向性，或者说决定着热力过程能否实现，这个定律就是热力学第二定律。

在涉及热力过程的方向性时，只是说自发过程可以自动发生，非自发过程不能自动发生，强调的是“自动”，并没有说非自发过程不能发生。事实上，许多实际过程都是非自发过程。例如：制冷就是把热量从温度低的物体（或空间）传向温度高的物体（或空间）。但这一非自发过程的发生，必须以外界消耗功等作为代价。同样，在热机中可以使热能转变为机械能，但这一非自发过程的发生是以一部分热量从高温物体传向低温物体（或从热源传

向冷源）作为代价的。还有一些其他例子都说明：一个非自发过程的进行必须付出某种代价作为补偿。

虽然为实现各种非自发过程补偿是必不可少的，但是为提高能量利用的经济性，人们一直在最大限度地减少补偿。例如：在以消耗功作为补偿的制冷工程中，在相同制冷量条件下，为提高制冷系数尽量减少外界耗功；同样在热机中，为使热效率提高，在相同吸热量条件下尽量减少向冷源放热。于是这里就存在一个减少所付代价的补偿最大限度是多少的问题，它正是热力学第二定律要解决的问题。

综上所述，研究热力过程的方向性，以及由此而引出的非自发过程的补偿和补偿限度等问题是热力学第二定律的任务，从而也就解决了能量“品质”的高低问题。

第二节　热力学第二定律的表述

热力学第二定律是热力过程方向性这一客观事实和客观规律的反映。由于热力过程方向性现象的多样性，因此，反映这一客观规律的说法也就不止一种。下面介绍几种典型的热力学第二定律的说法。

克劳修斯的说法：不可能把热量从低温物体传向高温物体而不引起其他变化。

开尔文的说法：不可能从单一热源取热使之完全变为功而不引起其他变化。

在这两种说法中，关键是“不引起其他变化”。制冷装置虽然是把热量从低温物体传向了高温物体，却引起一个变化——外界消耗功之类的代价；透热气缸内与环境温度相同、压力较高的理想气体进行定温膨胀，虽从环境吸收热量对外能做出等量的功（分析计算见第四章），却引起了系统状态的变化——气体压力降低。因此，这两种情况都不违反上述说法，即不违反热力学第二定律。

如果能从单一热源取热使之完全转变为功而不引起其他变化，那么，人们就可以制造这样一种机器：以环境为单一热源，使机器从中吸热对外做功。由于环境中的能量是无穷无尽的，因而这样的机器就可以永远工作下去。这就是不违背热力学第一定律但却违背了热力学第二定律的“第二类永动机”。它显然违背热力学第二定律的开尔文的说法，因此热力学第二定律也可以表述为：第二类永动机是造不成的。

热力学第二定律虽有不同的说法，但是它们都反映了热力过程具有方向性这一共同实质，因而它们是等效的。可以采用反证法进行等效性的证明，即假设各种说法中有一种不成立，则必然导致其他说法也被推翻。有兴趣的读者可自己试证或参阅参考文献［4~9］，这里不再赘述。

正是由于热力过程的方向性，才有热力学第二定律。分析前述四个具有方向性的热力过程的例子，不难发现前两个例子是存在势差的不可逆过程，即非准平衡过程；后两个例子是有耗散效应的不可逆过程。显然，如果一个热力过程中不存在任何不可逆因素（根据分析问题需要和系统选择，不可逆因素可分为存在于系统内部的内不可逆因素和系统与外界之间的外不可逆因素），那么热力过程就没有方向性问题。例如：在热量传递过程中，若两物体间温差趋于零，则热量传递就不存在方向性问题；同样在飞轮制动和电容-电感电路中，若能实现没有摩阻、电阻和磁阻等耗散效应的准平衡过程，也不会有热力过程的方向性问题。因此可以说，热力过程的方向性在于热力过程的不可逆性，正是由于自然界中不存在没有不可逆因素的可逆过程，故而才有热力过程的方向性问题。过程的不可逆性和方向性互为因果，解决了过程的不可逆性问题也就解决了过程的方向性问题。反映热力过程方向性的热力学第二定律的各种说法是等效的，因而所有不可逆过程的不可逆性的属性也是等效的，其实质是相同的。这样就可以用一个统一的热力学参数来描述所有不可逆过程的共同特性，并作为热力过程方向性的判据。

第三节　卡诺循环和卡诺定理

单一热源的热机已为热力学第二定律所否定，也就是说热效率是100%的热机是造不成的。最简单的热机必须至少有两个热源。那么具有两个热源的热机的热效率最高极限是多少呢？卡诺循环和卡诺定理解决了这一问题，并且指出了改进循环和提高热效率的途径和原则。同时，卡诺循环和卡诺定理是推导热力过程方向性判据的基础。因此，卡诺循环和卡诺定理具有深刻、广泛的理论和实践意义。

一、卡诺循环与概括性卡诺循环

卡诺循环是工作在恒温的高、低温热源间（即恒温热源和冷源间）的理想可逆正循环。它由两个定温和两个绝热可逆过程所构成，如图3-5所示。卡诺循环如此构成的原因是：为了实现两恒温热源间的可逆循环，必须消除循环过程中包括内不可逆和外不可逆的所有不可逆因素。为此，工质从高温热源吸热和向低温热源放热必须是工质和热源间温差趋于零（即工质和热源的温度相同）的定温吸热过程4—1和定温放热过程2—3；当工质温度在热源温度T_H和冷源温度T_L间变化时，不允许工质与热源进行有温差的热交换，且内部无耗散效应，故只能是绝热可逆过程1—2和3—4。

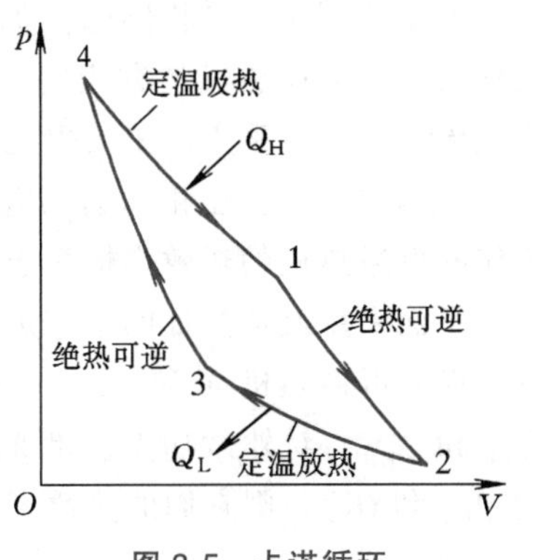

图3-5　卡诺循环

在大学物理中已经证明：采用理想气体为工质时的卡诺循环热效率仅与热源温度T_H和冷源温度T_L有关，即

$$\eta_c = 1-\frac{T_L}{T_H} \tag{3-1}$$

卡诺循环是两恒温热源间最简单的可逆循环。除卡诺循环外还可以有其他可逆循环。概括性卡诺循环就是其中之一。为使该循环实现可逆，工质从温度为T_H的高温热源吸热和向温度为T_L的低温热源放热依然是工质与热源间无温差的定温吸热和放热过程，如图3-6所示的过程4—1和2—3。工质从T_H到T_L的温度变化和从T_L到T_H的温度变化可以不再是绝热可逆过程，而是如图3-6所示的内可逆的放热过程1—2和吸热过程3—4，同时要求在任意温度T_i处过程1—2的放热量δQ和过程3—4的吸热量δQ相等，这样就可以设置无穷多个回热加热器，

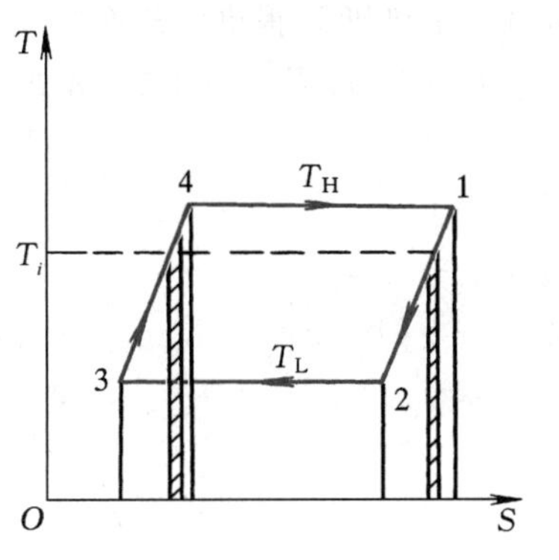

图3-6　概括性卡诺循环

使过程 1—2 在 T_i 下的放热和过程 3—4 在 T_i 下的吸热在回热加热器中进行，实现工质间的等温换热，不再发生与热源间的不可逆温差传热，从而实现整个循环的可逆。利用大学物理的知识可以证明，采用理想气体为工质的概括性卡诺循环的热效率与卡诺循环的热效率相同。

在概括性卡诺循环中一个重要的措施是采用回热。所谓回热，就是工质在回热器中实现工质内部相互传热，即工质自己加热自己。采用回热的循环称为回热循环，故概括性卡诺循环又被称为两恒温热源间的极限回热循环。从上述分析可以看出，回热对于概括性卡诺循环实现可逆是不可缺少的，而且在以后的学习中还可以看出，回热还是提高循环能量利用经济性的一个重要措施。

二、卡诺定理

在两恒温热源间不仅仅是采用理想气体为工质的卡诺循环和概括性卡诺循环热效率相等，所有可逆循环的热效率都与卡诺循环的热效率相等，并与所采用的工质无关。这已为卡诺定理一所证明。除卡诺定理一外，还有卡诺定理二。现分述如下。

卡诺定理一：在相同的高温热源和相同的低温热源间工作的所有可逆热机具有相同的热效率，而与循环的具体构成无关，与所采用的工质也无关。

卡诺定理二：在相同的高温热源和相同的低温热源间工作的可逆热机的热效率恒高于不可逆热机的热效率。

下面采用反证法证明卡诺定理一。

设有可逆热机 A 和 B，分别从高温热源 HR 吸取热量 Q_{HA} 和 Q_{HB}，对外做功 W_A 和 W_B，向低温热源 LR 放出热量 Q_{LA} 和 Q_{LB}，则它们的热效率 η_A 和 η_B 分别为

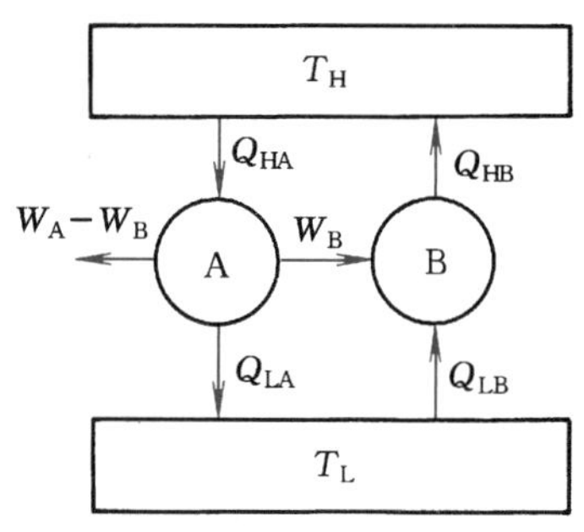

图 3-7 卡诺定理的证明

$$\eta_A=\frac{W_A}{Q_{HA}}=1-\frac{Q_{LA}}{Q_{HA}} \tag{3-2}$$

$$\eta_B=\frac{W_B}{Q_{HB}}=1-\frac{Q_{LB}}{Q_{HB}} \tag{3-3}$$

若 $\eta_A\neq\eta_B$，假定 $\eta_A>\eta_B$。由于 A 和 B 均为可逆热机，现使热机 B 逆转。由可逆过程的性质知，热机 B 逆转的结果是工质从低温热源吸收热量 Q_{LB}，外界输入功 W_B，向高温热源放出热量 Q_{HB}，从而成为一台制冷机。为证明方便起见，假定 $Q_{LA}=Q_{LB}$，且制冷机所需的功 W_B 由热机 A 提供，从而构成一台联合运转的机器，如图 3-7 所示。

由 $\eta_A>\eta_B$ 及式（3-2）和式（3-3）可得

$$\frac{Q_{LA}}{Q_{HA}}<\frac{Q_{LB}}{Q_{HB}}$$

又由

$$Q_{LA}=Q_{LB}$$

得

$$Q_{HA}>Q_{HB}$$

$$\begin{aligned}W_A-W_B&=(Q_{HA}-Q_{LA})-(Q_{HB}-Q_{LB})\\&=(Q_{HA}-Q_{HB})-(Q_{LA}-Q_{LB})\\&=Q_{HA}-Q_{HB}=Q_0>0\end{aligned}$$

这样两机器联合运转的结果是：工质循环回到原来状态无变化，低温热源所得到的热量和放

出的热量相抵消，也没有变化，唯有高温热源放出了热量 $Q_0=Q_{HA}-Q_{HB}$，并对外输出了净功 $W_0=W_A-W_B$，说明联合运转的机器是一个单一热源的热机，违背了热力学第二定律开尔文的说法，故而不可能实现。因此开始的假设 $\eta_A>\eta_B$ 不成立。

同理，可以证明 $\eta_A<\eta_B$ 也不成立，因此，唯一可以成立的结果是 $\eta_A=\eta_B$。

定理一得证。

利用同样的方法可以证明定理二。

采用理想气体为工质的卡诺循环热效率为：$\eta_c=1-T_L/T_H$，而卡诺定理证明了两热源间一切可逆循环的热效率都相等，故两恒温热源间一切可逆循环的热效率都应是

$$\eta_r=\eta_c=1-\frac{T_L}{T_H}$$

而与工质、热机形式及循环组成无关。在两恒温热源间的一切循环，以卡诺循环亦即可逆循环的热效率为最高。通常卡诺循环热效率 η_c 被称为卡诺因子。

综合卡诺循环和卡诺定理这一部分内容，可以得到如下重要结论。

1）两恒温热源间一切可逆循环的热效率都相等，都等于相同两恒温热源间（温限间）卡诺循环的热效率。它们的热效率仅取决于热源和冷源的温度，而与工质无关。提高热源温度 T_H 和降低冷源温度 T_L，是提高可逆循环热效率的根本途径和方法。

2）相同高、低温热源间的不可逆循环的热效率恒小于相应可逆循环的热效率。尽量减少循环中的不可逆因素是提高循环热效率的重要方法。

3）提高热源温度 T_H 和降低冷源温度 T_L 可以提高卡诺循环及相同温限间其他可逆循环的热效率，但由于 $T_L=0K$ 和 $T_H\to\infty$ 是不可能的，故循环热效率不可能等于100%，只能小于100 %。这就是说，在动力循环中不可能把从热源吸取的热量全部转变为功。

4）当 $T_H=T_L$ 时，$\eta_c=0$。这说明单一热源的热机是不可能造成的。要实现连续的热功转换，必须有两个或两个以上温度不等的热源。

5）不花代价的冷源温度以大气温度 T_0 为最低极限。因此，温度为 T 的热源放出的热量 Q 中能转变为机械功（有用功）的最大份额为 Q 与卡诺因子 η_c 的乘积，称为热量有效能，或热㶲[㊀]，用 $E_{x,Q}$ 表示，则

$$E_{x,Q}=W_{0,\max}=Q\left(1-\frac{T_0}{T}\right) \tag{3-4}$$

不能转变为机械功而排向大气的热量称为热量无效能，或热炕，用 $A_{n,Q}$ 表示，则

$$A_{n,Q}=Q\frac{T_0}{T} \tag{3-5}$$

三、多（变温）热源的可逆循环——平均吸热温度和平均放热温度

实际循环中热源的温度常常并非恒定，而是变化的。例如：锅炉中烟气的温度在炉膛、过热器和尾部烟道中是不相同的。考察如图3-8所示的变温热源的可逆循环。该循环中高温热源的温度从 T_g 经 h 连续变化到 T_e，低温热源温度从 T_e 连续变化到 T_g。工质温度在吸热

㊀ 也称为热量做功能力，或热量可用能。

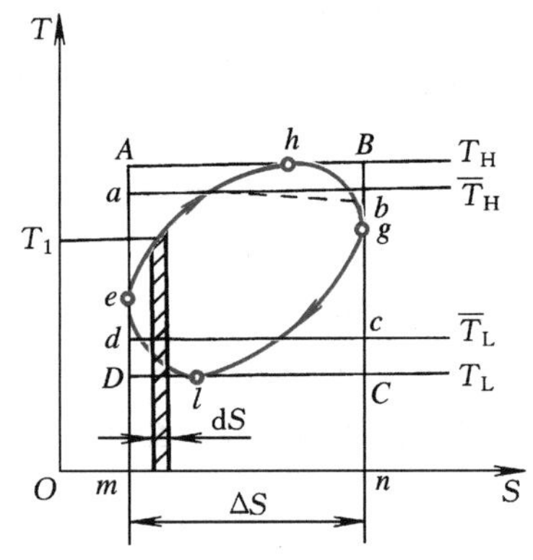

图 3-8 变温热源的可逆循环

和放热过程中也在连续变化，并随时保持与热源温度相等，与热源进行无温差的传热。在吸热过程中工质温度从 T_e 经 h 变到 T_g，在放热过程中工质温度从 T_g 经 l 变到 T_e。变温热源的可逆循环亦可看做是由温度相差无限小的无穷多个恒温热源组成的可逆循环——多热源可逆循环。为了分析和比较方便起见，对变温热源的可逆循环引入平均吸热温度和平均放热温度的概念。所谓平均吸热温度（或平均放热温度），是工质在变温吸热（或放热）过程中温度变化的积分平均值。如图 3-8 所示工质在变温吸热过程 e—g 中的吸热量为

$$Q_H = \int_e^g T\mathrm{d}S$$

假想一定温吸热过程 a—b，使该过程吸入的热量与变温吸热过程的吸热量 Q_H 相同，且熵变相等，则该定温吸热过程的温度即为变温吸热过程的平均吸热温度 $\overline{T}_H$，亦即循环的平均吸热温度。显然有

$$\overline{T}_H = \frac{Q_H}{\Delta S} = \frac{\int_e^g T\mathrm{d}S}{\Delta S} \tag{3-6}$$

同理，工质的平均放热温度为

$$\overline{T}_L = \frac{Q_L}{\Delta S} = \frac{\int_e^g T\mathrm{d}S}{\Delta S} \tag{3-7}$$

引入平均吸热温度和平均放热温度后，变温热源可逆循环的热效率可用平均温度来表示，即

$$\eta_t = 1 - \frac{Q_L}{Q_H} = 1 - \frac{\overline{T}_L \Delta S}{\overline{T}_H \Delta S}$$

$$\eta_t = 1 - \frac{\overline{T}_L}{\overline{T}_H} \tag{3-8}$$

分析式（3-8）不难得到：对于任何可逆循环，工质平均吸热温度 $\overline{T}_H$ 越高，平均放热温度 $\overline{T}_L$ 越低，则循环热效率越高。因此，对于实际变温热源的可逆循环，在可能的条件下，尽量提高工质的平均吸热温度 $\overline{T}_H$ 和降低工质的平均放热温度 $\overline{T}_L$ 是提高其热效率的有效措施和途径。

从图 3-8 可知，T_H 和 T_L 是变温热源可逆循环的最高温度和最低温度。但循环的 $\overline{T}_H < T_H$，$\overline{T}_L > T_L$，比较式（3-1）和式（3-8）不难看出，在相同温度界限 T_H 和 T_L 之间，变温热源可逆循环的热效率小于卡诺循环热效率。因此，相同温限间卡诺循环热效率最高，是实际循环力争达到的最高水平。提高循环平均吸热温度 $\overline{T}_H$ 和降低平均放热温度 $\overline{T}_L$ 的目的，就是使循环接近相同温限间的卡诺循环。

平均温度概念的引入，使得两任意可逆循环热效率的比较十分方便。在作定性比较时无需计算，仅比较两循环的平均吸热温度和平均放热温度即可判定。

第四节 状态参数熵

用于描述所有不可逆过程共同特性的热力学量是状态参数熵。下面根据卡诺循环导出这个状态参数。

对于卡诺循环有

$$\eta_t = 1 - \frac{Q_L}{Q_H} = 1 - \frac{T_L}{T_H}$$

得

$$\frac{Q_H}{T_H} = \frac{Q_L}{T_L}$$

即

$$\frac{Q_H}{T_H} - \frac{Q_L}{T_L} = 0$$

式中，T_H、T_L 分别为热源温度和冷源温度；Q_H、Q_L 分别为工质在循环中的吸热量和放热量，且为绝对值，考虑到 Q_L 是工质放热量，取值为负，则有

$$\frac{Q_H}{T_H} + \frac{Q_L}{T_L} = 0 \tag{3-9}$$

对于如图 3-9 所示的任意可逆循环，用无数条可逆绝热过程线把循环分割成了无数个微元循环。对于每一个微元循环（如图中的 a—b—c—d—a），由于两绝热可逆过程线无限接近，可以认为是由两个定温过程和两个可逆绝热过程构成的微元卡诺循环。若微元卡诺循环的热源和冷源的温度分别为 T_H 和 T_L，工质在循环中的吸热量和放热量分别为 δQ_H 和 δQ_L，则由式（3-9）有

$$\frac{\delta Q_H}{T_H} + \frac{\delta Q_L}{T_L} = 0 \tag{3-9a}$$

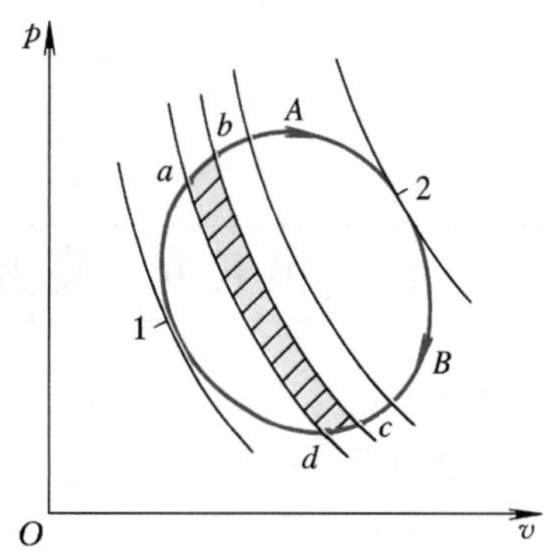

图 3-9 任意可逆循环

对于构成循环 1—A—2—B—1 的无数个微元卡诺循环均有类似的表达式，对吸热过程 1—A—2 和放热过程 2—B—1 分别积分求和可得

$$\int_{1A2} \frac{\delta Q_H}{T_H} + \int_{2B1} \frac{\delta Q_L}{T_L} = 0 \tag{3-10}$$

式中，δQ_H 和 δQ_L 都是微元过程中工质与热源交换的热量，既然已用代数值，吸热还是放热已由正负号考虑，故可以统一用 δQ 表示；T_H 和 T_L 都是传热时热源的温度，也可用 T 表示，这样式（3-10）可写为

$$\int_{1A2} \frac{\delta Q}{T} + \int_{2B1} \frac{\delta Q}{T} = 0 \tag{3-11a}$$

从而

$$\oint \frac{\delta Q}{T} = 0 \tag{3-11b}$$

从高等数学知，$\delta Q/T$ 的积分与路径无关。对式（3-11a）可进一步说明如下：
将式（3-11a）变换为

$$\int_{1A2}\frac{\delta Q}{T}=-\int_{2B1}\frac{\delta Q}{T}$$

由积分性质得

$$\int_{1A2}\frac{\delta Q}{T}=\int_{1B2}\frac{\delta Q}{T}$$

说明 $\delta Q/T$ 的积分，无论经 1—A—2，还是经 1—B—2，只要是可逆过程其积分值就相等，即 $\delta Q/T$ 的积分与路径无关。因此，可以断定可逆过程的 $\delta Q/T$ 一定是某一状态参数的恰当微分，取名为熵，用 S 表示，则有

$$\mathrm{d}S=\frac{\delta Q_{\mathrm{re}}}{T} \tag{3-12a}$$

式中，下标 re 表示可逆；T 为热源温度。比熵为

$$\mathrm{d}s=\frac{\delta q_{\mathrm{re}}}{T} \tag{3-13a}$$

可逆过程的熵变及比熵变为

$$\Delta S=S_2-S_1=\int_1^2\frac{\delta Q_{\mathrm{re}}}{T} \tag{3-12b}$$

$$\Delta s=s_2-s_1=\int_1^2\frac{\delta q_{\mathrm{re}}}{T} \tag{3-13b}$$

第五节　克劳修斯不等式和不可逆过程的熵变

热力学第二定律是利用状态参数熵来对热力过程的方向性和不可逆性进行分析的，因此，有必要研究一下不可逆过程的熵的变化。

考察如图 3-10 所示的不可逆循环 1—A—2—B—1，其中虚线表示循环中的不可逆过程。利用前述推导状态参数熵的方法，用无数条可逆绝热过程线将循环分成无穷多个微元循环。对于其中每一个不可逆微元循环，根据卡诺定理知其热效率 η_t 小于同温限的卡诺循环的热效率，即

$$\eta_t=1-\frac{\delta Q_L}{\delta Q_H}<\eta_c=1-\frac{T_L}{T_H}$$

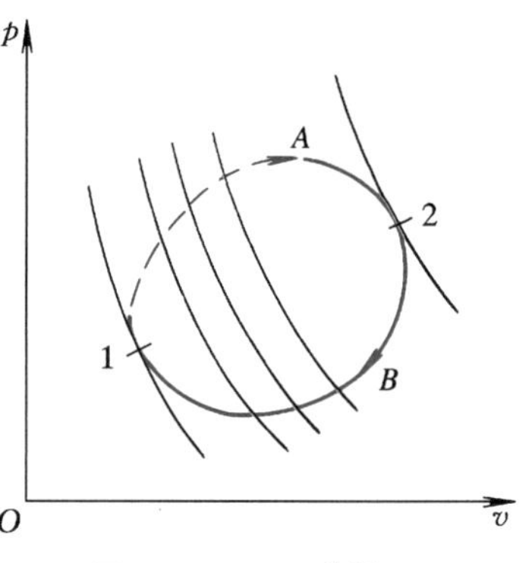

图 3-10　不可逆循环

从而有

$$\frac{\delta Q_H}{T_H}<\frac{\delta Q_L}{T_L}$$

考虑到 δQ_L 为工质放热量，则有

$$\frac{\delta Q_H}{T_H}+\frac{\delta Q_L}{T_L}<0$$

对于每一个可逆微元循环，根据式（3-9a）有

$$\frac{\delta Q_{\mathrm{H}}}{T_{\mathrm{H}}}+\frac{\delta Q_{\mathrm{L}}}{T_{\mathrm{L}}}=0$$

对包括可逆与不可逆的所有微元循环进行积分求和，则有

$$\int_{1A2}\frac{\delta Q_{\mathrm{H}}}{T_{\mathrm{H}}}+\int_{2B1}\frac{\delta Q_{\mathrm{L}}}{T_{\mathrm{L}}}<0 \tag{3-14a}$$

即

$$\oint\frac{\delta Q}{T}<0 \tag{3-14b}$$

将式（3-14b）与式（3-11b）相结合得

$$\oint\frac{\delta Q}{T}\leqslant 0 \tag{3-15}$$

式（3-15）即为著名的克劳修斯不等式。

克劳修斯不等式可以作为判断循环是否可逆、是否可以发生的判别式。克劳修斯积分 $\oint\delta Q/T$ 等于零即为可逆循环，小于零为不可逆循环，大于零为不可能发生的循环。正是由于克劳修斯不等式有这样的功能，所以它可以作为热力学第二定律的数学表达式之一。

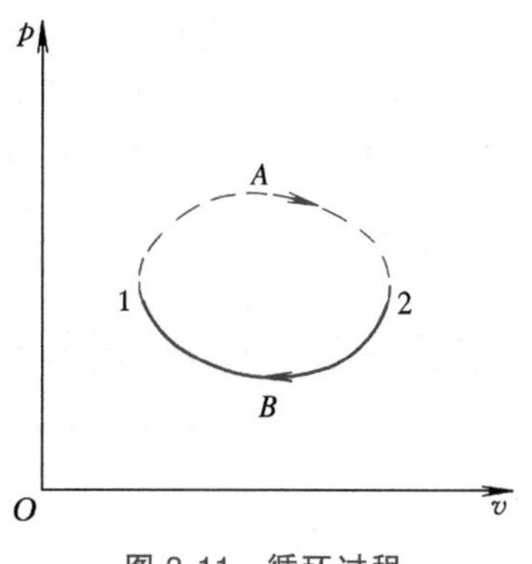

图 3-11　循环过程

为了分析不可逆过程熵的变化，考察图 3-11 所示的不可逆过程 1—A—2，为了利用克劳修斯不等式进行分析，辅加一可逆过程 2—B—1。根据式（3-14b）有

$$\int_{1A2}\frac{\delta Q}{T}+\int_{2B1}\frac{\delta Q}{T}<0$$

从而有

$$\int_{1A2}\frac{\delta Q}{T}<-\int_{2B1}\frac{\delta Q}{T}$$

即

$$\int_{1A2}\frac{\delta Q}{T}<\int_{1B2}\frac{\delta Q}{T}$$

$$\int_{1B2}\frac{\delta Q}{T}>\int_{1A2}\frac{\delta Q}{T}$$

由于过程 1—B—2 是可逆过程，故有

$$S_2-S_1=\int_{1B2}\frac{\delta Q}{T}$$

代入上式，则

$$\Delta S=S_2-S_1>\int_{1A2}\frac{\delta Q}{T} \tag{3-16}$$

对于一不可逆微元过程则有

$$\mathrm{d}S>\frac{\delta Q}{T} \tag{3-17}$$

由此可知，在不可逆过程中，初、终态熵的变化大于过程中工质与热源的换热量除以热源温度 $\delta Q/T$。将此差值用 $\mathrm{d}S_{\mathrm{g}}$ 表示，称为熵产，则有

$$dS_g = dS - \frac{\delta Q}{T}$$

或
$$dS = \frac{\delta Q}{T} + dS_g \tag{3-18a}$$

从式（3-18a）可以看出，在不可逆过程中熵的变化由两部分构成：一部分是由与外界热交换引起的 $\delta Q/T$，称为熵流[⊖]，用 dS_f 表示；另一部分是由不可逆因素引起的熵产 dS_g。

$$dS = dS_f + dS_g \tag{3-18b}$$

虽然熵流 dS_f 可以因工质吸热、放热或与外界无热交换，而使其值大于零、小于零或等于零，但熵产却是由于不可逆因素引起的，故其值只能恒大于零，即使对于可逆过程也只能等于零，绝不会出现熵产小于零的情况。因此恒有

$$dS_g \geqslant 0 \tag{3-19}$$

不可逆过程的熵产 dS_g 是由不可逆因素引起的。虽然不可逆因素的形式可以不同，但其实质相同，属性等效。不可逆性越大，熵产 dS_g 的值越大，反之较小。因此，无论是什么性质的不可逆，熵产量是所有不可逆过程不可逆性大小的共同度量。

利用式（3-18b）可以计算熵产

$$dS_g = dS - dS_f$$

鉴于过程和不可逆性的复杂性，更多的则是利用孤立系的熵增原理计算熵产。

第六节　熵增原理

孤立系是与外界无任何能量交换和物质交换的系统，于是 $\delta Q = 0$，因此

$$dS_f = \frac{\delta Q}{T} = 0$$

这样孤立系的熵变 dS_{iso} 就只有一部分——熵产 dS_g，即

$$dS_{iso} = dS_g$$

由熵产的性质知

$$dS_{iso} \geqslant 0 \tag{3-20a}$$

及
$$\Delta S_{iso} \geqslant 0 \tag{3-20b}$$

式（3-20a）和式（3-20b）中，等号适用于可逆过程，大于号适用于不可逆过程，小于号不可能出现。这两式说明：孤立系的熵只能增加，不能减少，极限的情况（可逆过程）保持不变，称为孤立系的熵增原理。

根据孤立系的熵增原理，若一个过程进行的结果是使孤立系的熵增加，则该过程就可以发生和进行，而且是不可逆过程，前述所有的自发过程都是此种过程。例如：热量从高温物体向低温物体的传递过程，有摩擦的飞轮制动过程，等等。而这些过程的反过程，即欲使非自发过程自动发生的过程，一定是使孤立系的熵减少的过程。例如：热量从低温物体向高温物体的自发传递过程，就是使孤立系的熵减少的过程（参看例 3-2），由于它违背了孤立系的熵增原理和热力学第二定律，显然不可能发生。要使非自发过程能够发生，一定要有补

⊖ 鉴于整个分析不考虑变质量系统，故熵流不涉及工质质量变化引起的质熵流。

偿，补偿的目的在于使孤立系的熵不减少。例如：在制冷工程中消耗功的补偿是使包括热源、冷源和制冷机在内的孤立系的熵增加。在理想情况下最低限度的补偿也要使孤立系的熵增为零，此时的制冷循环为可逆循环。

正是由于孤立系的熵增原理解决了过程的方向性问题，解决了由此引出的非自发过程的补偿和补偿限度问题，因此，孤立系熵增原理的表达式（3-20a）及式（3-20b）可作为热力学第二定律的数学表达式。

熵增原理可延伸使用于控制质量的绝热系和稳定流动的绝热系。因为对于控制质量的绝热系也有

$$\delta Q=0$$

绝热系的熵变

$$\mathrm{d}S_{\mathrm{ad}}=\frac{\delta Q}{T}+\mathrm{d}S_{\mathrm{g}}=\mathrm{d}S_{\mathrm{g}}\geqslant 0$$

即

$$\mathrm{d}S_{\mathrm{ad}}\geqslant 0 \tag{3-21a}$$

及

$$\Delta S_{\mathrm{ad}}\geqslant 0 \tag{3-21b}$$

对于经历从初态 1 到终态 2 的控制质量的绝热系有

$$\Delta S_{\mathrm{ad}}=S_2-S_1\geqslant 0 \tag{3-21c}$$

类似于式（3-20b）等，大于号适用于不可逆过程，等号适用于可逆过程，若出现小于号说明过程不可能进行。

对于稳定流动系统，控制容积 CV 内各点参数不随时间而变，作为状态参数的熵的总变化为零。类似于能量方程式（2-9），式（3-21b）可以理解为 m（kg）工质稳定流经控制容积 CV 的熵方程，绝热时同样有

$$\Delta S_{\mathrm{ad}}=S_{\mathrm{out}}-S_{\mathrm{in}}\geqslant 0 \tag{3-22}$$

在利用熵增原理进行熵产计算时，常需要将系统划分为若干个子系统，每个子系统的熵变可根据熵是状态参数这一性质进行计算［例如采用式（3-12）、式（3-13）或后面几章工质热力性质有关熵变的计算公式、计算图表等］。整个孤立系（或绝热系）的熵增为各子系统熵变的代数和，即

$$\Delta S_{\mathrm{iso}}=\sum_{j=1}^{n}\Delta S_{\mathrm{sub},j} \tag{3-23}$$

式中，下标 sub 表示子系统。

下面通过几个例子说明如何利用熵增原理进行热力学第二定律的定量分析计算。

例 3-1 某热机从 $T_{\mathrm{H}}=1000\mathrm{K}$ 的热源吸热 2000kJ，向 $T_{\mathrm{L}}=300\mathrm{K}$ 的冷源放热 810kJ。试求：

（1）该热力循环是否可能实现？是否为可逆循环？

（2）若将此热机作为制冷机用，能否从 $T_{\mathrm{L}}=300\mathrm{K}$ 的冷源吸热 810kJ，而向 $T_{\mathrm{H}}=1000\mathrm{K}$ 的热源放热 2000kJ?

解 （1）将图 3-12 所示的动力循环的热源、热机和冷源划分为孤立系，则孤立系总熵变为热源 HR、热机 E 中工质 m 和冷源 LR 三者熵变量的代数和，即

$$\Delta S_{iso}=\Delta S_{HR}+\Delta S_{m}+\Delta S_{LR}$$

孤立系中恒温热源在一个循环中放出热量 Q_H，其熵变为

$$\Delta S_{HR}=\frac{Q_H}{T_H}$$

恒温冷源在一个循环中吸收热量 Q_L，其熵变为

$$\Delta S_{LR}=\frac{Q_L}{T_L}$$

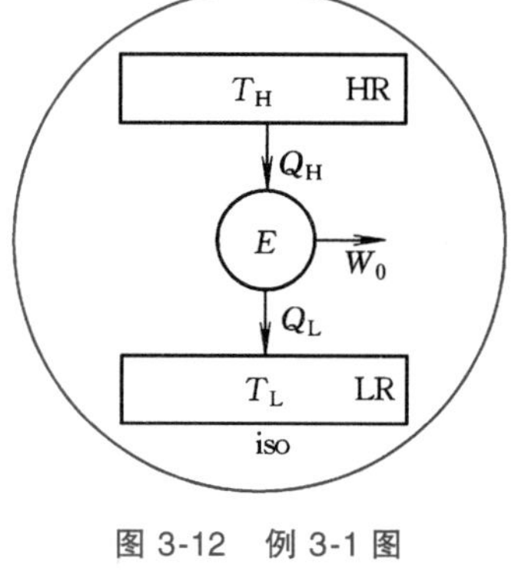

图 3-12　例 3-1 图

工质在热机中经历了一个循环回复到初态，其熵变为

$$\Delta S_m=0$$

从而有

$$\Delta S_{iso}=\Delta S_{HR}+\Delta S_{LR}=\frac{Q_H}{T_H}+\frac{Q_L}{T_L}$$

$$=\frac{-2000}{1000}\text{kJ/K}+\frac{810}{300}\text{kJ/K}=0.7\text{kJ/K}>0$$

符合孤立系熵增原理，因此该循环可以实现。且由于孤立系熵变大于零，故为不可逆循环。

（2）将该机作为制冷机用，则 Q_H 和 Q_L 的正负号与热机刚好相反。仍按上述方法划定孤立系，则

$$\Delta S_{iso}=\Delta S_{HR}+\Delta S_{LR}=\frac{Q_H}{T_H}+\frac{Q_L}{T_L}$$

$$=\frac{2000}{1000}\text{kJ/K}-\frac{810}{300}\text{kJ/K}=-0.7\text{kJ/K}<0$$

违背孤立系熵增原理，因此该循环不可能实现。

讨论

1）本题通过孤立系划分成的几个子系统熵变的代数和，计算出孤立系的熵变，从而进行循环可行与否、可逆与否的判断，对于循环也可以用克劳修斯不等式进行计算和判断，读者不妨一试。

2）在进行各子系统熵变的计算中，常常涉及热量的正负号。应予以提醒的是热量的正负号按子系统是吸热还是放热来取。

3）分析本题第（2）问可知，表面上看起来该制冷机实现的是有补偿、有代价地把热量从低温热源传向高温热源的非自发过程，代价是外界消耗功，即

$$W_0=Q_H-Q_L=2000\text{kJ}-810\text{kJ}=1190\text{kJ}$$

但由于 $\Delta S_{iso}<0$，说明该制冷机补偿不够，仍违背孤立系熵增原理和热力学第二定律，因此不能实现。只有补偿到使 $\Delta S_{iso}\geqslant0$ 时，该制冷循环才能实现。

例 3-2 设两恒温物体 A 和 B，温度分别为 1500K 和 500K。试根据熵增原理计算分析下面两种情况是否可行。若可行，该过程是否可逆？

（1）B 向 A 传递热量 1000kJ。

（2）A 向 B 传递热量 1000kJ。

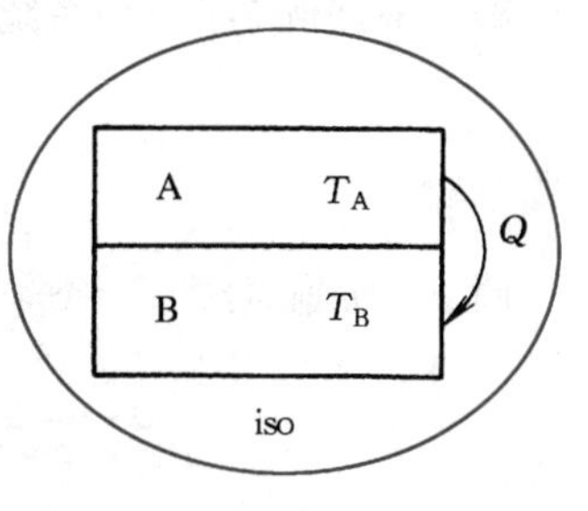

图 3-13 例 3-2 图

解 （1）取 A 和 B 构成孤立系，如图 3-13 所示。由热力学第一定律知，B 放出的热量 Q_B 与 A 得到的热量 Q_A 在数值上相等，即

$$|Q_B| = |Q_A| = Q = 1000\text{kJ}$$

考虑到 B 放热，则 $Q_B = -1000\text{kJ}$

$$\Delta S_{iso} = \Delta S_A + \Delta S_B = \frac{Q_A}{T_A} + \frac{Q_B}{T_B}$$

$$= Q\left(\frac{1}{T_A} - \frac{1}{T_B}\right) = 1000\times\left(\frac{1}{1500} - \frac{1}{500}\right)\text{kJ/K}$$

$$= -1.33\text{kJ/K} < 0$$

违反孤立系熵增原理，故不可行。

（2）同理，对于 A 放出热量和 B 得到热量的情况，有

$$Q_A = -1000\text{kJ},\ Q_B = 1000\text{kJ}$$

$$\Delta S_{iso} = \Delta S_A + \Delta S_B = \frac{Q_A}{T_A} + \frac{Q_B}{T_B} = Q\left(\frac{1}{T_B} - \frac{1}{T_A}\right)$$

$$= 1000\times\left(\frac{1}{500} - \frac{1}{1500}\right)\text{kJ/K}$$

$$= 1.33\text{kJ/K} > 0$$

不违反孤立系熵增原理，故可行。但由于 $\Delta S_{iso} > 0$，所以该过程为不可逆过程，不可逆是由于不等温传热造成的。

讨论

该题通过孤立系熵增的定量计算，验证了热力学第二定律的克劳修斯说法。由于 $T_A > T_B$，故热量只能从 A 向 B 传递；欲不花代价地使热量从 B 传向 A 的过程违背孤立系熵增原理，违反热力学第二定律，因此是不可行的。显然，若 $T_A = T_B$，则无论是热量从 A 传向 B，还是从 B 传向 A，都使 $\Delta S_{iso} = 0$，因此是可行的理想情况——可逆过程。

例 3-3 在例 2-1 中，若抽掉隔板后氮气达到的新平衡压力为原 A 中的一半，试求该自由膨胀过程的熵产。氮气的熵变公式为

$$\Delta s = c_p \ln\frac{T_2}{T_1} - R_g \ln\frac{p_2}{p_1}$$

式中，c_p 为比定压热容；R_g 为气体常数。

对于氮气，$c_p = 1.04\text{kJ/(kg·K)}$，$R_g = 0.297\text{kJ/(kg·K)}$。

解 根据例 2-1 所划系统得

$$T_2=T_1$$

由题意知

$$p_2=\frac{1}{2}p_1$$

例 2-1 所划系统是一个绝热系（也为孤立系），故自由膨胀熵产为

$$\begin{aligned}\Delta s_g&=\Delta s_{ad}=\Delta s=c_p\ln\frac{T_2}{T_1}-R_g\ln\frac{p_2}{p_1}\\&=-R_g\ln\frac{p_2}{p_1}=-0.297\times\ln\frac{1}{2}\text{kJ/(kg}\cdot\text{K)}\\&=0.206\text{kJ/(kg}\cdot\text{K)}>0\end{aligned}$$

讨论

1）在例 2-1 中，根据热力学第一定律分析得到 $\Delta U=0$，$\Delta T=0$。本题的计算说明，虽然此过程遵循热力学第一定律，但却是熵产大于零的不可逆过程。同时，也验证了本节开始讲的自发过程方向性与不可逆性的关系。

2）本题熵变计算所用的公式是理想气体的熵变计算式，将在下一章进行详细推导与介绍。

例 3-4 将 0.5kg 温度为 1200℃ 的碳素钢放入盛有 4kg 温度为 20℃ 的水的绝热容器中，最后达到热平衡。试求此过程中不可逆引起的熵产。碳素钢和水的比热容分别为 $c_C=0.47\text{kJ/(kg}\cdot\text{K)}$ 和 $c_w=4.187\text{kJ/(kg}\cdot\text{K)}$。

解 首先求平衡温度 t_m。

在此过程中碳素钢的放热量 Q_C 和水的吸热量 Q_w 分别为

$$Q_C=m_Cc_C(t_C-t_m)$$

$$Q_w=m_wc_w(t_m-t_w)$$

由热力学第一定律知

$$Q_C=Q_w$$

即

$$m_Cc_C(t_C-t_m)=m_wc_w(t_m-t_w)$$

$$\begin{aligned}t_m&=\frac{m_Cc_Ct_C+m_wc_wt_w}{m_Cc_C+m_wc_w}\\&=\frac{0.5\times0.47\times1200+4\times4.187\times20}{0.5\times0.47+4\times4.187}℃\\&=36.3℃\end{aligned}$$

水的熵变

$$\begin{aligned}\Delta S_w&=\int_{T_w}^{T_m}\frac{\delta Q}{T}=\int_{T_w}^{T_m}\frac{m_wc_w\mathrm{d}T}{T}\\&=m_wc_w\ln\frac{T_m}{T_w}\\&=4\times4.187\times\ln\frac{36.3+273}{20+273}\text{kJ/K}\\&=0.907\text{kJ/K}\end{aligned}$$

碳素钢的熵变

$$\Delta S_C=\int_{T_C}^{T_m}\frac{\delta Q}{T}=m_C c_C \ln\frac{T_m}{T_C}$$

$$=0.5\times0.47\times\ln\frac{36.3+273}{1200+273}\text{kJ/K}$$

$$=-0.367\text{kJ/K}$$

水和碳素钢所构成的绝热系的总熵增即该过程的熵产为

$$\Delta S_g=\Delta S_{iso}=\Delta S_w+\Delta S_C$$

$$=0.907\text{kJ/K}-0.367\text{kJ/K}=0.54\text{kJ/K}$$

讨论

1）综合本节的例题不难看出，热力学第二定律和第一定律是紧密结合的。在解决热力学第二定律问题之前，首先要解决热力学第一定律的问题。可以说解决热力学第一定律问题是解决热力学第二定律问题的基础。如例 3-2 中，计算熵产的前提是 $|Q_A|=|Q_B|$；例 2-1 中，先得到 $T_2=T_1$；本题中，先求平衡温度等。这也说明，只有同时遵循热力学第一定律和第二定律的过程才能实现。

2）除例 3-3 外，本题中水的熵变、碳素钢的熵变和其他例题中子系统的熵变，均用 $\int_1^2\delta Q/T$ 进行计算。事实上，即使是例 3-3 中的理想气体熵变公式也是由 $\int_1^2\delta Q/T$ 导出的（参见第四章）。这是由于熵是状态参数，熵的变化仅与过程的初、终态有关，而与过程无关，因此，可借助于可逆过程 $\Delta S=\int_1^2\delta Q/T$ 进行熵变的计算，此时 T 取系统的温度。

第七节 热量有效能及有效能损失

在卡诺循环和卡诺定理中曾讨论过，当低温热源温度为环境温度 T_0 时，温度为 T 的热源放出的热量 Q 中能转变为有用功的最大份额称为热量有效能，或热㶲，又称为热量的做功能力，用 $E_{x,Q}$ 表示为

$$E_{x,Q}=Q\left(1-\frac{T_0}{T}\right) \tag{3-24}$$

热量 Q 中不能转变为有用功的那部分能量称为热量无效能，或热炁，又称为热量的非做功能，用 $A_{n,Q}$ 表示为

$$A_{n,Q}=Q\frac{T_0}{T}$$

热量有效能和无效能可以分别用如图 3-14 所示的面积 *abcda* 和 *dcfed* 表示。

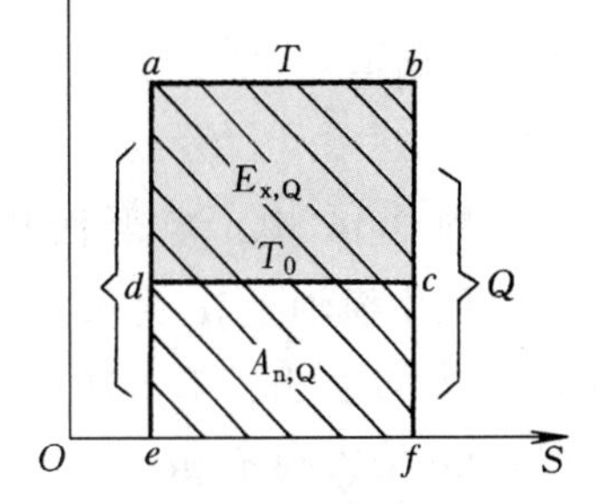

图 3-14 热量有效能

当一个系统经历了从 T_1 到 T_2 的变温吸热过程时，则该系统所吸收的热量可以用如图 3-15 所示的面积 1—2—3—6—5—4—1 表示，显然该系统在环境温度为 T_0 时微元过程所吸取的热量有效能和无效能为

$$\delta E_{x,Q}=\delta Q\left(1-\frac{T_0}{T}\right) \tag{3-25a}$$

$$\delta A_{n,Q}=\delta Q\,\frac{T_0}{T}$$

在整个过程中所吸收的热量有效能和无效能分别为

$$E_{x,Q}=\int_1^2\delta Q\left(1-\frac{T_0}{T}\right) \tag{3-25b}$$

$$A_{n,Q}=\int_1^2\delta Q\,\frac{T_0}{T}$$

如图 3-15 中的面积 1—2—3—4—1 和面积 3—4—5—6—3 所示。

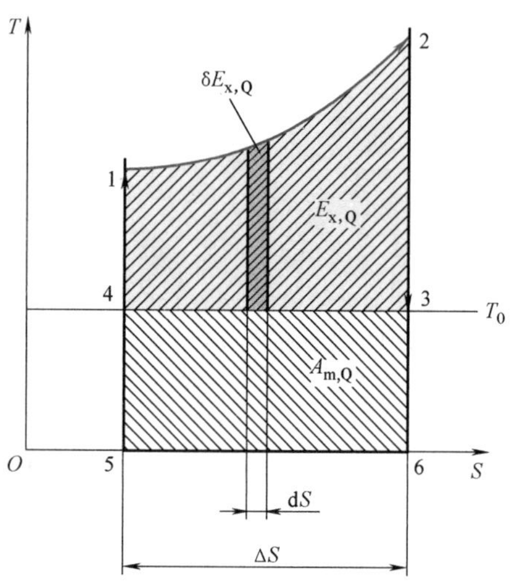

图 3-15 热量有效能和无效能

显然，当 Q 值一定时，温度 T 越高，热量有效能越大。考察例 3-2 的温差传热过程，物体 A 放出的热量中热量有效能为

$$E_{x,Q_A}=Q\left(1-\frac{T_0}{T_A}\right)$$

物体 B 得到的热量中热量有效能为

$$E_{x,Q_B}=Q\left(1-\frac{T_0}{T_B}\right)$$

在这一传热过程中，虽然热量的“量”守恒，但由于 $T_A>T_B$，$E_{x,Q_A}>E_{x,Q_B}$，热量的有效能不守恒。由于不等温的不可逆传热，有一部分有效能转化成了无效能，称为有效能损失或做功能力损失，又称为㶲损失，用 I 表示，则有

$$I=E_{x,Q_A}-E_{x,Q_B}=T_0Q\left(\frac{1}{T_B}-\frac{1}{T_A}\right)$$

在例 3-2 中已讨论过，不可逆传热引起的孤立系熵增为

$$\Delta S_{iso}=Q\left(\frac{1}{T_B}-\frac{1}{T_A}\right)$$

代入上式则得

$$I=T_0\Delta S_{iso} \tag{3-26}$$

在图 3-16 中，矩形面积 $abcda$ 为 E_{x,Q_A}，$a'b'c'd$ 为 E_{x,Q_B}，图中横轴上 fg 为孤立系熵增，阴影面积即为有效能损失 I。可以看出，不可逆的有效能损失造成无效能由矩形面积 $dcfed$ 增大到 $dc'ged$。

可以推论，当孤立系内发生任何不可逆过程时，系统内有效能损失都可以用式（3-26）进行计算。孤立系的熵增即为熵产。因此对于孤立系而言，式（3-26）还可写成

$$I=T_0\Delta S_g \tag{3-27}$$

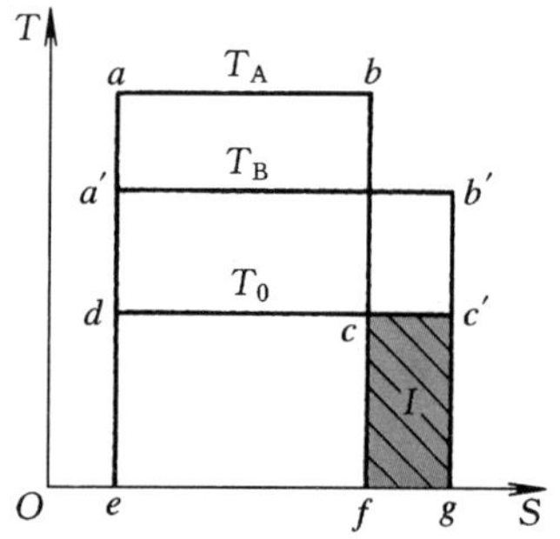

图 3-16 温差传热的有效能损失

事实上，任何不可逆都会造成熵产，都会造成有效能转变成无效能的有效能损失。既然不可逆的实质是相同的，因此式（3-27）适用于所有不可逆过程的有效能损失计算。

第八节　能量的品质与能量贬值原理

从热能间接利用的目的——获得动力对外做功而言，能量不但有数量多少的问题，而且有“品质”高低的问题。也正是由于能量的“品质”有高有低，才有了过程的方向性和热力学第二定律。

以获得动力对外做功为目的，电能和机械能可以完全转变为机械功，它们属于品质高的能量；热能则不然，从前述分析中可知，热能只有部分可以转换为机械功，相对于电能和机械能而言，热能属于品质较低的能量。根据卡诺循环和卡诺定理，或热量有效能分析可知，温度较高的热能具有的有效能比温度较低的同样数量的热能具有的有效能多，因此，热能的温度越高其品质越高。

从热力过程方向性的几个例子中可以看到，所有的自发过程，无论是存在势差的自发过程，还是有耗散效应的不可逆过程，虽然过程没有使能量的数量减少，但却使能量的品质降低了。例如：热量从高温物体传向低温物体，使所传递的热能温度降低了，从而使能量的品质降低了；在制动过程中，飞轮的机械能由于摩擦变成了热能，能量的品质也下降了。正是孤立系内能量品质的降低才造成了孤立系的熵增加。如果没有能量的品质高低就没有过程的方向性和孤立系的熵增，也就没有热力学第二定律。这样，孤立系的熵增与能量品质的降低，即能量的“贬值”联系在一起。在孤立系中使熵减少的过程不可能发生，也就意味着孤立系中能量的品质不能升高，即能量不能“升值”。事实上，所有自发过程的逆过程若能自动发生，都是使能量自动“升值”的过程。因而热力学第二定律还可以表述为：在孤立系的能量传递与转换过程中，能量的数量保持不变，但能量的品质却只能下降，不能升高，极限条件下保持不变。这个表述称为能量贬值原理，它是热力学第二定律更一般、更概括性的说法。

总之，热力学第二定律是自然界最普遍的定律之一，只能遵守不能违背。掌握了该定律，人们就可以利用它去指导合理用能，改进循环和热力过程，以提高能量利用的经济性。

第九节　熵的物理意义探讨

熵是热力学第二定律导出的重要概念，它不但在热学中得到广泛应用，而且在其他学科，如人文社会科学、生物生命科学等领域也逐渐得到应用和重视。为了进一步理解熵的深刻内涵，下面讨论熵的物理意义。

熵的物理意义可以从微观和宏观两个方面去理解。关于熵的微观意义，在大学物理中已述及，并鉴于课程性质，这里仅作简单介绍。有兴趣的读者可以去参阅有关参考书。

从微观上讲，系统微观粒子可以呈现不同的微观状态，简称为微态。根据统计力学，对应某一宏观状态的微态总数，称为出现该宏观状态的热力学概率，用 W 表示。统计分析表明：孤立系内部发生的过程，总是沿着由热力学概率小的状态向热力学概率大的状态的方向进行。结合熵增原理，则系统熵与热力学概率的关系式为

$$S=k\ln W \tag{3-28}$$

式中，k 称为玻尔兹曼常数。

由于热力学概率是系统混乱度或无序性的量度，因此从微观上讲，熵是系统混乱度或无序性的量度。

从宏观上讲，由前述分析知：一个热力系熵的变化，无论可逆与否，均可以表示为熵流与熵产之和，即

$$\begin{aligned}dS &= dS_f + dS_g \\ &= \frac{\delta Q}{T} + dS_g\end{aligned}$$

即

$$dS = \frac{(\delta Q T_0 / T + T_0 dS_g)}{T_0}$$

从上式分子不难看出：第一项是系统与外界交换热量过程中引起的热量无效能的变化 $dA_{n,Q}$；第二项为过程不可逆引起的有效能转变为无效能的增量，即有效能损失 dI。从而有

$$dS = \frac{dA_{n,Q} + dI}{T_0} \tag{3-29}$$

无论是热量迁移引起的无效能变化，还是不可逆引起的无效能增量，均会引起系统在一个过程中的无效能产生变化 dA_n，即

$$dA_n = dA_{n,Q} + dI$$

$$dS = \frac{dA_n}{T_0} \tag{3-30}$$

对于选定的环境状态而言，T_0 是定值，这样从式（3-30）或式（3-29）可以得到这样的结论：系统熵的变化是系统无效能变化的度量，这就是熵的宏观物理意义。

本章小结

能量不仅有“量”的多少问题，而且有“品质”的高低问题。热力学第二定律揭示了能量在传递和转换过程中品质高低的问题，其表现形式是热力过程的方向性和不可逆性。

热力学第二定律典型的说法有克劳修斯说法和开尔文说法等。虽然不同说法在表述上不同，但实质是相同的，因此具有等效性。

卡诺循环和卡诺定理是热力学第二定律的重要内容之一，它不但指出了具有两个热源热机的最高热效率，而且奠定了热力学第二定律的基础。

当热源温度为 T_H、冷源温度为 T_L 时，卡诺循环热效率为

$$\eta_c = 1 - \frac{T_L}{T_H}$$

如果用 η_r 表示两恒温热源的可逆循环的热效率，用 η_t 表示同温限下的其他循环热效率，则卡诺定理可以表示为

$$\eta_r \geqslant \eta_t$$

利用卡诺循环和卡诺定理可以导出或证明状态参数熵

$$dS=\frac{\delta Q_{re}}{T}$$

同时可以导出克劳修斯不等式

$$\oint\frac{\delta Q}{T}\leqslant 0$$

通过克劳修斯不等式可以判断循环是否可行、是否可逆，因此克劳修斯不等式是热力学第二定律的数学表达式之一。

利用克劳修斯不等式可以导出关系式

$$dS\geqslant\frac{\delta Q}{T}$$

由于此式可以用来判断热力过程的可行与否（是否可以发生）、可逆与否，因此它亦是热力学第二定律的数学表达式之一。

引入熵产和熵流的概念，可以得到关系式

$$dS=dS_f+dS_g$$

熵产是不可逆因素引起的，恒大于等于零。因此熵产是揭示不可逆过程大小的重要判据。熵产可以通过孤立系的熵增原理求得。孤立系的熵增原理为：孤立系的熵只能增加，不能减少，极限的情况保持不变。即

$$dS_{iso}=dS_g\geqslant 0 \quad 或 \quad \Delta S_{iso}=\Delta S_g\geqslant 0$$

孤立系的熵增原理的数学表达式也是热力学第二定律的数学表达式之一。

熵增原理也适用于控制质量的绝热系，即

$$dS_{ad}=dS_g\geqslant 0 \quad 或 \quad \Delta S_{ad}=\Delta S_g\geqslant 0$$

以获得机械能（功）为目的和判据，分析能量的品质，可以获得用“能量贬值原理”表述的热力学第二定律。

通过本章学习，要求读者：

1）深刻理解热力学第二定律的实质，掌握卡诺循环、卡诺定理及其意义。

2）掌握熵参数，了解克劳修斯不等式的意义。掌握利用熵增原理进行不可逆过程和循环的分析与计算。

思考题

3-1 “自发过程是不可逆过程，那么非自发过程是可逆过程”的说法对吗？为什么？

3-2 热力学第二定律是否可以表述为“功可以完全转变为热，但热不能完全转变为功”？为什么？

3-3 第二类永动机是否违反热力学第一定律？与第一类永动机有何区别？

3-4 如何理解热力学第二定律的克劳修斯说法和开尔文说法的实质是相同的？

3-5 “循环净功越大，循环的热效率越高”的说法对吗？为什么？

3-6 循环效率公式

$$\eta_t = 1 - \frac{q_L}{q_H} \text{ 和 } \eta_t = 1 - \frac{T_L}{T_H}$$

是否相同？各适用于哪些场合？

3-7 为什么说卡诺循环是两恒温热源间最简单的可逆循环？

3-8 “在所有的循环中，卡诺循环的热效率最高”的说法对吗？为什么？

3-9 对于多热源热机提出“平均温度”的概念意义何在？

3-10 卡诺定理是针对正循环推导得到的。对于逆循环卡诺定理适用吗？为什么？

3-11 根据熵差计算式 $\Delta S = \int_1^2 \delta Q_{re}/T$ 知 δQ_{re} 是可逆过程中系统与热源间的换热量，因此不可逆过程的 ΔS 无法计算，对否？为什么？

3-12 系统经历了一不可逆过程，只知道终态熵小于初态熵，能判断该过程一定放出热量吗？为什么？

3-13 请分析下列说法是否正确：

（1）使系统熵增大的过程必为不可逆过程；

（2）使系统熵产增大的过程必为不可逆过程；

（3）系统的吸热过程必为熵增大的过程；

（4）系统的放热过程熵必然减少；

（5）如果工质从同一初态到同一终态有两条途径，一为可逆，一为不可逆，那么，不可逆途径的 Δs 必大于可逆过程的 Δs；

（6）系统经历了一可逆过程后，其终态熵大于初态熵，则该过程一定为吸热过程。

3-14 熵是状态参数，熵的变化仅与初、终态有关，试问熵流与熵产是否也仅与初、终态有关？为什么？

3-15 工质经过一不可逆循环后是否有 $\oint \frac{\delta Q}{T} < 0$，$\oint \mathrm{d}s > 0$？

3-16 “定熵过程是绝热可逆过程”的说法对吗？反之呢？

3-17 根据热力学第一定律，能量在传递和转换过程中是守恒的，那么本章所谓的“能量损失”是什么？

3-18 熵的宏观物理意义是什么？

习 题

3-1 一卡诺机工作在 1000℃ 和 20℃ 的两热源间。试求：

（1）卡诺机的热效率；

（2）若卡诺机每分钟从高温热源吸入 1200kJ 热量，此卡诺机净输出功率为多少？

（3）求每分钟向低温热源排出的热量。

3-2 两卡诺机 A、B 串联工作。热机 A 在 627℃ 下得到热量，并对温度为 T 的热源放热。热机 B 从温度为 T 的热源吸收热机 A 排出的热量，并向 27℃ 的冷源放热。在下述情况

下计算温度 T：

（1）两热机输出功相等；

（2）两热机效率相等。

3-3 某动力循环在平均温度 460℃下得到单位质量工质的热量为 3280kJ/kg，向温度为 20℃的冷却水放出的热量为 980kJ/kg。如果工质没有其他热交换，此循环满足克劳修斯不等式吗？

3-4 某制冷循环，工质从温度 -23℃的冷源吸热 100kJ，并将热量 230kJ 传给温度为 27℃的热源（环境），此循环满足克劳修斯不等式吗？

3-5 试利用 T_H 和 T_L 表示如图 3-17 所示的两循环的热效率比。

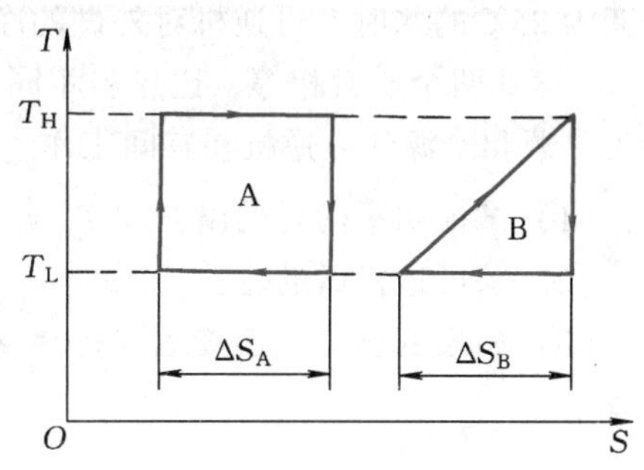

图 3-17 习题 3-5 图

3-6 某热机循环，工质从温度为 $T_H = 2000K$ 的热源吸热 Q_H，并向温度为 $T_L = 300K$ 的冷源放热 Q_L。在下列条件下试根据孤立系熵增原理确定该热机循环是否可行及可逆：

（1）$Q_H = 1500J$，$Q_L = 800J$；

（2）$Q_H = 2000J$，净功 $W_0 = 1800J$。

3-7 闭口系中工质在某一热力过程中从热源（300K）吸取热量 660kJ 。在该过程中工质熵变为 5kJ/K，此过程是否可行？是否可逆？

3-8 冷油器中油进口温度为 60℃，出口温度为 35℃，油的流量为 5kg/min。冷却水的进口温度为 20℃，出口温度为 40℃。试求：[油的比热容为 2.022kJ/(kg·K)，水的比热容为 4.187kJ/(kg·K)]

（1）冷却水的流量；

（2）油和水之间不等温传热引起的熵产。

3-9 将 6kg 温度为 0℃的冰投入到装有 25kg 温度为 40℃的水的容器中。假定容器绝热，试求冰完全融化且与水的温度达到热平衡时系统的熵产。已知冰的熔化热为 333kJ/kg。

3-10 以温度为 20℃的环境为热源、以 1000kg 的 0℃的水为冷源的可逆热机，当冷源的水温升高到 20℃时可逆热机对外所做的净功为多少？

3-11 某物体的初温为 T_H，冷源温度为 T_L。现有一热机在此物体和冷源间工作，直至物体的温度降至 T_L 为止。若热机从物体中吸取的热量为 Q_H，物体的质量为 m，比热容为 c，试用熵增原理证明此热机所能输出的最大功为

$$W_{0,\max} = Q_H - T_L mc\ln\frac{T_H}{T_L}$$

3-12 一块 600℃的钢块（热容 $C_c = 240J/K$）在绝热油槽中缓慢冷却。油的初温为 25℃，热容为 $C_{oi} = 8000J/K$，试求该过程中钢块和油达到热平衡后，两者之间不等温传热引起的有效能损失。设环境温度 $t_0 = 27℃$。

3-13 在常压下对 3kg 水加热，使水温由 25℃升高到 90℃，设环境温度为 20℃，试求所加热量中有多少是热量有效能。水的比热容为 4.187kJ/(kg·K)。

3-14 单位质量气体在气缸中被压缩，压缩功为 188kJ/kg，气体的热力学能增加为

80kJ/kg，熵变化为-0.280kJ/(kg·K)，温度为20℃的环境可与气体发生热交换，试确定压缩1kg气体的熵产。

3-15 温度为1527℃的恒温热源，向维持温度为227℃的工质传热100kJ。大气环境温度为20℃。试求传热量中的有效能、无效能以及传热过程中引起的有效能损失，并在 T-S 图上表示出来。

3-16 将8kg、50℃的水与5kg、100℃的水在绝热容器中混合，求混合后系统的熵增。水的比热容为4.187kJ/(kg·K)。

3-17 以温度为25℃的环境为热源、以1000kg的0℃的冰为冷源的可逆机，当冷源的冰变为25℃的水时，可逆机对外做的净功为多少？冰的融化热为333kJ/kg。

3-18 两个质量相等、比热容相同且为定值的物体A和B，初温各为 T_A 和 T_B。用它们作为热源和冷源使可逆机在其间工作，直到两物体温度相等为止。

（1）试证明平衡时的温度为 $T_m=\sqrt{T_A T_B}$；

（2）求可逆机做的总功；

（3）如果两物体直接接触进行热交换，直至温度相等，求此时的平衡温度及两物体的总熵增。

第二篇

工质的热力性质和热力过程

热能和机械能之间的转换，必须凭借某种物质才能进行。像蒸汽动力装置中的水蒸气就是这种物质。如前所述，这种实现热能和机械能之间相互转换的物质被称为工质。研究热力过程和热力循环的能量关系时，必须确定工质各种热力参数的值。不同性质的工质对能量转换有不同影响，工质是能量转换的内部条件，因此，工质热力性质的研究是能量转换研究的一个重要方面。

众所周知，物质有三种不同的形态：固态、液态和气态。三种形态又称为相，物质能以某种单相形式存在，也能以两相甚至三相平衡共存。原则上讲，固、液、气三态物质均可作为工质。然而，由于热能和机械能的相互转换是通过物质的体积变化实现的，而能迅速、有效实现体积变化的是气（汽）相物质，如氮气、空气和水蒸气等。因此，热力学中的工质仅指气（汽）相物质及涉及气态物质相变的液体。即便是气相物质，由于物质分子本身和分子间相互作用力在性质、种类和大小等方面的千差万别，致使其热力性质的研究非常繁复。为了方便起见，对于工程应用的气体，本篇根据其压力和温度范围将其分为理想气体和实际气体进行研究。

为了实现某种能量转换，热力系的工质状态必须发生连续的变化，称为热力过程。工程上实施热力过程，除了实现预期的能量转换外，另一目的就是获得某种预期的工质的热力状态。例如：燃气轮机中燃气膨胀做功过程的目的是实现热能转换为机械能；压气机中气体的压缩增压过程，则是为了获得预期的高压气体。两种目的表面上不同，实际上却存在着密切的内在联系，那就是任何热力过程都有确定的状态变化和相应的能量转换。因此，研究热力过程的目的和任务在于揭示各种热力过程中工质状态参数的变化规律和相应的能量转换状况。

工质的热力性质和热力过程的分析是紧密相连的。因此，本篇对一种工质的热力性质分析讨论后，紧接着就会介绍该种工质的热力过程。

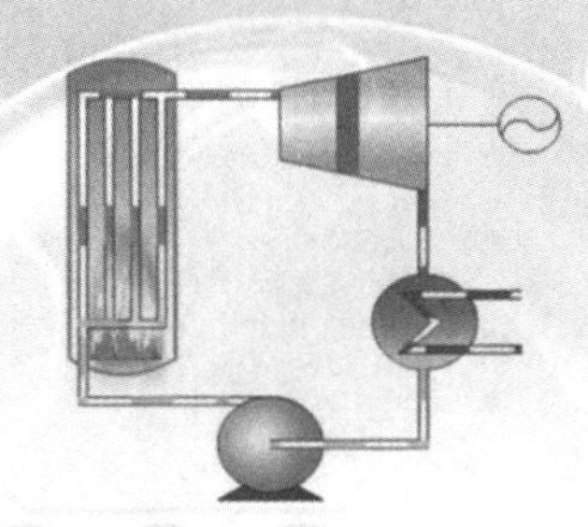

第四章

理想气体的热力性质

第一节　理想气体及其状态方程

在工程实际中，有许多气体遵循玻意耳-查理定律和盖-吕萨克定律。综合这些经验定律，可以得到这些气体 p、v、T 之间的数学关系式为

$$pv = R_g T \tag{4-1}$$

称之为克拉珀龙状态方程。

凡是遵循克拉珀龙状态方程的气体称为理想气体，所以克拉珀龙状态方程又称为理想气体状态方程。

理想气体状态方程简单明了地反映了理想气体基本状态参数间的关系，式中的 R_g 称为气体常数，其值是仅取决于气体种类的恒量，与气体所处状态无关。几种常用理想气体的 R_g 见表 A-2。显然，当气体种类确定后，可以根据状态方程，利用确定状态的两已知基本状态参数，求取另一基本状态参数。

在使用式（4-1）时应注意各状态参数及气体常数的单位：式中 p 是绝对压力，单位是 Pa；T 是热力学温度，单位是 K；比体积 v 的单位是 m^3/kg；气体常数 R_g 的单位是 J/(kg · K)。

理想气体的状态方程也可由微观的分子运动论推出。在利用分子运动论推导该方程式时，对气体分子模型作了以下两点假设：

1）气体分子是不占据体积的弹性质点。

2）气体分子相互之间没有任何作用力。

因此从微观上讲，符合上述假设的气体称为理想气体。从该假设出发得到理想气体状态方程的具体推导可参阅有关物理学或统计力学教科书。

工程计算中还常常使用以摩尔（mol）为物量单位的理想气体状态方程式。

物量单位摩尔（mol）在化学中已学过。若系统所含物质的质量是 m，物质的量[㊀]是 n，物质所占体积是 V，则摩尔质量为

㊀ 物质的量 n 以前习惯称为摩尔数，其单位为摩尔（mol）或千摩尔（kmol）。

$$M=\frac{m}{n} \tag{4-2}$$

摩尔体积为

$$V_m=\frac{V}{n} \tag{4-3}$$

在式（4-1）两边同时乘以摩尔质量 M 可得

$$pMv=MR_gT$$

引入 $R=MR_g$，并由
$$Mv=\frac{mvM}{m}=\frac{V}{m/M}=\frac{V}{n}=V_m$$

得
$$pV_m=RT \tag{4-4}$$

阿伏伽德罗定律指出：在同温同压下任何气体的摩尔体积都相等。故 R 是与气体种类和气体状态无关的常数，称为摩尔气体常数。在标准状态（$p_0=0.101325\text{MPa}$，$T_0=273.15\text{K}$）下，任何气体的摩尔体积均为 $V_{m0}=22.4135\times10^{-3}\text{m}^3/\text{mol}$，故有

$$R=\frac{p_0V_{m0}}{T_0}=\frac{1.01325\times10^5\times22.4135\times10^{-3}}{273.15}\text{J/(mol·K)}=8.3143\text{J/(mol·K)}$$

显然，气体常数 R_g 与摩尔气体常数 R 的关系为

$$R_g=\frac{R}{M} \tag{4-5}$$

由气体的相对分子质量 M_r㊀可知气体的摩尔质量，从而可以利用该式方便地求取各种气体的气体常数。

对于质量为 m（kg）的气体，式（4-1）的两边乘以 m 可得

$$pV=mR_gT \tag{4-6}$$

同理，对于物质的量为 n（mol）的气体有

$$pV=nRT \tag{4-7}$$

式（4-6）和式（4-7）不但可以用来求取基本状态参数，而且在 p、V 和 T 已知时可求取气体的质量和物质的量。

从理想气体的微观解释中可知，实际中并不存在理想气体，因为实际气体分子本身不可能不占据体积，分子之间也不可能没有作用力，因而理想气体仅是一种理想的假设气体。但理想气体的概念和理想气体状态方程在实际应用中却具有很重要的意义。压力相对较低、温度相对较高的气体，其比体积相对较大，气体分子间距离较大，分子之间相互作用力很小，分子本身的体积相对分子运动所占空间也显得极小，此时的气体就比较接近理想气体。

事实上，理想气体是实际气体在压力趋近于零、比体积趋于无穷大时的极限状态，实验研究也证明了这一点。因而工程应用中的许多气体都可以作为理想气体处理，例如：常温常压下的 O_2、H_2、N_2、CO 等。对于水蒸气和制冷工程中的蒸气，它们离液态不远，并且常常涉及气液相变，一般不能视为理想气体。但是燃气和大气中的水蒸气，因其分压力（见本章的第四节）甚小，比体积很大，作为理想气体产生的偏差不大，因而可视为理想气体。气体是否可以作为理想气体处理，主要取决于气体所处的状态和计算精度的要求。

㊀ 相对分子质量以前称为分子量。

理想气体的提出，不但解决了实际工程中许多分析计算问题，而且为实际气体的研究打下了基础。在实际气体的状态方程中，著名的范德瓦尔方程和压缩因子的提出，就是在理想气体状态方程的基础上得到的（参阅第六章）。

例 4-1　容积为 0.03m^3 的钢瓶内装有氧气，其压力为 0.7MPa，温度为 20℃。由于使用，压力降至 0.28MPa，而温度未变，问使用了多少氧气？

解　根据题意，钢瓶中氧气使用前后的压力、温度和体积都已知，所以可以运用理想气体状态方程求得使用的氧气质量。

由
$$pV = mR_gT$$

得
$$-\Delta m = m_1 - m_2 = \frac{(p_1 - p_2)V}{R_gT}$$

由表 A-2 查得氧气的 $R_g = 260\text{J/(kg·K)}$，从而有

$$-\Delta m = \frac{(p_1 - p_2)V}{R_gT} = \frac{(0.7 - 0.28)\times10^6\times0.03}{260\times(273+20)}\text{kg} = 0.1654\text{kg}$$

讨论

1）题中氧气的气体常数 R_g 是从表 A-2 查得的。当然也可以用式（4-5）求取。氧气的相对分子质量 $M_r = 32$，故其摩尔质量 $M = 32\times10^{-3}\text{kg/mol}$，代入到式（4-5），得

$$R_g = \frac{R}{M} = \frac{8.314}{32\times10^{-3}}\text{J/(kg·K)} = 259.8\text{J/(kg·K)}$$

2）前已述及，理想气体是实际气体压力趋于零、比体积趋于无限大的极限状态。因此，常温常压或较低压力下的 O_2、N_2 和 H_2 等可以作为理想气体处理。本题中氧气初、终态压力分别为 0.7MPa 和 0.28MPa，还不算太高，仍可视为理想气体。若氧气瓶内氧气压力较高，$pV = R_gT$ 的状态方程已不适用，就不能视为理想气体。

第二节　理想气体的比热容

气体在某热力过程中与外界交换的热量的计算分析常常要涉及气体的比热容。更重要的是，气体的热力学能、焓和熵的计算分析与气体的比热容有密切的关系。因此，气体的比热容是气体的重要热力性质之一。

一、比热容的定义

比热容与热容有关。工质温度升高一度所吸收的热量称为热容，用 C 表示，即

$$C = \frac{\delta Q}{\text{d}T}$$

热容除以质量就称为比热容（或质量热容），以 c 表示，即

$$c = \frac{C}{m} = \frac{\delta q}{\text{d}T} \tag{4-8}$$

在工程实际中，还常用到摩尔热容 C_m 和体积热容 C'。热容除以物质的量称为摩尔热容，即

$$C_m = \frac{C}{n} \tag{4-9}$$

热容除以气体标准状态下的体积称为体积热容

$$C' = \frac{C}{V_0} \tag{4-10}$$

由物量单位的量纲分析知，比热容 c、摩尔热容 C_m 和体积热容 C'之间有换算关系

$$C_m = Mc = 0.0224141C' \tag{4-11}$$

二、比定容热容和比定压热容

气体的比热容因工质不同而不同。另外，由于热量是与过程有关的量，由比热容定义知，气体比热容还受到热力过程的影响。同种气体同样升高一度，经历不同的热力过程所需热量不同。

在热能和机械能的转换中，定容过程和定压过程是两种常见且重要的热力过程，因而比定容热容 c_V 和比定压热容 c_p 是常用的两种比热容。在气体的热力学能、焓及熵等热力性质的计算中，用到的也是这两种比热容。

引用热力学第一定律的表达式，对于可逆过程有

$$\delta q = \mathrm{d}u + p\mathrm{d}v$$

对定容过程，$\mathrm{d}v = 0$，故有

$$c_V = \left(\frac{\delta q}{\mathrm{d}T}\right)_v = \left(\frac{\mathrm{d}u + p\mathrm{d}v}{\mathrm{d}T}\right)_v = \left(\frac{\partial u}{\partial T}\right)_v \tag{4-12}$$

同理有

$$c_p = \left(\frac{\delta q}{\mathrm{d}T}\right)_p = \left(\frac{\mathrm{d}h - v\mathrm{d}p}{\mathrm{d}T}\right)_p = \left(\frac{\partial h}{\partial T}\right)_p \tag{4-13}$$

以上两式是由比热容定义式导出的，故适用于一切气体。由此两式分析还可以得到：气体比热容是与状态有关的状态参量，实验也证明了这一点。

三、理想气体比热容

理想气体是分子间无相互作用力的气体，故理想气体热力学能中不含分子间内位能，仅有与温度有关的分子内动能，故理想气体的比热力学能仅是温度的单值函数：$u = u(T)$。于是理想气体的比定容热容为

$$c_V = \frac{\mathrm{d}u}{\mathrm{d}T} = f(T) \tag{4-14}$$

由焓的定义式和理想气体的状态方程得

$$h = u + pv = u + R_g T = h(T)$$

因此，理想气体的比焓也仅仅是温度的单值函数。理想气体的比定压热容为

$$c_p=\frac{\mathrm{d}h}{\mathrm{d}T}=\varphi(T) \tag{4-15}$$

上述分析还说明，理想气体的比定容热容和比定压热容仅仅是温度的单值函数。

理想气体的比定压热容与比定容热容之差为

$$\begin{aligned}c_p-c_V&=\frac{\mathrm{d}h-\mathrm{d}u}{\mathrm{d}T}=\frac{\mathrm{d}(u+pv)-\mathrm{d}u}{\mathrm{d}T}\\&=\frac{\mathrm{d}(R_\mathrm{g}T)}{\mathrm{d}T}=\frac{R_\mathrm{g}\mathrm{d}T}{\mathrm{d}T}\end{aligned}$$

即

$$c_p-c_V=R_\mathrm{g} \tag{4-16}$$

式（4-16）两边同乘以气体摩尔质量可得

$$C_{p,\mathrm{m}}-C_{V,\mathrm{m}}=R \tag{4-17}$$

式（4-16）和式（4-17）称为迈耶尔公式。利用该式可以方便地由一种已知比热容（c_p 或 c_V）求取另一种比热容。

1. 真实比热容

理想气体的比热容与温度之间的函数关系（图 4-1），通常根据实验数据整理成 $c=c(T)$ 的表格形式（见有关教科书或手册）或多项式形式，即

$$c=a_0+a_1T+a_2T^2+\cdots \tag{4-18}$$

一些常用气体的系数 a_0，a_1，…可查阅书后表 A-3 或有关手册。

无论是 $c=c(T)$ 的表格形式，还是多项式形式，都比较真实地反映了理想气体比热容与温度之间的关系，故称为真实比热容。

对式（4-18）积分可计算单位质量理想气体在热力过程中的吸热量，即

$$q=\int_{T_1}^{T_2}c\mathrm{d}T=\int_{T_1}^{T_2}(a_0+a_1T+a_2T^2+\cdots)\ \mathrm{d}T$$

2. 平均比热容

工程上为了避免积分的麻烦，同时又不影响计算精度，常利用平均比热容进行计算。所谓平均比热容是一定温度范围（t_1 和 t_2 之间）内真实比热容的积分平均值

$$c\Big|_{t_1}^{t_2}=\frac{\int_{t_1}^{t_2}c\mathrm{d}t}{t_2-t_1} \tag{4-19}$$

平均比热容的几何意义如图 4-1 所示。有了状态 1 到状态 2 间的平均比热容，则单位质量气体从状态 1 至状态 2 的吸热量很容易求取，$q=c\Big|_{t_1}^{t_2}(t_2-t_1)$。因此，将平均比热容列成数据表格无疑给工程计算带来很大方便。考虑到

$$\int_{t_1}^{t_2}c\mathrm{d}t=\int_{0℃}^{t_2}c\mathrm{d}t-\int_{0℃}^{t_1}c\mathrm{d}t$$

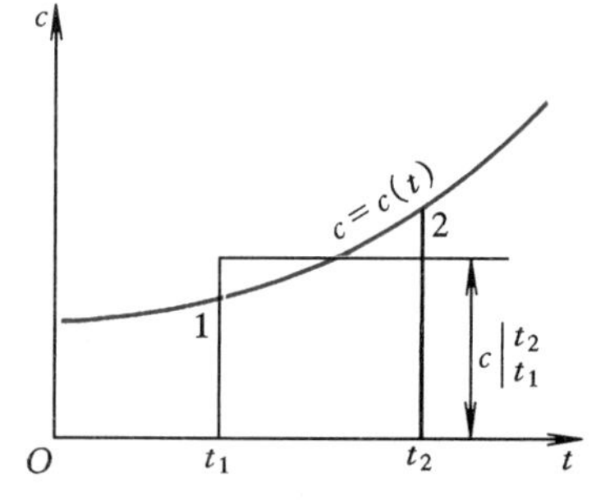

图 4-1 真实比热容和平均比热容

$$=c\Big|_{0℃}^{t_2}(t_2-0)-c\Big|_{0℃}^{t_1}(t_1-0)$$

代入式（4-19）得

$$c\Big|_{t_1}^{t_2}=\frac{c\Big|_{0℃}^{t_2}t_2-c\Big|_{0℃}^{t_1}t_1}{t_2-t_1} \tag{4-20}$$

这样有了从 0℃ 到任意温度 t 之间的平均比热容，则任意温度间隔的平均比热容可由式（4-20）计算得到。表 A-4a 和表 A-4b 列出了几种常用气体的平均比热容。在利用平均比热容进行计算时，还经常需要用到线性插值公式。

3. 平均比热容的直线关系式

在工程计算中，还经常使用平均比热容的直线关系式，其计算精度能满足一般要求。

将理想气体比热容与温度的函数关系近似用直线关系表示，有

$$c=a+b't$$

根据平均比热容定义式（4-19）

$$c\Big|_{t_1}^{t_2}=\frac{\int_{t_1}^{t_2}c\mathrm{d}t}{t_2-t_1}=\frac{\int_{t_1}^{t_2}(a+b't)\mathrm{d}t}{t_2-t_1}$$

$$=\frac{a(t_2-t_1)+\frac{1}{2}b'(t_2^2-t_1^2)}{t_2-t_1}$$

$$=a+\frac{b'}{2}(t_1+t_2)$$

令 $b=b'/2$，$t=(t_1+t_2)$ 则

$$c\Big|_{t_1}^{t_2}=a+bt \tag{4-21}$$

式中系数 a 和 b 可在表 A-5 或有关热工手册中查取。这样，只要用（t_1+t_2）代替式（4-21）中的 t，就可求得 t_1 至 t_2 间的平均比热容。

4. 定值比热容

在精度要求不高或温度变化范围不大的计算及理论分析中，常常使用定值比热容。定值比热容忽略比热容随温度的变化，取比热容为定值。因为根据分子运动论，如果气体分子具有相同的原子数，其摩尔热容相同且为定值，其数值见表 4-1，亦可由表 A-2 查取。

表 4-1　理想气体定值比热容和摩尔热容

比热容	单原子气体	双原子气体	多原子气体
c_V（$C_{V,\mathrm{m}}$）	$\frac{3}{2}R_\mathrm{g}\left(\frac{3}{2}R\right)$	$\frac{5}{2}R_\mathrm{g}\left(\frac{5}{2}R\right)$	$\frac{7}{2}R_\mathrm{g}\left(\frac{7}{2}R\right)$
c_p（$C_{p,\mathrm{m}}$）	$\frac{5}{2}R_\mathrm{g}\left(\frac{5}{2}R\right)$	$\frac{7}{2}R_\mathrm{g}\left(\frac{7}{2}R\right)$	$\frac{9}{2}R_\mathrm{g}\left(\frac{9}{2}R\right)$

例 4-2 试计算每千克氧气从 200℃定压吸热至 380℃所吸收的热量，以及从 900℃定压放热至 380℃所放出的热量。

（1）按平均比热容（表）计算；

（2）按定值比热容计算。

解 （1）从表 A-4a 查得氧气如下平均比热容值。

$$c_p\Big|_{0℃}^{200℃}=0.935\text{kJ/(kg·K)}$$

$$c_p\Big|_{0℃}^{300℃}=0.950\text{kJ/(kg·K)}$$

$$c_p\Big|_{0℃}^{400℃}=0.965\text{kJ/(kg·K)}$$

$$c_p\Big|_{0℃}^{900℃}=1.026\text{kJ/(kg·K)}$$

根据线性插值公式得

$$\begin{aligned}c_p\Big|_{0℃}^{380℃}&=c_p\Big|_{0℃}^{300℃}+\frac{(380-300)℃}{(400-300)℃}\left(c_p\Big|_{0℃}^{400℃}-c_p\Big|_{0℃}^{300℃}\right)\\&=0.95\text{kJ/(kg·K)}+0.8\times(0.965-0.95)\text{kJ/(kg·K)}\\&=0.962\text{kJ/(kg·K)}\end{aligned}$$

从 t_1 到 t_2，定压过程所吸收或放出的热量

$$\begin{aligned}q&=c_p\Big|_{t_1}^{t_2}(t_2-t_1)=\frac{c_p\Big|_{0℃}^{t_2}t_2-c_p\Big|_{0℃}^{t_1}t_1}{t_2-t_1}(t_2-t_1)\\&=c_p\Big|_{0℃}^{t_2}t_2-c_p\Big|_{0℃}^{t_1}t_1\end{aligned}$$

氧气从 200℃至 380℃所吸收的热量

$$\begin{aligned}q_1&=c_p\Big|_{0℃}^{380℃}\times380℃-c_p\Big|_{0℃}^{200℃}\times200℃\\&=0.962\times380\text{kJ/kg}-0.935\times200\text{kJ/kg}\\&=178.6\text{kJ/kg}\end{aligned}$$

氧气从 900℃至 380℃所放出的热量

$$\begin{aligned}q_2&=c_p\Big|_{0℃}^{380℃}\times380℃-c_p\Big|_{0℃}^{900℃}\times900℃\\&=0.962\times380\text{kJ/kg}-1.026\times900\text{kJ/kg}\\&=-557.8\text{kJ/kg}\end{aligned}$$

（2）氧气是双原子气体，由表 4-1 知

$$c_p=\frac{7}{2}R_g=\frac{7}{2}\frac{R}{M}$$

$$=\frac{7}{2}\times\frac{8.314}{32\times10^{-3}}\mathrm{J/(kg\cdot K)}$$

$$=909.3\mathrm{J/(kg\cdot K)}=0.9093\mathrm{kJ/(kg\cdot K)}$$

则

$$q_1'=c_p\Delta t=0.9093\times(380-200)\mathrm{kJ/kg}=163.7\mathrm{kJ/kg}$$

$$q_2'=c_p\Delta t=0.9093\times(380-900)\mathrm{kJ/kg}=-472.8\mathrm{kJ/kg}$$

讨论

1）在求 $c_p\Big|_{0℃}^{380℃}$ 时，用到线性插值公式。线性插值公式不但在求平均比热容时要用，而在今后的工程用表中都要用到，如水蒸气热力性质表，故必须掌握。

2）本题在利用平均比热容求取单位质量的热量时，导出了计算式 $q=c_p\Big|_{0℃}^{t_2}t_2-c_p\Big|_{0℃}^{t_1}t_1$，而可以不利用式（4-20）去计算 t_1 至 t_2 区间的平均比热容 $c_p\Big|_{t_1}^{t_2}$。如果题目要求计算 $c_p\Big|_{t_1}^{t_2}$，同时计算从 t_1 到 t_2 吸收的热量，则需利用式（4-20）先求出 $c_p\Big|_{t_1}^{t_2}$，然后用 $q=c_p\Big|_{t_1}^{t_2}(t_2-t_1)$ 去计算热量。

3）根据第一章中对热量正负号的规定，结合式（4-8），系统放热时，温度增量为负值，热量计算值也为负值。

4）以第一种方法计算的结果为基准，可分别求得不同温度区间利用定值比热容计算结果的相对偏差 ε

$$\varepsilon_1=\left|\frac{q_1-q_1'}{q_1}\right|=\left|\frac{(178.6-163.7)\ \mathrm{kJ/kg}}{178.6\mathrm{kJ/kg}}\right|=8\%$$

$$\varepsilon_2=\left|\frac{q_2-q_2'}{q_2}\right|=\left|\frac{(472.8-557.8)\ \mathrm{kJ/kg}}{557.8\mathrm{kJ/kg}}\right|=15\%$$

可见在温度变化范围大，尤其是涉及较高温度时，用定值比热容计算所得结果偏差较大。

第三节　理想气体的比热力学能和比焓及比熵

一、理想气体的比热力学能和比焓

前已述及，理想气体的比热力学能和比焓仅仅是温度的函数。对于理想气体的平衡状态，其温度一旦被确定，比热力学能和比焓就有了确定值。由热力学第一定律知，在热力过程的能量分析计算中，并不需要求得热力学能和焓的绝对值，只需计算过程的热力学能和焓的变化量。确定了理想气体的比定容热容和比定压热容后，由式（4-14）和式（4-15）可求得微元过程单位质量理想气体比热力学能和比焓的增量

$$du = c_V dT \tag{4-22}$$

$$dh = c_p dT \tag{4-23}$$

需要强调的是，虽然上两式中比热力学能和比焓的增量计算用的分别是比定容热容和比定压热容，但由于比热力学能和比焓是状态参数，且比定容热容和比定压热容均仅仅是状态参数温度的函数，故上两式不仅仅适用于定容过程和定压过程，而且适用于理想气体的任何过程。

单位质量理想气体任一过程的热力学能和焓的变化量可分别由式（4-22）和式（4-23）积分求取

$$\Delta u = \int_{T_1}^{T_2} c_V dT \tag{4-24}$$

$$\Delta h = \int_{T_1}^{T_2} c_p dT \tag{4-25}$$

当采用平均比热容和定值比热容时，上两式可分别写为

$$\begin{aligned}\Delta u &= c_V\Big|_{t_1}^{t_2}\Delta t \\ &= c_V\Big|_{0℃}^{t_2} t_2 - c_V\Big|_{0℃}^{t_1} t_1\end{aligned} \tag{4-24a}$$

$$\begin{aligned}\Delta h &= c_p\Big|_{t_1}^{t_2}\Delta t \\ &= c_p\Big|_{0℃}^{t_2} t_2 - c_p\Big|_{0℃}^{t_1} t_1\end{aligned} \tag{4-25a}$$

和

$$\Delta u = c_V \Delta t \tag{4-24b}$$

$$\Delta h = c_p \Delta t \tag{4-25b}$$

在热力学计算中只需计算比热力学能和比焓的变化量，当系统无化学反应且成分又无变化时，可以任意规定某一状态的比焓值或比热力学能值为零。对于理想气体一般取0K（或0℃）时的比焓值为零，相应的比热力学能值也为零，则任意温度下的比焓值和比热力学能值为

$$h = c_p\Big|_{0K}^{T} T$$

$$u = c_V\Big|_{0K}^{T} T$$

从而可以得到不同温度下的比焓值和比热力学能值。表A-6的空气热力性质表中列出了空气不同温度下的焓值。一些常用理想气体的焓值见表A-7，要说明的是表A-7中的H_m不是比焓而是摩尔焓。

这样比热力学能和比焓的变化量就可以用它们的绝对值进行计算：

$$\Delta u = u_2(T_2) - u_1(T_1)$$

$$\Delta h = h_2(T_2) - h_1(T_1)$$

二、理想气体的比熵

在热力学第二定律的分析中可知，熵的计算有着特别重要的意义。与热力学能和焓一样，在热力过程的分析计算中所需要的是熵的变化量。

由熵的定义式、热力学第一定律表达式和理想气体状态方程，可推得单位质量理想气体熵变的微分表达式

$$ds = \frac{\delta q_{re}}{T} = \frac{du + p dv}{T} = \frac{c_V dT + p dv}{T}$$

将 $p/T = R_g/v$ 代入上式，有

$$ds = c_V \frac{dT}{T} + R_g \frac{dv}{v} \tag{4-26}$$

又

$$ds = \frac{\delta q_{re}}{T} = \frac{dh - v dp}{T} = \frac{c_p dT - v dp}{T}$$

可得

$$ds = c_p \frac{dT}{T} - R_g \frac{dp}{p} \tag{4-27}$$

对式（4-26）和式（4-27）两边积分得单位质量理想气体任一热力过程熵变量的计算式

$$\Delta s = \int_{T_1}^{T_2} c_V \frac{dT}{T} + R_g \ln \frac{v_2}{v_1} \tag{4-28a}$$

$$\Delta s = \int_{T_1}^{T_2} c_p \frac{dT}{T} - R_g \ln \frac{p_2}{p_1} \tag{4-29a}$$

当采用定值比热容时上两式为

$$\Delta s = c_V \ln \frac{T_2}{T_1} + R_g \ln \frac{v_2}{v_1} \tag{4-28b}$$

$$\Delta s = c_p \ln \frac{T_2}{T_1} - R_g \ln \frac{p_2}{p_1} \tag{4-29b}$$

利用理想气体的状态方程和迈耶尔公式还可以推导得到

$$ds = c_V \frac{dp}{p} + c_p \frac{dv}{v} \tag{4-30}$$

$$\Delta s = c_V \ln \frac{p_2}{p_1} + c_p \ln \frac{v_2}{v_1} \tag{4-31}$$

为了提高计算精度，在利用式（4-28b）、式（4-29b）和式（4-31）计算单位质量理想气体初终态的熵变时，可用初、终态的平均比热容代替式中的定值比热容。

类似利用理想气体热力性质表计算理想气体的比热力学能和比焓的变化一样，也可以利用理想气体热力性质表计算理想气体的比熵变化。若规定 $p_0 = 0.101325\text{MPa}$，$T_0 = 0\text{K}$ 时 $s_{0K}^0 = 0$（上标 0 表示压力为标准大气压力 p_0），状态为 T、p 时的比熵为

$$s = s_{0K}^0 + \int_{T_0}^{T} c_p \frac{dT}{T} - R_g \ln \frac{p}{p_0} = \int_{T_0}^{T} c_p \frac{dT}{T} - R_g \ln \frac{p}{p_0}$$

状态为 T、p_0 时的比熵为

$$s^0 = \int_{T_0}^{T} c_p \frac{dT}{T}$$

显然 s^0 的值仅取决于温度 T（称为温度熵），不同温度下的 s^0 值同样可以列在热力性质表中以供查取。这样任意两状态的比熵差为

$$\Delta s = s_2^0 - s_1^0 - R_g \ln \frac{p_2}{p_1} \tag{4-32}$$

例 4-3 已知质量为 20kg 的氮气经过冷却器后，其压力由 0.09MPa 下降到 0.087MPa，温度由 320℃ 下降到 20℃，试求经过冷却器后氮气的热力学能、焓和熵的变化。

（1）按定值比热容计算；

（2）按平均比热容的直线关系式计算；

（3）按平均比热容计算。

解 （1）氮气为双原子气体，定值比热容为

$$\begin{aligned} c_V &= \frac{5}{2}R_g = \frac{5}{2} \times \frac{8.314}{28\times10^{-3}} \text{J/(kg·K)} \\ &= 742.3\text{J/(kg·K)} = 0.7423\text{kJ/(kg·K)} \\ c_p &= \frac{7}{2}R_g = \frac{7}{2} \times \frac{8.314}{28\times10^{-3}} \text{J/(kg·K)} \\ &= 1039\text{J/(kg·K)} = 1.039\text{kJ/(kg·K)} \end{aligned}$$

热力学能、焓和熵的变化分别为

$$\begin{aligned} \Delta U &= m\Delta u = mc_V(t_2 - t_1) \\ &= 20\times0.7423\times(20-320)\text{kJ} \\ &= -4454\text{kJ} \\ \Delta H &= m\Delta h = mc_p(t_2 - t_1) \\ &= 20\times1.039\times(20-320)\text{kJ} \\ &= -6234\text{kJ} \end{aligned}$$

$$\begin{aligned} \Delta S &= m\Delta s = m\left(c_p \ln \frac{T_2}{T_1} - R_g \ln \frac{p_2}{p_1}\right) \\ &= 20\times\left(1.039\times\ln\frac{20+273}{320+273} - \frac{8.314}{28}\times\ln\frac{0.087}{0.09}\right)\text{kJ/K} \\ &= -14.45\text{kJ/K} \end{aligned}$$

（2）由表 A-5 查得氮气的平均比热容的直线关系式为

$$\begin{aligned} \{c_V\}_{\text{kJ/(kg·K)}} &= 0.7304 + 0.00008955\{t\}_{℃} \\ \{c_p\}_{\text{kJ/(kg·K)}} &= 1.032 + 0.00008955\{t\}_{℃} \end{aligned}$$

将（t_1+t_2）代入上两式中，求得平均比热容的直线关系值分别为

$$c_V\Big|_{20℃}^{320℃}=0.7608\text{kJ/(kg·K)}$$

$$c_p\Big|_{20℃}^{320℃}=1.0624\text{kJ/(kg·K)}$$

则

$$\begin{aligned}\Delta U&=m\Delta u=mc_V\Big|_{t_1}^{t_2}(t_2-t_1)\\&=20\times0.7608\times(20-320)\ \text{kJ}\\&=-4565\text{kJ}\end{aligned}$$

$$\begin{aligned}\Delta H&=m\Delta h=mc_p\Big|_{t_1}^{t_2}(t_2-t_1)\\&=20\times1.0624\times(20-320)\ \text{kJ}\\&=-6374\text{kJ}\end{aligned}$$

$$\begin{aligned}\Delta S&=m\Delta s=m\left(c_p\Big|_{t_1}^{t_2}\ln\frac{T_2}{T_1}-R_g\ln\frac{p_2}{p_1}\right)\\&=20\times\left(1.0624\times\ln\frac{20+273}{320+273}-\frac{8.314}{28}\times\ln\frac{0.087}{0.09}\right)\text{kJ/K}\\&=-14.78\text{kJ/K}\end{aligned}$$

（3）根据 $t_1=320℃$ 和 $t_2=20℃$，查平均比热容表（表 A-4a、表 A-4b）并利用线性内插法得

$$c_V\Big|_{0℃}^{320℃}=0.754\text{kJ/(kg·K)}$$

$$c_V\Big|_{0℃}^{20℃}=0.742\text{kJ/(kg·K)}$$

$$c_p\Big|_{0℃}^{320℃}=1.051\text{kJ/(kg·K)}$$

$$c_p\Big|_{0℃}^{20℃}=1.039\text{kJ/(kg·K)}$$

$$\begin{aligned}c_p\Big|_{20℃}^{320℃}&=\frac{c_p\Big|_{0℃}^{320℃}\times320℃-c_p\Big|_{0℃}^{20℃}\times20℃}{(320-20)℃}\\&=\frac{1.051\times320-1.039\times20}{300}\text{kJ/(kg·K)}=1.052\text{kJ/(kg·K)}\end{aligned}$$

$$\Delta U=m\Delta u=m\left(c_V\Big|_{0℃}^{20℃}\times 20℃-c_V\Big|_{0℃}^{320℃}\times 320℃\right)$$
$$=20\times(0.742\times 20-0.754\times 320)\text{kJ}=-4529\text{kJ}$$
$$\Delta H=m\Delta h=mc_p\Big|_{20℃}^{320℃}(20-320)℃$$
$$=20\times 1.052\times(20-320)\text{kJ}=-6312\text{kJ}$$
$$\Delta S=m\Delta s=m\left(c_p\Big|_{t_1}^{t_2}\ln\frac{T_2}{T_1}-R_g\ln\frac{p_2}{p_1}\right)$$
$$=20\times\left(1.052\times\ln\frac{20+273}{320+273}-\frac{8.314}{28}\times\ln\frac{0.087}{0.09}\right)\text{kJ/K}$$
$$=-14.63\text{kJ/K}$$

讨论

1）通过本题计算应再次明确，在使用平均比热容的直线关系式时，式中的 t 要用（t_1+t_2）来代替，而不用（t_1+t_2）/2 来代替。

2）根据热力学能变化量 ΔU 的计算结果，以采用平均比热容（表）的计算结果为基准，与采用其他两种比热容的计算结果相比较可得：

采用定值比热容计算时的相对偏差

$$\delta=\left|\frac{-4454-(-4529)}{-4529}\right|=1.7\%$$

采用平均比热容直线关系式计算时的相对偏差

$$\delta=\left|\frac{-4565-(-4529)}{-4529}\right|=0.8\%$$

可见，虽然采用定值比热容的计算最简单，但其计算偏差也最大。这是合乎科学规律的。因此，在精度要求高的计算中不可用定值比热容进行计算。

第四节　理想气体的混合物

除纯质理想气体外，工程上还常遇到多种气体组成的混合物。如：空气是由氮气、氧气和其他少量气体组成的混合物；燃气是二氧化碳、氮气、水蒸气和一氧化碳等气体的混合物。在不存在化学反应的条件下，组成理想气体混合物的各单一气体称为组分或组元。当各组分为理想气体时，根据理想气体的微观解释可知，其混合物也必是理想气体。因此，前述理想气体热力性质的分析均适用于理想气体的混合物。

一、分压力定律和分体积定律

处于平衡状态的理想气体混合物，其内部不存在热势差，故理想气体混合物的温度与各组元的温度相等。

理想气体混合物的压力是各组元分子撞击器壁而产生的，各组元分子的热运动不因存在其他组元分子而受影响，与各组元单独占据混合物所占体积的热运动一样。各组元分子撞击器壁而产生的压力称为各组元的分压力，即各组元处于混合物温度 T 和体积 V 下产生的压力，如图 4-2 所示的 p_1、p_2、p_3。

实验证明，理想气体混合物的总压力 p 等于各组元分压力 p_i 之和，称为道尔顿分压定律，即

$$p=\sum p_i \tag{4-33}$$

在混合气体的分析计算中，除采用分压力的热力学模型外，还常常采用分体积的热力学模型。所谓分体积是指各组元处于混合物温度和压力下所占据的体积，用 V_i 表示，如图 4-3 中的 V_1、V_2、V_3。

由理想气体状态方程，对第 i 组元气体有

$$pV_i=p_iV \tag{4-34}$$

和

$$p\sum_i V_i = V\sum_i p_i$$

根据道尔顿分压定律，$p = \sum_i p_i$，代入上式则有

$$V = \sum_i V_i \tag{4-35}$$

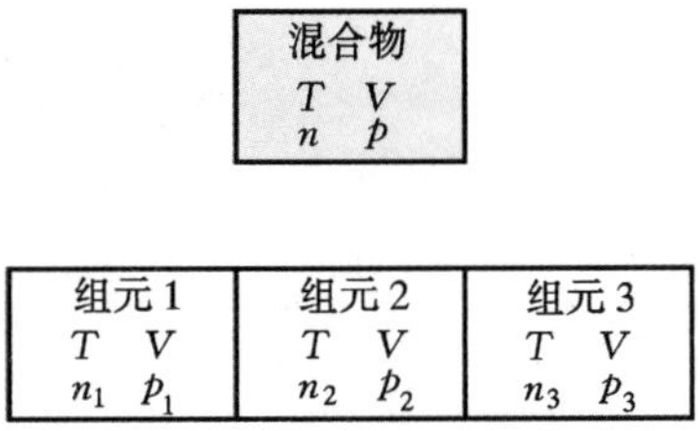

混合物 T V n p		
组元 1 T V n_1 p_1	组元 2 T V n_2 p_2	组元 3 T V n_3 p_3

图 4-2 混合物的分压力

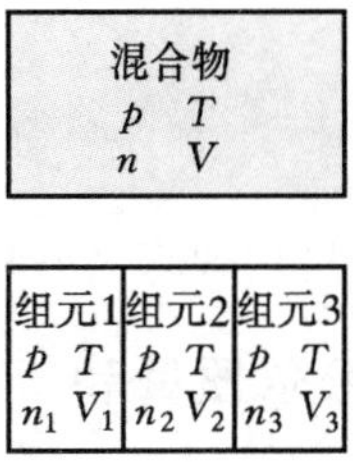

混合物 p T n V		
组元1 p T n_1 V_1	组元2 p T n_2 V_2	组元3 p T n_3 V_3

图 4-3 混合物的分体积

称为亚美格分体积定律，即理想气体混合物的总体积等于各组元分体积之和。分体积定律也被实验所证实。

二、理想气体混合物的成分

理想气体混合物的性质取决于各组元的热力性质和成分。所谓成分是混合物中各组元的物量占混合物总物量的百分数。物量有三种表示，故成分有三种表示法：质量分数 w_i、摩尔分数 x_i 和体积分数 φ_i。

$$w_i=\frac{m_i}{m} \tag{4-36}$$

$$x_i=\frac{n_i}{n} \tag{4-37}$$

$$\varphi_i=\frac{V_i}{V} \tag{4-38}$$

由于各组元物量之和等于混合物的总物量，所以混合物各种成分之和为 1，即

$$\sum_i w_i=1 \tag{4-39}$$

$$\sum_i x_i = 1 \tag{4-40}$$

$$\sum_i \varphi_i = 1 \tag{4-41}$$

很容易证明，各种成分间存在下列换算关系，这些换算关系方便了工程计算分析。

$$w_i = \frac{x_i M_i}{\sum_i x_i M_i} \tag{4-42}$$

$$x_i = \varphi_i \tag{4-43}$$

$$\varphi_i = \frac{w_i / M_i}{\sum_i w_i / M_i} \tag{4-44}$$

式中，M_i 为各组元的摩尔质量。

下面证明式（4-42）。

证明：

$$w_i = \frac{m_i}{m} = \frac{m_i}{\sum_i m_i} = \frac{n_i M_i}{\sum_i n_i M_i} = \frac{(n_i/n) M_i}{\sum_i (n_i/n) M_i}$$

所以

$$w_i = \frac{x_i M_i}{\sum_i x_i M_i}$$

同理可证式（4-43）和式（4-44）。

三、折合摩尔质量和折合气体常数

理想气体状态方程的应用，关键在于气体常数。由式（4-5）知，气体常数取决于气体的摩尔质量。由于混合物是由摩尔质量不同的多种气体组成的，为了便于计算，取混合物的总质量与混合物总的物质的量之比为混合物的摩尔质量，称为折合摩尔质量或平均摩尔质量，以 M_{eq} 表示

$$M_{eq} = \frac{m}{n}$$

当混合物成分已知时，其折合摩尔质量可以确定。若已知摩尔分数 x_i，则

$$M_{eq} = \frac{\sum_i m_i}{n} = \frac{\sum_i n_i M_i}{n} = \sum_i x_i M_i \tag{4-45}$$

由折合摩尔质量按式（4-45）求得的混合物的气体常数称为折合气体常数或平均气体常数，以 $R_{g,eq}$ 表示

$$R_{g,eq} = \frac{R}{M_{eq}}$$

若已知混合物各组元质量分数 w_i 和各组元气体常数 $R_{g,i}$，则

$$R_{g,eq} = \frac{R}{M_{eq}} = \frac{R}{m/\sum_i n_i} = \frac{R\sum_i m_i/M_i}{m} = \sum_i w_i \frac{R}{M_i}$$

故有

$$R_{g,eq} = \sum_i w_i \frac{R}{M_i} = \sum_i w_i R_{g,i}$$

四、理想气体混合物的热力学能和焓及熵

由热力学第一定律和比热容定义知，混合物 m（kg）在一微元过程中所吸收的热量 δQ 为

$$\delta Q = mc\mathrm{d}T = \sum_i m_i c_i \mathrm{d}T$$

从而可得

$$c = \sum_i w_i c_i \tag{4-46}$$

同理，混合物的摩尔热容

$$C_m = \sum_i x_i C_{m,i} \tag{4-47}$$

混合物总热力学能等于各组元的热力学能之和

$$U = mu = \sum_i U_i = \sum_i m_i u_i$$

故

$$u = \sum_i w_i u_i \tag{4-48}$$

同理

$$h = \sum_i w_i h_i \tag{4-49}$$

理想气体混合物仍属理想气体，因此，单位质量理想气体混合物的热力学能和焓仅是温度的函数，故有

$$\mathrm{d}u = c_V \mathrm{d}T = \sum_i w_i c_{V,i} \mathrm{d}T \tag{4-50a}$$

$$\mathrm{d}h = c_p \mathrm{d}T = \sum_i w_i c_{p,i} \mathrm{d}T \tag{4-51a}$$

理想气体混合物的熵也等于各组元熵的总和，同样有

$$S = \sum_i S_i$$

$$s = \sum_i w_i s_i \tag{4-52}$$

熵不仅仅是温度的函数，还与压力有关。所以上式中各组元的熵 s_i 是温度 T 与组元分压力 p_i 的函数

$$s_i = f(T, p_i)$$

第 i 组元熵的变化量为

$$\mathrm{d}s_i = c_{p,i} \frac{\mathrm{d}T}{T} - R_{g,i} \frac{\mathrm{d}p_i}{p_i}$$

单位质量混合物的熵变

$$\mathrm{d}s = \sum_i w_i \mathrm{d}s_i \tag{4-53}$$

$$\mathrm{d}s = \sum_i w_i \left(c_{p,i} \frac{\mathrm{d}T}{T} - R_{g,i} \frac{\mathrm{d}p_i}{p_i} \right) \tag{4-54a}$$

对式（4-50a）、式（4-51a）和式（4-54a）积分得

$$\Delta u = \sum_i w_i c_{V,\ i} \Delta T \tag{4-50b}$$

$$\Delta h = \sum_i w_i c_{p,\ i} \Delta T \tag{4-51b}$$

$$\Delta s = \sum_i w_i \left(c_{p,\ i} \ln \frac{T_2}{T_1} - R_{g,\ i} \ln \frac{p_{2i}}{p_{1i}} \right) \tag{4-54b}$$

混合物中各组元的分压力可由式（4-34）得

$$p_i = \frac{V_i}{V} p = \varphi_i p = x_i p \tag{4-55}$$

例 4-4 锅炉燃烧产生的烟气中，按摩尔分数二氧化碳占 12%，氮气占 80%，其余为水蒸气。假定烟气中水蒸气可视为理想气体，试求：

（1）各组元的质量分数；

（2）折合摩尔质量和折合气体常数。

解 （1）按题意，有

$$x_{CO_2} = 12\%,\ x_{N_2} = 80\%$$

则

$$x_{H_2O} = 1 - x_{CO_2} - x_{N_2} = 1 - 12\% - 80\% = 8\%$$

根据式（4-42）

$$w_i = \frac{x_i M_i}{\sum_i x_i M_i}$$

$$\begin{aligned}\sum_i x_i M_i &= x_{CO_2} M_{CO_2} + x_{N_2} M_{N_2} + x_{H_2O} M_{H_2O} \\ &= (0.12 \times 44 + 0.8 \times 28 + 0.08 \times 18)\,\mathrm{g/mol} \\ &= 29.12\,\mathrm{g/mol}\end{aligned}$$

$$w_{CO_2} = \frac{x_{CO_2} M_{CO_2}}{\sum_i x_i M_i} = \frac{0.12 \times 44\,\mathrm{g/mol}}{29.12\,\mathrm{g/mol}} = 18\%$$

$$w_{N_2} = \frac{x_{N_2} M_{N_2}}{\sum_i x_i M_i} = \frac{0.8 \times 28\,\mathrm{g/mol}}{29.12\,\mathrm{g/mol}} = 77\%$$

$$w_{H_2O} = 1 - w_{CO_2} - w_{N_2} = 1 - 18\% - 77\% = 5\%$$

（2）折合摩尔质量和折合气体常数为

$$M_{eq} = \sum_i x_i M_i = 29.12\,\mathrm{g/mol}$$

$$\begin{aligned}R_{g,eq} &= \frac{R}{M_{eq}} = \frac{8.314}{29.12}\,\mathrm{kJ/(kg \cdot K)} \\ &= 0.286\,\mathrm{kJ/(kg \cdot K)}\end{aligned}$$

讨论

本题是在先求出折合摩尔质量 M_{eq} 后再求折合气体常数 $R_{g,eq}$ 的。若题目不要求计算 M_{eq}，仅要求计算 $R_{g,eq}$，那么在求得质量分数 w_i 后，可用下式计算 $R_{g,eq}$，即

$$R_{g,\ eq}=\sum_i w_i R_{g,\ i}$$

本章小结

本章讲述了理想气体的热力性质，以解决状态参数的计算问题。首先讨论了理想气体的状态方程

$$pv=R_g T \quad 或 \quad pV_m=RT$$

针对整个系统状态方程可以写为

$$pV=mR_g T \quad 或 \quad pV=nRT$$

气体常数与摩尔气体常数有关系式

$$R_g=\frac{R}{M}$$

理想气体的热力学能、焓和熵的计算均涉及比热容，所以本章介绍了理想气体的比热容。

理想气体的比热力学能和比焓仅是温度的函数，从而有

$$\Delta u=\int_1^2 c_V \mathrm{d}T \quad 或 \quad \Delta u=c_V\Delta T$$

$$\Delta h=\int_1^2 c_p \mathrm{d}T \quad 或 \quad \Delta h=c_p\Delta T$$

理想气体的比熵不但与温度有关，而且与压力或比体积有关。如

$$\Delta s=\int_1^2 c_p\frac{\mathrm{d}T}{T}-R_g\ln\frac{p_2}{p_1} \quad 或 \quad \Delta s=c_p\ln\frac{T_2}{T_1}-R_g\ln\frac{p_2}{p_1}$$

本章还介绍了理想气体的混合物。为研究理想气体混合物而引入的两模型是分压力模型与分体积模型，从而有道尔顿分压定律和亚美格分体积定律。利用理想气体混合物的成分可以求解折合的摩尔质量、气体常数、比热力学能、比焓和比熵。

通过本章学习，要求读者：

1）掌握理想气体的状态方程。

2）掌握理想气体的比热容，能正确运用比热容计算理想气体的热力学能、焓和熵。

思 考 题

4-1 如何理解“理想气体”的概念？在什么条件下可以把气体视为理想气体？

4-2 气体常数 R_g 和摩尔气体常数 R 有何异同？有怎样的关系？

4-3 式（4-12）、式（4-13）和式（4-26）均是通过可逆过程的公式得到的，试问由此三个公式得到的结论是否仅适用于可逆过程？为什么？

4-4 理想气体的热力学能和焓有什么特点？

4-5 理想气体的比定容热容和比定压热容为什么仅仅是温度的函数？这与简单可压缩系平衡状态有两个独立变量矛盾吗？

4-6 理想气体的比热容到底是变值还是定值？

4-7 迈耶尔公式是否适用于任何比热容，即理想气体的 c_p 与 c_V 之差是否在任何温度下都等于常数？

4-8 理想气体的 c_p 与 c_V 之比是否为常数？

4-9 公式

$$q=c_V\Delta T+w$$

是否是热力学第一定律表达式？使用时有何条件？

4-10 理想气体混合物的比熵计算为什么一定要用分压力？

习 题

4-1 试写出仅适用于理想气体的稳定流动系统的能量方程。

4-2 把 CO_2 压送到容积为 0.6m^3 的气罐内。压送前气罐上的压力表读数为 4kPa，温度为 20℃；压送终了时压力表读数为 30kPa，温度为 50℃。试求压送到罐内的 CO_2 的质量。设大气压力 $p_b=0.1\text{MPa}$。

4-3 容积为 0.03m^3 的某刚性储气瓶内盛有 700kPa、20℃的氮气。瓶上装有一排气阀，压力达到 880kPa 时阀门开启，压力降到 850kPa 时关闭。若由于外界加热的原因造成阀门开启，问：

（1）阀门开启时瓶内气体温度为多少？

（2）因加热，阀门开闭一次瓶内气体失去多少？设瓶内氮气温度在排气过程中保持不变。

4-4 氧气瓶的容积 $V=0.36\text{m}^3$，瓶中氧气的表压力 $p_{g1}=1.4\text{MPa}$，温度 $t_1=30℃$。问瓶中盛有多少氧气？若气焊时用去一半氧气，温度降为 $t_2=20℃$，试问此时氧气瓶的表压力为多少？（当地大气压力 $p_b=0.098\text{MPa}$）

4-5 某锅炉每小时燃煤需要的空气量折合成标准状况时为 $66000\text{m}^3/\text{h}$。鼓风机实际送入的热空气温度为 250℃，表压力为 20.0kPa，当大气压力 $p_b=0.1\text{MPa}$ 时，求实际送风量（m^3/h）。

4-6 某理想气体等熵指数 $\kappa=1.4$，比定压热容 $c_p=1.042\text{kJ}/(\text{kg}\cdot\text{K})$，求该气体的摩尔质量 M。

4-7 在容积为 0.3m^3 的封闭容器内装有氧气，其压力为 300kPa，温度为 15℃，问应加入多少热量可使氧气温度上升到 800℃？

（1）按定值比热容计算；

（2）按平均比热容（表）计算。

4-8 摩尔质量为 0.03kg/mol 的某理想气体，在定容下由 275℃ 加热到 845℃，若比热力学能变化为 400kJ/kg，问比焓变化了多少？

4-9 将 1kg 氮气由 $t_1=30℃$ 定压加热到 $t_2=415℃$，分别用定值比热容、平均比热容（表）计算其热力学能和焓的变化。

4-10 3kg 的 CO_2，由 $p_1=800\text{kPa}$、$t_1=900℃$ 膨胀到 $p_2=120\text{kPa}$、$t_2=600℃$，试利用定值比热容求其热力学能、焓和熵的变化。

4-11 在容积 $V=1.5\text{m}^3$ 的刚性容器内装有氮气。初态表压力 $p_{g1}=2.0\text{MPa}$，温度 $t=230℃$，问应加入多少热量才可使氮气的温度上升到 750℃？其焓值变化是多少？大气压力为 0.1MPa。

（1）按定值比热容计算；

（2）按平均比热容的直线关系式计算；

（3）按平均比热容表计算；

（4）按真实比热容的多项式表达式计算。

4-12 某氢冷却发电机的氢气入口参数为 $p_{g1}=0.2\text{MPa}$、$t_1=40℃$，出口参数为 $p_{g2}=0.19\text{MPa}$、$t_2=66℃$。若入口处体积流量为 $1.5\text{m}^3/\text{min}$，试求每分钟氢气经过发电机后的热力学能增量、焓增量和熵增量。设大气压力 $p_b=0.1\text{MPa}$。

（1）按定值比热容计算；

（2）按平均比热容的直线关系式计算。

4-13 利用内燃机排气加热水的余热加热器中，进入加热器的排气（按空气处理）温度为 285℃，出口温度为 80℃。不计流经加热器的排气压力变化，试求排气经过加热器的比热力学能变化、比焓变化和比熵的变化。

（1）按定值比热容计算；

（2）按平均比热容表计算。

4-14 进入燃气轮机的空气状态为 600kPa、900℃，绝热膨胀到 100kPa、460℃，略去动能、位能变化，并设大气温度 $t_0=27℃$，试求：

（1）每千克空气通过燃气轮机输出的轴功；

（2）过程的熵产及有效能损失，并表示在 T-s 图上；

（3）过程可逆绝热膨胀到 100kPa 时输出的轴功。

4-15 由氧气、氮气和二氧化碳组成的混合气体，各组元的物质的量为

$$n_{O_2}=0.08\text{mol},\quad n_{N_2}=0.65\text{mol},\quad n_{CO_2}=0.3\text{mol}$$

试求混合气体的体积分数，质量分数和在 $p=400\text{kPa}$、$t=27℃$ 时的比体积。

4-16 试证明理想气体混合物质量分数 w_i 和摩尔分数 x_i 间的关系为

$$x_i=\frac{w_i/M_i}{\sum(w_i/M_i)}$$

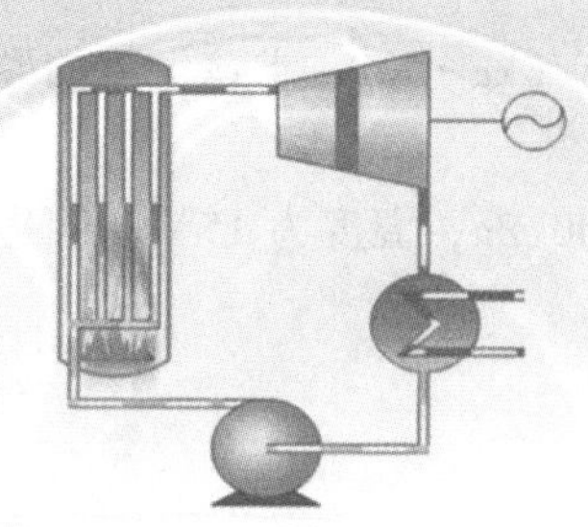

第五章

理想气体的热力过程

第一节　理想气体的基本热力过程

即使工程上应用的许多工质可以作为理想气体处理，其热力过程也是很复杂的。首先在于实际过程的不可逆性，其次是实际热力过程中气体的热力状态参数都在变化，难以找出其变化规律。为了分析方便和突出能量转换的主要矛盾，在理论研究中对不可逆因素暂不考虑，认为过程是可逆的。在实际应用中，根据可逆过程的分析结果，引入各种经验和实验的修正系数，使之与实际尽量接近。另外，从对实际热力过程的观察与分析中发现，许多热力过程中虽然诸多参数在变化，但相比而言某些参数变化很小，可以忽略不计。例如：某些换热器中流体的温度和压力都在变化，但温度变化是主要的，压力变化很小，可以认为是在压力不变条件下进行的热力过程；燃气轮机中燃气的热力过程，由于燃气流速很快，与外界交换热量很少，可以视为绝热过程，在可逆条件下就是定熵过程。这种保持一个状态参数不变的过程称为基本热力过程。

理想气体热力过程的研究步骤如下：

1）根据过程特点列出或推导出过程方程式 $p=p(v)$。

2）根据过程方程和状态方程，推导得到过程中基本状态参数间的关系。

3）分析过程中单位质量的膨胀功 w、技术功 w_t 和热量 q 等能量交换和转换关系，建立功和热量计算式。

4）在 p-v 图和 T-s 图上表示出各过程，并进行定性分析。

下面根据这一步骤讨论四种基本热力过程。为简化和方便分析，比热容取定值比热容。

一、定容过程

比体积不变的过程称为定容过程。

1. 过程方程

$$v = \text{定值} \tag{5-1}$$

2. 基本状态参数间的关系

由过程方程知，过程中任意两状态点的比体积相等，即

$$v_1 = v_2 \tag{5-2}$$

联立式（5-2）及状态方程，则

$$\frac{p_1 v_1}{T_1} = \frac{p_2 v_2}{T_2} = R_g = 常数$$

得

$$\frac{T_2}{T_1} = \frac{p_2}{p_1} \tag{5-3}$$

3. 单位质量的功和热量的分析计算

定容过程 v 为定值，$dv = 0$，故定容过程膨胀功为

$$w = \int_1^2 p dv = 0 \tag{5-4}$$

定容过程的技术功

$$w_t = -\int_1^2 v dp = v_1(p_1 - p_2) \tag{5-5}$$

根据比热容定义，当比热容取定值时，定容过程吸收的热量为

$$q = c_V \Delta T \tag{5-6}$$

或由热力学第一定律表达式

$$q = \Delta u + w = \Delta u + 0 = c_V \Delta T$$

4. ***p-v*** 图和 ***T-s*** 图

根据过程方程知，在 p-v 图上定容线为一条与横坐标垂直的直线，如图 5-1a 所示。

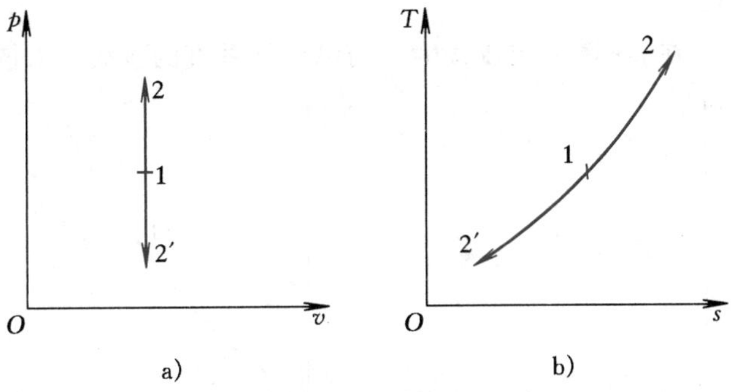

图 5-1 定容过程

在 T-s 图上，定容线为一斜率为正的指数曲线，如图 5-1b 所示，这可由理想气体比熵 ds 的表达式分析得出，即

$$ds = c_V \frac{dT}{T} + R_g \frac{dv}{v}$$

定容过程 $dv/v = 0$，则有 $ds = c_V(dT/T)$，从而得到

$$T = e^{\frac{s-s_0}{c_V}} \quad 及 \quad \left(\frac{\partial T}{\partial s}\right)_v = \frac{T}{c_V} > 0$$

式中，s_0 为不定积分常数。

根据过程基本状态参数间的关系、功和热量的分析可知，p-v 图和 T-s 图上的过程 1—2 为升压升温的吸热过程，过程 1—2′则是降压降温的放热过程。

二、定压过程

压力保持不变的过程称为定压过程。

1. 过程方程

$$p = 定值 \tag{5-7}$$

2. 基本状态参数间的关系

由过程方程知

$$p_2 = p_1 \tag{5-8}$$

联立式（5-8）及状态方程求解可得

$$\frac{T_2}{T_1} = \frac{v_2}{v_1} \tag{5-9}$$

3. 单位质量的功和热量分析计算

定压过程 p 为定值，$\mathrm{d}p=0$，则膨胀功和技术功为

$$w = \int_1^2 p\mathrm{d}v = p_1(v_2 - v_1) \tag{5-10}$$

$$w_\mathrm{t} = -\int_1^2 v\mathrm{d}p = 0 \tag{5-11}$$

类似于定容过程分析，定压过程吸热量为

$$q = c_p \Delta T = \Delta h \tag{5-12}$$

4. p-v 图和 T-s 图

根据过程方程知，在 p-v 图上定压线为一与纵坐标垂直的直线，如图 5-2a 所示。

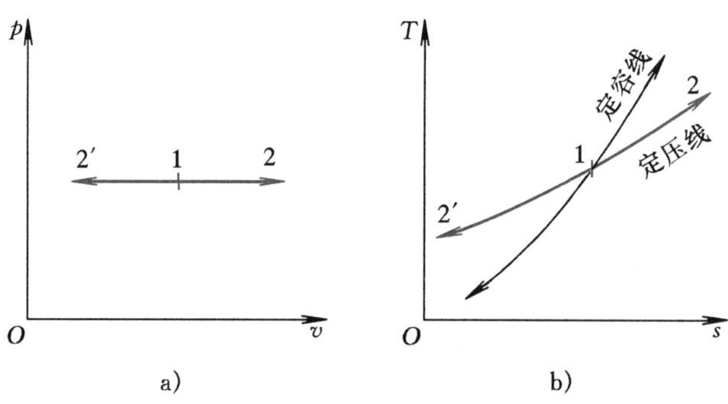

图 5-2 定压过程

在 T-s 图上，定压线是一斜率为 $(\partial T/\partial s)_p = T/c_p > 0$ 的指数曲线 $T = \mathrm{e}^{(s-s_0)/c_p}$，如图 5-2b 所示。

由于理想气体 $c_p > c_V$，故在 T-s 图上过同一状态点的定压线斜率要小于定容线斜率，即定压线比定容线平坦，如图 5-2b 所示。

分析可知，p-v 图和 T-s 图上的过程 1—2 为温度升高的膨胀（比体积增大）吸热过程，过程 1—2′为温度降低的压缩（比体积减小）放热过程。

三、定温过程

温度保持不变的过程称为定温过程。由于理想气体的热力学能和焓均仅仅是温度的函数，故理想气体的定温过程即为定热力学能和定焓过程。

1. 过程方程

由定义知，定温过程温度保持不变，即 T=定值。结合理想气体状态方程得定温过程的过程方程为

$$pv = \text{定值} \tag{5-13}$$

2. 基本状态参数间的关系

根据过程特点有

$$T_2 = T_1 \tag{5-14}$$

由过程方程直接可得压力与比体积的关系为

$$\frac{p_2}{p_1} = \frac{v_1}{v_2} \tag{5-15}$$

3. 单位质量的功和热量的分析计算

根据过程方程，过程的膨胀功为

$$w = \int_1^2 p\mathrm{d}v = \int_1^2 p_1 v_1 \frac{\mathrm{d}v}{v} = p_1 v_1 \ln \frac{v_2}{v_1} \tag{5-16a}$$

$$= p_1 v_1 \ln \frac{p_1}{p_2} = R_g T_1 \ln \frac{p_1}{p_2} \tag{5-16b}$$

对过程方程式（5-13）两边微分得

$$\mathrm{d}(pv) = p\mathrm{d}v + v\mathrm{d}p = 0$$

$$-v\mathrm{d}p = p\mathrm{d}v$$

故过程的技术功

$$w_t = \int_1^2 -v\mathrm{d}p = \int_1^2 p\mathrm{d}v = w \tag{5-17}$$

根据理想气体热力性质，$\Delta T=0$ 即 $\Delta u=0$，从而有

$$q = \Delta u + w = w \tag{5-18}$$

因此在理想气体的定温过程中，膨胀功、技术功和热量三者相等。

4. p-v 图和 T-s 图

根据过程方程知，定温线在 p-v 图上是一等轴双曲线，如图 5-3a 所示。在 T-s 图上，定温线是一垂直于纵坐标的直线，如图 5-3b 所示。

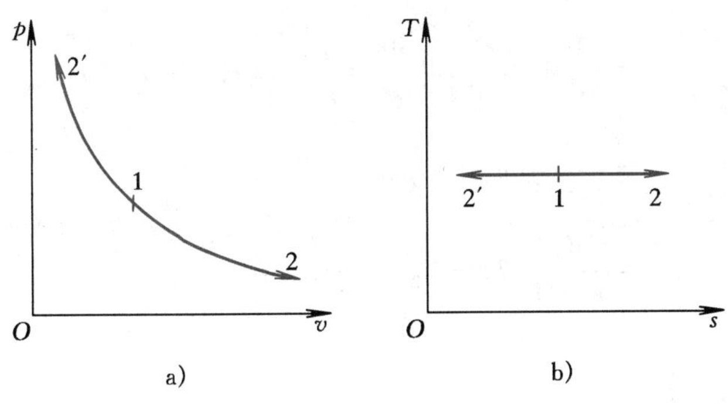

图 5-3　定温过程

分析可知，两图中过程 1—2 是压力下降的膨胀吸热过程，过程 1—2′是压力升高的压缩放热过程。

四、定熵过程（绝热过程）

可逆绝热过程的比熵保持不变，称为定熵过程。

1. 过程方程

根据理想气体熵变的微分表达式和定熵过程熵不变的特点，有

$$ds = c_p \frac{dv}{v} + c_V \frac{dp}{p} = 0$$

令 $c_p/c_V=\gamma$，称为比热比，等于理想气体的等熵指数 κ[⊖]，则有

$$\kappa \frac{dv}{v} + \frac{dp}{p} = 0 \tag{5-19a}$$

对式（5-19a）积分可得

$$\kappa \ln v + \ln p = 定值$$

$$\ln pv^{\kappa} = 定值$$

得

$$pv^{\kappa} = 定值 \tag{5-19b}$$

式（5-19b）为定熵过程的过程方程式。

根据理想气体的定值比热容（表 4-1），单原子、双原子和多原子气体的等熵指数分别为：1.67、1.4 和 1.3。

2. 基本状态参数间的关系

由过程方程可得 p 与 v 之间的关系，即

$$\frac{p_2}{p_1} = \left(\frac{v_1}{v_2}\right)^{\kappa} \tag{5-20}$$

结合状态方程可得

$$\frac{T_2}{T_1} = \left(\frac{p_2}{p_1}\right)^{\frac{\kappa-1}{\kappa}} \tag{5-21}$$

和

$$\frac{T_2}{T_1} = \left(\frac{v_1}{v_2}\right)^{\kappa-1} \tag{5-22}$$

3. 单位质量的功和热量的分析计算

过程的膨胀功为

$$w = \int_1^2 p\mathrm{d}v = \int_1^2 p_1 v_1^{\kappa} \frac{\mathrm{d}v}{v^{\kappa}} = \frac{p_1 v_1^{\kappa}}{\kappa - 1}(v_1^{1-\kappa} - v_2^{1-\kappa})$$

$$= \frac{1}{\kappa - 1}(p_1 v_1 - p_2 v_2) \tag{5-23a}$$

$$= \frac{R_g}{\kappa - 1}(T_1 - T_2) \tag{5-23b}$$

⊖ 等熵指数 $\kappa = -\frac{v}{p}\left(\frac{\partial p}{\partial v}\right)_s$。

$$= \frac{R_g T_1}{\kappa - 1}\left[1 - \left(\frac{p_2}{p_1}\right)^{\frac{\kappa-1}{\kappa}}\right] \tag{5-23c}$$

根据式（5-19a），有

$$\frac{\mathrm{d}p}{p} = -\kappa \frac{\mathrm{d}v}{v}$$

有

$$-v\mathrm{d}p = \kappa p\mathrm{d}v$$

故定熵过程的技术功为

$$w_t = -\int_1^2 v\mathrm{d}p = \kappa\int_1^2 p\mathrm{d}v = \kappa w \tag{5-24}$$

相应的，由式（5-23a）~式（5-23c）有

$$w_t = \frac{\kappa}{\kappa - 1}(p_1 v_1 - p_2 v_2) \tag{5-24a}$$

$$= \frac{\kappa R_g}{\kappa - 1}(T_1 - T_2) \tag{5-24b}$$

$$= \frac{\kappa R_g T_1}{\kappa - 1}\left[1 - \left(\frac{p_2}{p_1}\right)^{\frac{\kappa-1}{\kappa}}\right] \tag{5-24c}$$

定熵过程是可逆绝热过程，故

$$q = \int_1^2 T\mathrm{d}s = 0$$

4. p-v 图和 T-s 图

由定熵过程的过程方程 pv^{κ}=定值知，定熵过程在 p-v 图上是一幂指数为负的幂函数曲线（又称高次双曲线）。由式（5-19a）知，该曲线在 p-v 图上的斜率为 $(\partial p/\partial v)_s = -\kappa p/v$，比较定温过程的斜率 $(\partial p/\partial v)_T = -p/v$，由于 $\kappa>1$，定熵线斜率的绝对值大于定温线斜率的绝对值，故 p-v 图上过同一点的定熵线比定温线陡，如图 5-4a 所示。

在 T-s 图上，定熵线是一垂直于横坐标的直线，如图 5-4b 所示。

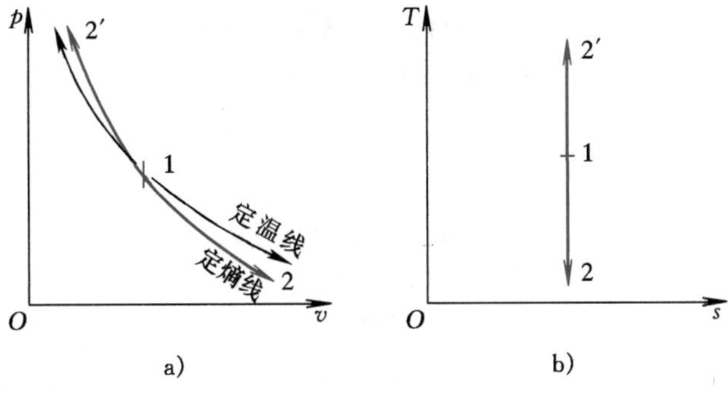

图 5-4　定熵过程

分析可知，p-v 图和 T-s 图上的 1—2 过程是降压降温的膨胀过程，1—2′过程是升压升温的压缩过程。

例 5-1 1kg 空气从相同初态 $p_1=0.1\text{MPa}$、$t_1=27℃$ 分别经定容和定压两过程至相同终温 $t_2=135℃$，试求两过程终态的压力、比体积、吸热量、膨胀功、技术功和初终态焓差；并将两过程表示在同一 p-v 图和 T-s 图上。（比热容采用定值比热容）

解 对于空气查表 A-2，有

$$c_p = 1.004\text{kJ/(kg·K)}$$

$$c_V = 0.718\text{kJ/(kg·K)}$$

$$R_g = 0.287\text{kJ/(kg·K)}$$

（1）定容过程

$$\begin{aligned} v_2 = v_1 &= \frac{R_g T_1}{p_1} \\ &= \frac{0.287\times10^3\times(27+273)}{0.1\times10^6}\text{m}^3/\text{kg} \\ &= 0.861\text{m}^3/\text{kg} \end{aligned}$$

$$\frac{p_2}{p_1}=\frac{T_2}{T_1}$$

$$p_2 = p_1\frac{T_2}{T_1} = 0.1\times\frac{135+273}{27+273}\text{MPa} = 0.136\text{MPa}$$

$$\begin{aligned} q &= c_V(t_2-t_1) \\ &= 0.718\times(135-27)\text{kJ/kg} \\ &= 77.54\text{kJ/kg} \end{aligned}$$

$$w=0$$

$$\begin{aligned} w_t &= v_1(p_1-p_2) \\ &= 0.861\times(0.1-0.136)\times10^6\times10^{-3}\text{kJ/kg} \\ &= -31.0\text{kJ/kg} \end{aligned}$$

$$\begin{aligned} \Delta h &= c_p(t_2-t_1) \\ &= 1.004\times(135-27)\text{kJ/kg} \\ &= 108.4\text{kJ/kg} \end{aligned}$$

（2）定压过程

$$p_2 = p_1 = 0.1\text{MPa}$$

$$\frac{v_2}{v_1}=\frac{T_2}{T_1}$$

$$v_2 = v_1\frac{T_2}{T_1} = 0.861\times\frac{135+273}{27+273}\text{m}^3/\text{kg} = 1.171\text{m}^3/\text{kg}$$

$$\begin{aligned} q &= c_p(t_2-t_1) \\ &= 1.004\times(135-27)\text{kJ/kg} \\ &= 108.4\text{kJ/kg} \end{aligned}$$

$$
\begin{aligned}
w &= p_1(v_2-v_1) \\
&= 0.1\times(1.171-0.861)\times10^6\times10^{-3}\text{kJ/kg} \\
&= 31.0\text{kJ/kg} \\
\Delta h &= c_p(t_2-t_1) \\
&= 1.004\times(135-27)\text{kJ/kg} \\
&= 108.4\text{kJ/kg}
\end{aligned}
$$

（3）两过程在 p-v 图和 T-s 图上的表示如图 5-5 所示。图中 $1—2_v$ 表示定容过程，$1—2_p$ 表示定压过程。

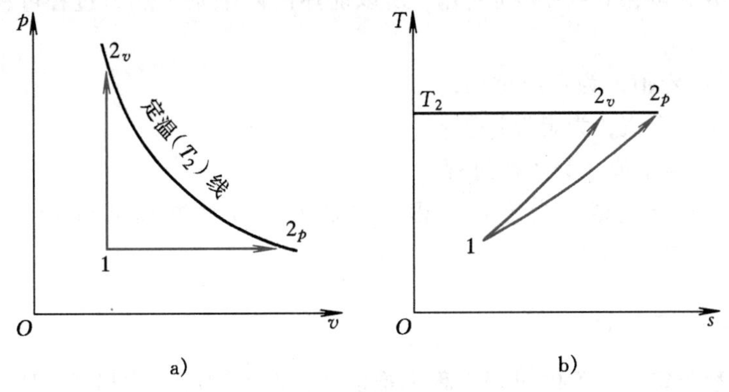

图 5-5　例 5-1 图

讨论

1）比较两过程的吸热量可以看到，由于过程不同，比热容不同，尽管初、终态温度相同，但吸热量却不相同。这也再次说明热量是过程量，与路径有关。而比焓是状态参数，理想气体的比焓仅与温度有关，因此初、终态温度分别相同的两过程，其初、终态比焓变化相同。

2）比较定压过程的吸热量和初、终态焓差，可以看到两者数值相等。这是由于定压过程 $w_t=-\int_1^2 v\mathrm{d}p=0$，根据稳定流动能量方程 $q=\Delta h+w_t$ 知，$q=\Delta h$。同理，定容过程的吸热量与初、终态热力学能变化相等（本例题未算）。因此，可以利用热力学第一定律的基本原理验证所计算的结果。

3）从图 5-5 的 T-s 图上可以分析得到，在初、终温相同的条件下，理想气体的定压过程吸热量大于定容过程吸热量。这样可以从逻辑上判断计算正确与否。同理，在 p-v 图上可比较两过程的体积变化功和技术功。

第二节　理想气体的多变过程

上述四种热力过程的共同特点是：在热力过程中某一状态参数的值保持不变。

然而许多实际热力过程中往往是所有的状态参数都在变化。例如：压气机中气体在压缩的同时被冷却，使气体的压力、比体积和温度在压缩过程中都在变化。但实际过程中气体状态参数的变化往往遵循一定规律。实验研究发现，这一规律可以表示为以下多变过程的过程方程。

一、过程方程

$$pv^n = 定值 \tag{5-25}$$

符合这一方程的过程称为多变过程，式中的指数 n 叫作多变指数。在某一多变过程中 n 为定值，但不同的多变过程其 n 值不相同，可在 0 到 $\pm\infty$ 间变化。对于比较复杂的实际过程，可分为几段不同多变指数的多变过程来描述，每段的 n 值保持一定。

由于多变指数 n 可在 0 到 $\pm\infty$ 间变化，所以前述的四个基本热力过程可视为多变过程的特例：

当 $n=0$ 时，$p=$定值，为定压过程；

当 $n=1$ 时，$pv=$定值，为定温过程；

当 $n=\kappa$ 时，$pv^{\kappa}=$定值，为定熵过程；

当 $n=\pm\infty$ 时，$v=$定值，为定容过程。这是因为过程方程可写为 $p^{1/n}v=$定值，$n=\pm\infty$，$1/n\rightarrow 0$，从而有 $v=$定值。

二、基本状态参数间的关系

比较多变过程与定熵过程的过程方程不难发现，两方程的形式相同，所不同的仅仅是指数值。因此，参照定熵过程，可得多变过程的基本状态参数间的关系为

$$\frac{p_2}{p_1} = \left(\frac{v_1}{v_2}\right)^n \tag{5-26}$$

$$\frac{T_2}{T_1} = \left(\frac{p_2}{p_1}\right)^{\frac{n-1}{n}} \tag{5-27}$$

$$\frac{T_2}{T_1} = \left(\frac{v_1}{v_2}\right)^{n-1} \tag{5-28}$$

三、单位质量的功和热量的分析计算

同理，可得多变过程单位质量的膨胀功和技术功的表达式，即

$$w = \frac{1}{n-1}(p_1v_1 - p_2v_2) \tag{5-29a}$$

$$= \frac{R_g}{n-1}(T_1 - T_2) \tag{5-29b}$$

$$= \frac{R_gT_1}{n-1}\left[1 - \left(\frac{p_2}{p_1}\right)^{\frac{n-1}{n}}\right] \tag{5-29c}$$

$$w_t = nw \tag{5-30}$$

$$w_t = \frac{n}{n-1}(p_1 v_1 - p_2 v_2) \tag{5-30a}$$

$$= \frac{nR_g}{n-1}(T_1 - T_2) \tag{5-30b}$$

$$= \frac{nR_g T_1}{n-1}\left[1 - \left(\frac{p_2}{p_1}\right)^{\frac{n-1}{n}}\right] \tag{5-30c}$$

多变过程单位质量的热量为

$$q = \Delta u + w$$

$$= c_V(T_2 - T_1) + \frac{R_g}{n-1}(T_1 - T_2)$$

根据迈耶尔公式 $c_p - c_V = R_g$ 及 $c_p/c_V = \kappa$ 得

$$c_V = \frac{1}{\kappa - 1}R_g, \qquad R_g = c_V(\kappa - 1)$$

代入上式有

$$q = c_V(T_2 - T_1) + \frac{\kappa - 1}{n - 1}c_V(T_1 - T_2)$$

$$= \frac{n-\kappa}{n-1}c_V(T_2 - T_1)$$

令 $c_n = (n-\kappa)c_V/(n-1)$，由比热容定义知，$c_n$ 为理想气体多变过程的比热容，则上式可表示为

$$q = c_n(T_2 - T_1) \tag{5-31}$$

四、p-v 图和 T-s 图

为了在 p-v 图和 T-s 图上对多变过程的状态参数变化和能量转换规律进行定性分析，需掌握多变过程线在 p-v 图和 T-s 图上随多变指数 n 变化的分布规律。为此，首先在 p-v 图和 T-s 图上过同一初态 1 画出四条基本过程的曲线，如图 5-6a、b 所示。

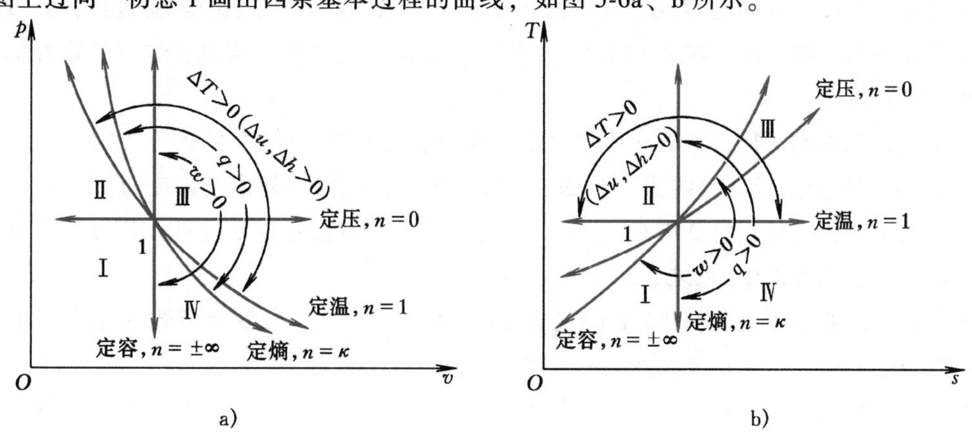

图 5-6　理想气体的各热力过程

从图 5-6a 可以看到，定容线和定压线把 p-v 图分成了Ⅰ、Ⅱ、Ⅲ和Ⅳ四个区域。在Ⅱ、Ⅳ区域，多变过程线的 n 值由定压线 $n=0$ 开始按顺时针方向逐渐增大，直到定容线的 $n=\infty$。在Ⅰ、Ⅲ区域，$n<0$，n 值则从 $n=-\infty$ 按顺时针方向增大到 $n=0$。实际工程中，$n<0$ 的热力过程极少存在，故可以不予讨论。在 T-s 图上，n 的值也是按顺时针方向增大的，上述 n 的变化规律同样成立。这样，当已知过程的多变指数的数值时，就可以定性地在 p-v 图上和 T-s 图上画出该过程线。例如：对于双原子气体，当 $n=1.2$ 时，过程线如图 5-7 所示的 1—A 和 1—A'。

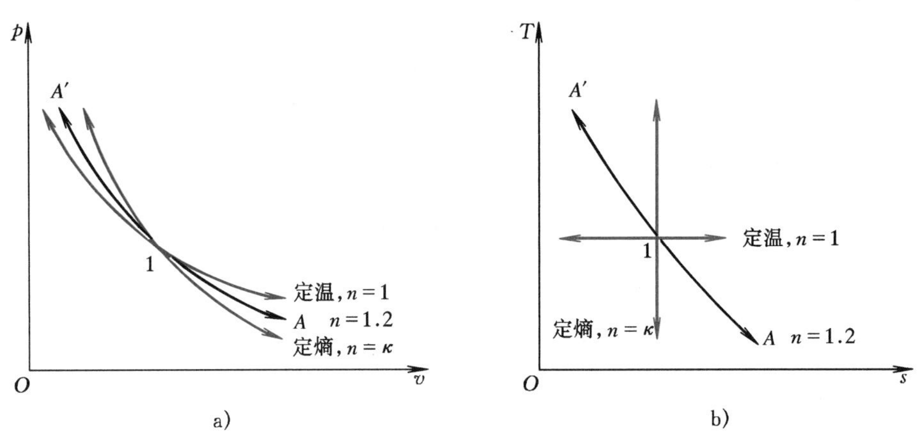

图 5-7 $n=1.2$ 理想气体热力过程

为了分析多变过程的能量转换与交换，还需确定过程的 q、ΔT、Δu、Δh 和 w 的正负。这些可根据多变过程与四条基本过程线的相对位置来判断（图 5-6）。

q 的正负是以过初态的定熵线为分界的。在 T-s 图上，过同一初态的多变过程，若过程线位于定熵线右方，则 $q>0$。在 p-v 图上，过同一初态的多变过程，若过程线位于定熵线的右上方，则 $q>0$；否则，$q<0$。

膨胀功 w 的正负是以定容线为分界的。在 p-v 图上，过同一初态的多变过程，若过程线位于定容线右侧，则 $w>0$。在 T-s 图上，过同一初态的多变过程，若过程线位于定容线右下方，则 $w>0$；反之，$w<0$。

由于理想气体的比热力学能和比焓仅是温度的单值函数，故 ΔT 的正负决定了 Δu 和 Δh 的正负。ΔT 的正负是以定温线为分界的。在 T-s 图上，过同一初态的多变过程，若过程线位于定温线上方，则过程的 $\Delta T>0$；在 p-v 图上，过同一初态的多变过程，若过程线位于定温线的右上方，则 $\Delta T>0$；反之，$\Delta T<0$。

例如：上述双原子气体 $n=1.2$ 的过程 1—A 和 1—A'，虽然多变指数 n 相同，但过程 1—A 的 $q>0$，$w>0$，$\Delta T<0$；而过程 1—A'的 $q<0$，$w<0$，$\Delta T>0$。

为使读者更好地掌握理想气体可逆热力过程的计算分析，表 5-1 汇总了理想气体可逆热力过程的计算公式。

表 5-1　理想气体可逆过程计算公式表

过程	定容过程	定压过程	定温过程	定熵过程	多变过程
多变指数 n	∞	0	1	κ	n
过程方程式	v=定值	p=定值	pv=定值	pv^{κ}=定值	pv^{n}=定值
p、v、T 之间的关系式	$\frac{p_2}{p_1}=\frac{T_2}{T_1}$	$\frac{v_2}{v_1}=\frac{T_2}{T_1}$	$\frac{p_2}{p_1}=\frac{v_1}{v_2}$	$\frac{p_2}{p_1}=\left(\frac{v_1}{v_2}\right)^{\kappa}$ $\frac{T_2}{T_1}=\left(\frac{v_1}{v_2}\right)^{\kappa-1}$ $\frac{T_2}{T_1}=\left(\frac{p_2}{p_1}\right)^{\frac{\kappa-1}{\kappa}}$	$\frac{p_2}{p_1}=\left(\frac{v_1}{v_2}\right)^{n}$ $\frac{T_2}{T_1}=\left(\frac{v_1}{v_2}\right)^{n-1}$ $\frac{T_2}{T_1}=\left(\frac{p_2}{p_1}\right)^{\frac{n-1}{n}}$
膨胀功 $w=\int_1^2 p\mathrm{d}v$	0	$p(v_2-v_1)$ $R_g(T_2-T_1)$	$R_gT_1\ln\frac{v_2}{v_1}$ $p_1v_1\ln\frac{v_2}{v_1}$ $p_1v_1\ln\frac{p_1}{p_2}$	$-\Delta u$ $\frac{1}{\kappa-1}(p_1v_1-p_2v_2)$ $\frac{R_g}{\kappa-1}(T_1-T_2)$ $\frac{R_gT_1}{\kappa-1}\left[1-\left(\frac{p_2}{p_1}\right)^{\frac{\kappa-1}{\kappa}}\right]$	$\frac{1}{n-1}(p_1v_1-p_2v_2)$ $\frac{R_g}{n-1}(T_1-T_2)$ $\frac{R_gT_1}{n-1}\left[1-\left(\frac{p_2}{p_1}\right)^{\frac{n-1}{n}}\right]$
技术功 $w_t=-\int_1^2 v\mathrm{d}p$	$v(p_1-p_2)$	0	w	$-\Delta h$ $\frac{\kappa}{\kappa-1}(p_1v_1-p_2v_2)$ $\frac{\kappa}{\kappa-1}R_g(T_1-T_2)$ $\frac{\kappa R_gT_1}{\kappa-1}\left[1-\left(\frac{p_2}{p_1}\right)^{\frac{\kappa-1}{\kappa}}\right]$ κw	$\frac{n}{n-1}(p_1v_1-p_2v_2)$ $\frac{n}{n-1}R_g(T_1-T_2)$ $\frac{nR_gT_1}{n-1}\left[1-\left(\frac{p_2}{p_1}\right)^{\frac{n-1}{n}}\right]$ nw
过程热量 q	Δu $c_V\Delta T$	Δh $c_p\Delta T$	w $T(s_2-s_1)$	0	$\frac{n-\kappa}{n-1}c_V(T_2-T_1)$
过程比热容 c	c_V	c_p	∞	0	$\frac{n-\kappa}{n-1}c_V$

例 5-2　初压力为 0.1MPa、初温为 27℃的 1kg 氮气，在 $n=1.25$ 的压缩过程中被压缩至原来体积的 1/5，若取比热容为定值，试求压缩后的压力、温度、压缩过程所耗压缩功及与外界交换的热量。若从相同初态出发分别经定温和定熵过程压缩至相同的体积，试进行相同的计算，并将此三过程画在同一 p-v 图和 T-s 图上。

解　(1) 多变过程

对于氮气有 $R_g=0.297\text{kJ/(kg·K)}$，$c_V=0.742\text{kJ/(kg·K)}$。

由题意知，$v_1/v_2=5$，根据基本状态参数间的关系式得

$$p_2=p_1\left(\frac{v_1}{v_2}\right)^n=0.1\times5^{1.25}\text{MPa}=0.748\text{MPa}$$

$$T_2=T_1\left(\frac{v_1}{v_2}\right)^{n-1}=(27+273)\times5^{0.25}\text{K}=448.6\text{K}$$

单位质量气体所耗功（压缩功）

$$w=\frac{R_g}{n-1}(T_1-T_2)=\frac{0.297}{1.25-1}\times(300-448.6)\text{kJ/kg}=-176.5\text{kJ/kg}$$

单位质量气体与外界交换的热量

$$q = \Delta u + w = c_V \Delta T + w = 0.742 \times (448.6 - 300) \text{kJ/kg} - 176.5 \text{kJ/kg}$$
$$= -66.24 \text{kJ/kg}$$

（2）定温过程

$$p_2 = p_1 \frac{v_1}{v_2} = 0.1 \times 5 \text{MPa} = 0.5 \text{MPa}$$

$$T_2 = T_1 = 300 \text{K}$$

$$w = q = R_g T_1 \ln \frac{v_2}{v_1} = 0.297 \times 300 \times \ln \frac{1}{5} \text{kJ/kg} = -143.4 \text{kJ/kg}$$

（3）定熵过程

$$p_2 = p_1 \left(\frac{v_1}{v_2}\right)^{\kappa} = 0.1 \times 5^{1.4} \text{MPa} = 0.952 \text{MPa}$$

$$T_2 = T_1 \left(\frac{v_1}{v_2}\right)^{\kappa - 1} = 300 \times 5^{0.4} \text{K} = 571.1 \text{K}$$

$$w = \frac{R_g}{\kappa - 1}(T_1 - T_2) = \frac{0.297}{1.4 - 1} \times (300 - 571.1) \text{kJ/kg} = -201.3 \text{kJ/kg}$$

$$q = 0$$

在 p-v 图（图 5-8）和 T-s 图（图 5-9）上，从同一初态 1 出发压缩至相同体积的定温过程、$n=1.25$ 的多变过程和定熵过程分别为 $1—2_T$、$1—2_n$ 和 $1—2_s$。

讨论

1）多变过程气体与外界的热量也可用式（5-31），即 $q=c_n \Delta T$ 来计算。但由于计算要涉及多变过程的比热容 $c_n=(n-\kappa)c_V/(n-1)$ 的计算，作者仍推荐用本题的能量方程的基本公式来计算。

2）从 p-v 图和 T-s 图上的分析可以得到：定温过程的终压最小、终温最低、消耗压缩功最少和放出热量最多；相反，定熵过程的终压最大、终温最高、消耗压缩功最大和放热量最少（为零）；而多变过程居于两者之间。这定性地验证了计算的正确性。通过本题和例 5-1 可以看出，根据热力过程在 p-v 图和 T-s 图上的走向及过程线下面积的大小，可以定性判断热力过程状态参数的变化，功和热量的正负及大小。因此，两图对于定性分析热力过程和验证计算结果是十分重要的。

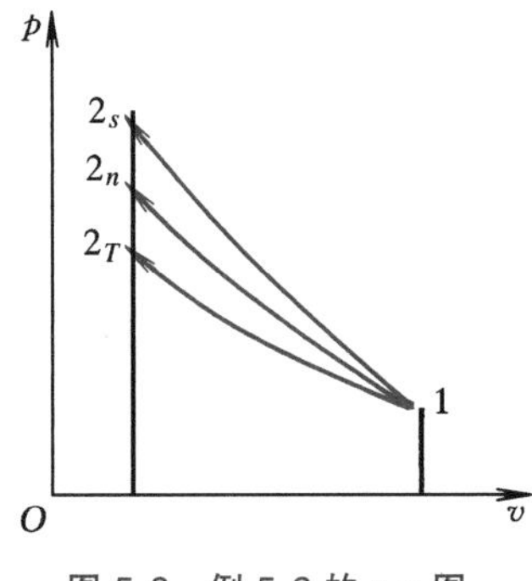

图 5-8　例 5-2 的 p-v 图

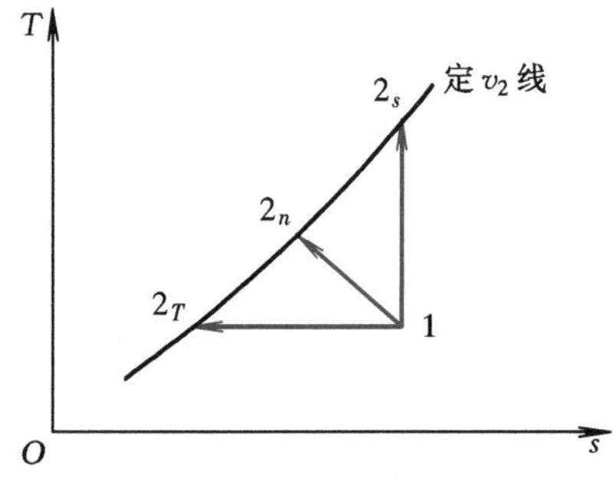

图 5-9　例 5-2 的 T-s 图

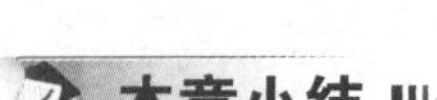

本章小结

本章对理想气体的热力过程进行了研究。理想气体热力过程研究的一重要前提是可逆。

本章分别对定容、定压、定温和定熵四个基本热力过程，以及多变过程进行了讨论。理想气体的热力过程研究包括各种热力过程的过程方程的导出、基本状态参数的关系分析、功和热量的计算公式推导，以及对其在 p-v 图和 T-s 图上表示的定性分析。

通过本章学习，要求读者：

1）掌握理想气体各种热力过程的过程方程和基本状态参数间的关系。

2）能进行各种热力过程的功和热量的计算分析，并能在 p-v 图和 T-s 图上对热力过程进行定性分析。

思考题

5-1 研究工质热力过程的目的何在？

5-2 实际过程均为不可逆过程，但本章研究的前提之一是可逆过程，其意义何在？

5-3 公式 $q = c_V\Delta t + \int_1^2 p\mathrm{d}v$ 是否是热力学第一定律的表达式？适用条件是什么？

5-4 本章的过程方程为什么必须写成 $p=p(v)$ 的形式？

5-5 理想气体在定容过程或定压过程中，热量可根据过程中气体的比热容乘以温差进行计算。定温过程的温度不变，如何计算理想气体定温过程的热量呢？

5-6 定熵过程的 $w=-\Delta u$ 和 $w_t=-\Delta h$ 是否仅适用于理想气体？是否仅适用于可逆过程？

5-7 四个基本热力过程的工程背景是什么？

5-8 为什么说理想气体多变过程的过程方程能概括四个基本的热力过程？

5-9 理想气体多变过程的过程方程中的多变指数是定值还是变值？

5-10 在理想气体的 p-v 图和 T-s 图上，如何判断过程线的 q、Δu、Δh 和 w 的正负？

5-11 图 5-10 中，1—2 为定容过程，1—3 为定压过程，2—3 为绝热过程，设工质为理想气体，且过程可逆，试画出相应的 T-s 图，并指出：

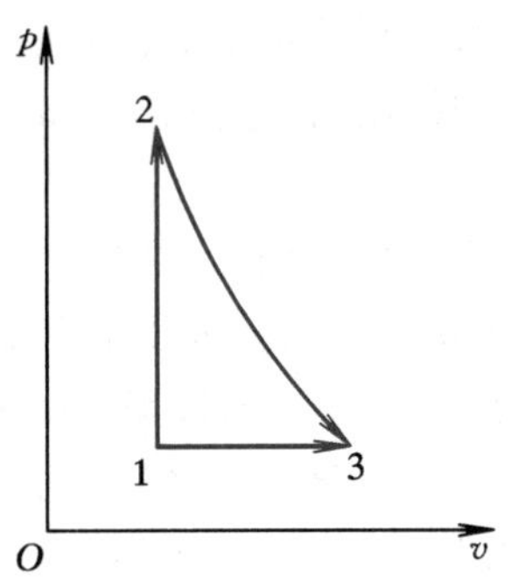

图 5-10 思考题 5-11 图

（1）Δu_{12} 和 Δu_{13} 哪个大？

（2）Δs_{12} 和 Δs_{13} 哪个大？

（3）q_{12} 和 q_{13} 哪个大？

5-12 理想气体定温过程的 $q=w=w_t$ 是否适用于实际气体？为什么？

5-13 定熵过程与绝热过程有怎样的关系？

5-14 在 T-s 图上如何表示理想气体任意两点间的比热力学能差和比焓差？

5-15 在 p-v 图上如何表示理想气体定熵过程中任意两点间的比热力学能差和比焓差？

5-16 在 T-s 图上如何表示理想气体定熵过程的体积变化功和技术功？

5-17 理想气体的定温过程有

$$w=w_t=q$$

因此对于理想气体的定温膨胀过程，气体对外所做的功等于从单一热源吸入的热量。试问理想气体的定温膨胀过程是单一热源的热机吗？违反热力学第二定律吗？

习 题

5-1 试证明：对于理想气体的定熵过程，若比热容为定值，则无论过程是否可逆，恒有

$$w=\frac{R_g}{\kappa-1}(T_1-T_2)$$

式中，T_1 和 T_2 分别为过程初、终态的温度。

5-2 试证明：对于理想气体的定温过程，无论过程是否可逆，恒有

$$q=w=w_t$$

5-3 某理想气体初温 $T_1=470\text{K}$，质量为 2.5kg，经可逆定容过程，其热力学能变化为 $\Delta U=295.4\text{kJ}$，求过程功、过程热量以及熵的变化。设该气体 $R_g=0.4\text{kJ/(kg·K)}$，$\kappa=1.35$，并假定比热容为定值。

5-4 一氧化碳的初态为 $p_1=4.5\text{MPa}$、$T_1=493\text{K}$，定压冷却到 $T_2=293\text{K}$。试计算 1kmol 的一氧化碳在冷却过程中的热力学能和焓的变化量，以及对外放出的热量。比热容取定值。

5-5 氧气由 $t_1=30℃$、$p_1=0.1\text{MPa}$，定温压缩至 $p_2=0.3\text{MPa}$。

（1）试计算压缩单位质量氧气所消耗的技术功；

（2）若按绝热过程压缩，初态和终压与上述相同，试计算压缩单位质量氧气所消耗的技术功；

（3）将它们表示在同一幅 p-v 图和 T-s 图上，并在图上比较两者的耗功。

5-6 2kg 氮气由 $t_1=27℃$、$p_1=0.15\text{MPa}$，被压缩至 $v_2/v_1=1/4$。若一次压缩为定温压缩，另一次压缩为多变指数 $n=1.28$ 的多变压缩过程，试求两次压缩过程的终态基本状态参数，过程体积变化功，热量和热力学能变化，并将两次压缩过程表示在 p-v 图和 T-s 图上。

5-7 试将满足以下要求的理想气体多变过程在 p-v 图和 T-s 图上表示出来（先画出四个基本热力过程）：

（1）气体受压缩，升温和放热；

（2）气体的多变指数 $n=0.8$，膨胀；

（3）气体受压缩，降温又降压；

（4）气体的多变指数 $n=1.2$，放热；

（5）气体膨胀，降压且放热。

5-8 柴油机气缸吸入温度 $t_1=60℃$ 的空气 $2.5\times10^3\text{m}^3$，经可逆绝热压缩，空气的温度等于燃料的着火温度。若燃料的着火点为 720℃，问空气应被压缩到多大的体积？

5-9 有 1kg 空气，初态为 $p_1=0.6\text{MPa}$、$t_1=27℃$，分别经下列三种可逆过程膨胀到 $p_2=0.1\text{MPa}$。试将各过程画在 p-v 图和 T-s 图上，并求各过程终态温度、功和熵的变化量。

（1）定温过程；

（2）$n=1.25$ 的多变过程；

（3）定熵过程。设比热容为定值。

5-10 一容积为 0.2m^3 的气罐，内装氮气，其初压力 $p_1=0.5\text{MPa}$，温度 $t_1=37℃$。若对氮气加热，其压力、温度都升高。气罐上装有压力控制阀，当压力超过 0.8MPa 时，阀门便自动打开，放出部分氮气，即罐中维持最大压力为 0.8MPa。问：当气罐中氮气温度为 287℃时，罐内氮气共吸取多少热量？设氮气比热容为定值。

5-11 容积 $V=0.6\text{m}^3$ 的空气瓶内装有压力 $p_1=10\text{MPa}$、温度 $T_1=300\text{K}$ 的压缩空气，打开压缩空气瓶上的阀门用以起动柴油机。假定留在瓶中的空气进行的是绝热膨胀过程。设空气的比热容为定值，$R_g=0.287\text{kJ/(kg}\cdot\text{K)}$。问：

（1）瓶中压力降低到 $p_2=7\text{MPa}$ 时，用去了多少千克空气，这时瓶中空气的温度是多少度？假定空气瓶的容积不因压力和温度而改变；

（2）过了一段时间后，瓶中空气从室内空气吸热，温度又逐渐升高，最后重新达到与室温相等，即又恢复到 300K，这时空气瓶中压缩空气的压力 p_3 为多大？

5-12 试导出理想气体定值比热容的多变过程初、终态熵变为

$$s_2-s_1=\frac{n-\kappa}{n(\kappa-1)}R_g\ln\frac{p_2}{p_1}$$

5-13 压力为 160kPa 的 1kg 空气，从 450K 定容冷却到 300K，空气放出的热量全部被温度为 280K 的大气环境所吸收。求空气所放出热量的有效能和传热过程的有效能损失，并将有效能损失表示在 T-s 图上。

5-14 二氧化碳进行可逆压缩的多变过程，多变指数 $n=1.2$，耗技术功为 67.8kJ，求热量和热力学能变化。

5-15 空气经空气预热器温度从 $t_1=28℃$ 定压吸热到 $t_2=180℃$，空气的进口流量为每小时 3.6m^3，进口表压力 $p_{g1}=0.04\text{MPa}$。若环境大气压力为 $p_b=0.1\text{MPa}$，试求：

（1）每小时空气吸热量及比焓和比熵的变化；

（2）若烟气定压放热，温度从 320℃降至 160℃，烟气与空气间不等温传热引起的能量损失为多少？（烟气性质按空气处理）

5-16 一氧化碳（CO）在膨胀过程中经历三点的参数为 $t_1=450℃$、$v_1=0.0365\text{m}^3/\text{kg}$，$p_2=3\text{MPa}$、$t_2=367℃$，$p_3=0.3\text{MPa}$、$v_3=0.427\text{m}^3/\text{kg}$。问此过程是不是一个多变过程？如果是多变过程，多变指数是多少？

5-17 初态 $t_1=500℃$、$p_1=1.0\text{MPa}$ 的 1kg 空气，在气缸中可逆定容放热到 $p_2=0.5\text{MPa}$，然后经可逆绝热压缩到 $t_3=500℃$，最后经定温过程回到初态。试求各过程的功、热量、比焓和比熵的变化。

5-18 氢气在多变过程中从 600kPa、800K 膨胀到 100kPa、400K，试求多变指数和过程热量。

5-19 燃气经燃气轮机从 1200K、800kPa 绝热膨胀到 700K、100kPa，不计进、出口动能和位能变化。若环境温度为 300K（燃气性质按空气处理）：

（1）试问过程是否可逆？为什么？

（2）试求实际过程的轴功；

（3）试求实际过程的有效能损失。

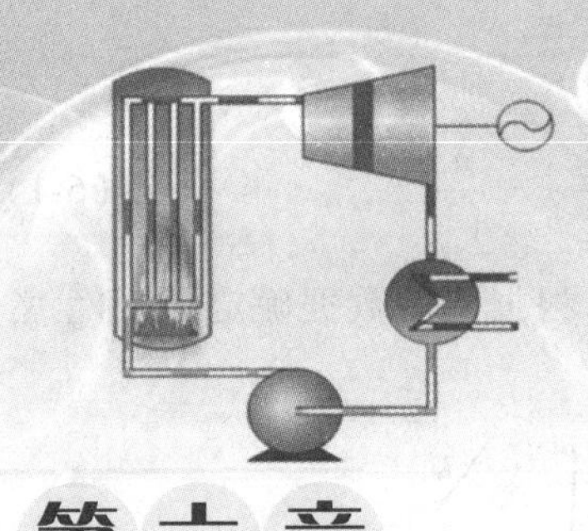

第六章

实际气体的热力性质

前面已经讨论过理想气体的状态方程、比热容及 u、h、s 的计算。理想气体的热力性质计算虽然形式简单、计算方便，但它们不能用来确定实际气体的各种热力参数，如高压下的 CO_2、水蒸气和氨蒸气等，因为实际气体不符合理想气体的克拉珀龙状态方程。由于实际气体的热力性质非常复杂，实验研究是最为有效和可靠的手段。而状态参数中只有 p、v 和 T 等可由实验测定，u、h、s 等的值是无法直接测定的，这就需要根据热力学第一定律和热力学第二定律建立起它们与可测量参数间的一般关系式，即热力学一般关系式，它们对工质热力性质的研究具有重要意义。

研究实际气体的性质在于寻求它的各热力参数间的关系，其中最重要的是建立实际气体的状态方程。因为不仅 p、v、T 本身是过程和循环分析中必须确定的量，而且在状态方程的基础上利用热力学一般关系式可导出 u、h、s 及比热容 c 的计算式，以便于进行过程和循环的热力学分析。

第一节　范德瓦尔方程和其他状态方程简介

对实际气体进行研究时，获得状态方程式的方法有理论的、经验的或半经验半理论的方法。这些方程中，通常准确度高的适用范围较小，通用性强的则准确度差。在各种实际气体的状态方程中，具有开拓性意义的是范德瓦尔方程。

一、范德瓦尔方程

1873 年范德瓦尔针对理想气体微观解释的两个假定，对理想气体的状态方程进行了修正，提出了范德瓦尔方程。

范德瓦尔首先考虑到气体分子具有一定的体积，分子可自由活动的空间减少，用（V_m-b）来取代理想气体状态方程中的摩尔体积；又考虑到气体分子间的引力作用，气体对容器壁面所施加的压力比理想气体的小，用内压力修正压力项。由于由分子间引力引起的单位时间内分子对器壁撞击力的减小与单位壁面面积碰撞的分子数成正比，同时又与吸引这些分子的其他分子数成正比，因此内压与气体的密度的平方，即摩尔体积的平方的倒数成正比，从

而压力减小可以用 a/V_m^2 表示。于是得到范德瓦尔方程，即

$$\left(p+\frac{a}{V_m^2}\right)(V_m-b)=RT \quad \text{或} \quad p=\frac{RT}{V_m-b}-\frac{a}{V_m^2} \tag{6-1}$$

式中，a 与 b 是与气体种类有关的常数，称为范德瓦尔常数，根据实验数据确定；a/V_m^2 常被称为内压力。

将范德瓦尔方程按 V_m 的降幂次排列，可写成

$$pV_m^3-(bp+RT)V_m^2+aV_m-ab=0$$

以 T 为参变量可以得到在各种定温条件下 p 与 V_m 的关系曲线，如图 6-1 所示。从图中可见，随着 T 不同，p-V_m 曲线有三种类型。第一种是当温度高于某一特定温度（临界温度）时，p-V_m 曲线接近于理想气体的定温双曲线，如图中 KL 所示。对于每一个 p，有一个 V_m 值，即只有一个实根（两个虚根）。第二种是当温度等于某一特定温度（临界温度）时，定温线如图中 ACB 所示，在 C 点处曲线出现驻点（也是拐点），称之为临界状态（或临界点），临界状态工质的压力、温度和摩尔体积分别称为临界压力、临界温度和临界摩尔体积，用符号 p_{cr}、T_{cr} 及 $V_{m,cr}$ 表示，显然在此处对应 p_{cr} 可以得到三个相等的实根 $V_{m,cr}$，通过 O'临界点 C 的定温线称为临界定温线。第三种是当温度低于临界温度时，定温线如图中 $DPMO'NQE$ 所示，与一个压力值对应的有三个 V_m 值，并出现两个驻点 M 和 N。显然临界点 C 的 p_{cr} 和 V_m 有关系式

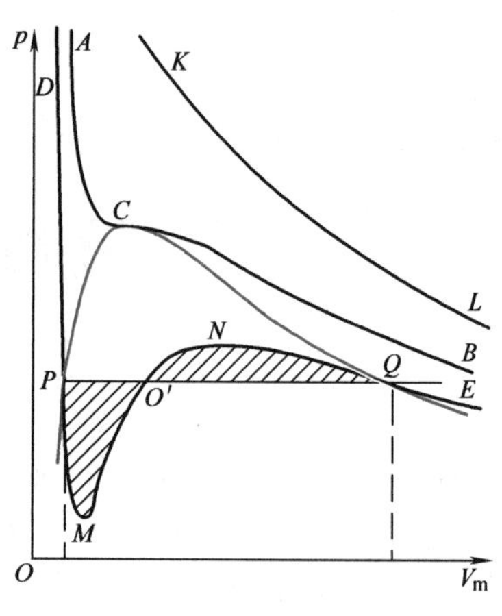

图 6-1 符合范德瓦尔方程的定温线

$$\left(\frac{\partial p}{\partial V_m}\right)_{T_{cr}}=0,\quad \left(\frac{\partial^2 p}{\partial V_m^2}\right)_{T_{cr}}=0$$

利用某种实际气体如 CO_2 进行实验，发现当温度高于或等于临界温度 304K 时，得到的结果与上述曲线符合较好，当温度高于临界温度时，压力再高也不会发生气体液化的相变；当温度等于临界温度时，随着压力的升高在临界状态点 C 发生从气态到液态的连续相变；当温度低于临界温度时，实验结果与上述曲线有较大偏差，随着压力的升高，定温曲线不再是如图 $EQNO'MPD$ 所示的曲线，而是在点 Q 开始出现气态到液态的凝结相变，曲线是一段水平线直到点 P 全部液化为液体。

将范德瓦尔方程式（6-1）求导后代入以上关系式可得

$$\left(\frac{\partial p}{\partial V_m}\right)_{T_{cr}}=-\frac{RT_{cr}}{(V_{m,cr}-b)^2}+\frac{2a}{V_{m,cr}^3}=0$$

$$\left(\frac{\partial^2 p}{\partial V_m^2}\right)_{T_{cr}}=\frac{2RT_{cr}}{(V_{m,cr}-b)^3}-\frac{6a}{V_{m,cr}^4}=0$$

联立求解上述两式得

$$p_{cr}=\frac{a}{27b^2},\quad T_{cr}=\frac{8a}{27Rb},\quad V_{m,cr}=3b$$

$$a=\frac{27(RT_{cr})^2}{64p_{cr}},\quad b=\frac{RT_{cr}}{8p_{cr}},\quad R=\frac{8p_{cr}V_{m,cr}}{3T_{cr}}$$

因此气体的范德瓦尔常数 a 和 b 既可以根据气体的实验数据用曲线拟合法确定，也可由实测的临界压力 p_{cr} 和临界温度 T_{cr} 的值计算。一些物质的临界参数和由实验数据拟合得到的范德瓦尔常数见表 6-1。

表 6-1　临界参数和范德瓦尔常数

物质	T_{cr}/K	p_{cr}/MPa	$V_{m,cr}\times10^3$/(m^3/mol)	$a\times10^{-6}$/($MPa\cdot m^3$/mol)^2	$b\times10^{-3}$/(m^3/mol)
空气	133	3.77	0.0829	0.1358	0.0364
一氧化碳	133	3.50	0.0928	0.1463	0.0394
正丁烷	425.2	3.80	0.257	1.380	0.1196
氟利昂 12	385	4.01	0.214	1.078	0.0998
甲烷	190.7	4.64	0.0991	0.2285	0.0427
氮	126.2	3.39	0.0897	0.1361	0.0385
乙烷	305.4	4.88	0.221	0.5575	0.0650
丙烷	370	4.27	0.195	0.9315	0.0900
二氧化碳	304	7.38	0.124	0.6837	0.0568

范德瓦尔方程是半理论半经验的状态方程，它虽较好地、定性描述了实际气体的基本特性，但是在定量上不够准确，不宜作为定量计算的基础。后人在此基础上提出了许多种派生的状态方程，其中一些具有很高定量计算的实用价值。

二、R-K 方程

1949 年提出的 R-K（Redlich-Kwong，雷德利希-邝氏）方程是近代最成功的两个常数方程之一，它有较高的精度，且应用简便，对于气液相平衡和混合物的计算十分成功，具有广泛的应用价值。其表达形式为

$$p = \frac{RT}{V_m - b} - \frac{a}{T^{0.5}V_m(V_m + b)} \tag{6-2}$$

式中，a 和 b 是各种物质的固有常数，可从 p、V_m、T 的实验数据拟合求得，缺乏这些数据时也可由下式用临界参数求取，即

$$a = \frac{0.427480R^2T_{cr}^{2.5}}{p_{cr}}, \quad b = \frac{0.08664RT_{cr}}{p_{cr}}$$

1972 年出现了对 R-K 方程进行修正的 R-K-S 方程，1976 年又出现了 P-R 方程。这些方程拓展了 R-K 方程的适用范围。

在二常数方程不断发展的同时，半经验的多常数状态方程也不断出现，如：1940 年由 Benedict、Webb、Rubin 提出的 B-W-R 方程；1955 年由马丁（Martin）和我国学者侯虞均提出，1959 年由马丁及 1981 年由侯虞均进一步完善的 M-H 方程。

例 6-1　容积为 $0.0032m^3$ 的钢瓶内装有 0.5kg 的氮气，放置在 200K 的恒温槽内，计算钢瓶内氮气的压力值，并与实验测量值 8MPa 进行比较。

（1）按理想气体计算；

（2）采用范德瓦尔方程计算；

（3）采用 R-K 方程计算。

解　（1）采用理想气体状态方程

$$pV=mR_gT$$

由表 A-2 查得氮气的 $R_g=297\text{J}/(\text{kg}\cdot\text{K})$，从而有

$$p=\frac{mR_gT}{V}=\frac{0.5\times297\times200}{0.0032}\text{Pa}=9.281\times10^6\text{Pa}=9.281\text{MPa}$$

与实验结果的相对偏差

$$\varepsilon=\left|\frac{9.281-8}{8}\right|=16\%$$

（2）采用范德瓦尔方程

$$p=\frac{RT}{V_m-b}-\frac{a}{V_m^2}$$

$$a=\frac{27(RT_{cr})^2}{64p_{cr}},\quad b=\frac{RT_{cr}}{8p_{cr}}$$

由表 6-1 查得氮气的范德瓦尔常数

$$a=0.1361\times10^{-6}(\text{MPa}\cdot\text{m}^3/\text{mol})^2=0.1361(\text{Pa}\cdot\text{m}^3/\text{mol})^2$$

$$b=0.0385\times10^{-3}\text{m}^3/\text{mol}$$

由表 A-2 查得氮气的摩尔质量 $M=28.02\times10^{-3}\text{kg/mol}$，求得钢瓶中氮气的摩尔体积为

$$V_m=\frac{V}{n}=\frac{V}{m/M}=\frac{0.0032\times28.02\times10^{-3}}{0.5}\text{m}^3/\text{mol}=1.793\times10^{-4}\text{m}^3/\text{mol}$$

根据范德瓦尔方程计算得到氮气的压力为

$$\begin{aligned}p&=\frac{RT}{V_m-b}-\frac{a}{V_m^2}\\&=\left[\frac{8.314\times200}{1.793\times10^{-4}-3.85\times10^{-5}}-\frac{0.1361}{(1.793\times10^{-4})^2}\right]\text{Pa}\\&=7.576\times10^6\text{Pa}=7.576\text{MPa}\end{aligned}$$

与实验结果的相对偏差

$$\varepsilon=\left|\frac{7.576-8}{8}\right|=5.3\%$$

（3）采用 R-K 方程

$$p=\frac{RT}{V_m-b}-\frac{a}{T^{0.5}V_m(V_m+b)}$$

$$a=\frac{0.427480R^2T_{cr}^{2.5}}{p_{cr}},\quad b=\frac{0.08664RT_{cr}}{p_{cr}}$$

由表 6-1 查得氮气的临界参数 $T_{cr}=126.2\text{K}$，$p_{cr}=3.39\text{MPa}$，计算得到 R-K 方程的常数

$$
\begin{aligned}
a &= \frac{0.427480R^2T_{cr}^{2.5}}{p_{cr}} \\
&= \frac{0.427480\times8.314^2\times126.2^{2.5}}{3.39\times10^6}\ (\mathrm{Pa\cdot m^3/mol})^2 \\
&= 1.559\ (\mathrm{Pa\cdot m^3/mol})^2
\end{aligned}
$$

$$
\begin{aligned}
b &= \frac{0.08664RT_{cr}}{p_{cr}} \\
&= \frac{0.08664\times8.314\times126.2}{3.39\times10^6}\mathrm{m^3/mol} \\
&= 2.682\times10^{-5}\mathrm{m^3/mol}
\end{aligned}
$$

摩尔体积采用第（2）问中求得的结果 $V_m=1.793\times10^{-4}\mathrm{m^3/mol}$，则有

$$
\begin{aligned}
p &= \frac{RT}{V_m-b}-\frac{a}{T^{0.5}V_m(V_m+b)} \\
&= \left[\frac{8.314\times200}{1.793\times10^{-4}-2.682\times10^{-5}}-\frac{1.559}{200^{0.5}\times1.793\times10^{-4}\times(1.793\times10^{-4}+2.682\times10^{-5})}\right]\mathrm{Pa} \\
&= 7.922\times10^6\mathrm{Pa}=7.922\mathrm{MPa}
\end{aligned}
$$

与实验结果的相对偏差

$$
\varepsilon=\left|\frac{7.922-8}{8}\right|=0.975\%
$$

讨论

1）在第四章中已经讨论过，常温常压下的氮气可以作为理想气体处理。本题中氮气的温度达到零下 73℃，压力达到 80 个大气压，与理想气体的假设相差较大，已不能视为理想气体。若仍按照理想气体计算，所得结果偏差较大。

2）范德瓦尔方程在理想气体状态方程的基础上进行了修正，计算精度得到了提高。R-K 方程又在范德瓦尔方程的基础上进行了改进，进一步提高了计算精度。

第二节　对应态原理与通用压缩因子图

实际气体的状态方程包含有与物质固有性质有关的常数，这些常数多数需根据气体的 p、v、T 实验数据进行曲线拟合才能得到。当气体没有系列的方程常数可利用，又缺乏系统的实验数据时，就必须采用近似的通用方法来计算气体的热力性质。

一、对应态原理

对各种流体的实验数据进行分析发现，所有流体在接近临界状态时都显示出相似的性质，因此产生了用相对于临界参数的对比值代替压力、温度和比体积的绝对值，建立通用关系式的想法。这样的对比值称为对比参数，分别被定义为对比压力 p_r、对比温度 T_r、对比

比体积 v_r，有

$$p_r=\frac{p}{p_{cr}},\qquad T_r=\frac{T}{T_{cr}},\qquad v_r=\frac{v}{v_{cr}}$$

下面以范德瓦尔方程为例说明对应态原理。

将对比参数代入范德瓦尔方程，并考虑到用临界参数表示物性常数 a 和 b 的关系可得

$$\left(p_r+\frac{3}{v_r^2}\right)(3v_r-1)=8T_r \tag{6-3}$$

式（6-3）称为范德瓦尔对应态方程。方程中没有任何与物质固有特性有关的常数，所以是通用的状态方程式，适用于任何符合范德瓦尔方程的物质。

从范德瓦尔对应态方程可以得出：虽然在相同的压力与温度下，不同气体的比体积是不同的，但是只要它们的 p_r 和 T_r 分别相同，则它们的 v_r 必定相同，这就是所谓的对应态原理或对比态原理，说明各种气体在对应状态下有相同的对比性质。数学上，对应态原理可以表示为

$$f(p_r,\ T_r,\ v_r)=0 \tag{6-4}$$

式（6-4）虽然是根据二常数的范德瓦尔方程导出的，但可以近似地推广到一般的实际气体状态方程。对不同流体的试验数据详细研究表明，对应态原理并不是十分精确，但大致是正确的。因此可以在缺乏资料的情况下，借助某一具有详细资料的参考流体的热力性质来估算其他流体的热力性质。

二、压缩因子

由理想气体的状态方程式 $pv=R_gT$，可得出 $pv/R_gT=1$。因而，对于理想气体，pv/R_gT 是常数。但实际气体并不符合这样的规律，尤其在高压低温下，偏差更大。

实际气体的这种偏离通常采用压缩因子或压缩系数 Z 表示，即

$$Z=\frac{pv}{R_gT}=\frac{pV_m}{RT}\quad 或\quad pV_m=ZRT \tag{6-5}$$

式中，V_m 为摩尔体积，单位是 m^3/mol。

显然，理想气体的 Z 恒等于 1，实际气体的 Z 可以大于 1，也可以小于 1。Z 值偏离 1 的大小，反映了实际气体对理想气体性质的偏离程度，Z 值的大小不仅和气体的种类有关，而且同种气体的 Z 值还随压力和温度而变化。因而，Z 是状态的函数。

为了便于理解压缩因子 Z 的物理意义，将式（6-5）改写为

$$Z=\frac{pv}{R_gT}=\frac{v}{R_gT/p}=\frac{v}{v_i} \tag{6-6}$$

式中，v 是实际气体在 p、T 时的比体积；v_i 则是在相同的 p、T 下把实际气体当作理想气体时的比体积。因而压缩因子 Z 即为温度、压力相同时的实际气体比体积与理想气体比体积之比。

利用压缩因子表示的状态方程计算实际气体的基本状态参数，既可以保留理想气体状态方程的基本形式，又可以得到满意的结果。

三、通用压缩因子图

利用压缩因子表示的状态方程计算实际气体的基本状态参数关键在于获得压缩因子 Z。然而 Z 值不仅随气体种类而且随其状态（p、T）而异，故每种气体应有不同的 $Z=f(p, T)$ 曲线。对于缺乏资料的流体，可采用通用压缩因子图。

由压缩因子 Z 和临界压缩因子 Z_{cr} 的定义可得

$$\frac{Z}{Z_{cr}}=\frac{pV_m/(RT)}{p_{cr}V_{m,\ cr}/(RT_{cr})}=\frac{p_r v_r}{T_r}$$

根据对应态原理，上式可改写成

$$Z=Z_{cr}\varphi(p_r,\ T_r)$$

若 Z_{cr} 的数值取一定值，则可进一步简化成

$$Z=f(p_r,\ T_r) \tag{6-7}$$

式（6-7）为绘制通用压缩因子图提供了理论基础，大多数气体临界压缩因子 Z_{cr} 的值在 0.23~0.33 之间，取平均值 $Z_{cr}=0.27$ 绘制的通用压缩因子图如图 6-2 所示。

通用压缩因子图的精度虽然比范德瓦尔方程高，但仍是近似的，为提高其计算精度，可以采用专用压缩因子图，或引入第三参数，如临界压缩因子 Z_{cr} 和偏心因子 ω，感兴趣的读者可参阅有关文献。

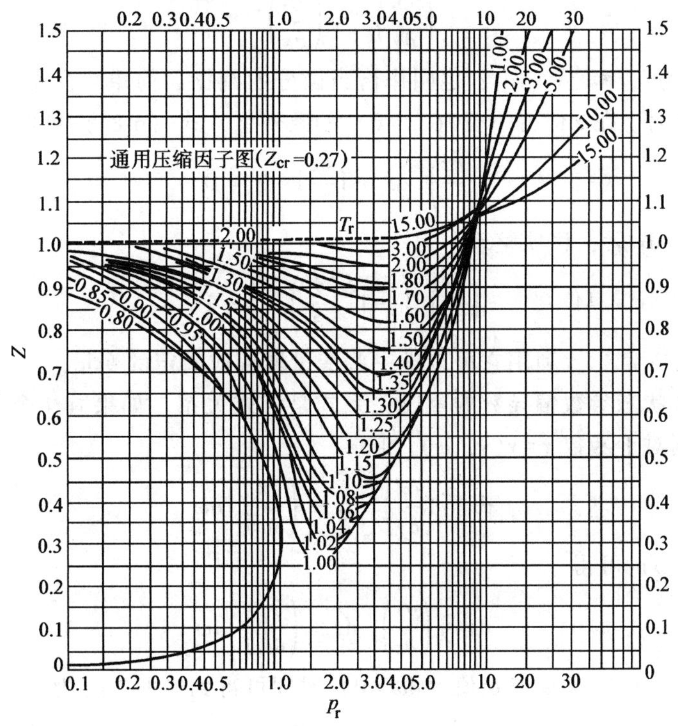

图 6-2　通用压缩因子图

第三节　麦克斯韦关系式与热系数

实际气体的比热力学能 u、比焓 h 和比熵 s 等无法直接测量，也不能利用理想气体的简单关系计算。它们的值必须根据它们与可测参数的一般函数关系加以确定。这些关系常以偏微分的形式表示，称为热力学一般关系式（或热力学微分关系式）。热力学一般关系式是根据热力学第一定律、热力学第二定律和二元函数的一些数学关系推导得到的。所以下面先对二元函数的一些数学关系做简要回顾，然后再导出麦克斯韦关系。

一、恰当微分条件和循环关系

如果状态参数 z 表示为另外两个独立参数 x、y 的函数 $z=z(x,\ y)$，由于状态参数只是状态的函数，故其无穷小的变化量可以用函数的全微分表示，即

$$dz = \left(\frac{\partial z}{\partial x}\right)_y dx + \left(\frac{\partial z}{\partial y}\right)_x dy \tag{6-8a}$$

或

$$dz = Mdx + Ndy \tag{6-8b}$$

其中，$M=\left(\frac{\partial z}{\partial x}\right)_y$，$N=\left(\frac{\partial z}{\partial y}\right)_x$，并且若 M 和 N 也是 x，y 的连续函数，则

$$\left(\frac{\partial M}{\partial y}\right)_x = \frac{\partial^2 z}{\partial x \partial y},\quad \left(\frac{\partial N}{\partial x}\right)_y = \frac{\partial^2 z}{\partial y \partial x}$$

当二阶混合偏导数均连续时，其混合偏导数与求导次序无关，所以

$$\left(\frac{\partial M}{\partial y}\right)_x = \left(\frac{\partial N}{\partial x}\right)_y \tag{6-9}$$

式（6-9）即为恰当微分条件，也叫作恰当微分的判据，简单可压缩系的每个状态参数都必须满足这一条件。在 z 保持不变（$dz=0$）的条件下，式（6-8a）可以写成

$$\left(\frac{\partial z}{\partial x}\right)_y dx + \left(\frac{\partial z}{\partial y}\right)_x dy = 0$$

上式两边除以 dy 后，移项整理可得

$$\left(\frac{\partial x}{\partial y}\right)_z \left(\frac{\partial z}{\partial x}\right)_y \left(\frac{\partial y}{\partial z}\right)_x = -1 \tag{6-10}$$

式（6-10）称为循环关系，利用它可以把一些变量转换成指定的变量。

另一个联系各状态参数偏导数的重要关系式是链式关系。如果有 4 个参数 x、y、z、ω，独立变量 2 个，则对于函数 $x=x(y,\ \omega)$ 可得

$$dx = \left(\frac{\partial x}{\partial y}\right)_\omega dy + \left(\frac{\partial x}{\partial \omega}\right)_y d\omega \tag{a}$$

对于函数 $y=y(z,\ \omega)$ 可得

$$dy = \left(\frac{\partial y}{\partial z}\right)_\omega dz + \left(\frac{\partial y}{\partial \omega}\right)_z d\omega \tag{b}$$

将式（b）代入式（a），当 ω 取定值（$d\omega=0$）时即可得到链式关系为

$$\left(\frac{\partial x}{\partial y}\right)_\omega \left(\frac{\partial y}{\partial z}\right)_\omega \left(\frac{\partial z}{\partial x}\right)_\omega = 1 \tag{6-11}$$

二、亥姆霍兹函数和吉布斯函数

根据热力学第一定律解析式，在简单可压缩系的微元过程中

$$\delta q = \mathrm{d}u + \delta\omega$$

若过程可逆，则 $\delta q = T\mathrm{d}s$，所以上式可以写成

$$\mathrm{d}u = T\mathrm{d}s - p\mathrm{d}v \tag{6-12}$$

考虑到 $u=h-pv$，代入式（6-12）并整理可得

$$\mathrm{d}h = T\mathrm{d}s + v\mathrm{d}p \tag{6-13}$$

定义亥姆霍兹函数 F 和比亥姆霍兹函数 f，则

$$F = U - TS \tag{6-14a}$$

$$f = u - Ts \tag{6-14b}$$

因为 U、T、S 均为状态参数，所以 F 也是状态函数。亥姆霍兹函数的单位与热力学能的单位相同。

定义吉布斯函数 G 和比吉布斯函数 g，即

$$G = H - TS \tag{6-15a}$$

$$g = h - Ts \tag{6-15b}$$

吉布斯函数也是状态参数。其单位与焓的单位相同。

对式（6-14b）和式（6-15b）分别进行微分，得

$$\mathrm{d}f = \mathrm{d}u - T\mathrm{d}s - s\mathrm{d}T \tag{c}$$

$$\mathrm{d}g = \mathrm{d}h - T\mathrm{d}s - s\mathrm{d}T \tag{d}$$

把式（6-12）、式（6-13）分别代入式（c）及式（d），得

$$\mathrm{d}f = -s\mathrm{d}T - p\mathrm{d}v \tag{6-16}$$

$$\mathrm{d}g = -s\mathrm{d}T + v\mathrm{d}p \tag{6-17}$$

亥姆霍兹函数和吉布斯函数在相平衡和化学反应过程中有很大的用处。

式（6-12）、式（6-13）、式（6-16）和式（6-17）是由热力学第一定律和热力学第二定律直接导出的，它们将简单可压缩系平衡状态各参数的变化联系了起来，在热力学中具有重要的作用，通常称为吉布斯方程。

三、麦克斯韦关系式

对上述式（6-12）、式（6-13）、式（6-16）和式（6-17）应用恰当微分条件，可以导出非基本状态参数和基本状态参数间的重要关系——麦克斯韦关系。

由恰当微分条件，对于热力学函数式 $z=z(x, y)$ 及 $\mathrm{d}z=M\mathrm{d}x+N\mathrm{d}y$ 则有

$$\left(\frac{\partial M}{\partial y}\right)_x = \left(\frac{\partial N}{\partial x}\right)_y$$

所以

1）$\mathrm{d}u=T\mathrm{d}s-p\mathrm{d}v$，有

$$\left(\frac{\partial T}{\partial v}\right)_s = -\left(\frac{\partial p}{\partial s}\right)_v \tag{6-18}$$

2）$\mathrm{d}h=T\mathrm{d}s+v\mathrm{d}p$，有

$$\left(\frac{\partial T}{\partial p}\right)_s=\left(\frac{\partial v}{\partial s}\right)_p \tag{6-19}$$

3）$\mathrm{d}f=-s\mathrm{d}T-p\mathrm{d}v$，有

$$\left(\frac{\partial p}{\partial T}\right)_v=\left(\frac{\partial s}{\partial v}\right)_T \tag{6-20}$$

4）$\mathrm{d}g=-s\mathrm{d}T+v\mathrm{d}p$，有

$$\left(\frac{\partial v}{\partial T}\right)_p=-\left(\frac{\partial s}{\partial p}\right)_T \tag{6-21}$$

以上四式即为麦克斯韦关系。它给出不可测的熵参数与容易测得的参数 p、v、T 之间的微分关系，是推导熵、热力学能、焓及比热容的热力学一般关系式的基础。

由吉布斯方程，对照全微分表达式（6-8a）还可以导出以下八个有用的关系，它们把状态参数的偏导数与常用状态参数联系起来，即

$$\left(\frac{\partial u}{\partial s}\right)_v=T,\quad \left(\frac{\partial u}{\partial v}\right)_s=-p,\quad \left(\frac{\partial h}{\partial s}\right)_p=T,\quad \left(\frac{\partial h}{\partial p}\right)_s=v$$

$$\left(\frac{\partial f}{\partial v}\right)_T=-p,\quad \left(\frac{\partial f}{\partial T}\right)_v=-s,\quad \left(\frac{\partial g}{\partial p}\right)_T=v,\quad \left(\frac{\partial g}{\partial T}\right)_p=-s$$

四、热系数

在众多偏导数中，下面三个由状态参数 p、v、T 构成的偏导数 $\left(\frac{\partial v}{\partial T}\right)_p$、$\left(\frac{\partial v}{\partial p}\right)_T$ 和 $\left(\frac{\partial p}{\partial T}\right)_v$ 有着特定的物理意义。

定义
$$\alpha_V=\frac{1}{v}\left(\frac{\partial v}{\partial T}\right)_p \tag{6-22}$$

为体膨胀系数，单位为 K^{-1}，表示物质在定压下比体积随温度的变化率。

定义
$$\kappa_T=-\frac{1}{v}\left(\frac{\partial v}{\partial p}\right)_T \tag{6-23}$$

为等温压缩率，单位为 Pa^{-1}，表示物质在定温下比体积随压力的变化率。

定义
$$\alpha_p=-\frac{1}{p}\left(\frac{\partial p}{\partial T}\right)_v \tag{6-24}$$

为相对压力系数，单位为 K^{-1}，表示物质在定比体积下压力随温度的变化率。

上述三个系数统称为热系数，它们可以由实验测定，也可以由状态方程求得。它们之间的关系可由循环关系导出。因为

$$\left(\frac{\partial v}{\partial T}\right)_p\left(\frac{\partial T}{\partial p}\right)_v\left(\frac{\partial p}{\partial v}\right)_T=-1$$

所以

$$\left(\frac{\partial v}{\partial T}\right)_p=-\left(\frac{\partial p}{\partial T}\right)_v\left(\frac{\partial v}{\partial p}\right)_T$$

即
$$\frac{1}{v}\left(\frac{\partial v}{\partial T}\right)_p=-p\frac{1}{p}\left(\frac{\partial p}{\partial T}\right)_v\frac{1}{v}\left(\frac{\partial v}{\partial p}\right)_T$$

所以三个热系数之间有

$$\alpha_V = p\alpha_p\kappa_T \tag{6-25}$$

除上述三个热系数外,常用的偏导数还有等熵压缩率和焦耳-汤姆逊系数。等熵压缩率 κ_S 表征在可逆绝热过程中膨胀或压缩时体积的变化特性,定义为

$$\kappa_S = -\frac{1}{v}\left(\frac{\partial v}{\partial p}\right)_S \tag{6-26}$$

单位为 Pa^{-1}。

根据实验测定热系数，然后再积分求取状态方程式，这也是由实验得出气体状态方程式的一种基本方法。

第四节　热力学能、焓和熵的一般关系式

对于实际气体的比热力学能 u、比熵 s、比焓 h，可以根据麦克斯韦关系推导得到它们与状态方程和比热容的一般关系式，进而可以进行比热力学能 u、比熵 s、比焓 h 的计算。

一、熵的一般关系式

如果取 T、v 为独立变量，即 $s=s(T,\ v)$，则

$$\mathrm{d}s = \left(\frac{\partial s}{\partial T}\right)_v \mathrm{d}T + \left(\frac{\partial s}{\partial v}\right)_T \mathrm{d}v$$

根据麦克斯韦关系

$$\left(\frac{\partial s}{\partial v}\right)_T = \left(\frac{\partial p}{\partial T}\right)_v$$

又根据链式关系及比热容定义

$$\left(\frac{\partial s}{\partial T}\right)_v\left(\frac{\partial T}{\partial u}\right)_v\left(\frac{\partial u}{\partial s}\right)_v = 1$$

$$\left(\frac{\partial s}{\partial T}\right)_v = \frac{\left(\frac{\partial u}{\partial T}\right)_v}{\left(\frac{\partial u}{\partial s}\right)_v} = \frac{c_V}{T}$$

得

$$\mathrm{d}s = \frac{c_V}{T}\mathrm{d}T + \left(\frac{\partial p}{\partial T}\right)_v \mathrm{d}v \tag{6-27}$$

式（6-27）被称为第一熵方程。已知物质的状态方程及比定容热容，对式（6-27）积分即可求取某过程的熵变 Δs。

若以 T、p 为独立变量，则

$$\mathrm{d}s = \left(\frac{\partial s}{\partial T}\right)_p \mathrm{d}T + \left(\frac{\partial s}{\partial p}\right)_T \mathrm{d}p$$

因

$$\left(\frac{\partial s}{\partial p}\right)_T = \left(\frac{\partial v}{\partial T}\right)_p,\quad \left(\frac{\partial s}{\partial T}\right)_p = \frac{\left(\frac{\partial h}{\partial T}\right)_p}{\left(\frac{\partial h}{\partial s}\right)_p} = \frac{c_p}{T}$$

故可得第二熵方程

$$ds = \frac{c_p}{T}dT - \left(\frac{\partial v}{\partial T}\right)_p dp \tag{6-28}$$

类似地可以得出以 p、v 为独立变量的第三熵方程，即

$$ds = \frac{c_V}{T}\left(\frac{\partial T}{\partial p}\right)_v dp + \frac{c_p}{T}\left(\frac{\partial T}{\partial v}\right)_p dv \tag{6-29}$$

熵的三个方程可用于任何物质，当然也可用于理想气体，这是由于 ds 导出过程中没有对工质作任何假定。

二、热力学能的一般关系式

取 T、v 为独立变量，即 $u=u(s, v)$，即

$$du = Tds - pdv$$

将第一熵方程代入上式可得

$$du = c_V dT + \left[T\left(\frac{\partial p}{\partial T}\right)_v - p\right]dv \tag{6-30}$$

式（6-30）被称为第一热力学能方程。若将第二熵方程、第三熵方程代入式（6-12），则可得到以 T、p 和 p、v 为独立变量的第二、第三热力学能的微分关系式。但相比之下，第一热力学能方程形式较简单，计算较方便，应用也较为广泛，所以这里对另外两个热力学能的微分关系式不做详细介绍。对 du 方程积分即可求取热力学能在过程中的变化量 Δu。

三、焓的一般关系式

与导得 du 方程相同，通过把 ds 方程代入

$$dh = Tds + vdp$$

可以得到相应的焓方程。其中最常用的是以 T、p 为独立变量的焓方程，即

$$dh = c_p dT + \left[v - T\left(\frac{\partial v}{\partial T}\right)_p\right]dp \tag{6-31}$$

另两个焓方程请读者自行推导。

同样，通过积分可求取过程中焓的变化量 Δh。

第五节 比热容的一般关系式

从上面的分析可知，熵、热力学能和焓的微分关系式中均含有比定压热容 c_p 或比定容热容 c_V，因此需要导出 c_p-c_V 的一般关系式。另外，若能导出 c_p-c_V 的一般关系式，则可由 c_p 的实验数据计算 c_V，或由 c_V 的实验数据计算 c_p。此外，根据实验数据得到的 c_p 的一般关系式还可用来导出状态方程，因此比热容的一般关系式十分重要。

一、比热容与基本状态参数的关系

根据第二熵方程

$$ds = \frac{c_p}{T}dT - \left(\frac{\partial v}{\partial T}\right)_p dp$$

由全微分的性质，可得

$$\left(\frac{\partial c_p}{\partial p}\right)_T = -T\left(\frac{\partial^2 v}{\partial T^2}\right)_p \tag{6-32}$$

同理，根据第一熵方程可以得到

$$\left(\frac{\partial c_V}{\partial v}\right)_T = T\left(\frac{\partial^2 p}{\partial T^2}\right)_v \tag{6-33}$$

式（6-32）、式（6-33）建立了定温条件下 c_p 与 c_V 随压力及体积的变化与状态方程式的关系。这种关系十分有用，例如，由式（6-32）积分可得

$$c_p - c_{p_0} = -T\int_{p_0}^{p}\left(\frac{\partial^2 v}{\partial T^2}\right)_p dp$$

式中，c_{p_0} 是压力 p_0 下的比定压热容。

当 p_0 足够低时，c_{p_0} 就是气体作为理想气体时的比定压热容。因此，只需按状态方程求出 $\left(\frac{\partial^2 v}{\partial T^2}\right)_p$，然后由 p_0 到 p 积分，就可求任意压力下的 c_p 值，而无需实验测定。

二、比定压热容与比定容热容的关系

比热容通常是根据实验确定的，鉴于比定压热容 c_p 与比定容热容 c_V 有一定的关系，因此在实验时仅需测定 c_p 或 c_V，另一个则由二者的一定关系进行计算。下面建立二者的一般关系式。

比较第一熵方程式（6-27）和第二熵方程式（6-28）可得

$$c_p dT - T\left(\frac{\partial v}{\partial T}\right)_p dp = c_V dT + T\left(\frac{\partial p}{\partial T}\right)_v dv$$

故

$$dT = \frac{T\left(\frac{\partial v}{\partial T}\right)_p dp}{c_p - c_V} + \frac{T\left(\frac{\partial p}{\partial T}\right)_v dv}{c_p - c_V}$$

由 $T=T(v,p)$ 得

$$dT = \left(\frac{\partial T}{\partial v}\right)_p dv + \left(\frac{\partial T}{\partial p}\right)_v dp$$

比较两式得

$$\left(\frac{\partial T}{\partial v}\right)_p = \frac{T\left(\frac{\partial p}{\partial T}\right)_v}{c_p - c_V},\quad \left(\frac{\partial T}{\partial p}\right)_v = \frac{T\left(\frac{\partial v}{\partial T}\right)_p}{c_p - c_V}$$

因此

$$c_p - c_V = T\left(\frac{\partial p}{\partial T}\right)_v\left(\frac{\partial v}{\partial T}\right)_p \tag{6-34}$$

根据循环关系

$$\left(\frac{\partial p}{\partial T}\right)_v = -\left(\frac{\partial v}{\partial T}\right)_p\left(\frac{\partial p}{\partial v}\right)_T$$

所以

$$c_p - c_V = -T\left(\frac{\partial p}{\partial v}\right)_T\left(\frac{\partial v}{\partial T}\right)_p^2 = Tv\frac{\alpha_V^2}{\kappa_T} \tag{6-35}$$

式（6-34）和式（6-35）表明：

1）c_p-c_V 取决于状态方程，只要有了状态方程或热系数就可以求之。

2）由于 T、v、κ_T 恒为正，且 α_V^2 大于或等于零，故 c_p-c_V 恒大于或等于零，说明工质的 $c_p \geqslant c_V$。

3）由于液体和固体的体膨胀系数 α_V 与比体积都很小，故在一般温度下 $c_p \approx c_V$，因此，在实际工程中对于液体和固体通常不区分 c_p 和 c_V。

第六节 绝热节流与节流微分效应

在热力学第一定律的讲述中已讨论过绝热节流，利用热力学第一定律分析得到

$$\Delta h = 0 \quad 或 \quad h_2 = h_1$$

即工质节流前后焓相等。

根据热力学第二定律，由于节流过程有扰动、湍流和黏性摩阻，因此绝热节流过程是有熵产的不可逆过程，即

$$\Delta s_{ad} = \Delta s_g = \Delta s > 0 \quad 或 \quad s_2 > s_1$$

由于理想气体的 $h=h(T)$，因此理想气体节流后温度也不变，即 $T_2=T_1$。对于实际气体，由于实际气体的焓不仅仅是温度的函数，因此节流后的温度不一定等于节流前的温度。节流后的温度可以降低，称之为冷效应；可以不变，称之为零效应；也可以升高，称之为热效应。具体是什么效应，取决于工质和节流前的气体状态，可以利用节流微分效应，即焦耳-汤姆逊系数进行分析。

前已述及实际气体焓的微分关系式

$$\mathrm{d}h = c_p \mathrm{d}T + \left[v - T\left(\frac{\partial v}{\partial T}\right)_p\right]\mathrm{d}p$$

对于节流过程，$\mathrm{d}h=0$，从而有

$$\mu_J = \left(\frac{\partial T}{\partial p}\right)_h = \frac{T\left(\frac{\partial v}{\partial T}\right)_p - v}{c_p} \tag{6-36}$$

式中，μ_J 称为节流微分效应或焦耳-汤姆逊系数，显然节流后温度的变化取决于 μ_J 的正负，即 $\left[T\left(\frac{\partial v}{\partial T}\right)_p - v\right]$ 的正负。

由于过程 dp 恒为负，于是有：

1）当 $\mu_J<0$，即 $\left[T\left(\frac{\partial v}{\partial T}\right)_p-v\right]<0$ 时，节流后温度升高，节流呈热效应。

2）当 $\mu_J=0$，即 $\left[T\left(\frac{\partial v}{\partial T}\right)_p-v\right]=0$ 时，节流后温度不变，节流呈零效应。

3）当 $\mu_J>0$，即 $\left[T\left(\frac{\partial v}{\partial T}\right)_p-v\right]>0$ 时，节流后温度降低，节流呈冷效应。

节流后保持不变的温度称为转回温度，利用气体的状态方程和 $\left[T\left(\frac{\partial v}{\partial T}\right)_p - v\right]=0$ 的关系

式可以求取实际气体在不同压力下的转回温度，将不同压力下的转回温度 T_i 在 T-p 图上连接起来可以得到如图 6-3 所示的转回曲线。

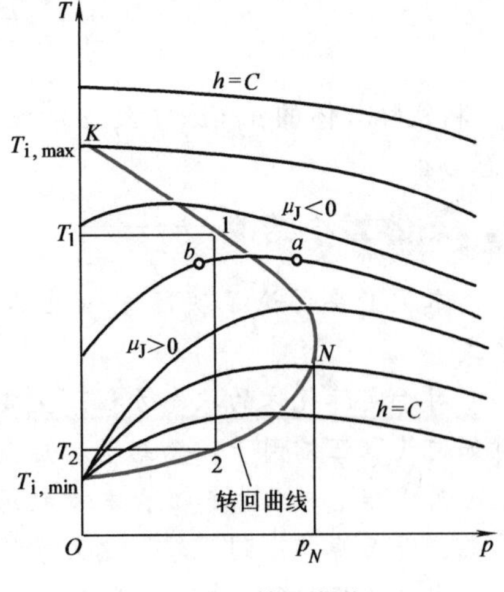

图 6-3 转回曲线

转回曲线也可以由实验测定。在一定的进口状态下，通过控制节流阀门开度获得不同的出口压力和温度，在 T-p 图上则构成一系列的状态点，从而形成一条曲线，即定焓线。然后改变进口压力，重复上述步骤就可以获得多条定焓线。由图 6-3 可见，在每一条曲线上都会出现一驻点，该点即 $\mu_J=0$ 的转回温度点。连接每一条曲线的转回温度点就可以得到一条转回温度曲线。转回曲线把 T-p 图分成了两个区域：在曲线与纵坐标轴所包围的区域内，节流微分效应 $\mu_J>0$，即该区域为冷效应区，若节流发生在这个区域，则节流后温度下降；在曲线与纵坐标轴所包围的区域之外，节流微分效应 $\mu_J<0$，即该区域为热效应区，若节流发生在这个区域，则节流后温度上升。转回曲线与纵坐标轴的两个交点分别为最大转回温度和最小转回温度，当节流发生在高于最大转回温度或低于最小转回温度的区域时，不可能发生节流冷效应。若节流发生的起始点在转回曲线与纵坐标轴所包围的区域之外，压力下降不是 $\mathrm{d}p$ 而是 Δp（即节流积分效应），终点落在转回曲线与纵坐标轴所包围的区域之内，如图 6-3 所示的点 a 经节流至点 b，则节流后的温度是不确定的。

利用节流微分效应还可以建立实际气体的状态方程。将

$$\mu_J=\left(\frac{\partial T}{\partial p}\right)_h=\frac{T\left(\frac{\partial v}{\partial T}\right)_p-v}{c_p}$$

改写为

$$\mu_J=\frac{T\left(\frac{\partial v}{\partial T}\right)_p-v}{c_p}=\frac{T^2\left[\frac{\partial}{\partial T}\left(\frac{v}{T}\right)\right]_p}{c_p}$$

可得

$$\left[\frac{\partial}{\partial T}\left(\frac{v}{T}\right)\right]_p=\frac{\mu_J c_p}{T^2}$$

这样可以用实验的方法测得不同压力、温度下的节流微分效应 $\mu_J=\mu_J(T,\ p)$，并将 $\mu_J=\mu_J(T,\ p)$ 和 $c_p=\mu_J(T,\ p)$ 代入上式，在定压下对 T 进行不定积分可得

$$\frac{v}{T}=\int\frac{\mu_J(T,\ p)c_p(T,\ p)}{T^2}\mathrm{d}T+C \tag{a}$$

式中，C 为积分常数。

由于 $p\to 0$ 时，实际气体可以视为理想气体，故 $\mu_J=0$，代入上式得

$$C=\frac{R_g}{p}$$

将 C 值代入式（a），从而有

$$\frac{v}{T}=\int\frac{\mu_J(T,\ p)c_p(T,\ p)}{T^2}\mathrm{d}T+\frac{R_g}{p} \tag{6-37}$$

将实际气体的 $\mu_J=\mu_J$（T，p）和 $c_p=\mu_J$（T，p）代入式（6-37）积分即得到实际气体的状态方程。

本章小结

本章主要讨论了实际气体的热力性质，包括实际气体的状态方程和热力学一般关系式。

对于实际气体的状态方程，主要分析了范德瓦尔方程和压缩因子表示的状态方程。针对如何获取压缩因子，介绍了对应态原理和通用压缩因子图。

对于非基本状态参数，本章利用热力学基本定律和数学关系式推导得到了麦克斯韦关系式，进而推导得到了熵、热力学能和焓的热力学微分关系式。

同时还推导和分析了比热容的关系式和节流的温度效应。利用比热容的关系式和节流微分效应还可以通过实验得到实际气体的状态方程。

本章公式不必死记硬背，通过本章学习，要求读者：

1）掌握范德瓦尔方程中各常数的物理意义。

2）掌握对应态原理，能用通用压缩因子图进行实际气体基本状态参数的计算。

3）理解麦克斯韦关系式，了解热力学微分关系式和比热容关系式的推导方法。

4）能运用热力学第一定律和热力学第二定律对绝热节流进行分析，理解节流微分效应的物理内涵。

思考题

6-1 范德瓦尔方程在实际气体的研究中意义何在？

6-2 范德瓦尔方程中的物性常数 a 和 b 是考虑什么因素引入的？

6-3 如何理解压缩因子 Z 的物理意义？压缩因子 Z 是否为常数？

6-4 什么是对应态参数？什么是对应态原理？在物性研究中引入对应态原理的意义何在？

6-5 本章导出的热力学一般关系式是否适用于不可逆过程？为什么？

6-6 常用的热系数有哪些？它们的物理意义何在？

6-7 节流微分效应和积分效应有什么异同点？

6-8 导出比热容的一般关系式意义何在？

习题

6-1 容积为 $3\mathrm{m}^3$ 的容器内储有 4MPa、-120℃的氧气，试求容器内氧气的质量：

（1）用理想气体状态方程；

（2）用范德瓦尔方程；

（3）用通用压缩因子图。

6-2　试用下述方法求压力为 5MPa、温度为 450℃的水蒸气的比体积：

（1）理想气体状态方程；

（2）通用压缩因子图。已知此状态水蒸气的比体积为 $0.063291\text{m}^3/\text{kg}$，试比较计算结果的偏差。

6-3　试根据热力学第一定律和热力学第二定律推导 $T\text{d}s=\text{d}u+p\text{d}v$，并由此式推导 $T=\left(\frac{\partial u}{\partial s}\right)_v$。

6-4　氟利昂 R134a 处于 $p=100\text{kPa}$、$t=30℃$状态时，如果按理想气体处理，其比体积为多少？如果按实际气体处理，假设该状态 R134a 的压缩因子 $Z=0.981$，其比体积为多少？（R134a 的摩尔质量为 102g/mol）

6-5　试证明理想气体的体膨胀系数

$$\alpha_V=\frac{1}{T}$$

6-6　对状态方程为 $p(v-b)=R_gT$（其中 b 为常数）的实际气体，试证明：

（1）热力学能 $\text{d}u=c_V\text{d}T$；

（2）焓 $\text{d}h=c_p\text{d}T+b\text{d}p$；

（3）c_p-c_V 为常数。

6-7　试证明实际气体定压线在 h-s 图上的斜率

$$\left(\frac{\partial h}{\partial s}\right)_p=T$$

6-8　试证明实际气体定温线在 h-s 图上的斜率

$$\left(\frac{\partial h}{\partial s}\right)_T=T-\frac{1}{\alpha_V}$$

6-9　试证明遵循范德瓦尔方程的实际气体，经定温过程后比焓和比熵的变化分别为

$$\Delta h_T=(p_2v_2-p_1v_1)+a\left(\frac{1}{v_1}-\frac{1}{v_2}\right)$$

$$\Delta s_T=R\ln\left(\frac{v_2-b}{v_1-b}\right)$$

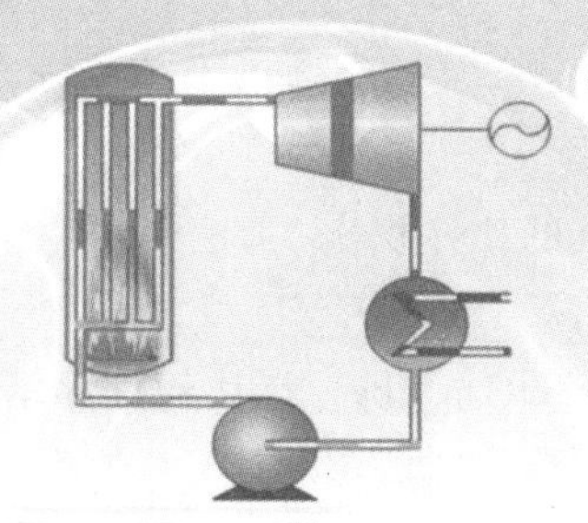

第七章

蒸气的热力性质和热力过程

众所周知，水蒸气是人类在热能间接利用中最早应用的工质。除水蒸气外，在制冷、空调和化学工程中还常常用到其他蒸气，如氨蒸气、氟利昂蒸气及逐步替代 CFCs[⊖] 的各种蒸气。蒸气距液态较近，微观粒子之间作用力大，分子本身也占据了相当的体积，而且在工作过程中往往有气液间的集态变化。因此，蒸气不能作为理想气体来对待，它的物理性质较理想气体复杂得多，它的状态方程、热力学能、焓和熵的计算式都不像理想气体的计算式那样简单。工程上它们是通过查取为工程计算编制的蒸气热力性质图表进行计算，或调用有关蒸气热力性质的子程序利用电子计算机进行计算。这些图表和子程序是专门研究物性的科技工作者长期进行理论和实验研究的成果。

同样是由于蒸气热力性质的复杂性，其热力过程的计算分析也只能依据热力学基本定律和热力性质图表（或计算机程序）进行。

为了更好地利用蒸气的热力性质图表，或利用有关蒸气热力性质的计算机程序进行热力性质的计算，下面以常用的水和水蒸气为例介绍蒸气的热力性质及其特点，并讨论蒸气热力过程的计算方法和步骤。

第一节　定压下水蒸气的发生过程

为了阐明水蒸气的热力性质及计算特点，有必要对定压下水蒸气的发生过程进行分析研究。事实上，工业生产中所用的水蒸气一般也都是在定压下（如锅炉中的水蒸气）产生的。方便起见，假设定量（如 1kg）的水在如图 7-1 所示的气缸内进行定压加热，调节活塞上的砝码可改变水的压力。定压下水蒸气的发生过程可分为三个阶段。

一、液体加热阶段（预热阶段）

假定水开始处于压力为 0.1MPa、温度为 0.01℃的状态，在如图 7-2 所示的 p-v 图和 T-s 图上用 1°表示。在维持压力不变的条件下，随着外界的加热，水的体积稍有膨胀，比体积略有增大，水的熵因吸热而增大。当水温升至 99.634℃时，若继续加热，水就会沸腾而产

⊖ CFCs 是碳氢化合物的氯氟衍生物。过去常用的制冷剂 R11、R12、R13 和 R113 等均属于 CFCs。

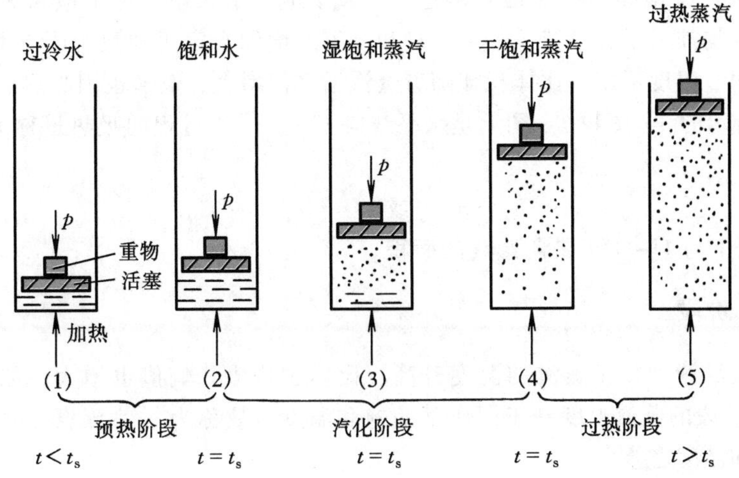

图 7-1　水蒸气的定压加热

生蒸汽。此沸腾温度称为饱和温度 t_s。处于饱和温度的水称为饱和水（其他工质则称为饱和液，以下类同），对其除压力和温度外的状态参数均加一上标“′”，以示和其他状态的区别，如 h'、v'和 s'等。低于饱和温度的水称为未饱和水（或过冷水）。单位质量 0.01℃的未饱和水加热到饱和水所需的热量称为液体热，用 q_1 表示。根据热力学第一定律有

$$q_1 = h' - h_0 \tag{7-1}$$

式中，h_0 为 0.01℃未饱和水的比焓。

在 T-s 图上，从 0.01℃的未饱和水状态 1°定压加热到饱和水状态 1′的过程线如图 7-2b 所示，q_1 可用 1°—1′下的阴影面积表示。

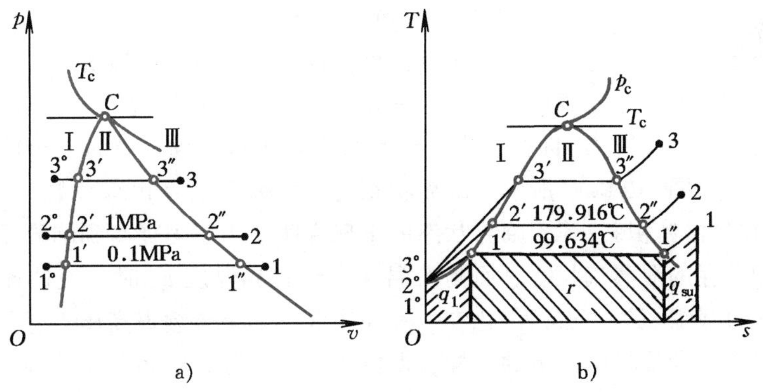

图 7-2　蒸汽的定压发生过程

二、汽化阶段

在维持压力不变的条件下，对饱和水继续加热，水开始沸腾发生相变而产生蒸汽。沸腾时温度保持不变，仍为饱和温度 t_s。在这个水的液-气相变过程中，所经历的状态是液、气两相共存的状态，称为湿饱和蒸汽（其他工质称为湿饱和蒸气，以下类同），简称为湿蒸汽，如图 7-1 所示的（3）。随着加热过程的继续，水逐渐减少，蒸汽逐渐增加，直至水全部

变为蒸汽 1″，称为干饱和蒸汽或饱和蒸汽。类似于饱和水状态，对于饱和蒸汽，状态参数除压力、温度外均加一上标“″”，如 v''、h''和 s''等。饱和水定压加热为干饱和蒸汽的过程，虽然工质的压力、温度不变，比体积却随着蒸汽增多而增大，熵值也因吸热而增大，故这个过程在图 7-2 所示的 p-v 图和 T-s 图上是水平线段 1′—1″。该过程的吸热量称为汽化热，用 r 表示，则有

$$r = h'' - h' \quad 或 \quad r = T_s(s'' - s') \tag{7-2}$$

此热量在 T-s 图上为 1′—1″下带阴影线的面积。

三、过热阶段

对饱和蒸汽继续加热，蒸汽的温度升高，比体积增大，熵值也增大，如图 7-2 所示的 1″—1。由于此阶段的蒸汽温度高于同压下的饱和温度，故称为过热蒸汽。过热蒸汽的温度与同压下的饱和温度之差

$$D = t - t_s \tag{7-3}$$

称为过热度。在这一阶段所吸收的热量称为过热热 q_{su}

$$q_{su} = h - h'' \tag{7-4}$$

式中，h 为过热蒸汽的比焓。

在 T-s 图上过程线 1″—1 下方有阴影线的面积即为 q_{su}。

如果改变压力 p，例如将压力提高，再次考察水在定压下的蒸汽发生过程，可以得到类似上述过程的三个阶段。图 7-2 中的 2°—2′—2″—2 是对应 $p = 1\text{MPa}$ 的定压下蒸汽的发生过程曲线。虽然三个阶段类似，但其饱和温度却随着压力提高而提高。对应 1MPa 的饱和温度不再是 99.634℃，而是 179.916℃。压力一定，饱和温度一定；反之亦然，二者一一对应。对应饱和温度的压力称为饱和压力，用 p_s 表示，则有

$$t_s = t_s(p_s) \quad 和 \quad p_s = p_s(t_s) \tag{7-5}$$

提高压力后定压下的蒸汽发生过程，除饱和温度提高外，其汽化阶段的（$v''-v'$）和（$s''-s'$）值减小，因此，汽化热值会随压力提高而减小。当压力提高到 22.064MPa 时，t_s = 373.99℃，此时 $v''=v'$，$s''=s'$，即饱和水与饱和蒸汽不再有区别，成为一个状态点，称为临界状态或临界点，如图 7-2 中 C 所示。临界状态的参数称为临界状态参数，如临界压力 p_{cr}、临界温度 t_{cr} 和临界比体积 v_{cr} 等。临界状态的出现说明，当压力提高到临界压力时，汽化过程不再存在两相共存的湿蒸汽状态，而是在温度达到临界温度 t_{cr} 时，液体连续地由液态变为气态，即汽化过程缩短为一点，汽化在一瞬间完成。如果继续提高压力，只要压力大于临界压力，汽化过程均和临界压力下的一样，即汽化过程不存在两相共存的湿蒸汽状态，而且都在温度达到临界温度 t_{cr} 时，液体连续地由液态变为气态。由此可知，只要工质的温度 t 大于临界温度 t_{cr}，不论压力多大，其状态均为气态；也就是说，当 $t>t_{cr}$ 时，保持温度不变，无论 p 多大也不能使气体液化，因此，又常将 $t>t_{cr}$ 的气体称为永久气体。

连接 p-v 图和 T-s 图上不同压力下的饱和水状态 1′、2′、3′…和临界点 C 所得曲线称为饱和水线（或下界线）；连接图上不同压力下的干饱和蒸汽状态 1″、2″、3″…和临界点所得曲线称为饱和蒸汽线（或上界线）。两线合在一起称为饱和线。饱和线将 p-v 图和 T-s 图分成三个区域：未饱和水区（下界线左侧）、湿蒸汽区（又称两相区或饱和区，上下界线之间）和过热蒸汽区（上界线右侧）。位于三区和二线上的水和水蒸气呈现五种状态：未饱和

水、饱和水、湿蒸汽、干饱和蒸汽和过热蒸汽。

值得注意的是，湿蒸汽是饱和水与饱和蒸汽的混合物，不同饱和蒸汽含量（或饱和水含量）的湿蒸汽，虽然具有相同的压力（饱和压力）和温度（饱和温度），但其状态不同。为了说明湿蒸汽中所含饱和蒸汽的含量，以确定湿蒸汽的状态，引入干度的概念。所谓干度 x 是指湿蒸汽中所含饱和蒸汽的质量分数，即

$$x = \frac{m_g}{m_f + m_g} \tag{7-6}$$

式中，m_g、m_f 分别为湿蒸汽中饱和蒸汽和饱和水的质量。

显然，饱和水的干度 $x=0$，干饱和蒸汽的干度 $x=1$。

第二节 蒸气热力性质图表

蒸气热力性质图表是热力工程计算的重要依据。由于水蒸气在工程应用上的广泛性，故目前使用的水和水蒸气热力性质图表在国际上是统一的、通用的。本书附录中所列的水和水蒸气热力性质表和图是我国学者严家騄教授等编制的，全部结果符合 1985 年国际水蒸气骨架表的规定，基准点是三相点的液相水：规定三相点饱和水的热力学能和熵的值为零。

对于氟利昂、氨等蒸气的热力性质图表，各国编制的蒸气图表的基准点不同，故数据差异较大。因而，查用不同文献中的数据表时就要注意基准点，不同基准点的图表不能混用。

下面针对水和水蒸气热力性质图表的讨论，在原理和形式上对其他蒸气同样适用。

一、水和水蒸气热力性质表

水和水蒸气热力性质表是按压力 p 和温度 t 为自变量，比体积 v、比焓 h 和比熵 s 为因变量的形式排列的。比热力学能 u 在需要时可由 $u=h-pv$ 求取。由于饱和线上的状态和湿蒸气的压力和温度中只有一个是独立变量，未饱和水和过热蒸汽的压力和温度均是独立变量，因此水蒸气热力性质表分为“饱和水与饱和蒸汽表”及“未饱和水与过热蒸汽表”。

根据工程计算需要，饱和水与饱和蒸汽表又分为按饱和温度 t 排列的表和按饱和压力 p 排列的表，依次列出不同饱和温度 t（或饱和压力 p）下的 p（或 t）、v'、v''、h'、h''、r、s' 和 s''。干度 x 的湿蒸汽的状态参数，可由同一 t（或 p）下的饱和水与饱和蒸汽的状态参数利用式（7-7）求取，即

$$v = xv'' + (1 - x)v' \tag{7-7}$$

$$h = xh'' + (1 - x)h' \tag{7-8}$$

$$s = xs'' + (1 - x)s' \tag{7-9}$$

未饱和水与过热蒸汽热力性质表（表 A-9）列出了各种压力及温度下的未饱和水和过热蒸汽的比体积 v、比焓 h 和比熵 s 值。表中的蓝线是未饱和水和过热蒸汽的分界线，线的上方为未饱和水，线的下方为过热蒸汽。表头上的饱和水和饱和蒸汽参数是供使用该表时参考和采用的。

在使用水和水蒸气热力性质表时，常需先根据已知参数确定状态，以决定所要使用的表。另外，查表时仍要利用前面所述的线性内插法。

二、水和水蒸气热力性质图

利用蒸汽热力性质表求取状态参数，所得的值比较精确。但由于要经常使用内插法，使得查表工作十分繁琐，因此在实际工程分析和计算中还经常使用蒸汽热力性质图。利用蒸汽热力性质图不但使状态参数查取简便，而且使蒸汽热力过程的分析更直观、清晰和方便。

前面已提及蒸气的 p-v 图和 T-s 图，这两张图主要用于蒸气热力过程和热力循环的定性分析：p-v 图常用来分析蒸气系统与外界的功量交换；T-s 图主要用于分析热量交换。较详细的 p-v 图和 T-s 图均有上、下界线和定干度线簇——不同压力下具有相同干度 x 的状态点连接线簇；p-v 图上还有定温线簇和定熵线簇，如图 7-3 所示；T-s 图上还有定压线簇和定容线簇，如图 7-4 所示。值得注意的是，由于液体的压缩性极小，可视为不可压缩流体，因而 p-v 图的下界线很陡，几乎是一条垂直线。

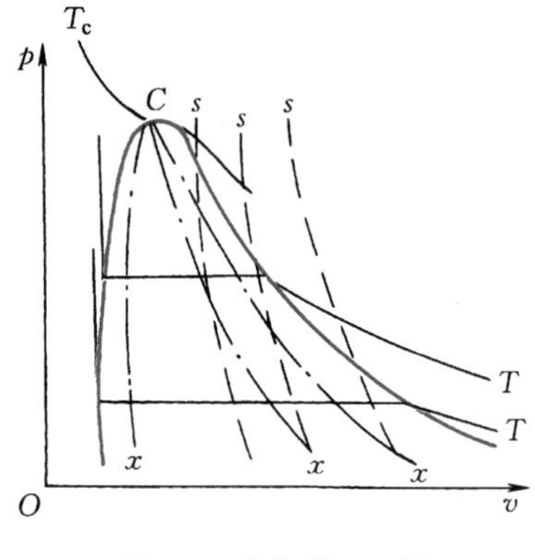

图 7-3 蒸气的 p-v 图

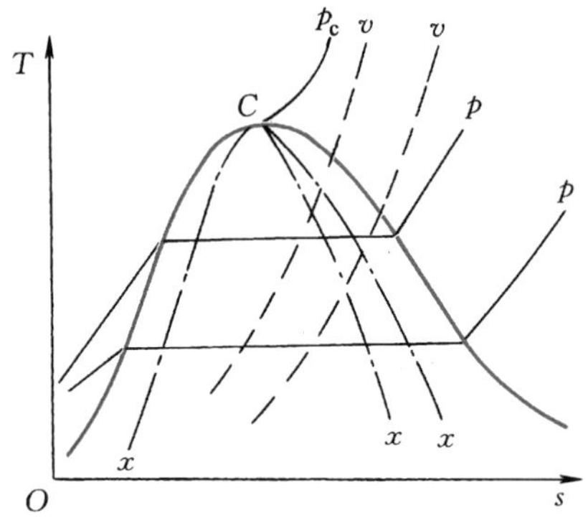

图 7-4 蒸气的 T-s 图

如果用 p-v 图和 T-s 图对蒸汽热力过程的功和热量进行定量计算，则需计算过程线下的面积，这很不方便。而在以 h 和 s 分别为纵横坐标的焓熵图（h-s 图）上，技术功为零的热力过程的热量和绝热过程的技术功均可用线段 Δh 来表示，从而大大方便了计算，并能直观、清晰地反映蒸汽的热力过程。因此，蒸汽的 h-s 图已成为工程上广泛使用的一个重要的定量计算用图。用于制冷工质定量计算的图主要是压焓图（p-h 图）。

如图 7-5 所示，蒸汽的 h-s 图同 p-v 图和 T-s 图一样，也有上、下界线和临界点，此外还有定压线簇、定温线簇、定容线簇和定干度线簇。

对于 h-s 图的定压线，由热力学第一定律和热力学第二定律可以推导得到 $(\partial h/\partial s)_p = T$。在湿蒸汽区，定压时温度 T 不变，故定压线在湿蒸汽区是斜率为常数的直线。在过热蒸汽区，定压线的斜率随着温度的升高而增大，故定压线为向上翘的曲线。

定温线在湿蒸汽区即定压线，在过热蒸汽区是较定压线平坦的曲线。

定容线无论在湿蒸汽区还是在过热蒸汽区，都是比定压线陡的斜率为正的曲线。在实用的 h-s 图中，定容线用红线标出。

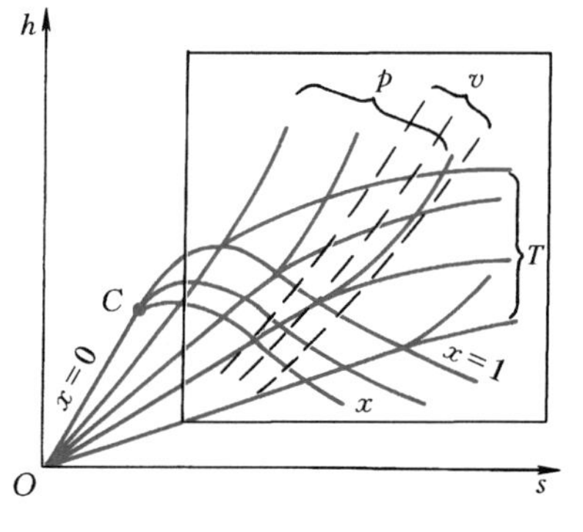

图 7-5 蒸汽的 h-s 图

蒸汽动力机（汽轮机、蒸汽机）中应用的水蒸气多为干度较高的湿蒸汽和过热蒸汽，因此在实用的 h-s 图中，仅绘出如图 7-5 所示方框内的过热蒸汽和干度较高的湿蒸汽区。当计算分析涉及未饱和水与干度较低的湿蒸汽时，则应辅以水蒸气热力性质表。

随着电子计算机的广泛应用，适用于水蒸气和其他蒸气的电算程序已被科技工作者开发出来，有兴趣的读者可参阅参考文献［12］。

根据已知的蒸汽状态参数，可以利用蒸汽热力性质图表确定其状态和其余状态参数。例如：已知水蒸气的压力为 9MPa，温度为 500℃，在 h-s 图上由 9MPa 的定压线和 500℃ 的定温线交点可知该状态是过热蒸汽，其 $h=3385\text{kJ/kg}$。利用未饱和水与过热蒸汽表可进行同样查算。

例 7-1　利用水蒸气热力性质图表，按题目要求确定下列各状态的状态参数值：

（1）$t=100℃$，$h=2200\text{kJ/kg}$，查表求 s 值；

（2）$p=8.0\text{MPa}$，$t=532℃$，查图求 h 值，再利用表求此参数；

（3）$p=5.0\text{MPa}$，$t=262℃$，查表求 s 值。

解　（1）由饱和水与饱和水蒸气热力性质表（表 A-8a）知：

$t=100℃$ 时，$h'=419.06\text{kJ/kg}$，$h''=2675.71\text{kJ/kg}$。由 $h'<h<h''$ 知，该蒸汽状态是湿蒸汽。根据式（7-8）得

$$x=\frac{h-h'}{h''-h'}=\frac{(2200-419.06)\text{kJ/kg}}{(2675.71-419.06)\text{kJ/kg}}=0.789$$

查饱和水与饱和水蒸气热力性质表（表 A-8a）知

$$s'=1.3069\text{kJ/(kg·K)},\qquad s''=7.3545\text{kJ/(kg·K)}$$

故

$$\begin{aligned}s&=xs''+(1-x)s'\\&=0.789\times7.3545\text{kJ/(kg·K)}+(1-0.789)\times1.3069\text{kJ/(kg·K)}\\&=6.0785\text{kJ/(kg·K)}\end{aligned}$$

（2）查水蒸气的焓熵图（图 B-5），8.0MPa 的定压线与 532℃ 的定温线（图中标示的为 530℃ 和 540℃ 两定温线之间）交点所示的焓值 $h=3478\text{kJ/kg}$。

查未饱和水与过热蒸汽热力性质表（表 A-9），在 $p=8.0\text{MPa}$ 下对应 $t_1=500℃$ 和 $t_2=550℃$ 的焓值分别为 $h_1=3397.0\text{kJ/kg}$ 和 $h_2=3518.8\text{kJ/kg}$。利用线性内插法计算得 $h=3474.9\text{kJ/kg}$。

（3）查未饱和水与过热蒸汽热力性质表（表 A-9）知，$p=5.0\text{MPa}$，$t=262℃$ 的状态处于 250℃ 和 300℃ 之间。在 250℃ 和 300℃ 间的蓝线是未饱和水与过热蒸汽的分界线。$t=250℃$ 和 $t=300℃$ 的状态分属未饱和水与过热蒸汽两个状态，中间还有三个状态，因而不能用 $t=250℃$ 和 $t=300℃$ 的 s 值进行内插。由于 $t=262℃<t_s=263.98℃$，其状态属于未饱和水，因此，应该用 $t=250℃$ 的熵与饱和水的熵进行内插。

查表：$p=5.0\text{MPa}$，有

$$t_1=250℃\text{ 时},\qquad s_1=2.7901\text{kJ/(kg·K)}$$
$$t_s=263.98℃\text{ 时},\qquad s'=2.9200\text{kJ/(kg·K)}$$

$$s = s_1 + \frac{t - t_1}{t_s - t_1}(s' - s_1)$$

$$= 2.7901\text{kJ/(kg}\cdot\text{K)} + \frac{262 - 250}{263.98 - 250} \times (2.9200 - 2.7901)\text{kJ/(kg}\cdot\text{K)}$$

$$= 2.902\text{kJ/(kg}\cdot\text{K)}$$

讨论

1）湿蒸汽状态参数 v、h 和 s 等的求取，需知道干度 x。若干度 x 未知，则需通过已知参数先求得 x，如本题（1）的计算。

2）通过本题（2）的查算说明，查 h-s 图简单、方便，但所得结果精度相对较低。查表结果精确（本题用了教学用表，如果采用实际工程用表数据将更精确），但由于要进行多次线性内插，比较繁琐。

3）本题（3）的查算过程说明了未饱和水与过热蒸汽热力性质表头上饱和水与饱和蒸汽参数的用途。

第三节　蒸气的热力过程

蒸气热力过程分析、计算的目的和理想气体一样，在于实现预期的能量转换和获得预期的工质的热力状态。由于蒸气热力性质的复杂性，第四章叙述过的理想气体的状态方程和理想气体热力过程的解析公式均不能使用。蒸气热力过程的分析与计算只能利用热力学第一定律和热力学第二定律的基本方程，以及蒸气热力性质图表。其一般步骤如下：

1）由已知初态的两个独立参数（如 p、T），在蒸气热力性质图表上查算出其余各初态参数之值。

2）根据过程特征（定压、定熵等）和终态的一已知参数（如终压或终温等），由蒸气热力性质图表查取终态状态参数值。

3）由查算得到的初、终态参数，应用热力学第一定律和热力学第二定律的基本方程计算 q、w（w_t）、Δh、Δu 和 Δs_g 等。

在实际工程应用中，定压过程和绝热过程是蒸气的主要和典型的热力过程。

一、定压过程

蒸气的加热（如锅炉中水和水蒸气的加热）和冷却（如冷凝器中蒸气的冷却冷凝）过程，在忽略流动压损的条件下均可视为定压过程。对于定压过程，当过程可逆时有

$$w = \int_1^2 p\mathrm{d}v = p_1(v_2 - v_1)$$

$$q = \Delta h$$

二、绝热过程

蒸气的膨胀（如水蒸气经汽轮机膨胀对外做功）和压缩（如制冷压缩机中对制冷工质的压缩）过程，在忽略热交换的条件下可视为绝热过程，有

$$q = 0$$
$$w = -\Delta u$$
$$w_t = -\Delta h$$

在可逆条件下是定熵过程

$$\Delta s = 0$$

例 7-2　汽轮机进口水蒸气的参数为：$p_1 = 9.0\text{MPa}$、$t_1 = 500℃$，水蒸气在汽轮机中进行绝热可逆膨胀至 $p_2 = 0.004\text{MPa}$，试求：

（1）进口蒸汽的过热度；

（2）单位质量蒸汽流经汽轮机对外所做的功。

解　（1）查饱和水与饱和水蒸气热力性质表（图 *A*-8*b*）得

$$p_1 = p_{s1} = 9.0\text{MPa 时}, \quad t_{s1} = 303.385℃$$

进口蒸汽过热度

$$D = t_1 - t_{s1} = 500℃ - 303.385℃ = 196.615℃$$

（2）由 $p_1 = 9.0\text{MPa}$、$t_1 = 500℃$ 查水蒸气的焓熵图（图 B-5）得

$$h_1 = 3386\text{kJ/kg}, \qquad s_1 = 6.66\text{kJ/(kg}\cdot\text{K)}$$

由 $p_2 = 0.004\text{MPa}$、$s_2 = s_1$，查水蒸气的焓熵图（图 B-5）得

$$h_2 = 2005\text{kJ/kg}$$

由热力学第一定律稳定流动能量方程

$$q = \Delta h + \frac{1}{2}\Delta c^2 + g\Delta z + w_{sh}$$

化简得

$$w_{sh} = -\Delta h = h_1 - h_2 = 3386\text{kJ/kg} - 2005\text{kJ/kg} = 1381\text{kJ/kg}$$

讨论

通过本题求解可以看出蒸气热力过程的求解步骤。求解中终态参数的确定按过程是定熵的特征和终压 p_2 查取。因此，蒸气热力过程求解的关键是掌握过程的特征和熟练运用蒸气热力性质图表。

本章小结

本章通过水蒸气定压下的发生过程，介绍了蒸气的热力性质。它可以归纳为一点、二线、三区、五状态。

一点：临界状态点，仅随工质而异；

二线：饱和蒸气线（上界线）和饱和液线（下界线）；

三区：未饱和液区、湿蒸气区和过热蒸气区；

五状态：未饱和液、饱和液、湿蒸气、饱和蒸气和过热蒸气。

蒸气热力性质计算要通过查蒸气热力性质图表来解决。根据蒸气五种状态的计算特点，蒸气热力性质表分为饱和液和饱和蒸气表、未饱和液和过热蒸气表。用于定性分析的蒸气热力性质图是 *p*-*v* 图和 *T*-*s* 图，用于定量计算的水蒸气热力性质图是 *h*-*s* 图。

蒸气的热力过程也要借助蒸气热力性质图表，利用第一定律的能量方程和第二定律的熵增原理进行能量传递与转换的分析计算和过程的不可逆性的分析计算。

通过本章学习，要求读者：

1）掌握蒸气的热力性质特点，能正确熟练地利用蒸气热力性质图表进行蒸气热力性质的计算。

2）掌握蒸气热力过程分析计算的步骤，能正确使用蒸气热力性质图表进行蒸气热力过程的分析计算。

思考题

7-1　对于定压过程，无论什么工质恒有 $q=\int_1^2 c_p \mathrm{d}T$。水蒸气在定压汽化时，温度不变，$\mathrm{d}T=0$，因此水蒸气定压汽化时 $q=\int_1^2 c_p \mathrm{d}T=0$，这一结果错在何处？

7-2　根据比热容 $c_p=\left(\frac{\partial h}{\partial T}\right)_p$，故定压过程有 $\Delta h=\int_1^2 c_p \mathrm{d}T$，水蒸气在定压汽化时，温度不变，$\mathrm{d}T=0$，因此水蒸气定压汽化过程的 $\Delta h=\int_1^2 c_p \mathrm{d}T=0$，这一结果错在何处？

7-3　干度是如何定义的？在求取蒸气的什么状态的参数时需要用到它？

7-4　有没有 400℃ 的液态水，为什么？

7-5　水三相点的 p、v 和 T 是否是唯一的？水临界点的 p、v 和 T 是否是唯一的？

7-6　水蒸气在定温过程中是否满足 $q=w$ 关系？

7-7　蒸汽的饱和线在 p-v 图和 T-s 图上有何不同？

7-8　水和水蒸气的热力性质表是如何分类的？为什么要这样分类？

7-9　对于水蒸气，为什么定量计算用图采用 h-s 图，而不采用 p-v 图和 T-s 图？

7-10　蒸气热力过程的计算步骤是什么？为什么没有类似理想气体热力过程的计算公式？

7-11　空气能否单纯通过压缩进行液化？为什么？

7-12　超临界锅炉为什么没有锅筒？

7-13　在什么条件下水蒸气可以视为理想气体？

习　题

7-1　试根据热力学第一定律和热力学第二定律，推导水蒸气的 h-s 图中定压线的斜率为

$$\left(\frac{\partial h}{\partial s}\right)_p=T$$

7-2　利用水的热力性质表确定下列各点的状态及状态参数的值：

（1）$p=1.5\text{MPa}$，$s=5.000\text{kJ/(kg}\cdot\text{K)}$，求 h 及 t；

（2）$t=200℃$，$p=1.5\text{MPa}$，求 v；

（3）$t=100℃$，$x=0.3$，求 u。

7-3　湿饱和蒸汽的 $p=0.9\text{MPa}$、$x=0.85$，试由水蒸气表求 t、h、v、s 和 u。

7-4　过热蒸汽的 $p_1=3.0\text{MPa}$、$t=425℃$，根据水蒸气表求 v、h、s、u 和过热度，再用 h-s 图求上述参数。

7-5　开水房烧开水用 $p=0.1\text{MPa}$、$x=0.86$ 的蒸汽与 $t=20℃$ 同压下的水混合，试问欲得 5t 的开水，需要多少蒸汽和水？

7-6　已知水蒸气 $p=0.2\text{MPa}$，$h=1300\text{kJ/kg}$，试求其 v、t 和 s。

7-7　1kg 蒸汽，$p_1=2.0\text{MPa}$，$x_1=0.95$，定温膨胀至 $p_2=0.1\text{MPa}$，求终态 v、h、s 及过程中对外所做的膨胀功。

7-8　汽轮机的进口蒸汽参数为 $p_1=3.0\text{MPa}$、$t_1=435℃$。若经可逆绝热膨胀至 $p_2=0.005\text{MPa}$，蒸汽流量为 4.0kg/s，求汽轮机的理想功率为多少千瓦？

7-9　一刚性容器的容积为 0.3m^3，其中五分之一为饱和水，其余为饱和蒸汽，容器中初压为 0.1MPa。欲使饱和水全部汽化，问需加入多少热量？终态压力为多少？若热源温度为 500℃，试求不可逆温差传热的有效能损失。设环境温度为 27℃。

7-10　容积为 0.36m^3 的刚性容器中储有 $t=350℃$ 的水蒸气，其压力表读数为 100kPa。现容器对环境散热使压力下降到压力表读数为 50kPa。试：

（1）确定初始状态是什么状态；

（2）求水蒸气终态温度；

（3）求过程放出的热量和放热过程的有效能损失。

设环境温度为 20℃，大气压力为 0.1MPa。

7-11　在真空度为 96kPa、干度为 $x=0.88$ 的湿蒸汽状态下，汽轮机的乏汽进入冷凝器，被定压冷却凝结为饱和水。试计算乏汽体积是饱和水体积的多少倍，以及每千克乏汽在冷凝过程中放出的热量。设大气压力为 0.1MPa。

7-12　一刚性绝热容器内刚性隔板将容器分为容积相等的 A、B 两部分。设 A 的容积为 0.16m^3，内盛有压力为 1.0MPa、温度为 300℃ 的水蒸气。B 为真空。抽掉隔板后蒸汽自由膨胀达到新的平衡状态。试求终态水蒸气的压力、温度和自由膨胀引起的不可逆有效能损失。设环境温度为 20℃，并假设蒸汽的该自由膨胀满足 $pv=$常数。

7-13　利用空气冷却汽轮机乏汽的装置称为干式冷却器。若流经干式冷却器的空气入口温度为环境温度 $t_1=20℃$，出口温度为 $t_2=35℃$。进入冷却器乏汽的压力为 7.0kPa，干度为 0.86，出口为相同压力的饱和水。设乏汽流量为 220t/h，空气进出口压力不变，比热容为定值。试求：

（1）流经干式冷却器的空气流量；

（2）空气流经干式冷却器的焓增量和熵增量；

（3）乏汽流经干式冷却器的熵变以及不可逆传热引起的熵产。

7-14　$p_1=9.0\text{MPa}$、$t_1=500℃$ 的水蒸气进入汽轮机中做绝热膨胀，终压为 $p_2=5.0\text{kPa}$。汽轮机相对内效率为

$$\eta_T = \frac{h_1 - h_2}{h_1 - h_{2s}} = 0.86$$

式中，h_{2s} 为定熵膨胀到 p_2 时的比焓。试求：

（1）每千克蒸汽所做的轴功；

（2）由不可逆引起的熵产，并表示在 T-s 图上。

7-15　温度为35℃的R134a饱和液经节流阀后温度下降到-10℃，试问节流后的R134a是什么状态？压力为多少？节流过程的㶲损失为多少？并在 T-s 图上表示出该过程。

7-16　容积为0.05m^3 的刚性容器中储有5kg、20℃的R134a，试求：

（1）R134a的状态；

（2）如果要对R134a的压力进行实验测量，需使用何种设备，读数应为多少？

（3）容器中液态工质的质量和体积；

（4）R134a的热力学能。

设大气压力为0.1MPa。

7-17　压力为200kPa的R134a干饱和蒸气经可逆绝热压缩过程至1.2MPa，试求压缩单位质量R134a所消耗的技术功。

7-18　锅炉省煤器利用烟气加热给水，已知进入省煤器的水温度为150℃、压力为9.0MPa，被定压加热至260℃，流量为220t/h，烟气温度为400℃、压力为0.1MPa，定压放热至340℃，试求：

（1）烟气的质量流量；

（2）烟气与水之间传热过程的不可逆熵产。

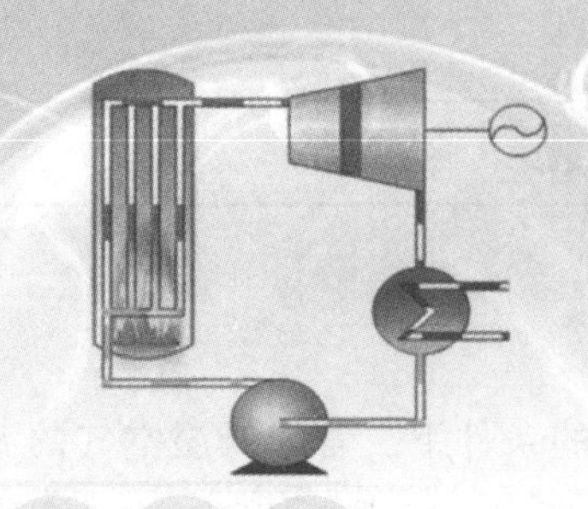

第八章

湿 空 气

湿空气是指含有水蒸气的空气，而干空气是指完全不含水蒸气的空气，显然湿空气是干空气和水蒸气的混合物。与前述理想气体混合物不同，湿空气中的水蒸气在一定条件下会发生集态变化，湿空气中的蒸汽可以凝聚成液态或固态，环境中的水可以蒸发到空气中去。工业中的许多过程，如空气的温度湿度调节，木材、纺织品等的干燥，冷却塔中水的冷却过程，都涉及湿空气的计算。为此，有必要对湿空气进行研究。

工程中的湿空气多处于大气压力 p_b 或低于 p_b 的较低压力下，故研究时可作如下假设：

1）气相混合物作为理想气体混合物。

2）干空气不影响水蒸气与其凝聚相的相平衡。

3）当水蒸气凝结成液相或固相时，液相或固相中不含有溶解的空气。

这些假设简化了湿空气的分析和计算，而计算精度足以满足工程上的要求。在下面的讨论中分别用下标 a 和 v 表示干空气和水蒸气的参数。

湿空气中水蒸气的分压力 p_v 通常低于其温度（即湿空气温度）所对应的饱和压力 p_s，处于过热蒸汽状态，如图 8-1 中点 A 所示。这种湿空气称为未饱和空气。未饱和空气具有吸收水分的能力。

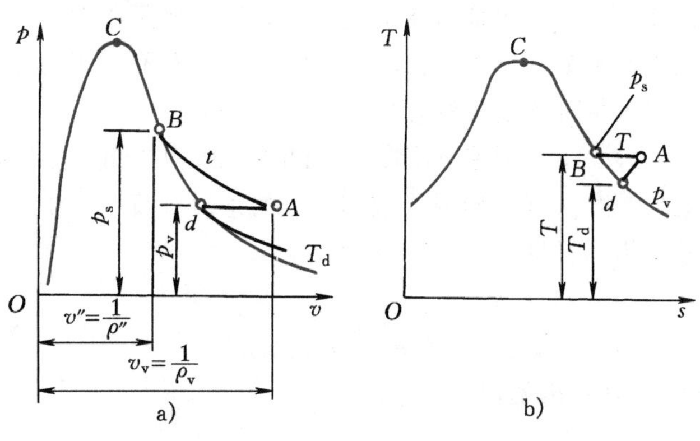

图 8-1　湿空气中水蒸气的 p-v 图和 T-s 图

如果湿空气温度 t 不变，增加湿空气中水蒸气含量使其分压力增大，当水蒸气分压力 p_v 达到其温度所对应的饱和压力 p_s 时，水蒸气达到了饱和蒸汽状态，如图 8-1 中的点 B 所示。这时的湿空气称为饱和空气。由于饱和空气中水蒸气与环境中液相水达到了相平衡，即蒸汽含量达到了最大值，故不再具有吸收水分的能力。

第一节 湿空气的状态参数

一、露点温度

对于未饱和空气，在保持湿空气中水蒸气分压力 p_v 不变的条件下，若降低湿空气的温度可使水蒸气从过热状态达到饱和状态 d，如图 8-1 中的 A—d 所示，状态点 d 所对应的湿空气状态称为湿空气的露点。露点所处的温度称为露点温度，用 T_d 或 t_d 表示，显然它是湿空气中水蒸气分压力对应的饱和温度。在湿空气温度一定的条件下，露点温度越高说明湿空气中水蒸气分压力越高，水蒸气含量越多，湿空气越潮湿；反之，湿空气越干燥。因此，湿空气露点温度的高低可以说明湿空气的潮湿程度。

湿空气达到露点后如再冷却，就会有水滴析出，形成所谓的“露珠”“露水”。在夏末秋初的早晨，经常在植物叶面等物体表面看到露珠。

二、相对湿度

湿度是指空气的潮湿程度，与空气中所含水蒸气的量有关。单位体积空气中所含的水蒸气的质量称为空气的绝对湿度，即空气中水蒸气的密度 ρ_v。根据前述假设 1)，由理想气体状态方程得

$$\rho_v = \frac{1}{v_v} = \frac{p_v}{R_{g,v}T} \tag{8-1}$$

式中，$R_{g,v}$ 是水蒸气的气体常数；p_v 是湿空气中水蒸气的分压力。

分析图 8-2 可知，虽然图中状态 A 和 E 所对应的湿空气具有相同的绝对湿度，但前者是未饱和空气，后者是饱和空气；前者具有吸湿能力，后者不再具有吸湿能力。因此，绝对湿度只能说明湿空气中所含水蒸气的多少，而不能表明湿空气所具有的吸收水分能力的大小，为此引入相对湿度的概念。

相对湿度是指绝对湿度 ρ_v 与相同温度下可能达到的最大绝对湿度 ρ_s（即同温下饱和空气的绝对湿度）之比，用符号 φ 表示，即

$$\varphi = \frac{\rho_v}{\rho_s} \tag{8-2}$$

由式（8-1）可推得

$$\varphi = \frac{p_v}{p_s} \tag{8-3}$$

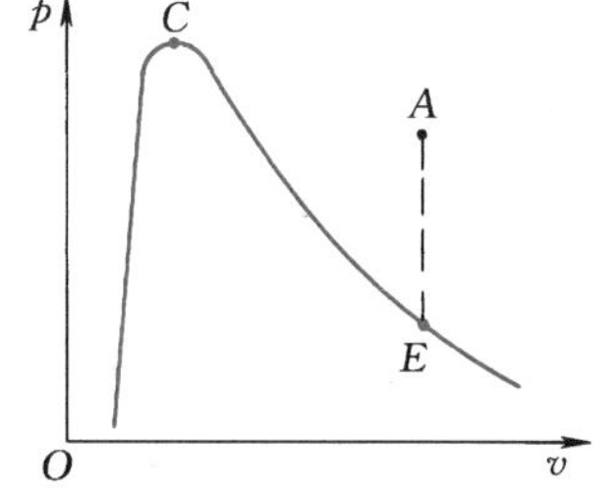

图 8-2 湿空气中水蒸气的比体积

式中，p_s 是湿空气中水蒸气在湿空气温度下可能达到的最大分压力，即湿空气温度下的水蒸气的饱和压力。

显然，相对湿度越小，湿空气越干燥；反之越潮湿。当相对湿度 $\varphi=100\%$时，湿空气已达到饱和空气状态，不再具有吸收水分的能力。

三、含湿量（比湿度）

含湿量 d［kg/kg（a）］是单位质量干空气所携带的水蒸气的质量，即

$$d=\frac{m_{\mathrm{v}}}{m_{\mathrm{a}}} \tag{8-4}$$

式中，m_{v}、m_{a} 为湿空气中水蒸气、干空气的质量。

根据理想气体状态方程

$$m_{\mathrm{v}}=\frac{p_{\mathrm{v}}VM_{\mathrm{v}}}{RT}\quad m_{\mathrm{a}}=\frac{p_{\mathrm{a}}VM_{\mathrm{a}}}{RT}$$

式中，$M_{\mathrm{v}}=18.06\mathrm{g/mol}$、$M_{\mathrm{a}}=28.97\mathrm{g/mol}$，分别是水蒸气和干空气的摩尔质量。

将上两式代入式（8-4）得

$$d=\frac{M_{\mathrm{v}}p_{\mathrm{v}}}{M_{\mathrm{a}}p_{\mathrm{a}}}=\frac{18.06p_{\mathrm{v}}}{28.97p_{\mathrm{a}}}=0.623\frac{p_{\mathrm{v}}}{p_{\mathrm{a}}}$$

由道尔顿分压定律，湿空气压力 p_{b} 为

$$p_{\mathrm{b}}=p_{\mathrm{v}}+p_{\mathrm{a}}$$

故有

$$d=0.623\frac{p_{\mathrm{v}}}{p_{\mathrm{b}}-p_{\mathrm{v}}} \tag{8-5}$$

将式（8-3）代入式（8-5）得

$$d=0.623\frac{\varphi p_{\mathrm{s}}}{p_{\mathrm{b}}-\varphi p_{\mathrm{s}}} \tag{8-6}$$

四、比焓

湿空气是干空气和水蒸气的混合物，因而湿空气的焓是干空气和水蒸气的焓之和，即

$$H=m_{\mathrm{a}}h_{\mathrm{a}}+m_{\mathrm{v}}h_{\mathrm{v}}$$

式中，h_{a}、h_{v} 分别为湿空气中干空气、水蒸气的比焓。

考虑到在湿空气的热力过程中仅干空气的量是常量，故湿空气的比焓是相对于单位质量干空气的焓［kJ/kg（a）］。

$$h=\frac{H}{m_{\mathrm{a}}}=h_{\mathrm{a}}+dh_{\mathrm{v}} \tag{8-7a}$$

取 0℃时干空气的焓值为零，则任意温度 t 的干空气比焓

$$h_{\mathrm{a}}=c_{p,\mathrm{a}}t$$

式中，$c_{p,\mathrm{a}}$ 为干空气的比定压热容，$c_{p,\mathrm{a}}=1.005\mathrm{kJ/(kg\cdot K)}$。水蒸气的比焓可近似用下式计算

$$h_{\mathrm{v}}=h_{0\mathrm{v}}+c_{p,\mathrm{v}}t$$

式中，$h_{0\mathrm{v}}$ 为 0℃时干饱和蒸汽的比焓，$h_{0\mathrm{v}}=2501\mathrm{kJ/kg}$；$c_{p,\mathrm{v}}$ 为水蒸气处于理想气体状态下的比定压热容，$c_{p,\mathrm{v}}=1.86\mathrm{kJ/(kg\cdot K)}$。

因此，湿空气的比焓为

$$h=1.005t+d(2501+1.86t) \tag{8-7b}$$

例 8-1 设大气压力为 0.1 MPa，温度为 30℃，相对湿度 φ 为 40%，试求湿空气的露点温度、含湿量及比焓。

解 （1）由 $t=30℃$，查饱和水与饱和水蒸气热力性质表（表 A-8a）得 $p_s=4.2451\text{kPa}$。

则
$$p_v=\varphi p_s=0.4\times4.2451\text{kPa}=1.698\text{kPa}$$

由 $p_v=1.698\text{kPa}$，查饱和水与饱和水蒸气热力性质表（表 A-8b）得 $t_s=14.3℃$。

即露点温度
$$t_d=t_s=14.3℃$$

（2）$d=0.622\dfrac{p_v}{p_b-p_v}=0.622\times\dfrac{1.698}{1.0\times10^2-1.698}\text{kg/kg(a)}=10.7\times10^{-3}\text{kg/kg(a)}$

（3）
$$\begin{aligned}h&=1.005t+d(2501+1.86t)\\&=[1.005\times30+10.7\times10^{-3}\times(2501+1.86\times30)]\text{kJ/kg(a)}\\&=57.51\text{kJ/kg(a)}\end{aligned}$$

讨论

1）虽然湿空气中水蒸气分压力低，可以作为理想气体处理，但在涉及求湿空气中水蒸气分压力、湿空气的露点温度等参数时，仍离不开水蒸气热力性质表。

2）本题求取露点温度时两次用到饱和水与饱和水蒸气表。第一次是由湿空气温度查取水蒸气的饱和压力，然后由相对湿度计算湿空气中水蒸气的分压力；第二次是根据露点温度的定义，以湿空气中水蒸气的分压力作为饱和压力查取所对应的饱和温度，此饱和温度即湿空气的露点温度。这也表明了利用水蒸气热力性质表求取露点温度的方法和步骤。

第二节　干湿球温度计和焓湿图

一、干湿球温度计

湿空气含湿量和焓的计算，均涉及相对湿度 φ。工程上湿空气的相对湿度用干湿球温度计测量。

干湿球温度计是两支相同的普通玻璃管温度计，如图 8-3 所示。一支用浸在水槽中的湿纱布包着，称为湿球温度计；另一支即普通温度计，相对前者称为干球温度计。将干湿球温度计放在通风处，使空气掠过两支温度计。干球温度计所显示的温度 t 即湿空气的温度；湿球温度计的读数为湿球温度 t_w。由于湿布包着湿球温度计，当空气是未饱和空气时，湿布上的水分就要蒸发，水蒸发需要吸收汽化热，从而使纱布上的水温度下降。当温度下降到一定程度时，周围空气传给湿纱布的热量正好等于水蒸发所需要的热量，此时湿球温度计的温度维持不变，这就是湿球温度 t_w。因此，湿球温度 t_w 与水的蒸

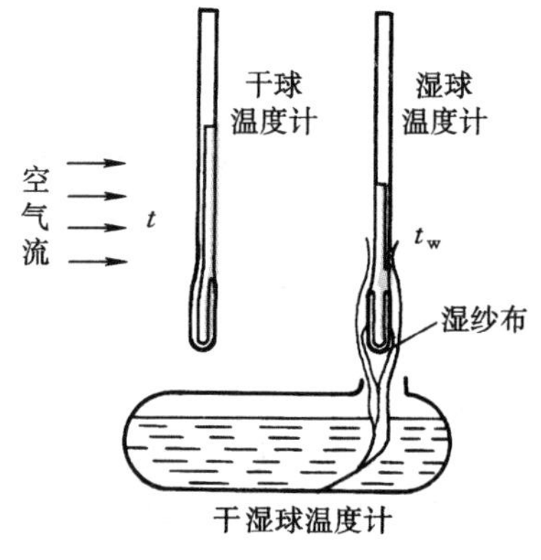

图 8-3　干湿球温度计

发速度及周围空气传给湿纱布的热量有关，这两者又都与相对湿度 φ 和干球温度 t 有关，即相对湿度 φ 与 t_w 和 t 存在一定的函数关系

$$\varphi=\varphi(t_w,\ t)$$

在测得 t_w 和 t 后，可通过附在干湿球温度计上的 $\varphi=\varphi(t_w,\ t)$ 列表函数查得 φ。

二、湿空气的焓湿图（h-d 图）

为了方便计算，工程上常采用湿空气的状态参数坐标图确定湿空气的状态及其参数，并对湿空气的热力过程进行分析计算。最常用的状态参数坐标图是焓湿图（h-d 图）。

h-d 图是以式（8-2）~式（8-5）等公式为基础，针对某确定大气压力 p_b 绘制的。大气压力不同图则不同，使用时应选用与当地大气压力相符（或基本相符）的 h-d 图。h-d 图的纵坐标是比焓 h，横坐标是含湿量 d。为使图形清晰，定焓线（定 h 线）为一系列与纵坐标成 135°夹角的平行线。除定焓线簇与定含湿量线簇外，h-d 图上还有定干球温度线（定温线，定 t 线）簇、定相对湿度线（定 φ 线）簇以及水蒸气的定分压力线（定 p_v 线）簇，如图 8-4 所示。有些图上还绘制有定比体积线簇和定湿球温度线簇。

定温线簇是一簇互相不平行向右稍发散的直线。这是因为：根据式（8-7b），当 t = 常数时，h 与 d 为线性关系，且对应不同的 t，有不同的斜率。

定相对湿度线簇为一组向上凸的曲线。定 φ 线的 φ 值从上向下逐渐增大直至 $\varphi=100\%$。$\varphi=100\%$ 的线为饱和空气线，也是对应不同水蒸气分压力的露点线。

根据式（8-5），水蒸气确定的分压力对应一定的含湿量，故水蒸气的等分压力线即对应的定含湿量线，数值可标在图上方的横坐标上；或者根据式（8-5）在图右下角绘出 $p_v=p_v(d)$ 的关系曲线，在图右边的纵坐标上标出相应的分压力值，如图 8-4 所示。

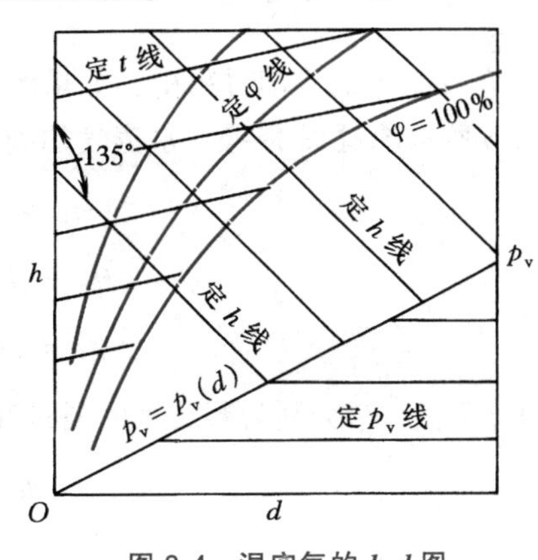

图 8-4　湿空气的 h-d 图

选用和当地大气压力相符（或基本相符）的 h-d 图，根据已知的湿空气两独立参数可在图上确定湿空气的状态和查取其他状态参数。

第三节　湿空气的基本热力过程及工程应用

在湿空气的热力过程中，由于湿空气中的水蒸气常发生集态变化致使湿空气的质量发生变化，因此计算分析中除要应用能量方程外，还要用到质量守恒方程。湿空气的热力过程分析也是焓湿图应用的一个重要方面。

工程上种种复杂的湿空气热力过程常是几种基本热力过程的组合，为此下面介绍几种典型的湿空气的基本热力过程。

一、加热（或冷却）过程

对湿空气单独加热或冷却的过程，是含湿量保持不变的过程，如图 8-5 中的过程 1—2

（加热）和过程 1—2′（冷却）所示。在加热过程中，湿空气的温度升高，焓增加而相对湿度减小，冷却过程与加热过程正好相反。对于如图 8-5 所示的加热（或冷却）系统，若进出口湿空气的比焓、水蒸气量和干空气量分别为 h_1、h_2、m_{v1}、m_{v2} 和 m_{a1}、m_{a2}，由于过程含湿量不变，则有

$$m_{v1} - m_{v2} = 0$$

$$m_{a1} = m_{a2} = m_a$$

由

$$Q = H_2 - H_1$$

得单位质量干空气吸收（或放出）的热量 [kJ/kg(a)] 为

$$q = h_2 - h_1 \tag{8-8}$$

加热(或冷却)盘管
1
2
冷空气
热空气
q
冷水出 加热 热水进

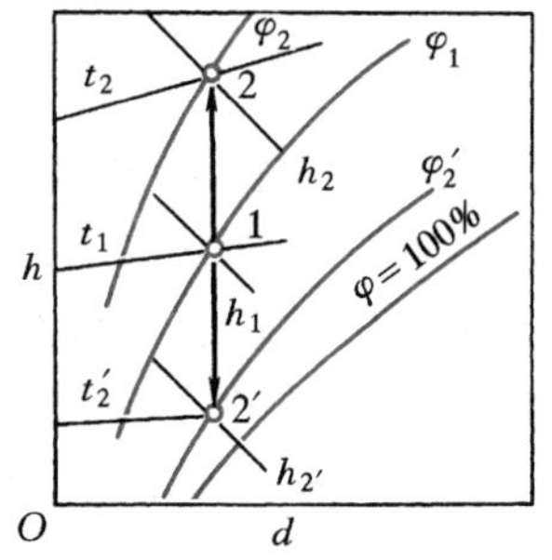

图 8-5 湿空气的加热（或冷却）过程

二、冷却去湿过程

在湿空气的冷却过程中，如果湿空气被冷却到露点以下，就有蒸汽凝结和水滴析出，如图 8-6 所示的过程 1—2。水蒸气的凝结致使湿空气的含湿量减少，从而有

$$m_w = m_{v1} - m_{v2} = m_a(d_1 - d_2) \tag{8-9}$$

$$Q = (H_2 + H_w) - H_1 = m_a(h_2 - h_1) + m_w h_w$$

则

$$q = (h_2 - h_1) - (d_2 - d_1)h_w \tag{8-10}$$

式中，m_w、h_w 分别为凝结水的质量和比焓。其中

$$h_w = h'(t_2) \approx 4.187t_2$$

三、绝热加湿（加水）过程

物品的干燥过程对于湿空气而言是一加湿过程。这一加湿过程通常是在绝热条件下进行的，故称为绝热加湿过程。绝热加湿过程中湿空气的含湿量增加，从而有

$$m_{v2} - m_{v1} = m_w = m_a(d_2 - d_1) \tag{8-11}$$

由

$$Q = H_2 - (H_1 + H_w) = m_a(h_2 - h_1) - m_w h_w = 0$$

得

$$h_2 - h_1 = (d_2 - d_1)h_w \tag{8-12a}$$

式中，h_w 为加入水分的比焓值。

由于水的比焓值 h_w 不大，(d_2-d_1) 之值很小，则 $(d_2-d_1)h_w$ 相对于 h_2 和 h_1 可以忽略不计，故有

$$h_2 - h_1 \approx 0 \quad 或 \quad h_2 \approx h_1 \tag{8-12b}$$

因此，湿空气的绝热加湿过程可近似看作是湿空气焓值不变的过程，如图 8-7 所示。在绝热加湿过程中，含湿量 d 和相对湿度 φ 增大，温度 t 降低。

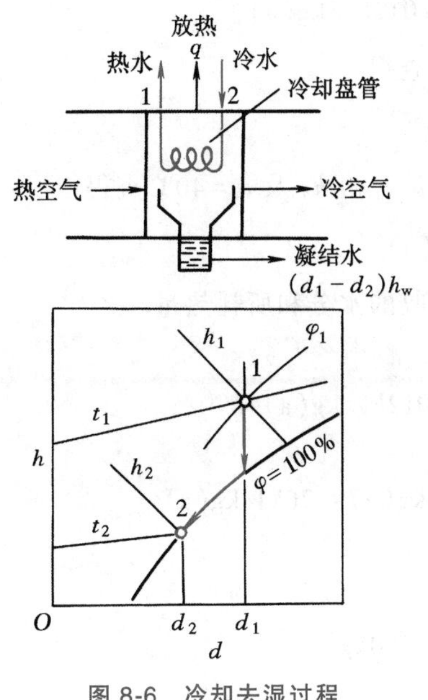

图 8-6　冷却去湿过程

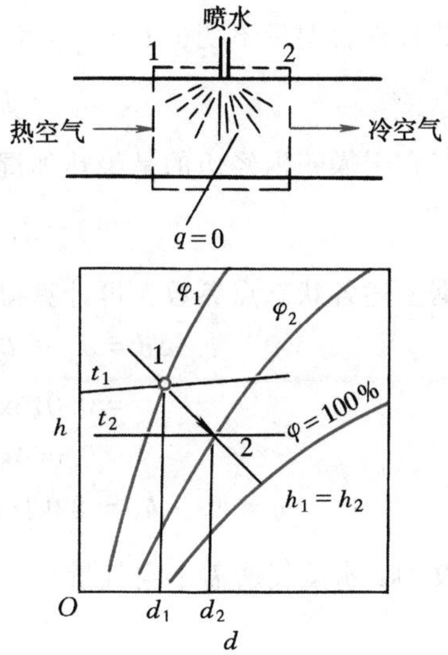

图 8-7　绝热加湿过程

四、工程应用

实际工程中湿空气的热力过程或者是湿空气基本热力过程，或者是湿空气基本热力过程的组合。例如，冬天房间取暖，就是湿空气的加热过程；夏天使用空调就是湿空气的冷却或冷却去湿过程。而物品的烘干过程则是利用未饱和湿空气吸收物品水分的过程。为提高湿空气吸收水分的能力，通常在吸湿前先对湿空气加热（在相对湿度较大的地区，有时还在加热湿空气前，先通过冷却去湿将湿空气中的水分去掉一部分），因此烘干过程包括湿空气的（冷却去湿）加热过程和绝热加湿过程，如图 8-8 和图 8-9 所示。

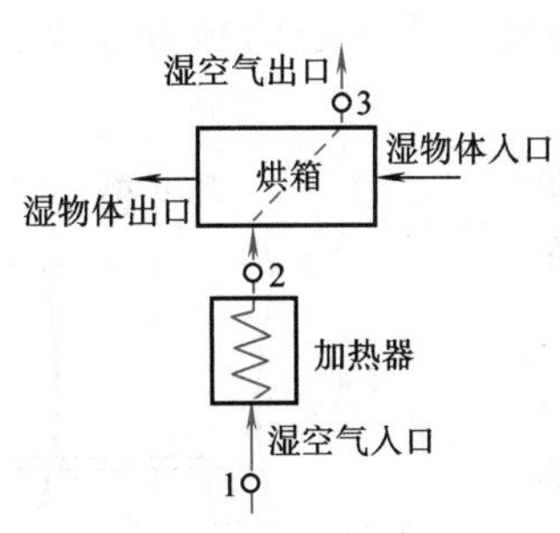

图 8-8　烘干过程装置示意图

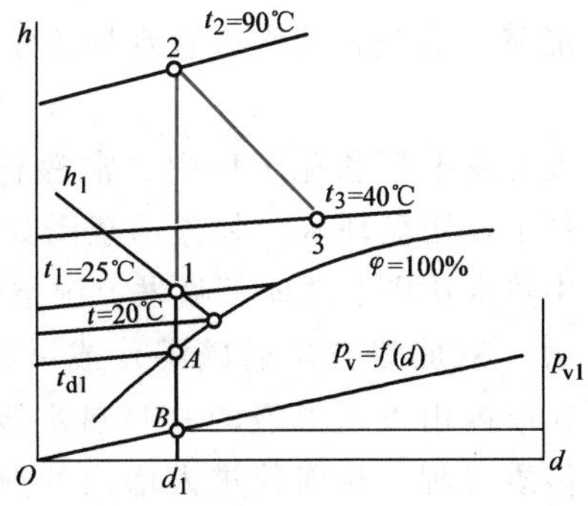

图 8-9　烘干过程在 *h-d* 图上的表示

例 8-2　将压力为 100kPa、温度为 25℃和相对湿度 60%的湿空气在加热器中加热到 50℃，然后送进干燥箱用以烘干物体。从干燥箱出来的空气温度为 40℃，试求在该加热及烘干过程中，每蒸发 1kg 水分所消耗的热量。

解　根据题意，由 $t_1=25℃$、$\varphi_1=60\%$在 h-d 图上查得

$$h_1 = 56\text{kJ/kg(a)}, \quad d_1 = 0.012\text{kg/kg(a)}$$

加热过程含湿量不变，$d_2 = d_1$，由 d_2 及 $t_2 = 50℃$ 查得

$$h_2 = 82\text{kJ/kg(a)}$$

空气在干燥箱内经历的是绝热加湿过程，有 $h_3 = h_2$，由 h_3 及 $t_3 = 40℃$ 查得

$$d_3 = 0.016\text{kg/kg(a)}$$

根据上述各状态点参数，可计算得1kg干空气吸收的水分和所耗热量。

$$\begin{aligned}\Delta d &= d_3 - d_2 = d_3 - d_1 \\ &= 0.016\text{kg/kg(a)} - 0.012\text{kg/kg(a)} \\ &= 0.004\text{kg/kg(a)}\end{aligned}$$

$$q = h_2 - h_1 = 82\text{kJ/kg(a)} - 56\text{kJ/kg(a)} = 26\text{kJ/kg(a)}$$

蒸发1kg水蒸气所需干空气量为

$$m_a = \frac{1}{\Delta d} = \frac{1}{0.004}\text{kg} = 250\text{kg}$$

$$Q = m_a q = 250 \times 26\text{kJ} = 6.5 \times 10^3\text{kJ}$$

讨论

1）物体的烘干过程是工程上一典型的湿空气的热力过程，它可以是湿空气加热和绝热加湿等基本热力过程的组合。其他工程上的湿空气过程也多是不同基本热力过程的组合。因此，像本题一样，湿空气的基本热力过程的分析计算是实际工程过程分析计算的基础。

2）湿空气热力过程的计算分析，同其他工质的热力过程计算分析一样，离不开状态参数的求取。湿空气的状态参数可以用与例8-1类似的解析方法求取，也可像本题一样查 h-d 图。从例8-1和本题的比较不难发现，查 h-d 图求取湿空气状态参数不但简单、方便，而且还能将热力过程清晰、直观地表示在图上。读者不妨试将本题的热力过程表示在 h-d 图上。

在火力发电厂和化工厂中，常常利用冷却塔实现湿空气冷却工业用循环水，装置示意图如图8-10所示。在冷却塔中热水从塔上部向下喷淋，湿空气由塔下部进入，在浮升力（双曲线自然通风塔）或风机（机力通风塔）作用下在塔内由下而上流动并与热水接触，进行复杂的传热、传质过程，从而使进入塔内的热水蒸发冷却，湿空气由于被加热加湿，温度和相对湿度增高。湿空气到达塔顶时，相对湿度可接近100%，即接近饱和湿空气状态。为了使湿空气和热水充分接触，在塔内热水槽下的中部装有溅水碟和填料。冷却塔内热水和湿空气的流动、传热和传质过程，不但涉及热力学问题，而且涉及流体力学和传热学问题，十分复杂。仅就湿空气的热力学问题而言，可以通过湿空气和热水的质量和能量守恒进行分析、求解，下面通过例题进行说明。

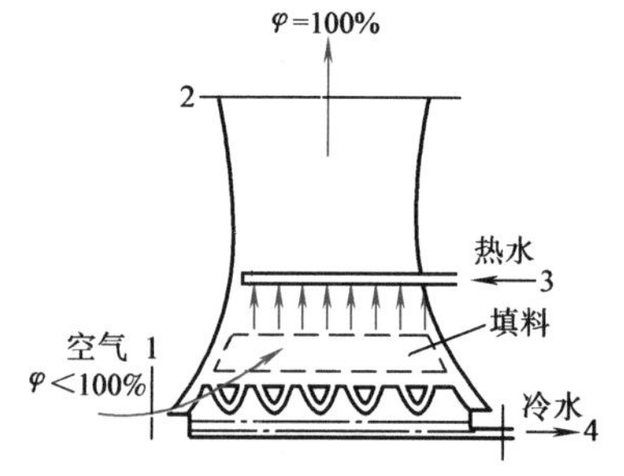

图8-10 冷却塔装置示意图

例 8-3 如图 8-10 所示，进入冷却塔的热水温度为 $t_3=30℃$，流量为 $q_{m,w3}=200t/h$。进入冷却塔的湿空气温度为 $t_1=15℃$，相对湿度为 $\varphi_1=60\%$，排出冷却塔的湿空气为温度 $t_2=25℃$ 的饱和湿空气。设大气压力为 0.1MPa，要求离开冷却塔的冷水的温度为 $t_4=15℃$。试计算：

(1) 需要供给的干空气量和湿空气量；

(2) 由于水蒸发造成的水量损失。

解 取水的比热容为 $c_w=4.186kJ/(kg\cdot K)$ 则有

$$h_3=c_w t_3=4.186\times30kJ/kg=125.58kJ/kg$$

$$h_4=c_w t_4=4.186\times15kJ/kg=62.79kJ/kg$$

查湿空气的焓湿图（图 B-1）得

$$h_1=31.5kJ/kg(a),\quad d_1=0.0064kg/kg(a)$$

$$h_2=77kJ/kg(a),\quad d_2=0.021kg/kg(a)$$

如图 8-10 所示的冷却塔的质量平衡方程为

$$q_{m,a}(d_2-d_1)=q_{m,w3}-q_{m,w4}$$

能量平衡方程为

$$q_{m,a}(h_2-h_1)=q_{m,w3}h_3-q_{m,w4}h_4$$

联立质量与能量平衡方程有

$$\begin{aligned}q_{m,a}&=\frac{q_{m,w3}(h_3-h_4)}{(h_2-h_1)-h_4(d_2-d_1)}\\&=\frac{200\times10^3\times(125.58-62.79)}{(77-31.5)-62.79\times(0.021-0.0064)}kg/h\\&=281.7\times10^3kg/h\end{aligned}$$

所需的湿空气量为

$$\begin{aligned}q_m&=q_{m,a}+q_{m,v1}=q_{m,a}(1+d_1)\\&=281.7\times10^3\times(1+0.0064)kg/h=283.5\times10^3kg/h\end{aligned}$$

由于蒸发造成的水量损失为

$$\begin{aligned}q_{m,w3}-q_{m,w4}&=q_{m,a}(d_2-d_1)\\&=281.7\times10^3\times(0.021-0.0064)kg/h\\&=4.11\times10^3kg/h\end{aligned}$$

讨论

冷却塔内湿空气的热力过程不是湿空气基本热力过程的组合，但依然可以通过前面基本热力工程的分析方法，列出质量和能量守恒方程进行求解。

本章小结

本章讨论了湿空气的热力性质与热力过程。

湿空气是干空气和水蒸气的混合物。湿空气的状态参数有露点温度、相对湿度、含湿量（比湿度）和比焓。湿空气的状态参数可以用解析法求取，也可以用焓湿图求取。

在湿空气的状态参数中相对湿度是一个十分重要的参数，在工程和生活中它可以通过干湿球温度计读取。

在实际工程中，湿空气热力过程多为几种基本热力过程的组合。湿空气的基本热力过程有：加热与冷却过程、冷却去湿过程和绝热加湿过程。湿空气的热力过程的求解，无论是基本热力过程，还是其他热力过程，依据的基本定律就是质量守恒定律和热力学第一定律。

通过本章学习，要求读者：

1）掌握湿空气的状态参数。

2）能对湿空气的基本热力过程进行分析计算。

思考题

8-1 湿空气系统是简单可压缩系吗？为什么？

8-2 为什么实际生活中陆地表面的水（江、河、湖、海等）的温度通常比环境空气的温度低？

8-3 为什么冬季室内供暖时，若不采取其他措施，空气更干燥？

8-4 为什么阴雨天洗的衣服不易干，而在晴天却容易干？

8-5 对于未饱和空气，湿球温度、露点温度和干球温度，三者哪个大？对于饱和空气呢？

8-6 “湿空气的相对湿度越高，含湿量越大”，这种说法对吗？为什么？

8-7 为什么在我国南方夏天温度虽然不太高（如32~34℃），但却感觉很热？

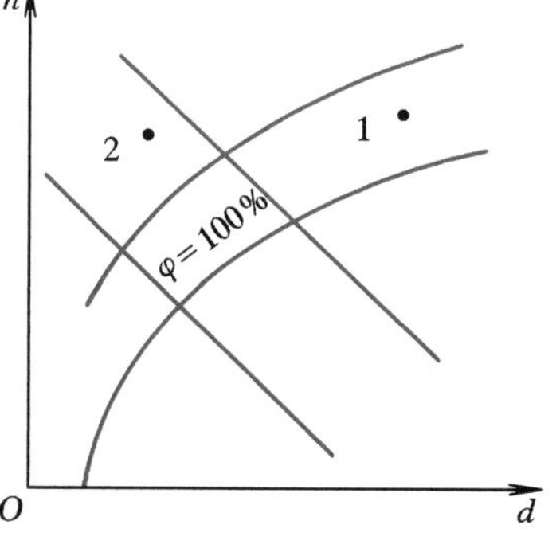

图 8-11 思考题 8-11 图

8-8 湿空气含湿量的单位为什么是 kg/kg（a）？为什么不用 kg/kg（总）。

8-9 湿空气节流后，p、h、d 和 φ 如何变化？

8-10 使用干湿球温度计测量温度时，是否干球温度计的读数一定大于湿球温度计的读数？

8-11 在如图 8-11 所示的湿空气的 h-d 图上，状态点 1 为较潮湿的湿空气，试设计一工程上可行的热力过程，使该湿空气成为具有较强干燥能力的状态点 2 所示的湿空气。并在 h-d 图上画出所设计的热力过程。

习 题

8-1 设大气压力为0.1MPa，温度为25℃，相对湿度为$\varphi=55\%$，试用分析法求湿空气的露点温度、含湿量及比焓。并查h-d图校核之。

8-2 空气的参数为$p_b=0.1$MPa、$t_1=20$℃、$\varphi_1=30\%$。在加热器中加热到$t_2=85$℃后送入烘箱去烘干物体。从烘箱出来时空气温度$t_3=35$℃，试求从烘干物体中吸收1kg水分所消耗的干空气质量和热量。

8-3 设大气压力为0.1MPa，温度为30℃，相对湿度为0.8。如果利用空气调节设备使温度降低到10℃去湿，然后再加热到20℃，试求所得空气的相对湿度和单位质量干空气在空气调节设备所放出的热量。

8-4 一房间内空气压力为0.1MPa，温度为5℃，相对湿度为80%。由于暖气加热使房间温度升至18℃。试求供暖气后房内空气的相对湿度。

8-5 在容积为100m^{3}的封闭室内，空气的压力为0.1MPa，温度为25℃，露点温度为18℃。试求室内空气的含湿量和相对湿度。若此时室内放置盛水的敞口容器，容器的加热装置使水能保持25℃定温蒸发至空气达到定温下的饱和空气状态。试求达到饱和空气状态下空气的含湿量和水的蒸发量。

8-6 一股空气流，压力为0.1MPa，温度为20℃，相对湿度为30%，体积流量为15m^3/min。另一股空气流，压力也为0.1MPa，温度为35℃，相对湿度为80%，体积流量为20m^3/min。两股空气流在绝热条件下混合，混合后压力仍为0.1MPa。试求混合后空气的温度、相对湿度和含湿量。

8-7 大气温度为$t_1=37$℃，相对湿度$\varphi_1=80\%$。室内每分钟要求供应$t_2=22$℃、$\varphi_2=55\%$的空气10m^3。试设计一空调方案，并计算之。

8-8 参考图8-10，若进入冷却塔的热水温度为$t_3=32$℃，流量为$q_{m,w3}=180$t/h。进入冷却塔的湿空气温度为$t_1=17$℃，相对湿度为$\varphi_1=50\%$，排出冷却塔的湿空气为温度$t_2=25$℃的饱和湿空气。设大气压力为0.1MPa，要求离开冷却塔的冷水的温度为$t_4=20$℃。试计算：

（1）需要供给的干空气量和湿空气量；

（2）由于水蒸发造成的水量损失。

第三篇

工程应用

前两篇的论述涉及了热能利用中热能转换的热力学基础理论。掌握了基础理论知识就能对实际工程中的热力学问题进行分析，从而合理而有效地利用热能。本篇介绍工程中常见的典型热力过程和热力循环，并通过热力过程和热力循环的研究，探讨工程热力学理论在实际工程中的应用。

研究热力过程和循环就是为了合理设计及安排过程和循环，提高能量利用的经济性。工程中使用不同的工质，进行不同的热力过程和循环，所采用的热力设备也不同，而工质在不同的设备中所进行的热力过程也不相同。为此，本篇首先介绍主要设备的基本结构和工作原理、工质在设备中所进行的热力过程的特点。其次，由于实际过程和循环不但复杂而且均不可逆，为了分析方便，突出能量转换的主要矛盾，在过程和循环分析中常把实际的不可逆过程和循环用一典型的可逆过程和循环来代替。这种理想化处理只要抽象、概括和简化的合理、接近实际，那么理想过程和循环的分析结果不但在理论上有指导意义，而且对实际过程和循环的改进也起着重要的指导作用，计算结果相对实际过程和循环还具有一定的准确性。所以，本篇以下的讨论主要是实际设备中简化得出的理论过程和循环。在前两步的基础上，接着对过程和循环进行能量分析计算。最后根据热力学基本原理分析提出改进过程、提高能量利用经济性的具体措施与方法。

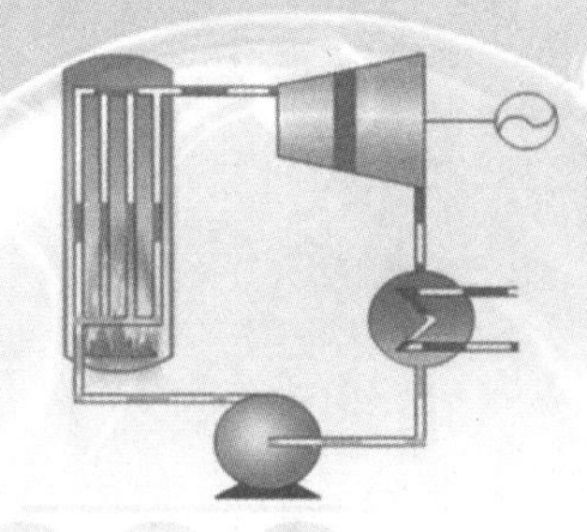

第九章

喷　管

在叶轮式动力机中，热能向机械能的转换主要是在喷管中实现的。喷管就是用于加速气体（蒸气）流速，并使气流压力降低的变截面短管，如图 9-1 中的 4 就是喷管。气体或蒸气在喷管中绝热膨胀，压力降低，流速增加。高速流动的气流冲击叶轮机的叶片，使叶轮机旋转，气流的动能转变为叶轮机旋转的机械能。

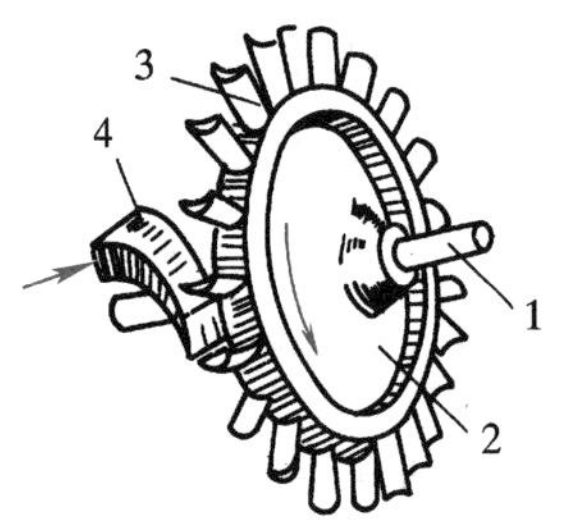

图 9-1　叶轮机工作原理示意图

1—轴　2—叶轮

3—叶片　4—喷管

与喷管中的热力过程相反，在工程实际中还有另一种情况，即高速气流进入变截面短管中时，气流的速度降低，而压力升高。这种能使气流压力升高而速度降低的变截面短管称为扩压管。扩压管在叶轮式压气机中得到应用。

喷管和扩压管都是变截面的短管，本章以喷管为主分析变截面短管内气体的流动规律。掌握了喷管内的流动规律就很容易分析扩压管内的流动。为了突出能量转换的主要矛盾，本章主要讨论喷管内可逆过程气体的流动规律。对于理想气体，比热容取定值。为分析简单起见，在气体流动过程中，仅考虑沿流动方向的状态和流速变化，不考虑垂直于流动方向的状态和流速变化，即认为流动是一维（一元）流动；同时，假定气体在喷管和扩压管中的流动是稳定流动。下面就从一维稳定流动的基本方程的分析开始展开讨论。

第一节　一维稳定流动的基本方程

一、连续性方程

根据质量守恒原理，流体在稳定流过如图 9-2 所示的流道时，流经任一截面的质量流量保持不变。若任一截面的面积为 A，流体在该截面的流速为 c，比体积为 v，则质量流量

$$q_m = \frac{Ac}{v} = 常数 \tag{9-1a}$$

对截面 1—1、2—2 和任意截面则有

$$q_{m1}=q_{m2}=\frac{A_1c_1}{v_1}=\frac{A_2c_2}{v_2}=\frac{Ac}{v}=\text{常数}$$

式（9-1a）称为稳定流动的连续性方程。对其两边微分，得

$$\frac{\mathrm{d}A}{A}=\frac{\mathrm{d}v}{v}-\frac{\mathrm{d}c}{c} \tag{9-1b}$$

连续性方程式（9-1b）反映了稳定流动过程中工质流速变化率、比体积变化率和流道截面积变化率之间必须遵循且相互制约的关系。

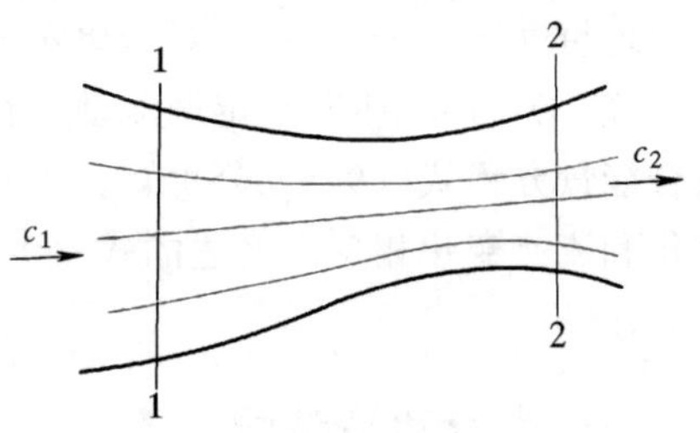

图 9-2 通过变截面管道的一维流动

二、能量方程

对于稳定流动系统，能量方程为

$$q=\Delta h+\frac{1}{2}\Delta c^2+g\Delta z+w_{\mathrm{sh}} \tag{9-2}$$

在喷管和扩压管的流动中，由于流道较短，工质流速较高，故工质与外界几乎无热交换。在流动中，工质与外界也无轴功交换，工质进出口位能差可忽略不计，因此式（9-2）变为

$$\Delta c^2=-2\Delta h \tag{9-3a}$$

两边微分得

$$c\mathrm{d}c=-\mathrm{d}h \tag{9-3b}$$

式（9-3a、b）说明，工质流速的升高来源于工质在流动过程中的焓降；工质的流速减小时焓将增加。

稳定流动的能量方程在引入技术功概念后其微分形式为

$$\delta q=\mathrm{d}h+\delta w_{\mathrm{t}}$$

当 $q=0$，且可逆时，有

$$v\mathrm{d}p=\mathrm{d}h \tag{9-4}$$

比较式（9-3b）与式（9- 4），则可逆过程中有

$$c\mathrm{d}c=-v\mathrm{d}p \tag{9-5}$$

式（9-5）说明，在流动过程中欲使工质流速增大，必须有压力降落。所以压差是提高工质流动速度的必要条件，也是流速提高的动力；反之，欲使工质的压力升高，必须使工质流速减小。

三、过程方程

在可逆绝热（定熵）流动过程中，工质的状态参数变化遵循定熵过程的方程，对于理想气体有

$$pv^{\kappa}=\text{常数} \tag{9-6}$$

两边微分整理得

$$\frac{\mathrm{d}p}{p}=-\kappa\frac{\mathrm{d}v}{v} \tag{9-7}$$

对于理想气体，$\kappa = c_p / c_V$；对于水蒸气，若应用上两式，κ 仅是经验数据。

式（9-7）说明，在定熵流动过程中，若压力下降，比体积将增大；反之，比体积减小。结合能量方程式（9-5）分析知，工质流速与比体积同时增大或减小，而压力变化与比体积变化和流速变化相反。上述的式（9-1）~式（9-7）是研究喷管和扩压管中一维稳定流动的基本方程。

四、声速和马赫数

在气体高速流动的分析中，声速和马赫数是十分重要的两个参数。由物理学知，声音在气体介质中传播的速度，即声速为

$$c_a = \sqrt{\left(\frac{\partial p}{\partial \rho}\right)_s} = \sqrt{-v^2\left(\frac{\partial p}{\partial v}\right)_s} \tag{9-8}$$

对于理想气体，根据过程方程式（9-7），有

$$\left(\frac{\partial p}{\partial v}\right)_s = -\kappa \frac{p}{v}$$

代入式（9-8）有

$$c_a = \sqrt{\kappa p v} \tag{9-9a}$$

对于理想气体有

$$c_a = \sqrt{\kappa R_g T} \tag{9-9b}$$

上式说明，气体的声速与气体的热力状态有关，气体的状态不同，声速也不同。在气体的流动过程中，气体的热力状态发生变化，声速也要变化。因此，声速是状态参数，即当地（某截面处）热力状态下的声速，又称当地声速。

马赫数是气体在某截面处的流速与该处声速之比，用 Ma 表示，即

$$Ma = \frac{c}{c_a} \tag{9-10}$$

根据 Ma 的大小，流动可分为

$Ma<1$　　亚声速流动

$Ma=1$　　声速流动

$Ma>1$　　超声速流动

第二节　气体在喷管和扩压管中的定熵流动

根据前述分析，在变截面管道中，气体流速增大压力必然下降；而流速减小压力必然上升。为找出沿流动方向上气体状态的变化规律，必须根据前述的基本方程导出状态参数和流速随截面积变化的关系式。

由上面的基本方程可得到马赫数为参变量的截面积与流速变化的关系式，为此作如下的变换，即

$$\frac{dv}{v} = \frac{\kappa p dv}{\kappa p v} = -\frac{v dp}{c_a^2} = \frac{c dc}{c_a^2} = \frac{c^2}{c_a^2}\frac{dc}{c} = Ma^2 \frac{dc}{c}$$

将上面的结果代入连续性方程式（9-1b）得

$$\frac{dA}{A}=(Ma^2-1)\frac{dc}{c} \tag{9-11}$$

式（9-11）称为管内流动的特征方程。它给出了马赫数、截面积变化率与流速变化率之间的关系。

对于喷管而言，增大气体流速是其主要目的。根据特征方程式（9-11），当气流的 $Ma<1$ 时，要使 $dc>0$，则必须使 $dA<0$，沿流动方向上流道截面积逐渐减小（$dA<0$）的喷管称为渐缩喷管，如图 9-3a 所示。当流体的 $Ma>1$ 时，要使 $dc>0$，则 $dA>0$，这种喷管称为渐扩喷管，如图 9-3b 所示。

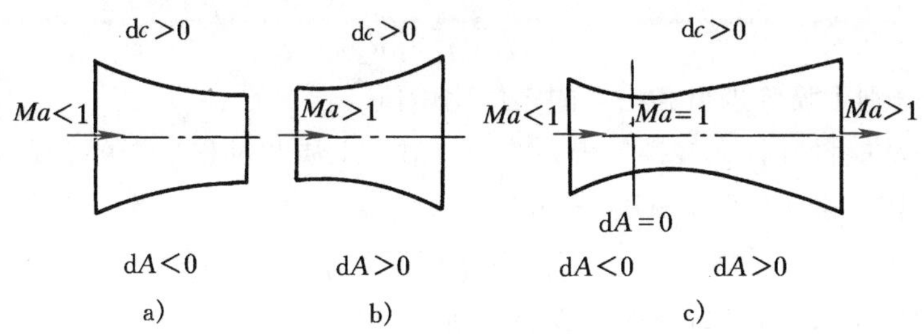

图 9-3 喷管的截面积变化

a）渐缩喷管 b）渐扩喷管 c）缩放喷管

工程上许多场合要求气体从 $Ma<1$ 加速到 $Ma>1$，那么如何才能实现呢？为使气体流速增大，压力必须不断下降。气体在喷管内的绝热流动中，压力下降，温度下降，由式（9-9b）可知，声速也将不断下降。这样，无论是在 $Ma<1$ 还是在 $Ma>1$ 的流动状况下，流速的不断增大和声速的不断降低使得马赫数 Ma 总是不断增大。在 $Ma<1$ 的渐缩喷管内，根据特征方程式（9-11），Ma 可增加到极限值 $Ma=1$；在 $Ma>1$ 的渐扩喷管内，Ma 可以从极限值 $Ma=1$ 开始增大。因而，为使 Ma 从 $Ma<1$ 连续增加到 $Ma>1$，在压差足够大的条件下，应采用由渐缩喷管和渐扩喷管组合而成的缩放喷管，如图 9-3c 所示，该管又称拉瓦尔喷管。在缩放喷管中，最小截面即喉部截面处的流速是 $Ma=1$ 的声速流动。该截面是 $Ma<1$ 的亚声速流动与 $Ma>1$ 的超声速流动转折点，称为临界截面。临界截面上的状态参数称为临界参数，用下标 cr 表示，如：临界压力 p_{cr}、临界温度 T_{cr}、临界比体积 v_{cr}、临界流速 c_{cr}，等等。显然

$$c_{cr}=c_{a,cr}=\sqrt{\kappa p_{cr}v_{cr}} \tag{9-12}$$

渐缩喷管的出口流速在极限条件下可增大到 $c=c_a$，即 $Ma=1$，此时出口截面也是临界截面。当然，若渐缩喷管出口处的出口气体流速未能达到声速，出口截面不能称为临界截面。另外，工程上喷管进口处气体流速一般较低，Ma 总是小于 1，而进口处 $Ma>1$ 的渐扩喷管几乎不单独使用。因此下面的讨论不涉及渐扩喷管。

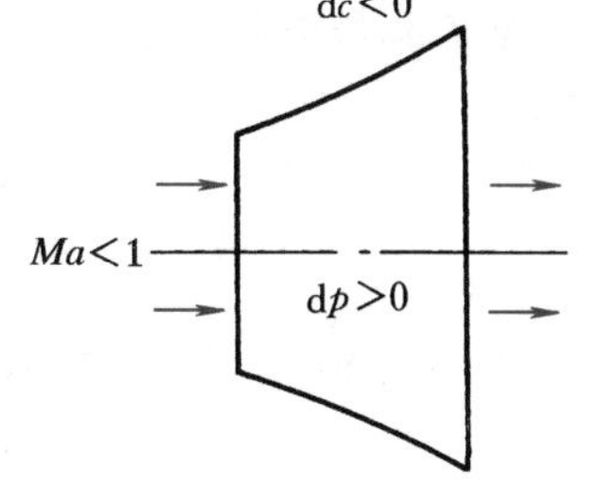

图 9-4 扩压管（$Ma<1$）

对于扩压管，使用的主要目的是为了升高气流的压力，即 $dp>0$。根据式（9-5）可知流动过程中 $dc<0$ 时，$dp>0$，即流速降低，压力升高。根据流动特征方程式（9-11），当 $Ma<1$ 时，$dA>0$，此种扩压管称为渐扩扩压管，如图 9-4 所示。

工程上扩压管比较简单，仅限于 $Ma<1$ 的情况，故渐扩两字通常省略。

第三节　喷管的计算

一、流速计算

由式（9-3a）的能量方程，则有

$$c_2^2 - c_1^2 = -2(h_2 - h_1)$$

可知，当喷管进口气体流速较小、可忽略不计时，即 $c_1 \approx 0$，喷管出口的气体流速为

$$c_2 = \sqrt{2(h_1 - h_2)} \tag{9-13a}$$

式中，h_1 和 h_2 分别为喷管进口和出口的气体比焓值。

由于该式是从能量方程直接推导得到的，故对于工质和过程是否可逆均无限制。

对于理想气体，由于 $\Delta h = c_p \Delta T$，故有

$$c_2 = \sqrt{2c_p(T_1 - T_2)} \tag{9-13b}$$

对于蒸气，h_1 和 h_2 可通过查图、查表得到。

在定熵条件下，若工质为理想气体，由式（9-13b）可进一步推得

$$c_2 = \sqrt{\frac{2\kappa}{\kappa - 1}R_g(T_1 - T_2)} = \sqrt{\frac{2\kappa}{\kappa - 1}R_g T_1\left[1 - \left(\frac{p_2}{p_1}\right)^{\frac{\kappa-1}{\kappa}}\right]} \tag{9-13c}$$

分析式（9-13c）可知，在喷管内气体的定熵流动中，喷管出口的气体流速取决于工质性质、进口参数和气体出口与进口的压比 p_2/p_1。在工质、气体进口状态都确定的条件下，气体出口流速仅取决于压比 p_2/p_1，其值随 p_2/p_1 的减小而增大。当 $p_2/p_1 \to 0$ 时，$c_2 \to c_{2\max}$

$$c_{2\max} = \sqrt{\frac{2\kappa}{\kappa-1}R_g T_1}$$

然而，这一最大出口流速是达不到的。因为当 $p_2 \to 0$ 时，$v_2 \to \infty$，此时出口截面积应趋于无穷大，这显然办不到。事实上，p_2/p_1 还受到喷管形状的限制。如前所述，对于渐缩喷管，即使工作在压差十分大的条件下，气体的出口流速最大也只能达到临界流速 c_{cr}，出口压力只能达到临界压力 p_{cr}，此时喷管出口截面上的压比只能是 p_{cr}/p_1，而在出口截面后气体发生自由膨胀。

二、临界压比

临界截面上的气体压力 p_{cr} 与进口（初速 $c_1 \approx 0$）压力 p_1 之比称为临界压比，用 ν_{cr} 表示

$$\nu_{cr} = \frac{p_{cr}}{p_1} \tag{9-14a}$$

由于临界截面处气体的流速已达声速，由式（9-13c）

$$c_{cr} = \sqrt{\frac{2\kappa}{\kappa - 1}R_g T_1\left[1 - \left(\frac{p_{cr}}{p_1}\right)^{\frac{\kappa-1}{\kappa}}\right]}$$

和式（9-12）

$$c_{a,\ cr}=\sqrt{\kappa R_g T_1\left(\frac{p_{cr}}{p_1}\right)^{\frac{\kappa-1}{\kappa}}}$$

以及 $c_{cr}=c_{a,cr}$ 求解得

$$\nu_{cr}=\frac{p_{cr}}{p_1}=\left(\frac{2}{\kappa+1}\right)^{\frac{\kappa}{\kappa-1}} \tag{9-14b}$$

由于 $\kappa=c_p/c_V$，仅取决于气体热力性质，因此临界压比 ν_{cr} 是仅与气体热力性质有关的参数。气体一定，其临界压比一定。对于定值比热容的单原子、双原子和多原子理想气体，有

$$\nu_{cr}=\begin{cases}0.487 & \kappa=1.67\\ 0.528 & \kappa=1.4\\ 0.546 & \kappa=1.3\end{cases}$$

对于蒸气，κ 仅是一经验数据，对于过热蒸气和干饱和蒸气分别为

$$\nu_{cr}=\begin{cases}0.546 & \kappa=1.3\\ 0.577 & \kappa=1.135\end{cases}$$

临界压比是喷管选型和确定喷管出口压力的重要依据。

三、喷管的选型原则

在喷管的设计中，已知的是喷管进口的气体参数 p_1、T_1、c_1，质量流量 q_m 和喷管出口外界的压力——背压 p_b。设计的目的在于充分利用喷管进口压力和背压所造成的压差（p_1-p_b），使气体在喷管中膨胀加速、压力下降，一直到其出口压力 p_2 等于背压 p_b，从而达到使气流的技术功完全转变为气流动能的目的。由于喷管的形状对气体的流动有制约作用，所以选型是喷管设计首先要考虑的问题。

根据前述讨论，对应于气体 $Ma<1$、$Ma=1$ 和 $Ma>1$ 的流动状况，气体在喷管出口处的压力分别对应于 $p>p_{cr}$、$p=p_{cr}$ 和 $p<p_{cr}$。这三种流动状况是分别在缩放喷管的渐缩部分、临界截面和缩放喷管的渐扩部分实现的。因此，当 $p_b/p_1\geqslant\nu_{cr}$ 时，喷管出口处气体的 $Ma\leqslant1$，根据特征方程式（9-11），选择渐缩喷管可使出口截面处压力 $p_2=p_b\geqslant p_{cr}$，满足气体充分膨胀提高流速的要求。但是，当 $p_b/p_1<\nu_{cr}$ 时若再选择渐缩喷管，由于喷管形状的限制，p_2 只能达到极限值 $p_2=p_{cr}$，仍有部分压差（$p_{cr}-p_b$）没能得到充分利用。因此，在这种情况下要充分利用压差（p_1-p_b），只能选择缩放喷管，这样气流在临界截面处达到 p_{cr}（$Ma=1$）后，根据特征方程式（9-11），可在后面渐扩部分继续膨胀，实现 $p<p_{cr}$，即 $Ma>1$ 的流动，使 p_2 达到 $p_2=p_b<p_{cr}$。

综上所述：当 $p_b/p_1\geqslant\nu_{cr}$ 时，应选择渐缩喷管；

当 $p_b/p_1<\nu_{cr}$ 时，应选择缩放喷管。

四、流量的计算与分析

气体流经喷管的质量流量可根据式（9-1a）的连续性方程，由任意截面的截面积、气体流速和比体积求取。通常取最小截面或出口截面处进行计算。

若工质为理想气体，对于渐缩喷管则由式（9-13c）代入式（9-1a）中得

$$q_m = A_2\sqrt{\frac{2\kappa}{\kappa-1}\frac{p_1}{v_1}\left[\left(\frac{p_2}{p_1}\right)^{\frac{2}{\kappa}}-\left(\frac{p_2}{p_1}\right)^{\frac{\kappa+1}{\kappa}}\right]} \qquad (9\text{-}15)$$

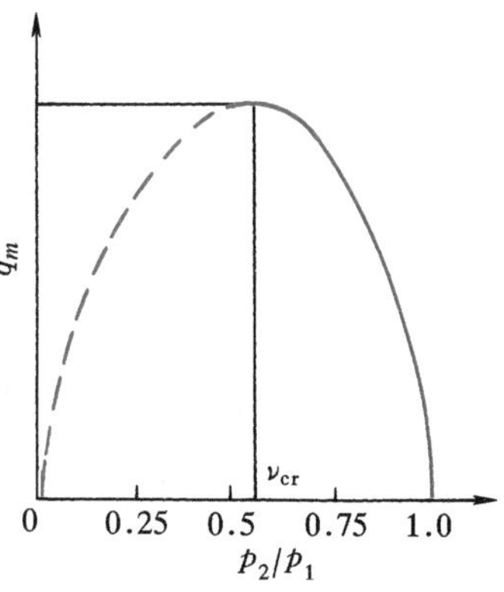

图 9-5 渐缩喷管的流量曲线

分析式（9-15）可知，对于渐缩喷管在出口截面 A_2 及进口参数 p_1、v_1 保持不变的条件下，质量流量 q_m 仅随 p_2/p_1 而变，将 q_m 与 p_2/p_1 的关系绘成曲线，如图 9-5 所示。从图中看到，当 $p_2/p_1>\nu_{cr}$ 时，流经渐缩喷管的气体质量流量随着 p_2 的下降逐渐增大。p_2 的下降显然是由于背压 p_b 降低造成的，且在 $p_2/p_1>\nu_{cr}$ 的范围内保持 $p_2=p_b$。当 $p_2/p_1=\nu_{cr}$ 时，q_m 达到最大值 $q_{m,\max}$，此时仍有 $p_2=p_b$，且 $p_2=p_b=p_{cr}=\nu_{cr}p_1$。从 $p_2/p_1=\nu_{cr}$ 起 p_2 若再下降，根据式（9-15）就会出现图中虚线显示的曲线。由前面讨论知，对于渐缩喷管，当 p_b 达 p_{cr} 后，再进一步降低 p_b，不再有 $p_2=p_b$，只能保持 $p_2=p_{cr}$，即 $p_2/p_1=\nu_{cr}$。因此，气体质量流量也不能再增大，只能保持最大值 $q_{m,\max}$，如图 9-5 中直线所示，在这段直线区间内 $p_2/p_1=p_{cr}/p_1$，而横坐标应为 p_b/p_1。

对于缩放喷管也有类似的 q_m-p_2/p_1 曲线。

五、喷管的设计与校核计算

喷管设计已知条件是：气体种类，气体进口的初参数 p_1、T_1 和 c_1，气体的质量流量 q_m 和背压 p_b。设计的目的是使喷管充分利用压差（p_1-p_b），使气流的技术功全部用于增加气体的动能，从而获得最大的出口流速。设计的步骤是：

1）通过 p_b/p_1（设计背压）与临界压比 ν_{cr} 的比较，选择合理的喷管形状，选型原则如前所述。

2）根据定熵过程状态参数之间的关系，计算所选喷管主要截面（临界截面、出口截面）的热力状态参数。

3）由气体流速计算式（9-13a）或式（9-13b）求解主要截面处的气流速度。

4）根据质量流量公式 $q_m=Ac/v$，由上两步计算所得的 c、v 及已知的 q_m 求解各主要截面面积。

喷管长度的设计，尤其是缩放喷管渐扩部分长度的选择，要考虑到截面积变化对气流扩张的影响。选得过短或过长，都将引起气流内部和气流与管壁间的摩擦损失，通常依实验和经验而定，这里不做介绍。

例 9-1 试设计一喷管，流体为空气，进口压力 $p_1=500\text{kPa}$，$t_1=207℃$，空气的进口流速可以不计，背压 $p_b=102\text{kPa}$。质量流量 $q_m=1.2\text{kg/s}$。

解 对于空气有 $R_g=0.287\text{kJ/(kg·K)}$，$\kappa=1.4$ 以及有

$$c_p=1.004\text{kJ/(kg·K)},\ \nu_{cr}=0.528$$

（1）选择喷管

$$\frac{p_b}{p_1}=\frac{102}{500}=0.204<\nu_{cr}=0.528$$

故应选缩放喷管。

(2) 计算主要截面的状态参数

临界截面
$$p_{cr}=\nu_{cr}p_1=0.528\times500\text{kPa}=264\text{kPa}$$

$$T_{cr}=T_1\nu_{cr}^{\frac{\kappa-1}{\kappa}}=480\times0.528^{\frac{1.4-1}{1.4}}\text{K}=399.9\text{K}$$

$$v_{cr}=\frac{R_gT_{cr}}{P_{cr}}=\frac{0.287\times10^3\times399.9}{264\times10^3}\text{m}^3/\text{kg}=0.4348\text{m}^3/\text{kg}$$

出口截面
$$p_2=p_b=102\text{kPa}$$

$$T_2=T_1\left(\frac{p_2}{p_1}\right)^{\frac{\kappa-1}{\kappa}}=480\times\left(\frac{102}{500}\right)^{\frac{1.4-1}{1.4}}\text{K}=304.8\text{K}$$

$$v_2=\frac{R_gT_2}{p_2}=\frac{0.287\times10^3\times304.8}{102\times10^3}\text{m}^3/\text{kg}=0.8576\text{m}^3/\text{kg}$$

(3) 计算主要截面处流速

$$c_{cr}=\sqrt{2c_p(T_1-T_{cr})}=\sqrt{2\times1.004\times10^3\times(480-399.9)}\text{m/s}=401\text{m/s}$$

$$c_2=\sqrt{2c_p(T_1-T_2)}=\sqrt{2\times1.004\times10^3\times(480-304.8)}\text{m/s}=593.1\text{m/s}$$

(4) 计算主要截面的截面积

由
$$q_m=\frac{Ac}{v}$$

则有
$$A_{cr}=\frac{q_mv_{cr}}{c_{cr}}=\frac{1.2\times0.4348}{401}\text{m}^2=0.0013\text{m}^2=13\text{cm}^2$$

$$A_2=\frac{q_mv_2}{c_2}=\frac{1.2\times0.8576}{593.1}\text{m}^2=0.00174\text{m}^2=17.4\text{cm}^2$$

讨论

本题是设计喷管，根据临界压比选择喷管的形式是非常关键的一步。在喷管设计中，出口压力一定要等于背压，这样才能充分利用压差加速气流。

喷管校核计算的目的是对某已知的喷管进行核算，看其形状及截面积是否满足气流膨胀的要求，以得到尽可能多的动能，并核算气流出口流速和通过喷管的质量流量。校核计算的已知条件是：喷管进口的气流参数 p_1、T_1 和 c_1，背压 p_b，喷管的类型和主要截面积尺寸。校核计算的步骤如下：

1）通过 p_b/p_1 与 ν_{cr} 的比较，确定喷管出口截面气流的压力 p_2。对于渐缩喷管，当 $p_b/p_1\geqslant\nu_{cr}$ 时，$p_2=p_b$；当 $p_b/p_1<\nu_{cr}$ 时，$p_2=p_{cr}=\nu_{cr}p_1$。对于缩放喷管，当 $p_b/p_1<\nu_{cr}$ 时，$p_2=p_b$。

2）和设计与校核计算的步骤 2）相同。

3）和设计与校核计算的步骤 3）相同。

4）根据公式 $q_m=Ac/v$，由最小截面处的流速、比体积和截面积，求流过喷管的气体流量。

有关喷管设计与校核计算更详细、更具体的论述，感兴趣的读者可参阅有关汽轮机和气体动力学的著作。

例 9-2 流经一渐缩喷管的水蒸气初参数为 $p_1=3.0\text{MPa}$、$t_1=420℃$，背压 $p_b=2.0\text{MPa}$。若喷管出口截面面积为 2.8cm^2，试求出口流速与质量流量。若背压 $p_b=1.0\text{MPa}$，出口流速为多少?

解 分析题意知，本题是校核计算。

(1) 确定出口压力

由题所给喷管进口水蒸气参数知，喷管进口水蒸气为过热水蒸气，$\nu_{cr}=0.546$。

$$\frac{p_b}{p_1}=\frac{2.0}{3.0}=0.67>\nu_{cr}$$

故渐缩喷管出口压力

$$p_2=p_b=2.0\text{MPa}$$

(2) 计算出口截面状态参数

由 $p_1=3.0\text{MPa}$，$t_1=420℃$查未饱和水与过热蒸汽热力性质表（表 A-9）得

$$h_1=3275.3\text{kJ/kg},\ s_1=6.9846\text{kJ/(kg·K)}$$

由 $p_2=2.0\text{MPa}$，$s_2=s_1$ 查未饱和水与过热蒸汽热力性质表（表 A-9）得

$$h_2=3155.4\text{kJ/kg},\ v_2=0.1409\text{m}^3/\text{kg}$$

(3) 计算出口流速及喷管质量流量

$$c_2=\sqrt{2(h_1-h_2)}=\sqrt{2\times(3275.3-3155.4)\times10^3}\text{m/s}=489.7\text{m/s}$$

$$q_m=\frac{A_2c_2}{v_2}=\frac{2.8\times10^{-4}\times489.7}{0.1409}\text{kg/s}=0.973\text{kg/s}$$

(4) 若 $p_b=1.0\text{MPa}$，则

$$\frac{p_b}{p_1}=\frac{1.0}{3.0}=0.33<\nu_{cr}$$

$$p_2=p_{cr}=\nu_{cr}p_1=0.546\times3.0\text{MPa}=1.64\text{MPa}$$

由 $p_2=1.64\text{MPa}$，$s_2=s_1$ 查水蒸气的焓熵图（图 B-5）得 $h_2=3108\text{kJ/kg}$，则

$$c_2=c_{cr}=\sqrt{2(h_1-h_2)}=\sqrt{2\times(3275.3-3108)\times10^3}\text{m/s}=578.4\text{m/s}$$

讨论

1) 渐缩喷管的工况有两种：一种是设计工况，此时出口压力等于背压；另一种是非设计工况，背压小于临界压力，喷管出口处的压力等于临界压力，气体在喷管外自由膨胀后达到背压。本题中第一种为设计工况，第二种为非设计工况。

2) 本题工质为水蒸气，它的状态参数必须通过查图或查表求得，不能用理想气体的公式来计算。

第四节 喷管内有摩阻的绝热流动

在以上的分析及计算中，认为管内的流动是可逆过程。实际上，由于流动过程中工质存在内部摩擦和工质与管壁的摩擦，在流动过程中，有一部分已经生成的动能重新转化为热能而被工质吸收，所以实际的管内流动是不可逆过程。

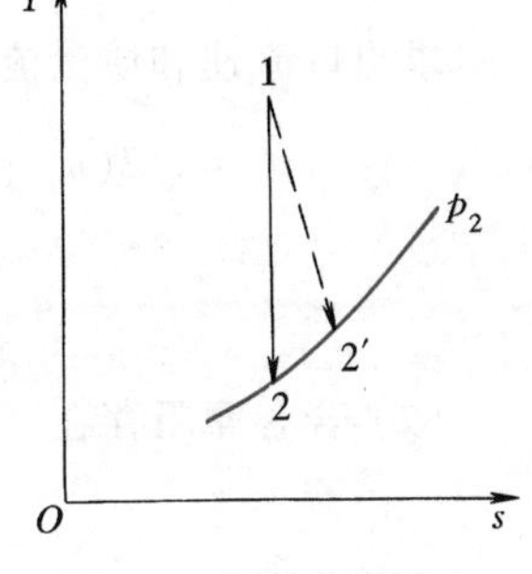

图 9-6 气体在喷管中的绝热膨胀

图 9-6 所示是理想气体流经喷管进行热力过程的 T-s 图。其中 1—2 为可逆绝热（定熵）膨胀过程，1—2′是不可逆绝热膨胀过程，点 2 和点 2′在同一条等压线上。流动过程无论可逆还是不可逆，能量方程均成立，喷管实际出口流速 $c_{2'}$和理论出口流速 c_2 均按式（9-13a）计算。由于 $h_{2'}$大于 h_2，所以 $c_{2'}<c_2$。

工程中常用速度系数 φ、喷管效率 η_N 或能量损失系数 ζ 来度量实际出口流速下降和动能的减少，即

$$\varphi=\frac{c_{2'}}{c_2} \tag{9-16}$$

$$\eta_N=\frac{\frac{1}{2}c_{2'}^2}{\frac{1}{2}c_2^2}=\frac{c_{2'}^2}{c_2^2}=\varphi^2 \tag{9-17}$$

$$\zeta=\frac{\frac{1}{2}c_2^2-\frac{1}{2}c_{2'}^2}{\frac{1}{2}c_2^2}=1-\varphi^2 \tag{9-18}$$

速度系数通常由实验测定，它的大小与气体性质、喷管形式、喷管尺寸、壁面表面粗糙度等因素有关，一般在 0.92～0.98 之间。工程中常按可逆过程先求出 c_2，再由 φ 值求得 $c_{2'}$，故

$$c_{2'}=\varphi c_2=\sqrt{2(h_1-h_{2'})}$$

例 9-3 一渐缩喷管，出口截面面积 $A_2=25\text{cm}^2$，进口水蒸气参数为 $p_1=9.0\text{MPa}$、$t_1=500℃$，背压 $p_b=7.0\text{MPa}$。试求：

（1）出口流速 c_2，质量流量 q_m；

（2）若存在摩阻，有 $\varphi=0.97$，则 $c_{2'}$、q_m、Δs_g 分别为多少？

解 （1）确定出口压力

$$p_b/p_1=7/9=0.778>\nu_{cr}=0.546$$

所以
$$p_2=7.0\text{MPa}$$

确定出口截面参数：

查图（图 B-5）或查表（表 A-9）得

$$h_1=3385.0\text{kJ/kg},\ s_1=6.6560\text{kJ/(kg}\cdot\text{K)}$$

由 p_2 和 $s_2=s_1$ 查得

$$h_2=3304.6\text{kJ/kg},\ v_2=0.04474\text{m}^3/\text{kg}$$

求出口流速和质量流量

$$c_2=\sqrt{2(h_1-h_2)}=\sqrt{2\times(3385.0-3304.6)\times10^3}\text{m/s}=401\text{m/s}$$

$$q_m=\frac{A_2c_2}{v_2}=\frac{25\times10^{-4}\times401}{0.04474}\text{kg/s}=22.4\text{kg/s}$$

（2）若有摩阻存在，则

$$c_{2'}=\varphi c_2=0.97\times401\text{m/s}=388.97\text{m/s}$$

由
$$c_{2'}=\varphi c_2=\varphi\sqrt{2(h_1-h_2)}=\sqrt{2(h_1-h_{2'})}$$

得
$$h_{2'}=h_1-\varphi^2(h_1-h_2)$$
$$=3385\text{kJ/kg}-0.97^2\times(3385-3304.6)\text{kJ/kg}=3309.4\text{kJ/kg}$$

由 p_2 和 $h_{2'}$ 查得 $v_{2'}=0.04488\text{m}^3/\text{kg}$，$s_{2'}=6.664\text{kJ/(kg}\cdot\text{K)}$

则有
$$q_m=\frac{A_2c_{2'}}{v_{2'}}=\frac{25\times10^{-4}\times388.97}{0.04488}\text{kg/s}=21.7\text{kg/s}$$

$$\Delta s_g=\Delta s_{ad}=s_{2'}-s_1=(6.664-6.656)\text{kJ/(kg}\cdot\text{K)}=0.008\text{kJ/(kg}\cdot\text{K)}$$

讨论

1）本题和例 9-2 一样，工质仍为水蒸气，因此各截面的状态参数必须通过查图或查表求得。

2）本题问题（2）是考虑了喷管内黏性摩阻的计算。从计算可以看到，由于工质的黏性摩阻使喷管出口蒸汽比焓增大，可利用的 Δh 减少，出口流速降低，比体积增大。同时由于工质的黏性摩阻使得喷管通流能力下降，流量减小。热力学第二定律的分析计算说明，蒸汽工质的黏性摩阻使喷管蒸汽产生熵产，由于喷管是控制质量的绝热系，故蒸汽进出口的熵变就是熵产。

第五节 扩压管与滞止参数

一、扩压管及其计算

扩压管内气体的热力过程与喷管内气体的热力过程恰好相反，气体在流经扩压管后，流速减小，压力升高。掌握了喷管的计算方法，也就很容易理解扩压管内气体的流动过程，并进行计算。工程中常用的是渐扩扩压管，这是因为用于扩压的是亚声速气流（$Ma<1$），所以在进行分析计算时无需选型。对于如图 9-7 所示的扩压管，为了充分利用进口气体的动能，使出口气体的压力达到最大值，气体出口流速很小，常常可忽略不计，即 $c_2\approx0$。设计

计算的目的在于计算为使气体出口压力达到设计值 p_2，进口流速 c_1 应为多少。根据能量方程有

$$c_1 = \sqrt{2(h_2 - h_1)} \tag{9-19}$$

对于理想气体有

$$c_1 = \sqrt{2c_p(T_2 - T_1)} \tag{9-20}$$

对于蒸气，式中的 h_2 可以由 p_2 和 $s_2 = s_1$ 进行查取；理想气体的 T_2 可由下式计算

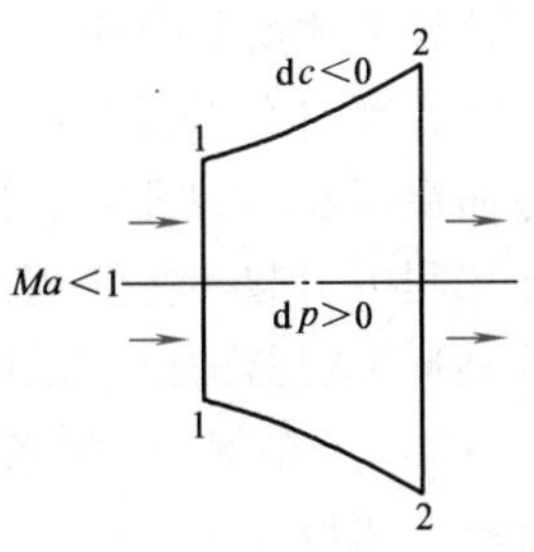

图 9-7 气体在扩压管中的流动

$$T_2 = T_1\left(\frac{p_2}{p_1}\right)^{\frac{\kappa-1}{\kappa}}$$

二、滞止参数

在前面的讨论中，无论是喷管的流速计算公式（9-13a）和临界压比计算式（9-14b），还是质量流量计算分析式（9-15），都是在喷管进口的气体流速 $c_1 \approx 0$ 的前提下得到的。当 c_1 比较小，如 $c_1 < 50\text{m/s}$ 时，利用前述公式计算所得结果误差不大；但当 $c_1 \geqslant 50\text{m/s}$ 时，若再不考虑初速仍利用这些公式计算，就会产生较大误差。为了使 $c_1 \neq 0$ 时这些公式仍然有效，即简化 $c_1 \neq 0$ 的计算，特引入滞止参数的概念。

对于任意速度不为零的气体，被固体壁面所阻滞或经扩压管后其速度降低为零的过程称为滞止过程。滞止过程与外界无热交换，故为绝热滞止。在不考虑气体黏性摩阻的条件下，绝热滞止为定熵滞止过程。气流速度滞止为零时的状态称为滞止状态，其状态参数称为滞止参数，用下标 0 表示。由气体流速 $c_1 \neq 0$ 的状态 1 至滞止状态 0 的定熵滞止过程如图 9-8 所示。

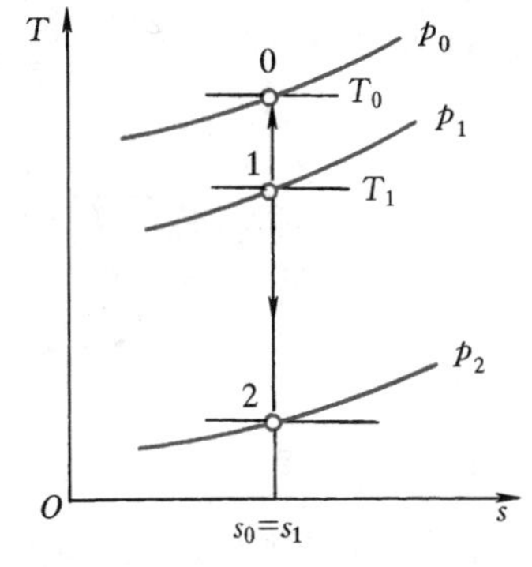

图 9-8 气体的定熵滞止过程

根据式（9-3a）的能量方程有

$$h_0 = h_1 + \frac{1}{2}c_1^2 = h + \frac{1}{2}c^2 = \text{定值} \tag{9-21}$$

说明在同一定熵过程中，无论从过程哪一点（流速为 c）开始，滞止焓都相等。对于理想气体，$\Delta h = c_p \Delta T$，则滞止温度为

$$T_0 = T_1 + \frac{c_1^2}{2c_p} \tag{9-22}$$

由初态的压力 p_1 和温度 T_1 及滞止温度 T_0 可求得滞止压力 p_0，即

$$p_0 = p_1\left(\frac{T_0}{T_1}\right)^{\frac{\kappa}{\kappa-1}} \tag{9-23}$$

对于蒸汽，滞止压力和温度可由 h_0 和 $s_0 = s_1$ 查图或查表求得。

引入滞止参数的概念后，任何初速不为零的喷管流动都可设想为是从假想的滞止截面（初速为零）开始的流动，如图 9-9 所

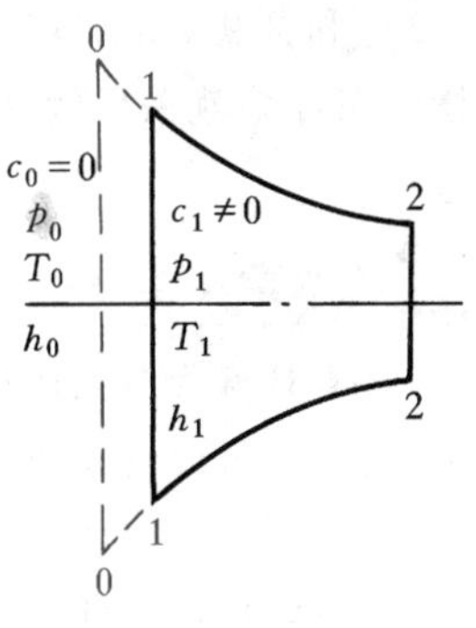

图 9-9 假想的滞止截面

示。这样前述所有公式照样适用，只是将下标为 1 的进口参数换算为滞止参数即可。

滞止现象在工程上常可见到，如当气流被固定壁面所阻滞，或经扩压管时气流速度降低至零而温度和压力升高。当速度相对较高的气流被壁面所滞止时，滞止温度会很高，这将在实际工程中引起一些问题，如：高速气流的温度测量会因绝热滞止产生较大误差，航天飞行器等高速飞行器的设计也应考虑滞止温度问题。

例 9-4 在例 9-1 的条件下，若 $c_1=100\text{m/s}$，则喷管出口流速及截面面积为多少？

解 选型

$$T_0 = T_1 + \frac{c_1^2}{2c_p} = 480\text{K} + \frac{100^2}{2 \times 1.004 \times 10^3}\text{K} = 485\text{K}$$

$$p_0 = p_1\left(\frac{T_0}{T_1}\right)^{\frac{\kappa}{\kappa-1}} = 500 \times \left(\frac{485}{480}\right)^{\frac{1.4}{0.4}}\text{kPa} = 518.5\text{kPa}$$

$$\frac{p_\text{b}}{p_0} = \frac{102}{518.5} = 0.197 < \nu_\text{cr} = 0.528$$

所以仍选缩放型的喷管。

下面计算出口流速及出口截面面积。

$$T_2 = T_0\left(\frac{p_2}{p_0}\right)^{\frac{\kappa-1}{\kappa}} = 485 \times \left(\frac{102}{518.5}\right)^{\frac{0.4}{1.4}}\text{K} = 304.8\text{K}$$

$$c_2 = \sqrt{2c_p(T_0 - T_2)} = \sqrt{2 \times 1.004 \times 10^3 \times (485 - 304.8)}\,\text{m/s} = 601.5\text{m/s}$$

$$A_2 = \frac{q_m v_2}{c_2} = \frac{1.2 \times 0.8576}{601.5}\text{m}^2 = 17.1 \times 10^{-4}\text{m}^2 = 17.1\text{cm}^2$$

讨论

1）本题和例 9-1 一样均属于设计计算。但由于本题的初速不为零（$c_1>50\text{m/s}$），因此在选型前必须求滞止参数，求得 p_0 后再利用 p_b/p_0 的值进行选型。由于例 9-1 中 p_b/p_1 小于临界压比 ν_cr，而 $p_0>p_1$，因此 p_b/p_0 更小于临界压比 ν_cr，选型不变。

2）本题为了简单起见，仅计算了出口的流速和截面面积。事实上作为一个完整的设计计算，对于缩放喷管还应计算临界截面处的气体流速和面积。

3）和例 9-1 相比较不难看出，气体出口处温度均为 304.8K，由于 p_2 不变，故 v_2 不变，质量流量计算就采用例 9-1 所得到的 v_2。为什么本题气体出口处温度与例 9-1 相同，请读者思考。

本章小结

本章对喷管为主的管内流动的基本规律进行了研究。

喷管：用以增大流体流动速度，降低流体压力的变截面管道；

扩压管：用以增大流体压力，降低流体流动速度的变截面管道。

利用连续性方程、能量方程、过程方程及状态方程等基本方程对管内流动进行了分析，在引入了声速和马赫数后，得到了管内流动的特征方程，进而得到渐缩喷管和缩放喷管的流动特征。

喷管的计算包括设计计算和校核计算，涉及的选型原则是：

当$\dfrac{p_b}{p_1} \geqslant \nu_{cr}$时，选择渐缩喷管；

当$\dfrac{p_b}{p_1} < \nu_{cr}$时，选择缩放喷管。

喷管计算包括流速计算、质量流量计算等，流速计算的公式为

$$c_2 = \sqrt{2(h_0 - h_2)}$$

对于理想气体有

$$c_2 = \sqrt{2c_p(T_0 - T_2)}$$

质量流量计算的公式为

$$q_m = \frac{A_2 c_2}{v_2} \quad (渐缩喷管)$$

$$q_m = \frac{A_{cr} c_{cr}}{v_{cr}} \quad (缩放喷管)$$

通过本章学习，要求读者：

1）掌握气体和蒸气在喷管为主的变截面管道内流动的能量转换规律。

2）掌握喷管的设计计算和校核计算。

3）了解扩压管的流动规律和分析计算。

思 考 题

9-1 对提高气流速度起主要作用的是通道形状还是气体本身的状态变化？

9-2 喷管的目的是为了使气体的流速增大，试从能量方程分析流动过程中膨胀功的具体形式。

9-3 声速与流体的状态有关，流速是反映流动状态的动力学参数，马赫数是否也可以看作是状态参数？

9-4 在定熵流动中，当气体流速分别处于亚声速和超声速时，下列形状（图 9-10）的管道宜于作为喷管还是扩压管？

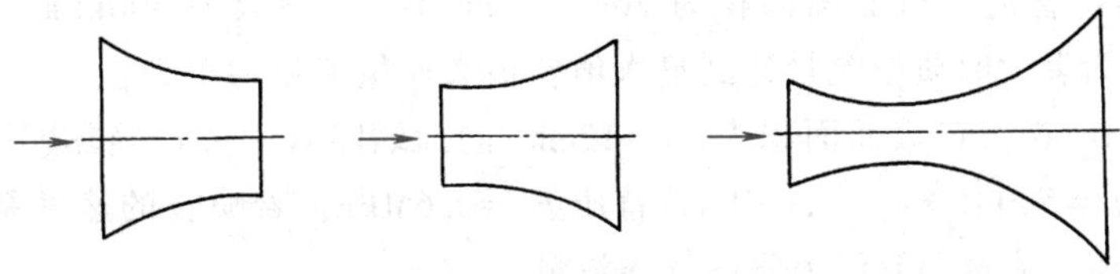

图 9-10 思考题 9-4 图

9-5 用水银温度计测量具有一定流速的流体温度，温度计上温度的读数与实际流体的温度哪一个高一些？

9-6 喷管流速计算公式 $c_2=\sqrt{2(h_0-h_2)}$ 是否仅适用于可逆过程？为什么？

9-7 工程应用中的扩压管为什么仅有渐扩形状的？

9-8 如图 9-11 所示的渐缩喷管的背压为 0.05MPa，进口截面的压力为 0.5MPa，进口流速 c_1 可以忽略不计。出口状态和流速为多少？若沿截面 2—2 截去一段，出口截面上的压力、温度、流速和质量流量会有什么变化？为什么？

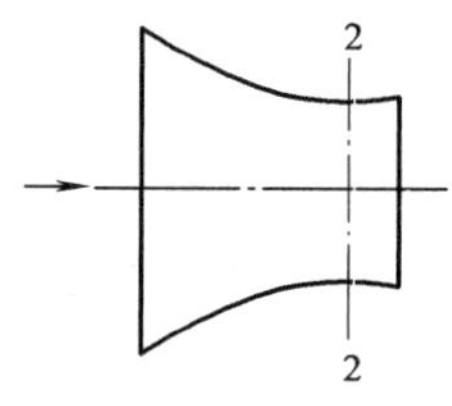

图 9-11 思考题 9-8 图

习 题

9-1 燃气经过燃气轮机中某级渐缩喷管绝热膨胀，质量流量 $q_m=0.6\text{kg/s}$，燃气进口温度为 $t_1=600℃$，初压为 $p_1=0.6\text{MPa}$，燃气在喷管出口处的压力 $p_2=0.4\text{MPa}$，喷管进口流速及摩擦损失不计，试求燃气在喷管出口处的流速和出口截面面积。设燃气的热力性质与空气相同，比热容取定值。

9-2 空气流经出口截面面积为 $A_2=10\text{cm}^2$ 的渐缩喷管，喷管进口的参数为：$t_1=800℃$、$p_1=2.0\text{MPa}$、$c_1=150\text{m/s}$，背压 $p_b=0.8\text{MPa}$，试求喷管出口处空气的流速和流经喷管的空气流量。

9-3 燃气经喷管进行绝热膨胀，喷管进口参数为：$t_1=1200℃$、$p_1=1.2\text{MPa}$，背压为 $p_b=0.5\text{MPa}$，质量流量 $q_m=0.3\text{kg/s}$。试进行喷管设计计算。设燃气的热力性质与空气相同，比热容取定值。

9-4 水蒸气经汽轮机中的喷管进行可逆绝热膨胀，进入喷管的水蒸气参数为：$p_1=9\text{MPa}$、$t_1=500℃$，喷管背压为 $p_b=4\text{MPa}$，质量流量 $q_m=0.9\text{kg/s}$，试：

（1）进行喷管的选型；

（2）求喷管重要截面的流速和面积。

9-5 水蒸气流经汽轮机中的某级拉瓦尔喷管进行绝热膨胀，进入喷管的水蒸气参数为：$p_1=0.8\text{MPa}$、$t_1=500℃$，喷管背压为 $p_b=0.3\text{MPa}$，若水蒸气的质量流量 $q_m=6\text{kg/s}$，试求喷管临界截面和出口截面的状态参数、流速和面积。

9-6 上题中若进口流速 $c_1=120\text{m/s}$，其他条件不变，喷管临界截面和出口截面的状态参数、流速和面积又各为多少？

9-7 某渐缩喷管的出口截面面积为 26cm²，进口空气参数为 500kPa、600℃，初速为 180m/s，问背压为多大时质量流量达到最大值？最大质量流量为多少？

9-8 气体 CO_2 在出口截面面积为 $A_2=12\text{cm}^2$ 的渐缩喷管中进行绝热膨胀，CO_2 在喷管进口的参数为：$t_1=500℃$、$p_1=1.0\text{MPa}$，背压 $p_b=0.6\text{MPa}$，若喷管的速度系数为 0.94，试求喷管出口处气体的流速和流经喷管的气体流量。

9-9 水蒸气在喷管中做绝热膨胀，进口的参数为：$t_1=500℃$、$p_1=9.0\text{MPa}$。已知速度系数为 0.92，实际出口流速为 612m/s，试求进口与出口间水蒸气的熵产。

9-10 空气以 $c=200\text{m/s}$ 的速度在管内流动，假设气流在温度计壁面得到完全滞止，用水银温度计测得空气的温度为 70℃，试求空气的实际温度。

9-11 温度为 250℃、压力为 0.4MPa 的水蒸气以 c=186m/s 的速度在管内流动，假设汽流在温度计壁面得到完全滞止，试求所测到的水蒸气温度是多少？

9-12 压力 p_1=0.4MPa、温度 t_1=200℃ 的氨蒸气在喷管中作绝热可逆膨胀，背压 p_b=0.25MPa，若质量流量为 360kg/h，试进行喷管设计（喷管的形状选择，喷管重要截面的流速和面积的计算）。

9-13 压力 p_1=100kPa、温度 t_1=27℃ 的氮气，流经扩压管时压力提高到 p_2=180kPa，问氮气进入扩压管时至少有多大流速？这时进口处的马赫数是多少？

9-14 压力为 250kPa 的干饱和 R134a 蒸气，流经扩压管时压力提高 1.0MPa，问 R134a 蒸气进入扩压管时至少有多大流速？

9-15 压力 p_1=80kPa、温度 t_1=27℃ 的 CO_2，流经扩压管时压力提高，问 CO_2 进入扩压管时至少有多大流速可使出口压力达到 p_2=160kPa，流速降为 c_2=60m/s？

9-16 欲通过一缩放喷管获得 Ma=1.5 的高速空气流，至少需要多大压力的高压空气？背压为环境压力 p_b=100kPa。

9-17 初始状态为 p_1=1.5MPa、t_1=200℃ 的空气经过一渐缩喷管，在获得最大流速的情况下，试求：

（1）最大流速；

（2）最大背压。

空气的进口流速忽略不计。

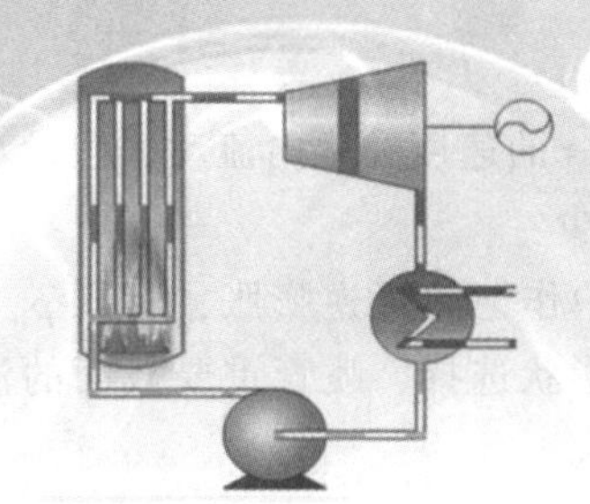

第十章

压　气　机

在工程中，压缩气体被广泛地使用，它主要由压气机产生。使得气体压力升高的设备称为压气机（压缩机）。压气机按其产生压缩气体的压力范围，可分为通风机（<115kPa）、鼓风机（115~350kPa）和压缩机（350kPa以上）。压气机按其构造和工作原理的不同，可分为活塞式压气机和叶轮式压气机。压气机被广泛地应用于动力、化工和制冷等工程中，压缩的介质为各种气体和蒸气。

第一节　单级活塞式压气机的工作过程及耗功计算

图10-1a所示为单级活塞式压气机示意图，图10-1b显示了压气机工作时，活塞处于不同位置时气体的压力与相应的气缸体积的变化曲线（称为示功图）。

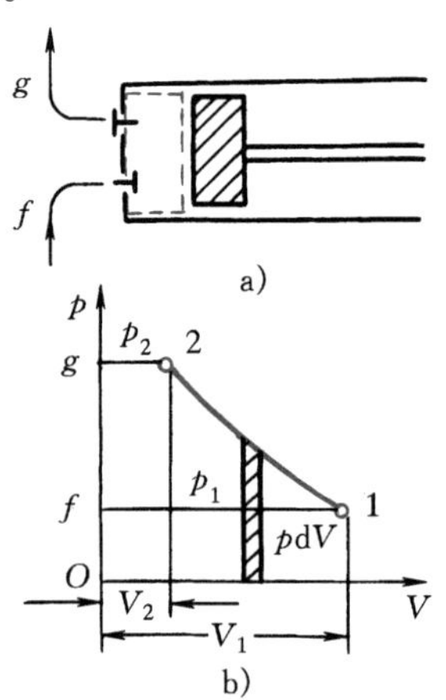

图10-1　单级活塞式压气机示意图

在图10-1b中，f—1为进气过程：进气阀开启，排气阀关闭。活塞自左止点右行至右止点，气体自缸外被吸入缸内，气体热力状态没有变化。

1—2为压缩过程：进、排气阀均关闭，活塞在外力推动下左行，缸内气体被压缩，其压力升高，比体积减小。

2—g为排气过程：进气阀关闭，排气阀开启，活塞从点2左行至左止点，把压缩气体排至气罐、输气管道或其他设备中。在此过程中，气体热力状态也无变化。

在这三个工作过程中，f—1和g—2只是活塞移动引起气缸内气体质量发生变化的过程，气体的热力状态不发生变化，仅压缩过程1—2是气体状态发生变化的热力过程。在该过程中，气体终压p_2与初压p_1之比称为增压比π

$$\pi=\frac{p_2}{p_1} \tag{10-1}$$

对于活塞式压气机，可以取气缸内壁和活塞端部所围成的空间为热力系，即图10-1a中虚线所围空间。该系统内有工质流进流出，且系统内各点参数随工作过程而变化。因此，严格地讲此系统不是稳定流动系统，而仅是一个一般开口系。然而，活塞式压气机的工作是周期性的，不同周期同一时刻系统内各点参数却保持不变，且各周期与外界交换的工质质量、能量也均是恒定的。因此，对于高速运转的压气机，可视其为稳定流动系统。能量方程仍为

$$Q = \Delta H + W_t$$

在不计气体进出口动能差、位能差时，$W_t = W_{sh}$，可逆过程的技术功可表示为

$$W_t = -\int_1^2 V dp$$

压气机是耗功机械，压缩气体需要消耗外功。压缩过程的耗功可由图 10-1b 中过程线 1—2 与 p 轴所包围的面积 $12gf1$ 表示。通常把压缩气体消耗功的大小（即绝对值）称为压气机所需的功（或称耗功），用符号 W_C 表示

$$W_C = -W_t \tag{10-2a}$$

对于 1kg 工质，有

$$w_C = -w_t \tag{10-2b}$$

压气机耗功的多少取决于压缩过程的性质，它是压气机性能的主要指标。压缩过程的性质与气体被冷却（热交换）的情况有关。若过程进行得非常快，又未有任何冷却措施，则过程可视为绝热过程；反之，若过程进行时气体能被充分冷却，则在理论上可实现定温过程。理想气体的定温和可逆绝热（定熵）压缩过程如图 10-2 中的 $1—2_T$ 和 $1—2_s$ 所示。实际的压缩过程，都采用了一定的冷却措施，但难以实施定温过程，过程介于定温和绝热过程之间。对于理想气体则是多变指数为 $1<n<\kappa$ 的多变过程，如图 10-2 中 $1—2_n$ 所示。

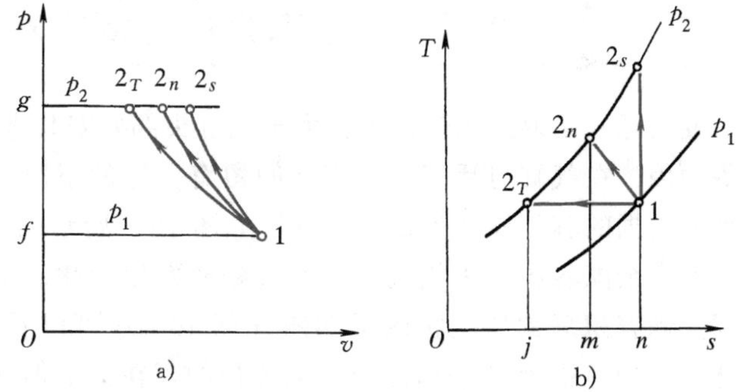

图 10-2 活塞式压气机的压缩过程

对于理想气体可逆压缩过程，1kg 工质所需的功可表示为

绝热过程

$$w_{C,s} = \frac{\kappa}{\kappa - 1} R_g T_1 (\pi^{\frac{\kappa-1}{\kappa}} - 1) \tag{10-3}$$

对应为图 10-2a 中面积 $f12_sgf$ 和图 10-2b 中面积 $n12_s2_Tjn$。

多变过程

$$w_{C,n} = \frac{n}{n - 1} R_g T_1 (\pi^{\frac{n-1}{n}} - 1) \tag{10-4}$$

对应为图 10-2a 中面积 $f12_ngf$ 和图 10-2b 中面积 $n12_n2_Tjn$。

定温过程

$$w_{C,T} = R_g T_1 \ln\pi \tag{10-5}$$

对应为图 10-2a 中面积 $f12_Tgf$ 和图 10-2b 中面积 $n12_Tjn$。

从图 10-2 中可以得到

$$w_{C,s}>w_{C,n}>w_{C,T}$$
$$T_{2_T}<T_{2_n}<T_{2_s}$$

上述分析说明，定温压缩过程耗功最少，其终温最低（终温低有利于润滑），因此，定温过程是最理想的压缩过程。但实际工程实现不了定温过程，只能实现多变过程。但可以通过降低多变指数 n 减少耗功。为此，工程上采用了加气缸冷却水套、喷雾化水等措施，使过程尽量接近于定温过程。另一个在工程上常采用的方法是：多级压缩、级间冷却，这将在本章第四节中讨论。

压缩 m（kg）工质多变过程所需的功为

$$W_{C,n}=\frac{n}{n-1}mR_gT_1(\pi^{\frac{n-1}{n}}-1)=\frac{n}{n-1}p_1V_1(\pi^{\frac{n-1}{n}}-1) \tag{10-4a}$$

上面的分析结论对于工质是蒸气的压气机原则上也适用。不同的是压气机的耗功和状态参数的确定不能再用理想气体的公式，而必须根据热力学第一定律的能量方程式和查图、查表求解。

第二节　余隙容积对活塞式压气机的影响

在实际的活塞式压气机中，由于气缸头部要安装进、排气阀片，以及制造公差和加工工艺等原因，在气缸与活塞左止点之间留有一定的空隙，此空隙所占据的容积称之为余隙容积，如图 10-3 所示的 V_C。由于有了余隙容积，压气机的工作过程要发生变化。从考虑了余隙容积后的压气机的示功图（图 10-3）可以看出，虽然气缸的容积为 V_1，但由于余隙容积的存在，不但活塞左止点从气缸端部右移至 V_3（V_C）的位置，即活塞排量（活塞从左止点运行到右止点活塞扫过的容积，称之为活塞排量）从 V_1 变为 $V_h=V_1-V_3$。而且由于余隙容积的存在，使得活塞式压气机在排气终了时不能马上进气。因为此时气缸内气体压力 $p_3=p_2$，大于进气压力 p_1，因此只有当气缸内压力膨胀到小于或等于进气压力 p_1 时，才有可能进气，于是气缸的有效容积从 V_1 变为 $V=V_1-V_4$。有余隙容积的压气机的工作过程为：1—2 为压缩过程，2—3 为排气过程，3—4 为余隙容积中剩余气体的膨胀过程，4—1 为进气过程。定义

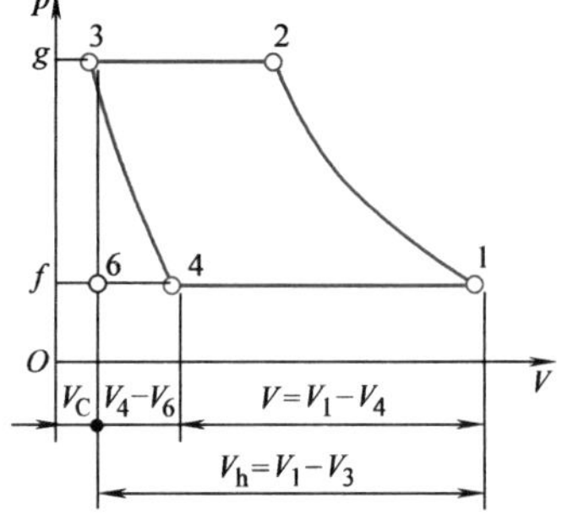

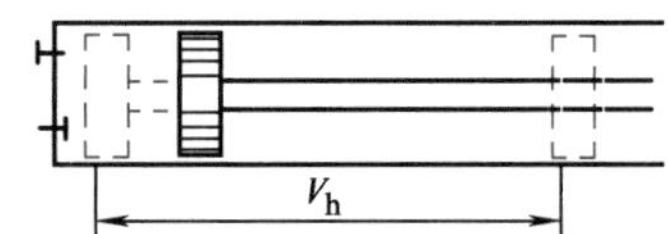

图 10-3　有余隙容积的活塞式压气机示功图

$$\zeta=\frac{V_C}{V_h}=\frac{V_C}{V_1-V_3}$$

为余隙容积比。

定义有效容积 V 与活塞排量 V_h 之比为容积效率，以 η_V 表示，则

$$\eta_V=\frac{V}{V_h}=\frac{V_1-V_4}{V_1-V_3} \tag{10-6}$$

显然在工质和活塞排量确定的条件下，有效容积越大压气机生产量越大，因此容积效率越大

的压气机生产量越大。

从上式和图 10-3 可以看到，在余隙容积 V_3（V_C）一定的情况下，容积效率与 V_4 有关，而 V_4 取决于增压比 π，随着增压比 π 的增大，余隙容积内的气体膨胀到进气压力所占据的气缸体积增大，即 V_4 增大，(V_1-V_4) 减小，压气机的容积效率 η_V 减小。容积效率 η_V 与增压比 π 的关系为

$$\eta_V=\frac{V}{V_h}=\frac{V_1-V_4}{V_1-V_3}=\frac{V_1-V_3-(V_4-V_3)}{V_1-V_3}=1-\frac{V_4-V_3}{V_1-V_3}=1-\frac{V_3}{V_1-V_3}\left(\frac{V_4}{V_3}-1\right)$$

若过程 1—2 和过程 3—4 是多变指数 n 相同的多变过程，则

$$\frac{V_4}{V_3}=\left(\frac{p_3}{p_4}\right)^{\frac{1}{n}}=\left(\frac{p_2}{p_1}\right)^{\frac{1}{n}}=\pi^{\frac{1}{n}}$$

故有 $$\eta_V=\frac{V}{V_h}=1-\frac{V_3}{V_1-V_3}\left(\frac{V_4}{V_3}-1\right)=1-\frac{V_C}{V_h}(\pi^{\frac{1}{n}}-1)=1-\zeta(\pi^{\frac{1}{n}}-1) \tag{10-7}$$

由上式和图 10-3 可知，在余隙容积比 ζ 和多变指数 n 一定的条件下，容积效率 η_V 随着增压比 π 的增大而减小。当增压比 π 增大到一定值的时候，容积效率 η_V 为零。在活塞排量一定的前提下，随着容积效率 η_V 的减小，有效容积减小，从而导致生产量减少。

对于存在余隙容积的实际活塞式压气机，若气体为理想气体，压缩过程 1—2 和膨胀过程 3—4 均为多变指数为 n 的热力过程，则耗功量为

$$W_C=\frac{n}{n-1}p_1V_1\left[\left(\frac{p_2}{p_1}\right)^{\frac{n-1}{n}}-1\right]-\frac{n}{n-1}p_4V_4\left[\left(\frac{p_3}{p_4}\right)^{\frac{n-1}{n}}-1\right]$$

鉴于 $p_4=p_1$，$p_3=p_2$，$V=V_1-V_4$，故

$$W_C=\frac{n}{n-1}p_1(V_1-V_4)\left[\left(\frac{p_2}{p_1}\right)^{\frac{n-1}{n}}-1\right]=\frac{n}{n-1}p_1V\left[\left(\frac{p_2}{p_1}\right)^{\frac{n-1}{n}}-1\right]=\frac{n}{n-1}mR_gT_1(\pi^{\frac{n-1}{n}}-1) \tag{10-8}$$

比较上式与式（10-4a）可知，有余隙容积存在时，在增压比 π 相同的条件下，有效容积与无余隙容积活塞排量 V_1 相同时的耗功量相同。即压缩相同 m（kg）气体所耗的功相等，或压缩 1kg 气体所耗的功相等，均为

$$w_{C,n}=\frac{n}{n-1}R_gT_1(\pi^{\frac{n-1}{n}}-1)$$

如果有余隙容积的压气机与无余隙容积的压气机活塞容积 V_1 相同，由于有余隙容积的压气机的有效容积变小，从 V_1 变为 $V=V_1-V_4$，因此吸气量 m 减少，生产量减少。显然，要保证生产量不变，有余隙容积的压气机气缸容积要大于无余隙容积的压气机气缸容积，因此有余隙容积的压气机必须使用较大气缸的压气机。

第三节 叶轮式压气机的工作原理及耗功计算

叶轮式压气机相对于活塞式压气机的最大优点是流量大，气体能无间歇地连续流进流出。叶轮式压气机分为轴流式压气机和径流式（离心式）压气机两种。

图 10-4 所示为一轴流式压气机示意图。在轴流式压气机中，气流沿轴向进入进口导向

叶片 1，固定在转子 8 上的高速旋转的工作叶片 2 将气流推动，产生高速气流。高速气流流经固定在机壳上的导向叶片 3（相当于扩压管）降低流速使气体压缩，压力升高。一列工作叶片和一列导向叶片构成一工作级。气流连续流过压气机的各工作级，不断被压缩和升压，最后经扩散器 7（进一步利用气流余速使气流降速升压）从排气管排出。

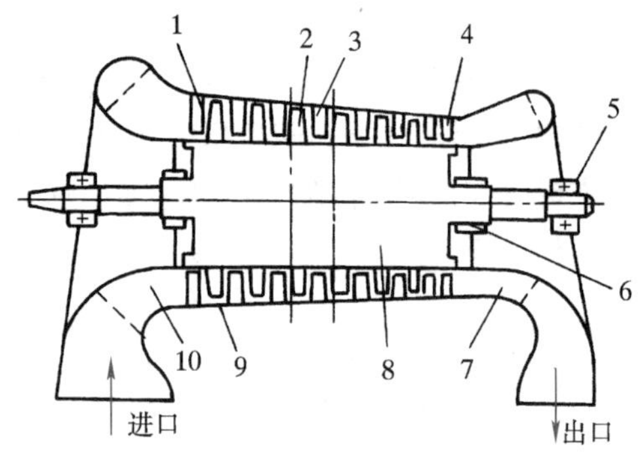

图 10-4 轴流式压气机示意图

1—进口导向叶片 2—工作叶片 3—导向叶片（扩压管） 4—整流装置 5—轴承 6—密封 7—扩散器 8—转子 9—机壳 10—收缩器

图 10-5 所示为一单级径流式（离心式）压气机示意图，图 10-6 所示为一多级径流式压气机结构图。在图 10-5 所示的单级径流式压气机中，气流沿轴向进入叶轮，受高速旋转的叶轮推动，依靠离心力的作用而加速，然后在蜗壳型流道（扩压管）中降低流速提高压力，并排出压气机。在图 10-6 所示的多级径流式压气机中，气体自进气口 4 进入压气机，通过叶轮 1 对气体做功，使气体流速增高，然后进入扩压管 2 中降低流速，提高压力。接着经过弯道 3 进入下一级叶轮、扩压管继续压缩，最后经排气口 5 流出。

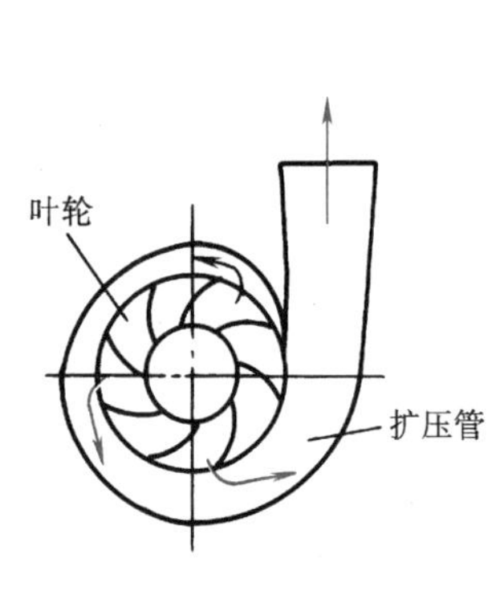

图 10-5 单级径流式压气机示意图

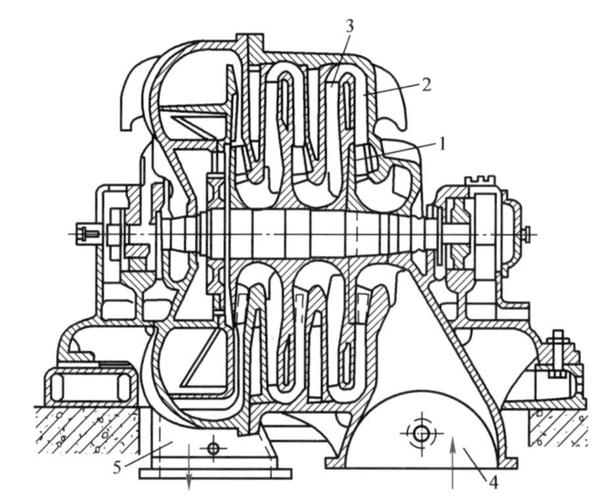

图 10-6 多级径流式压气机结构图

1—叶轮 2—扩压器 3—弯道 4—进气口 5—排气口

叶轮式压气机是开口系并满足稳定流动的条件，由于叶轮式压气机不能采用加水套和喷水等冷却措施，忽略机壳向外散热，则压缩过程可看作是绝热过程。根据热力学第一定律的能量方程式，压气机所耗功为

$$w_C = -w_t = h_2 - h_1 \tag{10-9a}$$

当工质是理想气体且过程可逆时，可用式（10-3）计算压气机的耗功。

压缩过程在 p-v 图、T-s 图中如图 10-2 中 1—2_s 所示。压气机耗功在 p-v 图中，等于面积 $f12_sgf$。

与活塞式压气机相比，叶轮式压气机的气流速度要高得多，因而黏性摩阻影响不可忽略。由于摩阻使压气机的耗功增加，摩阻消耗的功变为热量后又被气体吸收，使终温升高。

图 10-7 中所示虚线 1—2′为实际压缩过程，1—2 为可逆压缩过程。不可逆绝热压缩的压气机耗功量可根据稳定流动系统能量方程式得到。当忽略进出口的动能和位能差时，压气机的耗功为

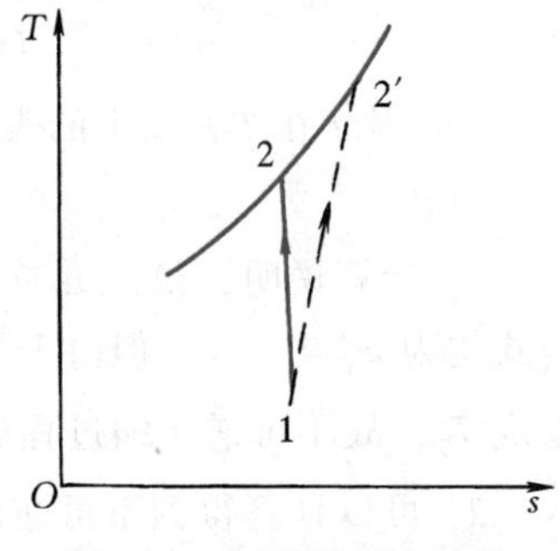

图 10-7 叶轮式压气机的绝热压缩过程

$$w_C' = \Delta h = h_{2'} - h_1 \tag{10-9b}$$

在压缩前气体状态相同、压缩后气体的压力也相同的情况下，可逆绝热压缩的压气机耗功与不可逆绝热压缩的压气机耗功之比称为压气机的绝热效率 $\eta_{C,s}$

$$\eta_{C,s} = \frac{w_C}{w_C'} = \frac{h_2 - h_1}{h_{2'} - h_1} \tag{10-10a}$$

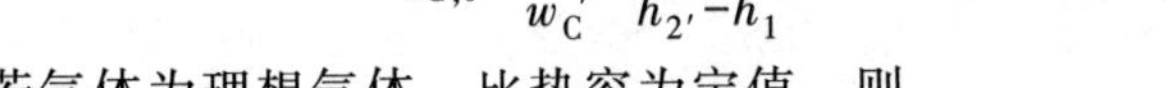

若气体为理想气体，比热容为定值，则

$$\eta_{C,s} = \frac{T_2 - T_1}{T_{2_s} - T_1} \tag{10-10b}$$

绝热效率的数值能反映压缩过程不可逆因素的大小，也是衡量压气机工作完善程度的重要参数。

例 10-1 某轴流式压气机每秒钟产生 6kg 压力为 0.4MPa 的压缩空气，进气状态为 $p_1 = 0.1\text{MPa}$、$t_1 = 27℃$。压气机的绝热效率为 $\eta_{C,s} = 0.85$，试求：

（1）压缩空气的出口温度；

（2）拖动该压气机的电动机功率；

（3）不可逆压缩过程中的熵产及有效能损失，并将其表示在 T-s 图上。设大气温度与进气温度相同。

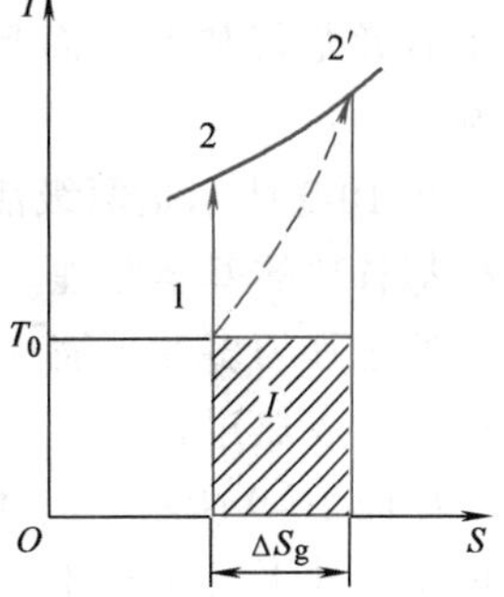

图 10-8 例 10-1 图

解 空气物性参数 $R_g = 0.287\text{kJ/(kg·K)}$，$c_p = 1.004\text{kJ/(kg·K)}$。

（1）可逆压缩的气体出口温度

$$T_2 = T_1 \pi^{\frac{\kappa-1}{\kappa}} = T_1 \left(\frac{p_2}{p_1}\right)^{\frac{\kappa-1}{\kappa}} = 300\text{K} \times \left(\frac{0.4}{0.1}\right)^{\frac{1.4-1}{1.4}} = 445.8\text{K}$$

$$\eta_{C,s} = \frac{T_2 - T_1}{T_{2'} - T_1}$$

故

$$T_{2'} = T_1 + \frac{T_2 - T_1}{\eta_{C,s}} = 300\text{K} + \frac{445.8 - 300}{0.85} = 471.5\text{K}$$

（2）

$$w_C = c_p (T_{2'} - T_1) = 1.004 \times (471.5 - 300)\text{kJ/kg} = 172.2\text{kJ/kg}$$

$$P_c = q_m w_C = 6\text{kg/s} \times 172.2\text{kJ/kg} = 1.033 \times 10^3 \text{kW}$$

（3）

$$\Delta S_g = \Delta S = q_m \left(c_p \ln \frac{T_{2'}}{T_1} - R_g \ln \frac{p_2}{p_1}\right)$$

$$= 6 \times \left(1.004 \times \ln \frac{471.5}{300} - 0.287 \times \ln 4\right)\text{kW/K} = 0.336\text{kW/K}$$

$$I = T_0 \Delta S_g = 300 \times 0.336\text{kW} = 100.8\text{kW}$$

ΔS_g 及 I 在 T-S 图上的表示如图 10-8 所示。

讨论

1）计算说明，虽然可逆的压缩过程与存在黏性摩阻的不可逆压缩过程的耗功量计算公式均为 $w_C = c_p \Delta T$，但由于不可逆压缩过程气体出口的温度 $T_{2'}$ 高于可逆过程气体出口的温度 T_2，故不可逆压缩过程的耗功量大于可逆过程的耗功量。

2）可以计算得到不可逆压缩过程的耗功率与可逆过程的耗功率之差为 154.8kW，而有效能损失却为 100.8kW，请读者思考：为什么二者不相等？并请将耗功量之差表示在 T-s 图上。

第四节　多级压缩、级间冷却

无论是活塞式压气机还是叶轮式压气机，耗功的大小都是压气机的一个重要性能指标。从图 10-2 的 p-v 图可得出，减小压气机的耗功，就是减小压缩过程 1—2 曲线与 p 坐标所围成的面积。当初压和终压确定后，等温压缩过程耗功最小。活塞式压气机的实际工作过程是一多变压缩过程，而叶轮式压气机则是一绝热压缩过程，两者都不能实现等温压缩。采用多级压缩、级间冷却的工作方式无论对活塞式压气机还是叶轮式压气机都是省功的重要措施，对于后者尤其如此。而且采用多级压缩、级间冷却可以减小余隙容积对活塞式压气机的影响。

图 10-9 所示是两级活塞式压气机装置系统简图。下面以该系统为例说明多级压缩、级间冷却省功的基本原理。为分析方便起见，假设被压缩的气体是理想气体，在两个压气机中进行的过程为多变压缩（若为叶轮式压气机，压缩过程为定熵过程），在级间冷却器中进行的是定压放热过程。

如图 10-9 所示，气体首先进入低压缸被压缩至某一压力后进入级间冷却器被冷却放热，在理想条件下可使气体温度降至初温，即 $T_{2'} = T_1$。然后气体进入高压缸继续被压缩到终压后排出。两级压缩、级间冷却热力过程的 p-v 和 T-s 图如图 10-10 所示。从 p-v 图上可以看到，若两级压缩过程都是多变过程，采用了两级压缩、级间冷却的压气机所耗技术功可用面积 $e122'3ge$ 表示，单级压缩所耗技术功为面积 $e123'ge$。后者比前者多耗的功为面积 $22'33'2$。在 T-s 图上显示的两级压缩、级间冷却的高压缸排气温度 T_3 显然低于单级压缩的排气温度 $T_{3'}$，（其中面积 $e22'de$ 为气体在级间冷却器中定压过程放出的热量）。因此，采用多级压缩、级间冷却确实是省功和降低排气温度的有效措施。

假定压缩的工质是理想气体，两级压缩过程的多变指数相等，均为 n，则两级压缩、级间冷却的压气机总耗功量为

$$\begin{aligned} W_{C,n} &= W'_{C,n} + W''_{C,n} \\ &= \frac{n}{n-1} p_1 V_1 \left[\left(\frac{p_2}{p_1} \right)^{\frac{n-1}{n}} - 1 \right] + \frac{n}{n-1} p_{2'} V_{2'} \left[\left(\frac{p_3}{p_2} \right)^{\frac{n-1}{n}} - 1 \right] \\ &= \frac{n}{n-1} p_1 V_1 \left[\left(\frac{p_2}{p_1} \right)^{\frac{n-1}{n}} + \left(\frac{p_3}{p_2} \right)^{\frac{n-1}{n}} - 2 \right] \end{aligned} \tag{10-11}$$

式中，$p_{2'}V_{2'}=p_1V_1=mR_gT_1$，$p_{2'}=p_2$。

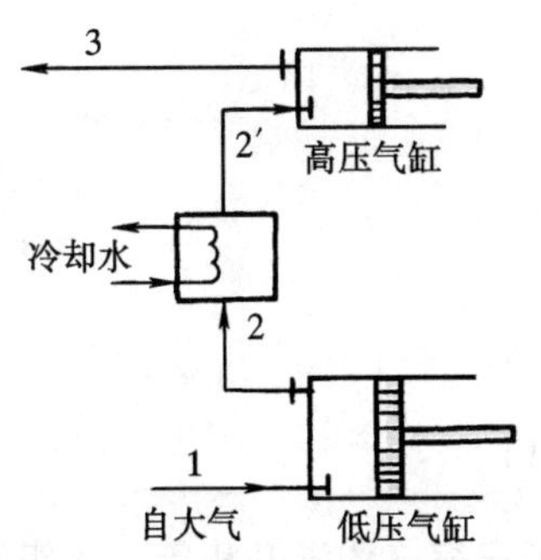

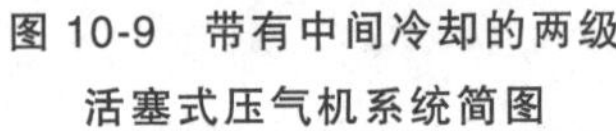
图 10-9 带有中间冷却的两级活塞式压气机系统简图

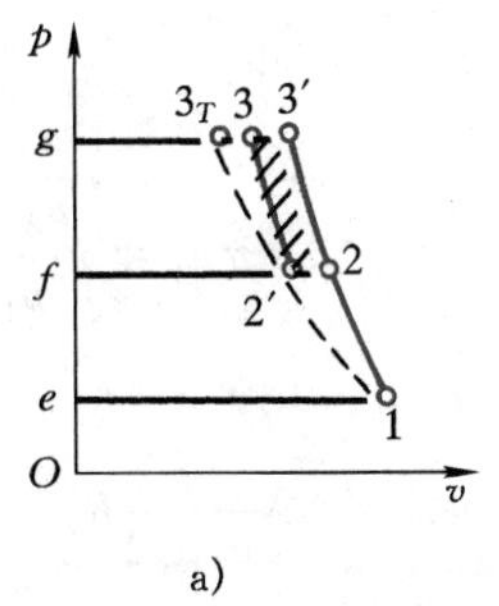

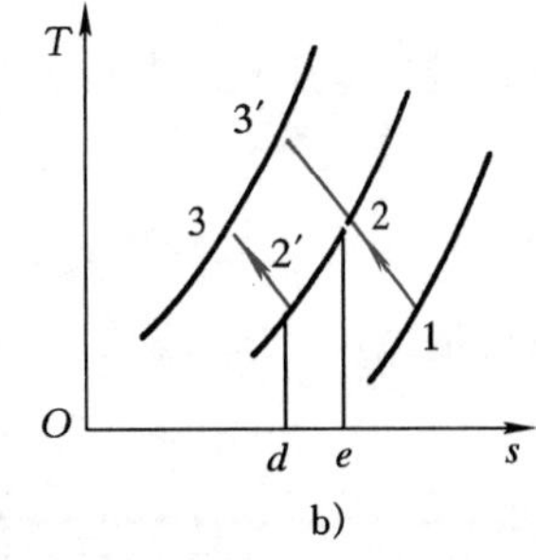

图 10-10 两级压缩、级间冷却的热力过程

当进入低压缸的气体的初态参数 p_1、v_1 和 T_1 一定，压气机终压 p_3 也一定时，总耗功量仅随中间压力 p_2 变化。当 p_2 太大或太小时，省功量均不大。因此，一定存在一最佳的中间压力 p_2。根据数学原理，取式（10-11）对 p_2 的导数为零，即

$$\frac{\mathrm{d}W_{C,n}}{\mathrm{d}p_2}=0$$

可得

$$p_2=\sqrt{p_1p_3} \tag{10-12a}$$

即

$$\pi_{opt}=\frac{p_2}{p_1}=\frac{p_3}{p_2} \tag{10-12b}$$

可见，当各级增压比相等时，总耗功量达到最小值，且每级的耗功量相等。π_{opt} 为最佳增压比。此时的耗功量可表达为

$$W_{C,n}=2\frac{n}{n-1}p_1V_1(\pi_{opt}^{\frac{n-1}{n}}-1)$$

$$W_{C,n}=2\frac{n}{n-1}mR_gT_1(\pi_{opt}^{\frac{n-1}{n}}-1)$$

在总压比一定的条件下，级数越多，采用多级压缩、级间冷却的效果越明显。从理论上讲，当级数趋于无穷时，整个过程接近于定温过程，省功最多，这可从图 10-11 所示的 p-v 图中分析得到：图中 $1—2_T$ 为过初态 1 点的定温压缩过程线，$1—2_n$ 为过初态 1 的多变过程线，$1—Z$ 为级数无穷多的多级压缩、级间冷却的过程线，$1—Z$ 已很接近 $1—2_T$。然而，实际中级数不可能趋于无穷，工程上通常根据增压比的大小采用 2~4 级。

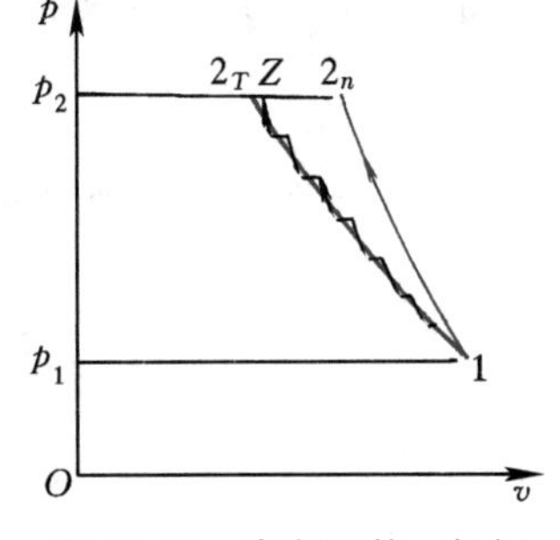

图 10-11 多级压缩、级间冷却的 p-v 图

在前述分析中得到了两级压缩的最佳增压比，对于级数 $N>2$ 的多级压缩、级间冷却同样适用，即各级增压比相等时，总耗功量最少，从而有

$$\frac{p_2}{p_1}=\frac{p_3}{p_2}=\frac{p_4}{p_3}=\cdots=\frac{p_N}{p_{N-1}}=\frac{p_{N+1}}{p_N}$$

故有最佳增压比

$$\pi_{\mathrm{opt}}=\sqrt[N]{\frac{p_{N+1}}{p_1}} \tag{10-13}$$

耗功量为

$$w_{\mathrm{C},\ n}=N\frac{n}{n-1}R_{\mathrm{g}}T_1(\pi_{\mathrm{opt}}^{\frac{n-1}{n}}-1) \tag{10-14}$$

采用最佳增压比后，还可使各级压缩耗功量相等，各级压缩气体温升相等，各级级间冷却器的放热量相等。这对于压气机的设计和运行都很有利。

例 10-2　空气初压为 98.5kPa，初温为 20℃，经三级压气机压缩后压力提高到 6.304MPa。若采用级间冷却使空气进入各级气缸时温度相等，且各级压缩均为定熵压缩。试求生产单位质量压缩空气所耗最小功量及各级气缸的排气温度。又若采用单级压气机一次压缩至 6.304MPa，且压缩过程也为定熵压缩，则所耗功量及排气温度各为多少？

解　(1) 求三级压缩的最小功量及排气温度。采用三级压缩、级间冷却的压缩过程的 p-v 图如图 10-12 所示，过程线为 1—2—2′—3—3′—4。同一图上还画出了单级压缩过程线 1—5。图上的虚线为过初态 1 的定温线。

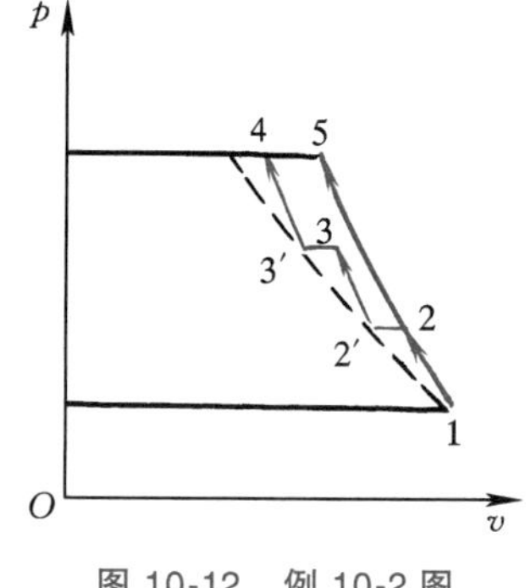

图 10-12　例 10-2 图

三级压缩的最佳增压比为

$$\pi_{\mathrm{opt}}=\sqrt[3]{\frac{p_4}{p_1}}=\sqrt[3]{\frac{6.304\times10^6}{98.5\times10^3}}=4$$

取最佳增压比时各级耗功量相等，总耗功量最少。总耗功量

$$\begin{aligned}w_{\mathrm{C},s}&=\frac{3\kappa}{\kappa-1}R_{\mathrm{g}}T_1(\pi_{\mathrm{opt}}^{\frac{\kappa-1}{\kappa}}-1)\\&=\frac{3\times1.4}{1.4-1}\times0.287\times293\times(4^{\frac{1.4-1}{1.4}}-1)\ \mathrm{kJ/kg}\\&=429.1\mathrm{kJ/kg}\end{aligned}$$

因 $T_1=T_{2'}=T_{3'}$，各级增压比相等，故各级压气机排气温度相等，即

$$T_2=T_3=T_4=T_1\pi^{\frac{\kappa-1}{\kappa}}=293\times4^{\frac{1.4-1}{1.4}}\mathrm{K}=435\mathrm{K}$$

(2) 若单级压缩，则耗功量为

$$\begin{aligned}w_{\mathrm{C},s}'&=\frac{\kappa}{\kappa-1}R_{\mathrm{g}}T_1\left[\left(\frac{p_5}{p_1}\right)^{\frac{\kappa-1}{\kappa}}-1\right]\\&=\frac{1.4}{1.4-1}\times0.287\times293\times\left[\left(\frac{6.304\times10^6}{98.5\times10^3}\right)^{\frac{1.4-1}{1.4}}-1\right]\mathrm{kJ/kg}\\&=671.4\mathrm{kJ/kg}\end{aligned}$$

单级压气机的排气温度为

$$T_5 = T_1\left(\frac{p_5}{p_1}\right)^{\frac{\kappa-1}{\kappa}} = 293 \times \left(\frac{6.304 \times 10^6}{98.5 \times 10^3}\right)^{\frac{0.4}{1.4}}\text{K} = 961\text{K}$$

讨论

1）计算结果表明，单级压气机不仅比三级压缩、级间冷却的压气机耗功量大得多，而且排气温度高达近700℃，这是不允许的。

2）若排气温度以180℃为限，则单级压气机所能达到的终压为

$$p_5' = p_1\left(\frac{T_5'}{T_1}\right)^{\frac{\kappa-1}{\kappa}} = 98.5 \times \left(\frac{273 + 180}{293}\right)^{\frac{1.4}{0.4}}\text{kPa} = 452.6\text{kPa} << 6.304\text{MPa}$$

3）本题并没有说明采用的是活塞式压气机还是叶轮式压气机，所以本题的结论对于两者的绝热压缩过程都适用。若采用活塞式压气机，压缩过程可以是多变压缩，如图10-10所示，计算中只需将等熵指数 κ 换成多变指数 n 即可。

本章小结

本章在论述了活塞式和叶轮式两种压气机结构和工作原理的基础上，对压气机的热力过程进行了分析计算。

1. 单级活塞式压气机

等温压缩、多变压缩和等熵压缩过程的耗功各不相同，分析计算后得到了三种过程耗功的计算式。通过对压缩过程的分析可得

$$w_{C,s} > w_{C,n} > w_{C,T}$$

$$T_{2_T} < T_{2_n} < T_{2_s}$$

在实际的活塞式压气机中存在余隙容积，余隙容积对压气机的影响用有效容积 V 与活塞排量 V_h 之比的容积效率 η_V 表示，即

$$\eta_V = \frac{V}{V_h}$$

在活塞排量（或气缸容积）一定的前提下，容积效率 η_V 随着增压比的提高而减小，从而导致生产量减少。压缩单位质量气体的理论耗功不变。

2. 叶轮式压气机

叶轮式压气机的压缩过程是绝热过程，因此，压气机耗功用绝热过程的耗功计算式计算。压缩过程中不可逆因素的大小用压气机的绝热效率 $\eta_{C,s}$ 表示

$$\eta_{C,s} = \frac{w_C}{w_C'} = \frac{h_2 - h_1}{h_{2'} - h_1}$$

3. 多级压缩、级间冷却

对于活塞式压气机和叶轮式压气机，采用多级压缩、级间冷却的措施，都可达到省功的目的。最佳增压比为

$$\pi_{opt}=\sqrt[N]{\frac{p_{N+1}}{p_1}}$$

通过本章学习，要求读者：

1）掌握活塞式压气机和叶轮式压气机的工作原理与工作过程。

2）掌握压气机的耗功计算与省功的途径。

3）了解余隙容积对活塞式压气机的影响。

思考题

10-1 从热力学观点看，为什么说活塞式压气机与叶轮式压气机压缩过程的本质是一致的？

10-2 在活塞式压气机中，如果采取了有效的冷却措施，气体在压气机气缸中已经能够按定温过程压缩，这时是否还需要采用多级压缩？为什么？

10-3 为什么对于理想气体的多变过程，耗功量可以用图10-2b 中的面积 $n12_n2_Tjn$ 表示？

10-4 对于叶轮式压气机，采用多级压缩、级间冷却的方法能否省功？（在 p-v 图上分析说明）

10-5 如图10-13所示，压缩过程1—2若是可逆的，则这一过程是什么过程？它与不可逆绝热压缩过程1—2的区别何在？两者之中哪一个过程消耗的功大？为什么？

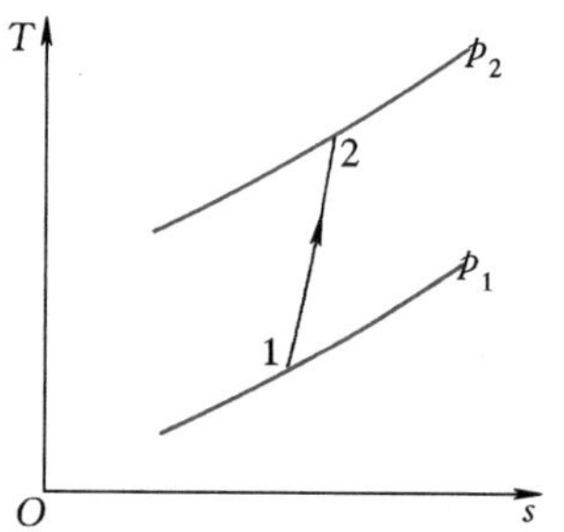

图 10-13 思考题 10-5 图

10-6 余隙容积对活塞式压气机有怎样的影响？

10-7 对于活塞式压气机，为什么采用多级压缩、级间冷却的方法可以减小余隙容积的影响？

10-8 为什么叶轮式压气机不能采用喷水和加水套的方法减少耗功？

习 题

10-1 某单级活塞式压气机每小时吸入温度 $t_1=17$℃、压力 $p_1=0.1$MPa 的空气 120m^3，输出空气的压力为 $p_2=0.64$MPa。试按下列三种情况计算压气机所需的理想功率：

（1）定温压缩；

（2）绝热压缩；

（3）多变压缩（$n=1.2$）。

10-2 某单级活塞式压气机每小时吸入温度 $t_1=27$℃、压力 $p_1=0.2$MPa 的氮气 60kg，输出氮气的压力为 $p_2=0.8$MPa。试按下列两种情况计算压气机所需的理想功率：

（1）绝热压缩；

（2）多变压缩（$n=1.25$）。

10-3 某轴流式压气机，每秒生产 20kg 压力为 0.5MPa 的压缩空气。若进入压气机的空气温度 $t_1=20℃$、压力 $p_1=0.1\text{MPa}$，压气机的绝热效率 $\eta_{C,s}=0.85$，求出口处压缩空气的温度及该压气机的耗功率。

10-4 一离心式压气机每分钟吸入压力 $p_1=100\text{kPa}$、$t_1=20℃$ 的空气 200m^3。空气离开压气机的压力 $p_2=600\text{kPa}$、温度 $t_2=230℃$，出口截面上空气的流速为 50m/s，空气的比定压热容 $c_p=1.004\text{kJ/(kg·K)}$，假定与外界无热量交换，试求压气机的耗功率。

10-5 上题中压气机能否使空气出口温度为 $t_2=180℃$？为什么？

10-6 某单级活塞式压气机每小时吸入温度 $t_1=25℃$、压力 $p_1=0.15\text{MPa}$ 的氧气 200m^3，压缩过程为 $n=1.25$ 的多变过程，输出压力为 $p_2=0.9\text{MPa}$。若存在余隙容积，余隙容积比 $\zeta=V_C/V_h=0.03$，试求：

（1）容积效率和生产量；

（2）压气机所需的功率。

10-7 某单级活塞式压气机，每秒生产 6kg 压力为 0.4MPa 的压缩氨蒸气。若进入压气机的氨蒸气温度为 $t_1=20℃$、压力为 $p_1=0.1\text{MPa}$，压缩为绝热可逆过程，试求：

（1）出口处压缩氨蒸气的温度；

（2）该压气机的耗功率。

10-8 一台两级压气机，进入压气机的空气温度 $t_1=17℃$、压力 $p_1=0.1\text{MPa}$，压气机将空气压缩至 $p_3=2.5\text{MPa}$，压气机的生产量为 500m^3/h（标准状态），两级压气机中的压缩过程均按多变指数 $n=1.25$ 进行。现以压气机耗功最小为条件，试求：

（1）空气在低压气缸中被压缩后的压力 p_2；

（2）空气在气缸中压缩后的温度；

（3）压气机耗功率；

（4）空气在级间冷却器中放出的热量；

（5）采用单级压缩的耗功率和压缩后的温度。

10-9 某轴流式压气机，每秒生产 30kg 压力为 0.5MPa 的压缩氢气。若进入压气机的气体温度 $t_1=20℃$、压力 $p_1=0.1\text{MPa}$，压气机的绝热效率 $\eta_{C,s}=0.83$，试求：

（1）出口处压缩气体的温度；

（2）该压气机的耗功率；

（3）压缩过程的有效能损失。

10-10 在以 R134a 为工质的制冷压缩机中，进口为 −15℃ 的干饱和蒸气，出口 R134a 的压力为 0.4MPa，压缩过程为绝热可逆过程，试求：

（1）出口处 R134a 的温度；

（2）压缩机压缩单位质量工质的耗功量。

10-11 若上题中压缩过程为绝热不可逆过程，压缩机的绝热效率 $\eta_{C,s}=0.82$，试进行同样的计算及计算压缩过程的熵产。

10-12 某离心式压气机，每秒生产 18kg 压力为 0.6MPa 的压缩氮气。若进入压气机的气体温度 $t_1=20℃$、压力 $p_1=0.1\text{MPa}$，压气机的绝热效率 $\eta_{C,s}=0.80$，试求：

（1）出口处压缩气体的温度；

（2）该压气机的耗功率；

（3）压缩过程的熵产。

10-13 某离心式压气机，每秒生产 18kg 压力为 0.6MPa 的压缩氨蒸气。若进入压气机的气体温度 $t_1=20℃$、压力 $p_1=0.1\text{MPa}$，压气机的绝热效率 $\eta_{C,s}=0.82$，试求：

（1）出口处压缩气体的温度；

（2）该压气机的耗功率；

（3）压缩过程的熵产。

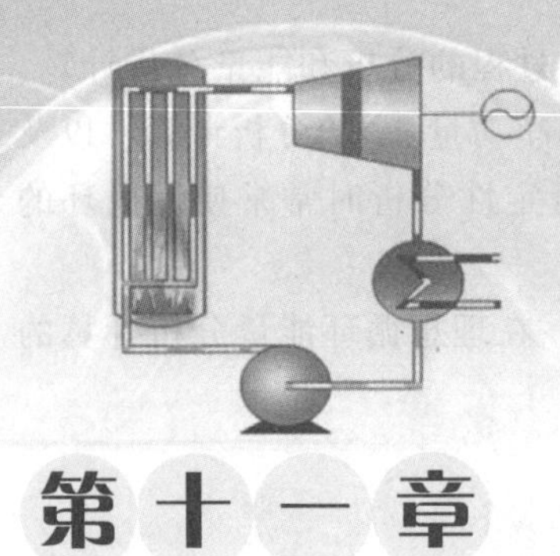

第十一章

气体动力装置及循环

第一节　循环分析的目的、方法与步骤

从本章开始，将要应用热力学理论对热力循环进行分析和研究。热力循环分析的目的是：在热力学基本定律的基础上对热力循环进行分析计算，进而寻求提高能量利用经济性（能量利用率）的方向及途径。

由于热力循环是由一系列不同热力过程构成的，因此必须掌握构成循环的热力过程，在对热力过程进行分析的基础上对整个循环进行能量分析与计算，从而分析得到提高热效率 η_t（制冷系数 ε 或供热系数 ε'）的方法与途径。

热力循环分析的方法有以热力学第一定律为基础的“第一定律法”和以热力学第二定律为基础的“第二定律法”。“第一定律法”从能量的数量关系出发，对循环中各过程的热量和功等进行分析计算，动力循环以热效率为指标（制冷循环以制冷系数为指标）寻求提高循环热效率的方向及途径。“第二定律法”是从能量的品质出发，对循环中各热力过程的熵产进行分析计算，以熵产和有效能损失为指标，寻求提高循环能量转换率的方向及途径。近年来，以热力学第二定律为基础结合热力学第一定律分析方法的“㶲分析方法”正日益受到重视，并逐步被工程界和企业界所接受。

鉴于以热力学第一定律为基础的热效率法简单、直观，所以本书在下面就采用这种从能量的数量关系出发的“第一定律法”分析方法。

对热力循环进行分析的步骤如下。

1）熟悉和掌握实际循环的设备与流程。循环是由一系列热力过程构成的，各个热力过程在不同设备中完成循环流程。因此学习循环，必须掌握实现循环的流程与热力设备。

2）实际循环的理想化（简化）。如前所述，实际循环都是不可逆的，诸多不可逆因素使得循环分析复杂而困难。鉴于热力学的研究基础，必须对实际循环进行理想化即可逆化的简化处理。例如，在燃气动力循环中，将燃烧过程视为从热源的吸热过程，将工质——燃气作为空气处理，比热容为定值，采用所谓的“冷空气标准”，忽略黏性摩阻，将不可逆的绝热膨胀和压缩过程视为可逆的定熵过程，等等。

3）理想循环的能量分析。针对理想化后的循环，进行热力过程的分析和能量分析计算，包括吸热量 q_H、放热量 q_L、耗功量 w_C（或 w_p）、做功量 w_T 和净功量 w_0 的分析计算，以及热效率 η_t 或制冷系数 ε（或供热系数 ε'）的分析计算。在进行定性分析时常常使用循环的 T-s 图和 p-v 图。

4）提高热效率 η_t 或制冷系数 ε（或供热系数 ε'）的分析。在理想循环能量分析计算的基础上，对于动力循环，根据用平均温度计算热效率 η_t

$$\eta_t = 1-\frac{\overline{T}_L}{\overline{T}_H}$$

的方法，讨论哪些措施和方法可以降低 $\overline{T}_L$，哪些措施和方法可以提高 $\overline{T}_H$，从而得到提高循环热效率 η_t 的方法与途径。对于制冷循环和供热循环可以进行类似的分析。

5）考虑不可逆（摩阻）因素的分析。实际过程是不可逆的，在理想循环分析的基础上，针对考虑不可逆黏性摩阻的实际循环进行能量分析计算，并确定由理想循环分析所得的提高循环热效率 η_t（制冷系数 ε 或供热系数 ε'）的方法与途径是否仍然有效，需进行哪些修正。

以气体为工质的动力装置称为气体动力循环装置，它主要有活塞式（往复式内燃机）、轮机式（燃气轮机装置）和喷气式发动机等。本章主要介绍活塞式内燃机和燃气轮机装置循环。

第二节 活塞式内燃机的基本构造与循环

活塞式内燃机是一种重要的动力设备，广泛应用于交通运输等行业。活塞式内燃机是一种将燃料燃烧产生的热能转变为机械能的热力发动机。燃料燃烧产生热能及热能转变为机械能的过程都是在气缸内进行的。循环工质是燃料燃烧的产物——燃气，故称为内燃机（广义地说，内燃机还包括叶轮式的燃气轮机等，但习惯上内燃机专指活塞式内燃机）。

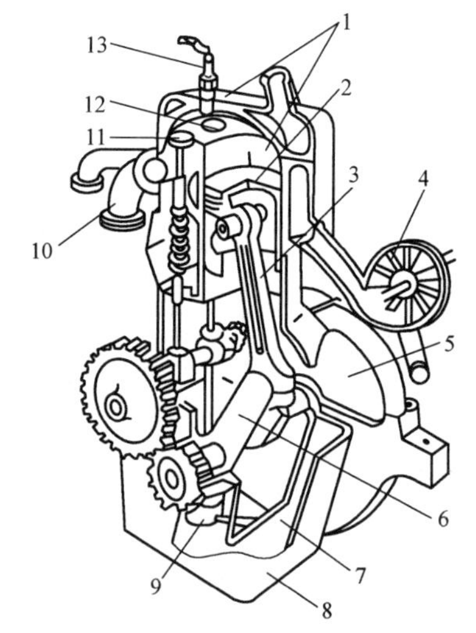

图 11-1　单缸四冲程汽油机的结构简图

1—气缸盖和气缸体　2—活塞　3—连杆　4—液压泵　5—飞轮　6—曲轴　7—润滑油管　8—油底壳　9—润滑油泵　10—进气管　11—进气阀　12—排气阀　13—火花塞

内燃机可以按四冲程或两冲程的工作方式来完成一个循环。所谓“冲程”是指活塞在气缸中从一个止点位置移动到另一个止点位置。四冲程包括进气、压缩、燃烧及膨胀、排气；两冲程是进气和压缩用一个冲程，膨胀和排气用一个冲程，完成一个工作循环只用两个冲程。内燃机按其所使用的燃料可分为汽油机和柴油机等。由于汽油机和柴油机的结构紧凑，占用空间小，它们被广泛地用于交通运输中。本节中主要介绍四冲程内燃机的基本结构及按四冲程工作的汽油机和柴油机的工作循环。

内燃机的形式很多，但其基本构造大致相同。图 11-1 所示为一立式单缸四冲程汽油机的结构简图，它的主要部件和组件如下：

（1）气缸体　内燃机的主体，是安装其他零件、部件和附件的支承骨架。

（2）活塞连杆组件　活塞是内燃机的重要部件，它在气缸中做往复运动。与活塞相连接的是连杆，连杆通过与它相连的曲轴把活塞的往复直线运动变为曲轴的旋转运动。

（3）曲轴飞轮组件　曲轴的作用是将连杆传来的作用力转变成转矩，并通过与曲轴相连的飞轮传递给传动装置。飞轮除传递曲轴的转矩外，还有储存膨胀冲程机械能的重要作用。

（4）配气机构　配气机构是为确保进、排气适时且有序进行而设置的。主要包括进、排气阀和凸轮轴，由曲轴带动工作。

除上述部件和组件外，汽油机的气缸盖上装有火花塞。如果是柴油机，代替火花塞的是喷油器。

一、汽油机循环

汽油机是以汽油为燃料的内燃机，它的实际工作循环可以用示功图描述，如图 11-2 所示：纵坐标是气缸内气体的压力 p，横坐标 V 是活塞移动到不同位置时气缸内气体的体积。汽油机的示功图可以由试验直接测得。图 11-2 描述了该汽油机实际循环的工作过程：0—1′为进气过程，此过程中进气阀打开，活塞从左止点右行到右止点，吸入空气与汽油的混合物；1′—2 为压缩过程，此时进、排气阀均关闭，活塞左行压缩气缸内的混合气体；当活塞左行至左止点附近（点 2）时，电火花点燃混合气体，即为燃烧过程 2—3，由于燃烧十分迅速，而活塞在左止点附近的移动速度又很低，工质的体积变化很小而压力和温度急剧上升；3—4 为膨胀过程，高温高压的燃气推动活塞右行，对外膨胀做功；活塞移动到右止点时，排气阀打开，部分废气经排气阀迅速排出，气缸内压力降低，即过程 4—1″；然后活塞左行至左止点，将残余废气排出，即排气过程 1″—0，从而完成一个循环。

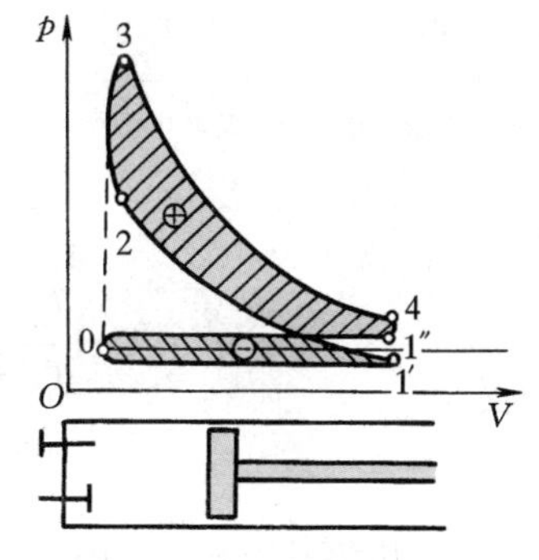

图 11-2　汽油机的示功图

汽油机的实际工作循环是开式的，在工作过程中，除气缸内气体的热力状态变化外，气体的质量和成分也在变化。为了使问题简化，突出热力学上的主要因素，便于分析计算，需要对实际工作循环加以合理的抽象和概括，得到闭合的、可逆的理想循环。为此假定：以热力性质与燃气相近的空气来作为循环的工质，且采用理想气体的定值比热容；忽略实际过程的摩擦损失，这样就使 0—1′与 1″—0 两线重合，进排气的推动功相互抵消；将工质的燃烧过程视为从高温热源吸热，由于燃烧时气缸内的容积变化很小，可以认为是定容吸热；排气过程视为向低温热源定容放热；忽略压缩和膨胀过程中工质与气缸壁之间的热交换，近似认为是定熵压缩和膨胀过程。这样就可将汽油机的实际工作循环简化为定容加热理想循环，又称奥托（Otto）循环，其 p-v 图与 T-s 图如图 11-3 所示。在图示的循环中，1—2 为定熵压缩过程；2—3 为定容加热过程；3—4 为定熵膨胀过程；4—1

为定容放热过程。

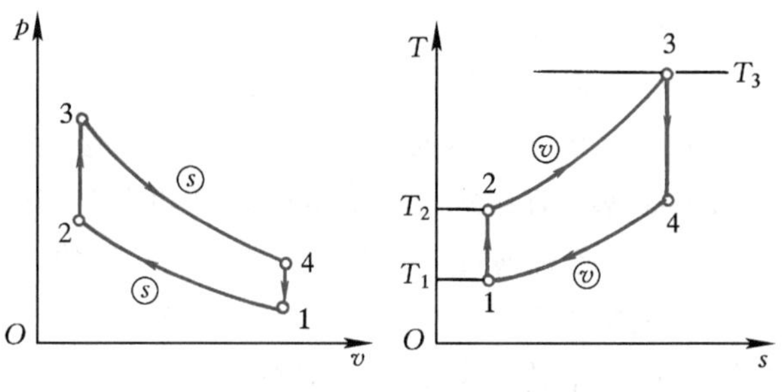

图 11-3 定容加热理想循环

对于单位质量工质，理想循环过程 2—3 中加入的热量为

$$q_{\mathrm{H}} = c_V(T_3 - T_2)$$

在定容放热过程 4—1 中，工质放出的热量为

$$q_{\mathrm{L}} = c_V(T_4 - T_1)$$

循环对外输出的净功

$$w_0 = q_{\mathrm{H}} - q_{\mathrm{L}} = c_V[(T_3 - T_2) - (T_4 - T_1)]$$

理想循环的热效率

$$\eta_{\mathrm{t}} = \frac{w_0}{q_{\mathrm{H}}} = 1 - \frac{q_{\mathrm{L}}}{q_{\mathrm{H}}} = 1 - \frac{c_V(T_4 - T_1)}{c_V(T_3 - T_2)} = 1 - \frac{T_4 - T_1}{T_3 - T_2} \tag{11-1a}$$

因为 1—2 与 3—4 都是可逆过程，所以

$$T_3 = \left(\frac{v_4}{v_3}\right)^{\kappa-1} T_4, \quad T_2 = \left(\frac{v_1}{v_2}\right)^{\kappa-1} T_1$$

而 $v_1 = v_4$，$v_2 = v_3$，因此有

$$\frac{v_1}{v_2} = \frac{v_4}{v_3}$$

所以

$$\eta_{\mathrm{t}} = 1 - \frac{T_4 - T_1}{T_3 - T_2} = 1 - \frac{T_4 - T_1}{(T_4 - T_1)\left(\frac{v_1}{v_2}\right)^{\kappa-1}} = 1 - \frac{1}{\left(\frac{v_1}{v_2}\right)^{\kappa-1}}$$

引入压缩比 $\varepsilon = \frac{v_1}{v_2}$，则

$$\eta_{\mathrm{t}} = 1 - \frac{1}{\varepsilon^{\kappa-1}} \tag{11-1b}$$

式中，κ 为等熵指数。

由式（11-1b）可知，在工质确定的条件下，定容加热理想循环的热效率随着压缩比增大而增大。但为了保证正常燃烧、防止爆燃和输出功率不受影响，ε 的提高受到限制，一般 $\varepsilon = 5 \sim 10$。

二、柴油机循环

柴油机是以柴油为燃料的内燃机，它的实际工作过程与汽油机的工作过程基本相同，简化的方法也类似。但是，柴油机使用的燃料是柴油，它的燃油供给和燃烧过程有所不同，如图 11-4 所示是柴油机实际工作循环的示意图。柴油机在吸气过程中吸入的是空气，在气缸盖上安装的是喷油器。压缩过程中活塞左移，当活塞向左移动接近左止点时，由于柴油机的压缩比较高（$\varepsilon = 14 \sim 20$），气缸内空气的温度超过燃油的自燃温度，这时柴油经高压油泵从喷油器以雾状形式喷入气缸，遇高温空气即自行燃烧。喷油器的喷油过程要持续一段时间，喷油开始阶段，活塞移动的距离很小（气缸的容积变化很小），气缸内压力和温度迅速升高，在活塞向右移动时，喷油维持一段时间后结束，这样整个燃烧过程在 p-V 图上就是 2—3—4。

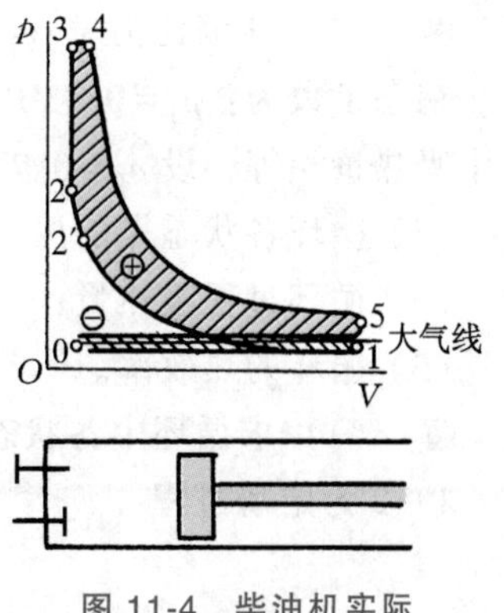

图 11-4　柴油机实际工作循环示意图

与汽油机相比，柴油机的实际工作循环只是在燃油供给和燃烧过程上有所不同，在和汽油机相同的简化条件下，柴油机的实际工作循环可简化为如图 11-5 所示的理想循环，由于加热过程包括两部分，即 2—3 的定容加热和 3—4 的定压加热，所以称为混合加热循环，又称为萨巴德循环。

如果喷油过程在活塞压缩过程结束时开始，即活塞开始右移时开始喷油，燃烧过程只有定压燃烧，则可得到定压加热理想循环，如图 11-6 所示，定压加热理想循环又称狄塞尔（Diesel）循环。

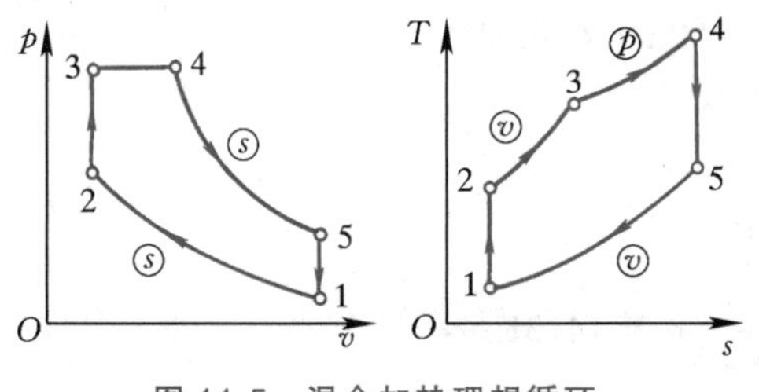

图 11-5　混合加热理想循环

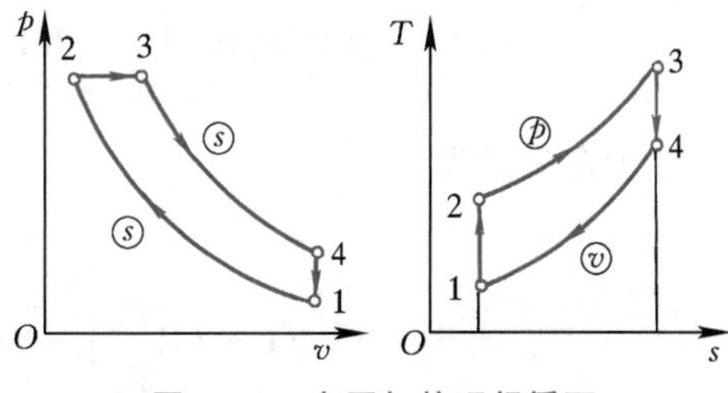

图 11-6　定压加热理想循环

在混合加热理想循环中，加热过程由定容加热过程 2—3 和定压加热过程 3—4 所组成，放热过程为定容放热过程 5—1。因而推得混合加热理想循环的吸热量、放热量和热效率分别为

$$q_{\mathrm{H}} = c_V(T_3 - T_2) + c_p(T_4 - T_3)$$

$$q_{\mathrm{L}} = c_V(T_5 - T_1)$$

$$\eta_{\mathrm{t}} = 1 - \frac{q_{\mathrm{L}}}{q_{\mathrm{H}}} = 1 - \frac{c_V(T_5 - T_1)}{c_V(T_3 - T_2) + c_p(T_4 - T_3)} \tag{11-2a}$$

引入压缩比 $\varepsilon = v_1/v_2$，升压比 $\lambda = p_3/p_2$ 和预胀比 $\rho = v_4/v_3$ 后，式（11-2a）可变为

$$\eta_{\mathrm{t}} = 1 - \frac{\lambda\rho^{\kappa} - 1}{\varepsilon^{\kappa-1}[(\lambda - 1) + \kappa\lambda(\rho - 1)]} \tag{11-2b}$$

分析式（11-2b）可知，混合加热理想循环的热效率随着 ε 和 λ 的增大而提高，随着 ρ 的增大而降低。

定压加热理想循环的加热过程为定压过程 2—3，放热过程为定容过程 4—1，不难分析得到其吸热量、放热量和热效率分别为

$$q_{\mathrm{H}} = c_p(T_3 - T_2)$$

$$q_{\mathrm{L}} = c_V(T_4 - T_1)$$

$$\eta_{\mathrm{t}} = 1 - \frac{c_V(T_4 - T_1)}{c_p(T_3 - T_2)} = 1 - \frac{\rho^{\kappa} - 1}{\varepsilon^{\kappa-1}\kappa(\rho - 1)} \tag{11-3}$$

与式（11-2b）类似，式（11-3）所示的内燃机定压加热理想循环的热效率随 ε 增加而

增加，随 ρ 的增加而减少。

例 11-1 压缩比为 $\varepsilon=v_1/v_2=16$ 的空气的标准混合加热理想内燃机循环，如图 11-5 所示。初态参数为：$p_1=0.1\text{MPa}$、$t_1=50℃$，最高压力 $p_3=7.0\text{MPa}$，在定压吸热和定容吸热过程中吸热量相等，设 $c_V=0.717\text{kJ/(kg·K)}$，$\kappa=1.4$，试求：

（1）循环各状态点的压力和温度；

（2）循环过程吸热量；

（3）循环的热效率。

解 （1）求循环中各状态点的压力和温度

1—2 为定熵过程

$$T_2=T_1\left(\frac{v_1}{v_2}\right)^{\kappa-1}=(50+273)\times16^{0.4}\text{K}=979\text{K}$$

$$p_2=p_1\left(\frac{v_1}{v_2}\right)^{\kappa}=0.1\times16^{1.4}\text{MPa}=4.85\text{MPa}$$

2—3 为定容过程

$$p_3=7.0\text{MPa}$$

$$T_3=T_2\left(\frac{p_3}{p_2}\right)=979\times\frac{7}{4.85}\text{K}=1413\text{K}$$

3—4 为定压过程

$$p_4=p_3=7.0\text{MPa}$$

由 $q_{23}=q_{34}$ 得

$$c_V(T_3-T_2)=c_p(T_4-T_3)$$

$$T_4=\frac{c_V(T_3-T_2)}{c_p}+T_3=\frac{0.717\times(1413-979)}{1.004}\text{K}+1413\text{K}=1723\text{K}$$

4—5 为定熵过程

$$T_5=T_4\left(\frac{v_4}{v_5}\right)^{\kappa-1}=T_4\left(\frac{v_2}{v_1}\times\frac{v_4}{v_2}\right)^{\kappa-1}=T_4\left(\frac{v_2}{v_1}\times\frac{v_4}{v_3}\right)^{\kappa-1}$$

$$=T_4\left(\frac{1}{\varepsilon}\times\frac{T_4}{T_3}\right)^{\kappa-1}=1723\times\left(\frac{1}{16}\times\frac{1723}{1413}\right)^{1.4-1}\text{K}=615\text{K}$$

$$p_5=p_1\left(\frac{T_5}{T_1}\right)=0.1\times\frac{615}{323}\text{MPa}=0.19\text{MPa}$$

（2）计算循环吸热量

$$\begin{aligned}q_{\text{H}}&=q_{23}+q_{34}=2q_{23}=2c_V(T_3-T_2)\\&=2\times0.717\times(1413-979)\text{kJ/kg}=622.4\text{kJ/kg}\end{aligned}$$

（3）计算循环热效率

$$q_{\text{L}}=c_V(T_5-T_1)=0.717\times(615-323)\text{kJ/kg}=209.4\text{kJ/kg}$$

$$\eta_t = 1 - \frac{q_L}{q_H} = 1 - \frac{209.4}{622.3} = 66.4\%$$

讨论

1）通过本题可以看到，循环分析计算的关键在于循环中各点状态参数的计算。计算各点的状态参数时，必须知道各状态点之间的相互关系，它可以由构成循环的各过程决定。

2）对循环进行计算分析，p-v 图、T-s 图十分重要。因此在进行循环的分析计算时必须有 p-v 图、T-s 图，尤其是 T-s 图。

第三节 活塞式内燃机的热力学性能比较

活塞式内燃机的热力学性能取决于循环的热力状态参数和实施条件。因此活塞式内燃机各种循环的比较必须在一定的热力状态参数和实施条件下进行。下面分两种情况进行比较。

一、压缩比 ε 和吸热量 q_H 相同时的比较

在压缩比 ε 和吸热量 q_H 相同的条件下，三种活塞式内燃机理想循环的 T-s 图如图 11-7 所示。图中 1—2—3—4—1 为定容加热理想循环；1—2—2′—3′—4′—4—1 为混合加热理想循环；1—2—3″—4″—1 为定压加热理想循环。比较三种理想循环的 T-s 图不难看出，定容加热理想循环的平均吸热温度最高、平均放热温度最低，定压加热理想循环的平均吸热温度最低、平均放热温度最高，混合加热理想循环的平均吸热温度和平均放热温度介于二者之间，即

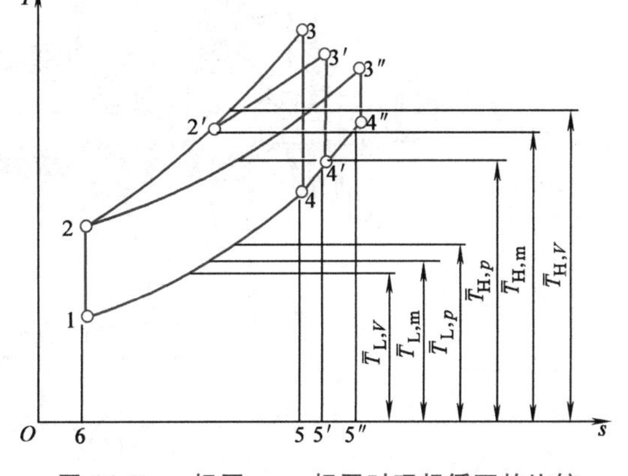

图 11-7 ε 相同、q_H 相同时理想循环的比较

$$\overline{T}_{H,V} > \overline{T}_{H,m} > \overline{T}_{H,p}$$

$$\overline{T}_{L,V} < \overline{T}_{L,m} < \overline{T}_{L,p}$$

因此，定容加热理想循环的热效率 η_V、定压加热理想循环的热效率 η_p 和混合加热理想循环的热效率 η_m 之间有关系式

$$\eta_V > \eta_m > \eta_p$$

这种循环比较是在压缩比 ε 相同的条件下进行的，但事实上定压加热理想循环和混合加热理想循环的压缩比却可以比定容加热理想循环的压缩比高得多，因此这种比较条件的实际意义值得商榷。

二、最高压力和最高温度相同时的比较

考虑到热强度和机械强度的限制，选用相同的最高压力和最高温度作为比较前提应该是有实际意义的。在最高压力和最高温度相同条件下三种循环的 T-s 图如图 11-8 所示，图中

1—2—3—4—1 为定容加热理想循环；1—2′—3′—3—4—1 为混合加热理想循环；1—2″—3—4—1 为定压加热理想循环。比较三种理想循环的 T-s 图不难看出，三个循环的平均放热温度相同，定容加热理想循环的平均吸热温度最低，定压加热理想循环的平均吸热温度最高，混合加热理想循环的平均吸热温度介于二者之间，即

$$\overline{T}_{H,V}<\overline{T}_{H,m}<\overline{T}_{H,p}$$

故有

$$\eta_V<\eta_m<\eta_p$$

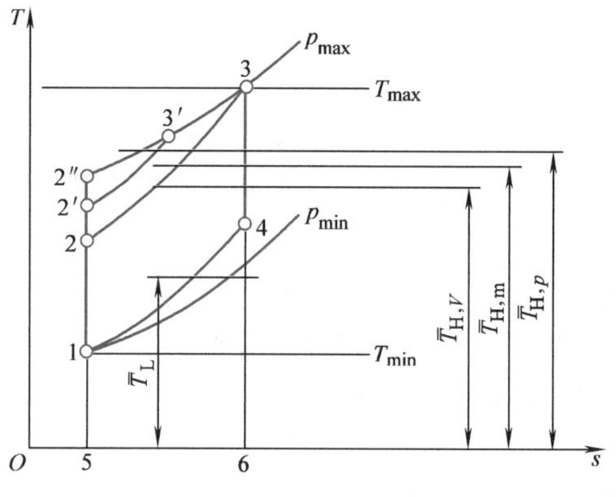

图 11-8 T_{max}、p_{max} 相同时理想循环比较

第四节 燃气轮机装置及循环

燃气轮机装置是以燃气为工质的热动力装置。它主要由叶轮式压气机、燃烧室和燃气轮机本体组成，如图 11-9 所示。

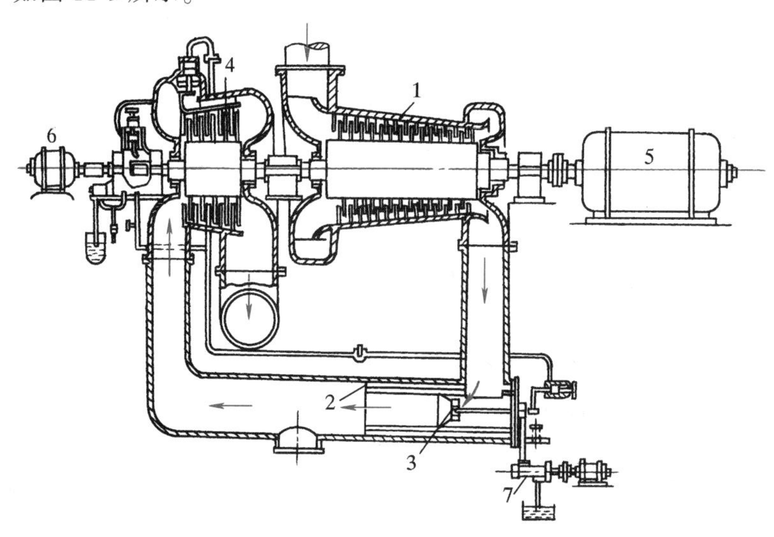

图 11-9 简单的燃气轮机装置图

1—压气机 2—燃烧室 3—喷油器 4—燃气轮机 5—发电机 6—起动用电动机 7—燃料泵

在燃气轮机装置图 11-9 中，空气首先进入压气机 1，在压气机中空气被压缩，压力、温度升高；然后进入燃烧室 2，在燃烧室内，空气与供入的燃料（燃油）在定压下燃烧，形成该压力下的高温燃气；高温燃气与来自燃烧室夹层通道的压缩空气相混合，使混合气体的温度降到适当值后进入燃气轮机 4 中膨胀做功，在所做的功中，一部分带动压气机工作，其余部分（净功）对外输出；做功后的废气排入大气，从而完成一个开式循环。

一、定压加热理想循环

为了从热力学观点分析燃气轮机装置的循环，必须对实际工作循环进行合理的简化。简化的思路和方法和内燃机一样，即由于燃气的热力性质与空气接近，可认为循环中的工质具有空气的性质，采用空气标准；燃烧室中的燃烧可视为空气在定压下从热源吸热；排气过程视为一定压放热过程。这样原来燃气轮机装置的开式循环就简化成一个如图 11-10 所示的闭式循环。再假定所有过程都是可逆的，就可得到如图 11-11 所示的燃气轮机定压加热理想循环 p-v 图和 T-s 图，也叫作布雷敦（Brayton）循环。图中 1—2 为绝热压缩过程，2—3 为定压吸热过程，3—4 为绝热膨胀过程，4—1 为定压放热过程。

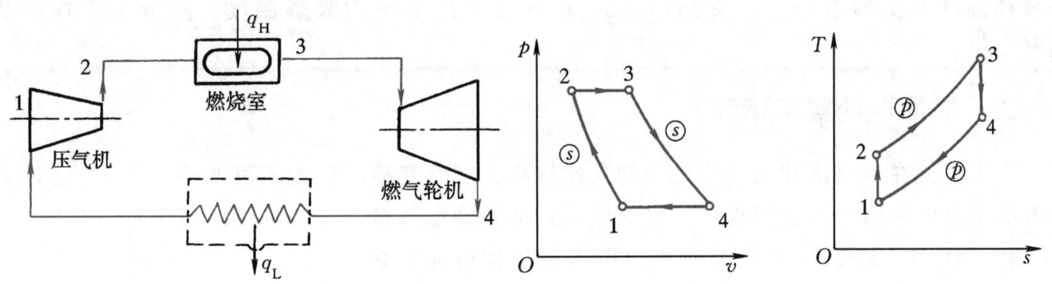

图 11-10　燃气轮机装置流程简图　　图 11-11　燃气轮机定压加热理想循环

燃气轮机装置的定压加热理想循环中，压气机所耗的功和燃气轮机理想膨胀过程所做的功分别为

$$w_C = h_2 - h_1 = c_p(T_2 - T_1)$$

$$w_T = h_3 - h_4 = c_p(T_3 - T_4)$$

吸热量、放热量及热效率为

$$q_H = h_3 - h_2 = c_p(T_3 - T_2)$$

$$q_L = h_4 - h_1 = c_p(T_4 - T_1)$$

$$\eta_t = 1 - \frac{q_L}{q_H} = 1 - \frac{c_p(T_4 - T_1)}{c_p(T_3 - T_2)} = 1 - \frac{T_4 - T_1}{T_3 - T_2} \tag{11-4a}$$

式（11-4a）中 T_1 是已知的，T_2、T_3 和 T_4 可根据过程特点和已知参数逐个求出。因为 1—2 和 3—4 都是可逆的定熵过程，故有

$$\frac{T_4}{T_3} = \left(\frac{p_4}{p_3}\right)^{\frac{\kappa-1}{\kappa}}, \qquad \frac{T_1}{T_2} = \left(\frac{p_1}{p_2}\right)^{\frac{\kappa-1}{\kappa}}$$

因为 $p_4 = p_1$，$p_3 = p_2$

所以
$$\frac{T_4}{T_3} = \frac{T_1}{T_2}$$

并且
$$\frac{T_4 - T_1}{T_3 - T_2} = \frac{T_1}{T_2}$$

因而式（11-4a）可写为

$$\eta_t = 1 - \frac{T_1}{T_2}$$

若引入循环增压比

$$\pi = \frac{p_2}{p_1}$$

则循环的热效率可表示为

$$\eta_t = 1 - \frac{1}{\pi^{\frac{\kappa-1}{\kappa}}} \tag{11-4b}$$

分析上式可知，提高增压比 π 可以提高燃气轮机定压加热理想循环的热效率。这是在最高温度不变的条件下，提高增压比 π 就是提高了平均吸热温度，降低了平均放热温度。

二、有摩阻的实际循环

由于气流在压气机和燃气轮机中的流速较高，因而摩擦的影响不可忽略。图 11-12 所示是考虑了黏性摩阻不可逆因素后，燃气轮机定压加热循环的 T-s 图。图中 1—2 及 3—4 是可逆绝热压缩过程和可逆绝热膨胀过程，1—2′和 3—4′是相应的不可逆过程。在前面压气机一章中，定义了叶轮式压气机的绝热效率 $\eta_{C,s}$，用于衡量压缩过程中不可逆因素的大小。对于燃气轮机用相对内效率 η_T 来描述它的不可逆程度。相对内效率 η_T 定义为不可逆时燃气轮机的做功 w'_T与可逆时燃气轮机的做功 w_T 之比，即

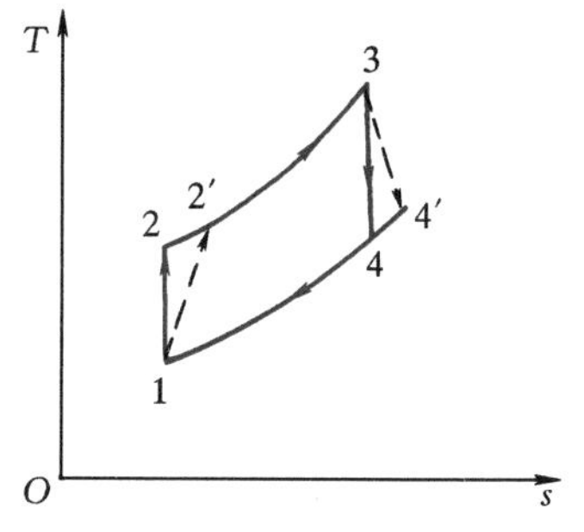

图 11-12 有摩阻的燃气轮机循环

$$\eta_T = \frac{w'_T}{w_T} = \frac{h_3 - h_{4'}}{h_3 - h_4} \tag{11-5}$$

由式（11-5）可见，η_T 越接近 1 越好，一般 $\eta_T = 0.85 \sim 0.92$。

再有

$$\eta_{C,s} = \frac{w_C}{w'_C} = \frac{h_2 - h_1}{h_{2'} - h_1} \tag{11-6}$$

故燃气轮机和压气机的功分别为

$$w'_T = w_T \eta_T = (h_3 - h_4)\eta_T$$

$$w'_C = \frac{w_C}{\eta_{C,s}} = \frac{h_2 - h_1}{\eta_{C,s}}$$

循环净功 w_0 为

$$w_0 = w'_T - w'_C = (h_3 - h_4)\eta_T - \frac{h_2 - h_1}{\eta_{C,s}}$$

实际循环的吸热量 q_H 为

$$q_H = h_3 - h_{2'} = (h_3 - h_1) - (h_{2'} - h_1)$$

$$= (h_3 - h_1) - \frac{h_2 - h_1}{\eta_{C,s}}$$

实际循环的热效率（又称循环内部热效率或指示效率）可表示为

$$\eta_i = \frac{w_0}{q_H} = \frac{(h_3 - h_4)\eta_T - (h_2 - h_1)/\eta_{C,s}}{(h_3 - h_1) - (h_2 - h_1)/\eta_{C,s}}$$

若工质的比热容为定值，则实际循环的热效率

$$\eta_i=\frac{(T_3-T_4)\eta_T-\frac{1}{\eta_{C,s}}(T_2-T_1)}{(T_3-T_1)-\frac{1}{\eta_{C,s}}(T_2-T_1)}$$

$$=\frac{\frac{\tau}{\pi^{(\kappa-1)/\kappa}}\eta_T-\frac{1}{\eta_{C,s}}}{\frac{\tau-1}{\pi^{(\kappa-1)/\kappa}-1}-\frac{1}{\eta_{C,s}}} \tag{11-7}$$

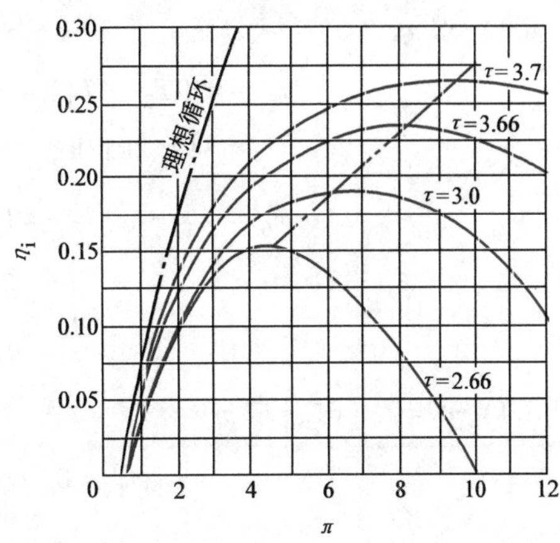

图 11-13　燃气轮机装置实际循环热效率

($\eta_{C,s}=\eta_T=0.85$，$T_1=290$K，$\kappa=1.4$)

式中，$\pi=p_2/p_1$；$\tau=T_3/T_1$，称为增温比；κ 为等熵指数。

由上式看出，实际循环的热效率不仅取决于 π 和 κ，而且与 τ、$\eta_{C,s}$ 和 η_T 等有关。在工质确定的条件下，提高 τ、$\eta_{C,s}$ 和 η_T 均能提高热效率，而 π 的提高有一最佳值 π_{opt}，当 $\pi<\pi_{opt}$ 时提高 π 可以提高热效率，但当 $\pi>\pi_{opt}$ 时提高 π 不但不能提高热效率，反而会降低热效率，如图 11-13 所示。

例 11-2　空气标准布雷敦循环如图 11-11 所示。进入压气机的空气压力 $p_1=0.1$MPa、$t_1=20$℃，离开压气机的空气压力 $p_2=0.5$MPa，循环最高温度 $t_3=1000$℃。试求：

(1) 循环各状态点的压力和温度；

(2) 压气机耗功 w_C 和燃气轮机做功 w_T；

(3) 循环热效率；

(4) 若燃气轮机的相对内效率为 $\eta_T=0.9$，则循环的热效率又为多少？

解　(1) 求循环各状态点的压力和温度

状态点 1：$T_1=293$K（已知），$p_1=0.1$MPa（已知）

状态点 2：$p_2=0.5$MPa（已知）

$$T_2=T_1\left(\frac{p_2}{p_1}\right)^{\frac{\kappa-1}{\kappa}}=293\times\left(\frac{0.5}{0.1}\right)^{\frac{0.4}{1.4}}\text{K}=464.06\text{K}$$

状态点 3：$p_3=p_2=0.5$MPa，$T_3=1273$K（已知）

状态点 4：$p_4=p_1=0.1$MPa

$$T_4=T_3\left(\frac{p_4}{p_3}\right)^{\frac{\kappa-1}{\kappa}}=1273\times\left(\frac{0.1}{0.5}\right)^{\frac{0.4}{1.4}}\text{K}=803.75\text{K}$$

(2) 求 w_C 和 w_T

$$w_C=h_2-h_1=c_p(T_2-T_1)=1.004\times(464.05-293)\text{kJ/kg}$$
$$=172\text{kJ/kg}$$

$$w_T=h_3-h_4=c_p(T_3-T_4)=1.004\times(1273-803.75)\text{kJ/kg}$$
$$=471.1\text{kJ/kg}$$

（3）求 η_t

$$q_H = c_p(T_3 - T_2) = 1.004 \times (1273 - 464.05)\text{kJ/kg} = 812.2\text{kJ/kg}$$

$$w_0 = w_T - w_C = (471.1 - 172)\text{kJ/kg} = 299.1\text{kJ/kg}$$

$$\eta_t = \frac{w_0}{q_H} = \frac{299.1}{812.2} = 37\%$$

（4）$\eta_T = 0.9$ 时，求 η_i

$$w'_T = \eta_T w_T = 0.9 \times 471.1\text{kJ/kg} = 423.99\text{kJ/kg}$$

$$\eta_i = \frac{w'_T - w_C}{q_H} = \frac{423.99 - 172}{812.2} = 31\%$$

讨论

1）循环各状态点之间有一定的关系，计算时必须清楚。

2）压气机和燃气轮机都是开口系，必须按稳定流动能量方程式计算压气机的耗功和燃气轮机的做功。

3）循环的净功也可用 $w_0 = q_H - q_L$ 计算，热效率也可用 $\eta_t = 1 - q_L/q_H$ 计算。

4）从计算结果可以看出，燃气轮机内的不可逆因素使循环的热效率降低了6%。

第五节　提高燃气轮机循环热效率的其他措施

分析图11-11可知，工质在燃气轮机中膨胀做功后温度 T_4 还相当高，向冷源放热会造成很大的热损失，因此若在装置中增添一个回热加热器，利用燃气轮机排气的热量加热压缩后的空气，便可提高循环的平均吸热温度，降低循环的平均放热温度，从而可提高循环的热效率。图11-14所示是增加回热加热器后燃气轮机装置流程示意图，其理想极限回热理论循环的 T-s 图如图11-15所示。在理想情况下，可以把压缩后的空气加热到 $T_5 = T_4$，同时燃气轮机的排气可冷却到 $T_6 = T_2$。这样，工质自外热源吸热过程5—3的平均吸热温度 $\overline{T}_{53}$ 大于无回热时的平均吸热温度 $\overline{T}_{23}$，放热过程6—1的平均放热温度 $\overline{T}_{61}$ 小于无回热时的平均放热温度 $\overline{T}_{41}$，显然，采用回热后循环热效率将提高。采用回热措施后，循环中的吸热量减小，放热量也减小，循环的净功没有变化，但循环的热效率增大。

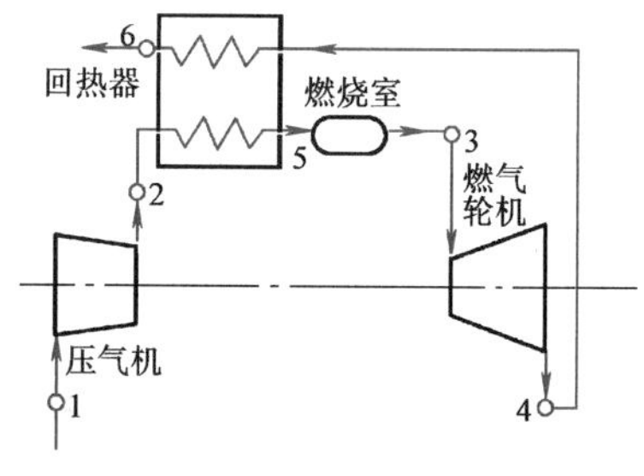

图11-14　具有回热的燃气轮机装置示意图

对于考虑了黏性摩阻的燃气轮机定压加热循环，采用回热同样是提高燃气轮机装置热效率的一种有效措施，如图11-16所示。事实上，由于回热加热器面积不可能无穷大，或传热系数不可能无穷大，因此不可能实现理想的极限回热，即压缩后的空气加热不到 $T_5 = T_{4'}$，只能加热到如图 11-16 所示的 $T_7<T_{4'}$。将实际回热利用的热量与极限回热利用的热量之比定义为回热度 σ，对于如图 11-16 所示的回热循环有

$$\sigma=\frac{h_7-h_{2'}}{h_5-h_{2'}} \tag{11-8}$$

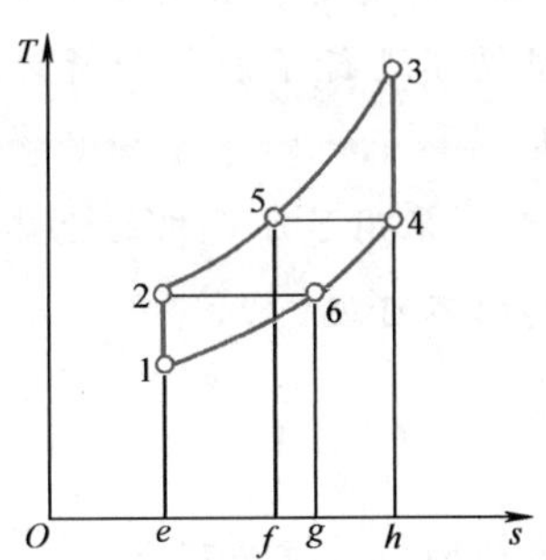

图 11-15　理想回热理论循环

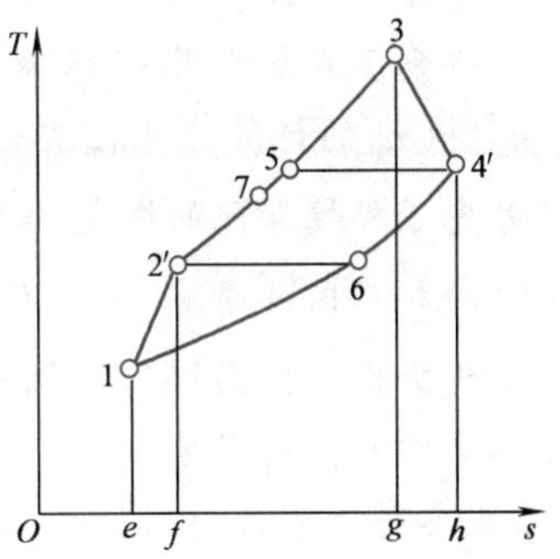

图 11-16　极限回热的实际循环

当比热容采用定值时有

$$\sigma=\frac{T_7-T_{2'}}{T_5-T_{2'}} \tag{11-9}$$

对于燃气轮机循环，除采用简单回热外，还可以采用下列方法对循环进行改进，以提高燃气轮机循环的热效率。

1）在回热的基础上，采用多级压缩、级间冷却。图 11-17 所示的循环 1—5—6—7—9—3—4—0—1 是在利用循环中排气过程 4—0 对过程 7—9 进行回热加热的基础上，实现两级压缩、级间冷却的循环。可以看到相对于简单回热循环，此循环的平均放热温度得到了进一步降低，故热效率比采用简单回热循环的要高。

2）在回热的基础上，采用多级膨胀、中间再热。图 11-17 所示的循环 1—2—10—3—11—12—13—14—1 是在利用循环中排气过程 13—14 对过程 2—10 进行回热加热的基础上，实现两级膨胀、中间再热的循环。可以看到相对于简单回热循环，此循环的平均吸热温度得到了进一步提高，故热效率比采用简单回热循环的要高。

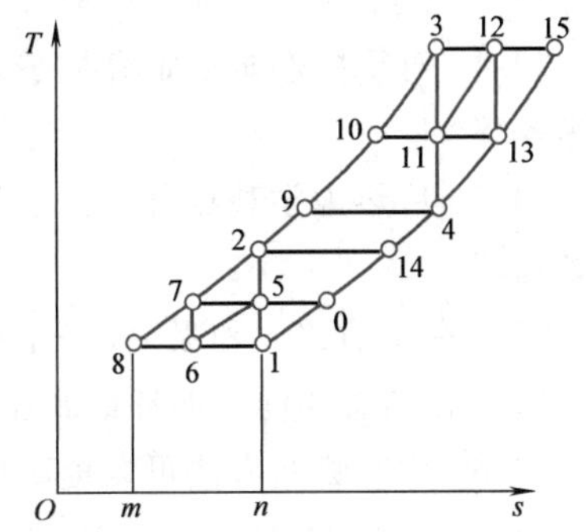

图 11-17　在回热基础上多级压缩、级间冷却和多级膨胀、中间再热

3）在回热的基础上，采用多级压缩、级间冷却，多级膨胀、中间再热的方法。图 11-17 所示的循环 1—5—6—7—10—3—11—12—13—0—1 是在回热的基础上，采用两级压缩、级间冷却，两级膨胀、中间再热的循环。显然，相对于简单回热循环平均吸热温度得到了进一步提高，平均放热温度得到了进一步降低，故循环热效率比上述 1) 和 2) 方法的还要高。

本章小结

本章介绍了活塞式内燃机的构造及实际循环过程，针对燃料是汽油和柴油的实际循环进行了分析简化，得到了相应的理想循环，即定容加热循环、定压加热循环和混合加热循环，对各理想循环进行了能量分析计算：包括 q_H、q_L、w_0 和 η_t 的计算，并在 p-v 图和 T-s 图上进行了定性分析。

本章同时介绍了简单燃气轮机装置的基本结构及实际工作循环，并对实际工作循环进行了简化，得到了定压加热理想循环，对定压加热理想循环进行了能量分析计算：包括 q_H、q_L、w_0 和 η_t 的计算，并在 T-s 图上进行了定性分析。

在对考虑了黏性摩阻的燃气轮机实际循环进行分析时，采用了压气机的绝热效率 $\eta_{C,s}$ 和燃气轮机的相对内效率 η_T 分析计算气体黏性摩阻引起的不可逆。

通过分析提出了提高燃气轮机热效率的途径与方法。

通过本章学习，要求读者：

1）掌握各种活塞式内燃机的热力过程组成和热力循环的能量分析计算。

2）能对影响内燃机热力循环性能的因素进行分析。

3）能在不同条件下，对内燃机各种热力循环的热力学性能进行比较。

4）掌握燃气轮机循环的热力过程组成和热力循环的能量分析计算。

5）掌握提高燃气轮机热效率的途径与方法。

思考题

11-1 在分析动力循环时，如何理解热力学第一、二定律的指导作用？

11-2 内燃机工作有哪四个工作冲程？各有什么特点？

11-3 汽油机和柴油机的循环经简化后得到哪几种理想工作循环？

11-4 对于内燃机的定容加热理想循环、定压加热理想循环和混合加热理想循环如何提高热效率？

11-5 从热力学观点分析，下列两种比较内燃机三种理想循环的热效率方法，你认为哪种更合理：

（1）在压缩比 ε 和吸热量 q_H 相同的条件下；

（2）在初态相同及循环最高压力与最高温度相同的条件下。

11-6 你有哪些方法可以提高内燃机的能量利用率？

11-7 如图 11-11 所示，燃气轮机理想循环的热效率可以表示为 $\eta_t=1-T_1/T_2$ 或 $\eta_t=1-1/(\pi^{\frac{\kappa-1}{\kappa}})$，它能否表示为 $\eta_t=1-T_L/T_H$，两者之间是否有矛盾，试说明之。

11-8 燃气轮机装置中，膨胀过程采用定温膨胀可增加燃气轮机的做功量，因而增加了循环的净功，如图 11-18 所示，试比较分别采用定温膨胀 3—6 和定熵膨胀 3—4 时的热效率大小。

11-9　燃气轮机装置中，压缩过程采用定温压缩可减少压气机的耗功，因而增加了循环的净功，如图 11-19 所示，试说明在没有采用回热的情况下采用定温压缩的热效率反而降低。

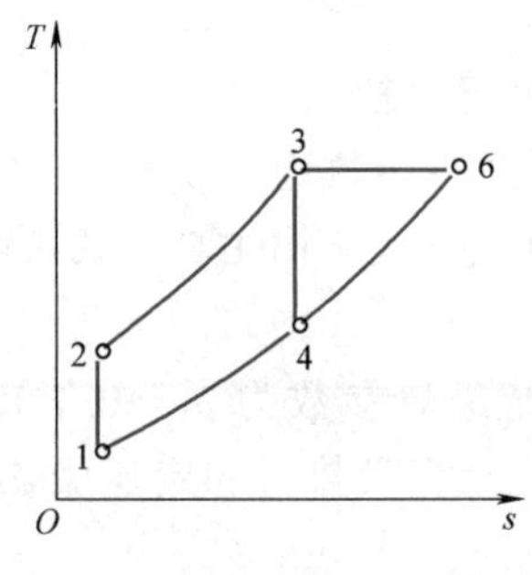

图 11-18　思考题 11-8 附图

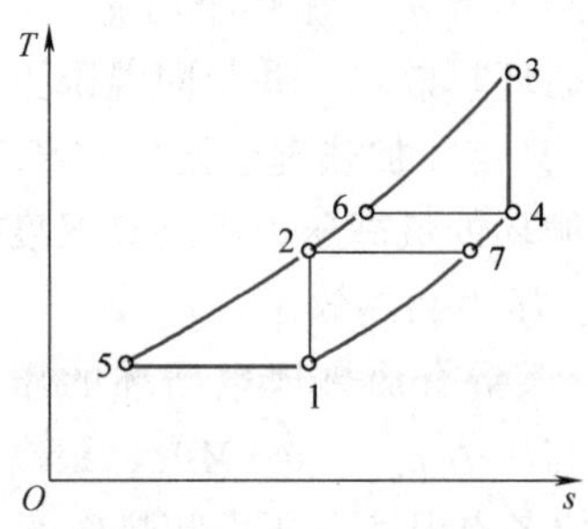

图 11-19　思考题 11-9 附图

11-10　燃气轮机装置循环和内燃机循环相应的最高温度较高、最低温度较低，但它们的热效率均低于同温限的卡诺循环的热效率，为什么？

11-11　在什么条件下燃气轮机装置可以采用回热的方法提高循环热效率？

11-12　试证明燃气轮机装置定压加热理想循环中采用极限回热时，理想循环热效率的公式为

$$\eta_t = 1 - \frac{T_1}{T_3}\pi^{\frac{\kappa-1}{\kappa}}$$

11-13　活塞式内燃机排气温度较高，在理论上能否和燃气轮机一样采用回热提高热效率？实际中采用吗？为什么？

习　题

11-1　定容加热汽油机的循环每千克空气加入热量 1000kJ，压缩比 $\varepsilon = v_1/v_2 = 5$，压缩过程的初参数为 100kPa、15℃。试求：

（1）循环的最高压力和最高温度；

（2）循环热效率。

11-2　一混合加热理想柴油机循环，工质视为空气，已知 $p_1 = 0.1\text{MPa}$、$t_1 = 50℃$，$\varepsilon = v_1/v_2 = 12$、$\lambda = p_3/p_2 = 1.8$，$\rho = v_4/v_3 = 1.3$（图 11-5），比热容为定值。试求在此循环中单位质量工质的吸热量、净功量和循环热效率。

11-3　某定压加热柴油机循环，参数为 $p_1 = 101150\text{Pa}$、$T_1 = 300\text{K}$、$T_3 = 923\text{K}$、$p_2/p_1 = 6$，循环的 p-v 图和 T-s 图如图 11-6 所示。试求：

（1）吸热量 q_H、放热量 q_L；

（2）循环净功 w_0；

（3）循环热效率；

（4）平均吸热温度和平均放热温度。假定工质为空气，且比定压热容 $c_p = 1.03\text{kJ/(kg·K)}$。

11-4 某定压加热柴油机循环，参数为 $p_1=101150\text{Pa}$、$T_1=300\text{K}$、$v_1/v_2=14$，吸热量 $q_H=900\text{kJ}$，循环的 p-v 图和 T-s 图如图 11-6 所示。试求：

（1）循环各状态点的压力、温度和比体积；

（2）放热量 q_L，循环净功 w_0；

（3）循环热效率，并与同温限下的卡诺循环的热效率进行比较。

11-5 某定压加热理想循环和某定容加热理想循环，若进口参数均为 $p_1=0.1\text{MPa}$、$T_1=300\text{K}$，两循环的最高压力和最高温度相等，为 $p_{max}=0.6\text{MPa}$、$t_{max}=1300℃$，试求两循环的各点温度、压力和热效率。

11-6 某混合加热理想循环的压缩比 $\varepsilon=v_1/v_2=18$，若进口参数为 $p_1=0.1\text{MPa}$、$T_1=300\text{K}$，最高压力 $p_{max}=0.6\text{MPa}$，最高温度 $t_{max}=1400℃$，其定容吸热量和定压吸热量相等，试求循环的各点温度、压力和热效率。

11-7 试证明定压加热内燃机循环的热效率为

$$\eta_t=1-\frac{\rho^{\kappa}-1}{\kappa\varepsilon^{\kappa-1}(\rho-1)}$$

式中，ε 为压缩比；ρ 为预胀比。

11-8 某燃气轮机装置定压加热理想循环如图 11-11 所示。压气机进口参数为 $p_1=0.1\text{MPa}$、$T_1=300\text{K}$，压气机增压比 $\pi=p_2/p_1=6$，燃气轮机进口处燃气温度 $T_3=1000\text{K}$。取空气的 $c_p=1.004\text{kJ/(kg·K)}$，$\kappa=1.4$，试求：

（1）循环各点的温度和压力；

（2）循环的吸热量、放热量和净功量；

（3）循环的热效率。

11-9 在燃气轮机的定压加热理想循环中，工质视为空气，进入压气机的温度 $t_1=27℃$，压力 $p_1=0.1\text{MPa}$，循环增压比 $\pi=p_2/p_1=4$，在燃烧室中加入热量 $q_H=733\text{kJ/kg}$，经绝热膨胀至 $p_4=0.1\text{MPa}$。设比热容为定值，试：

（1）画出循环的 T-s 图；

（2）求循环的最高温度；

（3）求循环的净功量和热效率；

（4）若燃气轮机的相对内效率为 0.91，循环的热效率为多少？

11-10 某燃气轮机装置的定压加热实际循环如图 11-11 所示。压气机进口空气 $p_1=0.1\text{MPa}$、$t_1=20℃$，$\pi=p_2/p_1=5$，循环最高温度 $t_3=1000℃$，压气机绝热效率 $\eta_{C,s}=0.84$，燃气轮机的相对内效率 $\eta_T=0.86$，试求：

（1）循环各点的温度；

（2）循环的加热量、放热量和净功；

（3）压气机和燃气轮机中不可逆过程的熵产。

11-11 对于燃气轮机定压加热理想循环，若压气机进口空气参数为 $p_1=0.1\text{MPa}$、$t_1=27℃$，燃气轮机进口处燃气温度 $t_3=1000℃$。试问增压比 π 最高为多少时，循环净功为零？从这一计算你能得到怎样的启示？

11-12 某燃气轮机装置极限回热定压加热理想循环。已知 $T_1=300\text{K}$、$T_3=1200\text{K}$，$p_1=0.1\text{MPa}$、$p_2=1.0\text{MPa}$，$\kappa=1.37$。试求：

（1）循环各点的温度；

（2）循环的加热量、放热量和净功；

（3）循环热效率。

11-13 上题中设 T_1、T_3、p_1 均维持不变，问 p_2 增大到何值时就不可能再采用回热？

11-14 某燃气轮机装置循环。已知 $T_1=300\text{K}$、$T_3=1200\text{K}$，$p_1=0.1\text{MPa}$、$p_2=1.0\text{MPa}$，压气机的绝热效率为 0.80，燃气轮机的相对内效率为 0.84，试求：

（1）循环各点的温度；

（2）循环的加热量、放热量和净功；

（3）循环热效率。

11-15 某燃气轮机装置循环采用极限回热方法提高热效率，已知 $T_1=300\text{K}$、$T_3=1200\text{K}$，$p_1=0.1\text{MPa}$、$p_2=1.0\text{MPa}$，压气机的绝热效率为 0.80，燃气轮机的相对内效率为 0.84，试求：

（1）循环各点的温度；

（2）循环的加热量、放热量和净功；

（3）循环热效率；

（4）气体在经压气机和燃气轮机各过程时的不可逆损失。

11-16 某燃气轮机装置循环采用回热方法提高热效率，已知 $T_1=300\text{K}$、$T_3=1200\text{K}$，$p_1=0.1\text{MPa}$、$p_2=1.0\text{MPa}$，压气机的绝热效率为 0.80，燃气轮机的相对内效率为 0.84，回热度为 0.68。试求：

（1）循环各点的温度；

（2）循环的加热量、放热量和净功；

（3）在回热加热器中气体的换热量；

（4）循环热效率。

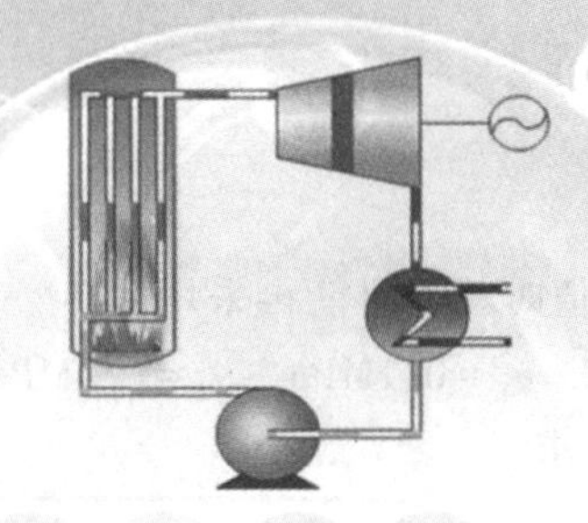

第十二章

蒸汽动力装置及循环

第一节　蒸汽动力装置的主要设备及流程

蒸汽动力装置是以水蒸气作为工质的热动力装置。工业上最早使用的动力装置就是以水蒸气为工质的蒸汽机。由于水容易获得、无污染并具有良好的热力学性能等，蒸汽动力装置仍然是现代电力生产最主要的热动力装置。

图 12-1 所示是一热力发电厂的设备布置示意图。与内燃机和燃气轮机相比，蒸汽动力装置的工质水蒸气本身不能燃烧也不能助燃，工质在循环中从锅炉中燃烧的烟气吸收热量，

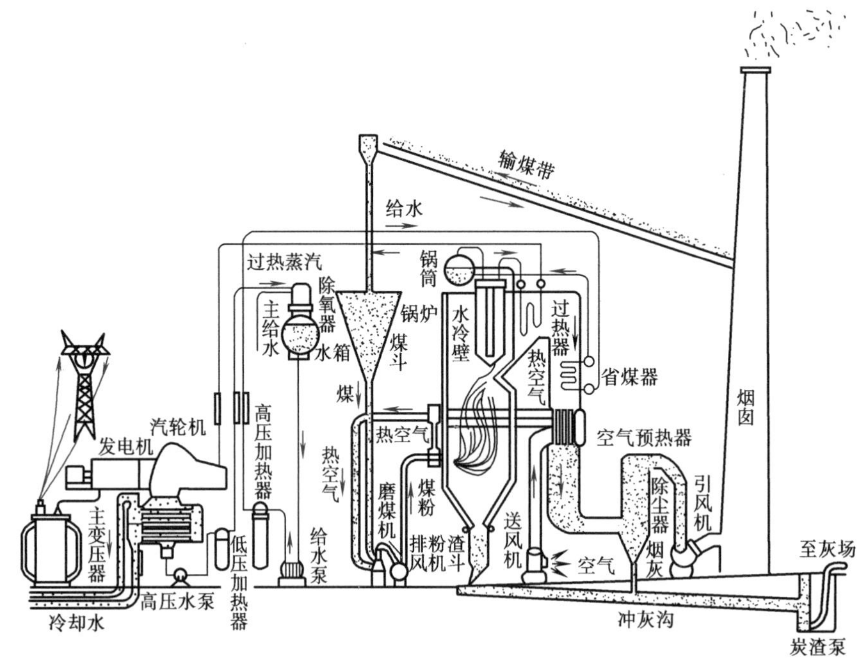

图 12-1　热力发电厂示意图

锅炉就是高温热源，它的热量由燃料燃烧产生。进入锅炉的水在吸热后变为水蒸气，然后高温、高压的蒸汽在汽轮机中膨胀做功，汽轮机带动发电机发电。做功后的蒸汽进入冷凝器中冷凝变为水，同时向低温热源（冷却水）放出热量。水经水泵加压后送入锅炉再加热，完成一个循环。水蒸气的动力循环是一个闭式循环。在循环中，水有相变，即沸腾汽化和凝结过程，根据水蒸气的特点组成的动力循环中，锅炉、汽轮机、冷凝器及水泵是循环的主要设备，除此之外还有很多辅助设备，它们都是实际动力循环不可缺少的，具体设备如图 12-1 所示。下面就锅炉和汽轮机的结构和工作原理作简单介绍。

一、锅炉

在蒸汽动力循环装置中，锅炉是必不可少的设备之一。在工矿企业、交通运输以及人民生活中，锅炉也是必不可少的热工设备。锅炉的形式很多，通常把用于发电、动力方面的锅炉称为动力锅炉，把用于工业生产方面的锅炉称为工业锅炉。锅炉设备由锅炉本体和辅助设备两大部分组成。图 12-2 所示为一以煤作为燃料的锅炉本体示意图，图 12-3 所示为锅炉工作过程示意图。

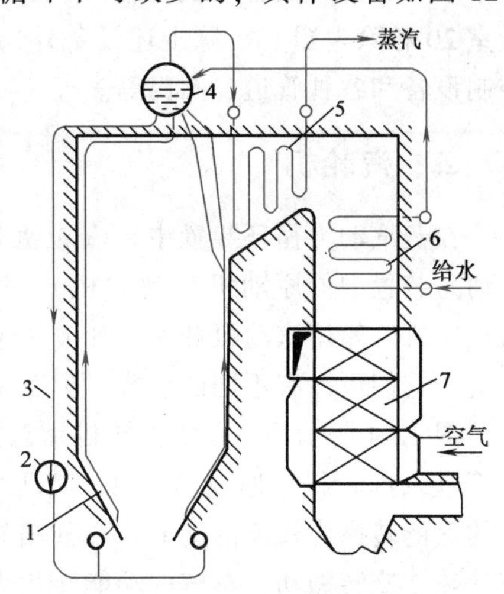

图 12-2 锅炉本体示意图

1—炉膛蒸发受热面 2—循环泵 3—下降管 4—锅筒 5—过热器 6—省煤器 7—空气预热器

1. 锅炉本体

如图 12-3 所示，锅炉本体由炉膛 7、燃烧器 6、锅筒 17、水冷壁 8、蒸汽过热器 9（以及 10 、11 和 19）、省煤器 12 和空气预热器 4 所组成。当燃料燃烧时，高温烟气通过锅炉的受热面（包括锅筒、水冷壁、蒸汽过热器、省煤器）对受热面内的水加热，使之沸腾汽化直至过热。

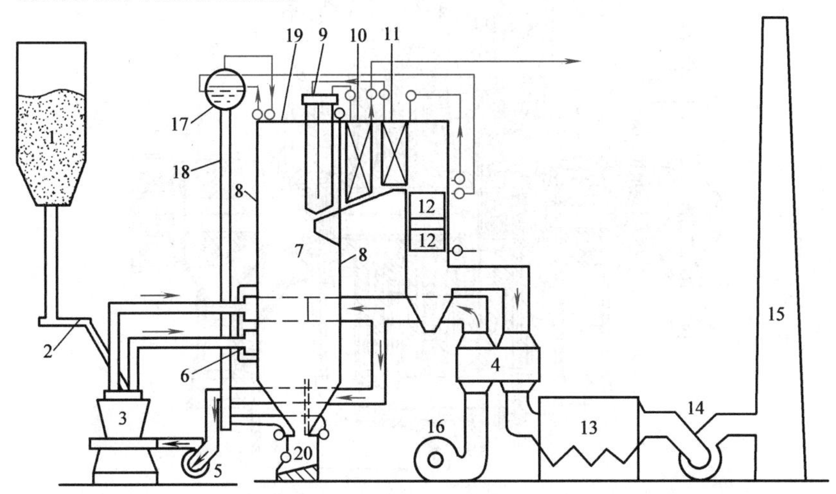

图 12-3 锅炉工作过程示意图

1—煤斗 2—给煤机 3—磨煤机 4—空气预热器 5—排粉风机 6—燃烧器 7—炉膛 8—水冷壁 9—屏式过热器 10—高温过热器 11—低温过热器 12—省煤器 13—除尘器 14—引风机 15—烟囱 16—送风机 17—锅筒 18—下降管 19—顶棚过热器 20—排渣室

空气预热器 4 布置在尾部烟道，利用排烟余热加热进入炉内空气的热交换器。

2. 锅炉辅助设备

锅炉的辅助设备是为了维持锅炉正常运行而设置的。它主要包括通风设备、给水设备和燃料系统设备。

如图 12-3 所示，通风设备由送风机 16、引风机 14 和烟囱 15 构成；给水设备由水箱、给水泵和水处理设备组成；燃料系统设备包括煤斗 1、给煤机 2、磨煤机 3、排粉风机 5、排渣室 20 和除尘器 13。除上述设备外，辅助设备还包括各种仪表控制设备和各种管道、阀门等。

二、汽轮机

在蒸汽动力循环装置中，汽轮机是另一主要设备，它是蒸汽动力装置中的原动机（动力机）。汽轮机按其用途可分为电站汽轮机、船用汽轮机和用于工矿企业蒸汽动力装置的工业汽轮机。它们可以有不同的形式，但其基本工作原理相同。

图 12-4 所示是一单级汽轮机示意图。高温高压的蒸汽从进汽管进入汽轮机，通过喷管 4，其压力下降、膨胀增速，使蒸汽的热能转换为汽流的动能。离开喷管的高速汽流冲击叶片 3，使叶轮 2 旋转做功，蒸汽的动能转化为机械功。

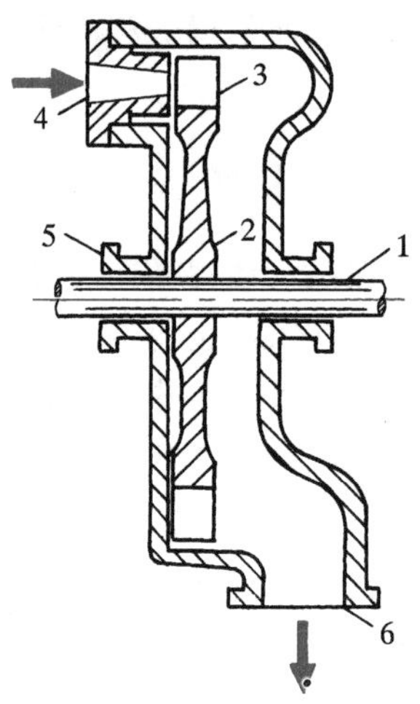

图 12-4　单级汽轮机示意图

1—轴　2—叶轮　3—叶片
4—喷管　5—机壳　6—排汽管

工业和电站汽轮机多为多级汽轮机。所谓“级”是汽轮机的工作级，每一个工作级由一组喷管和其后的一列动叶片构成。图 12-5 所示是一多级冲击式汽轮机剖视图。

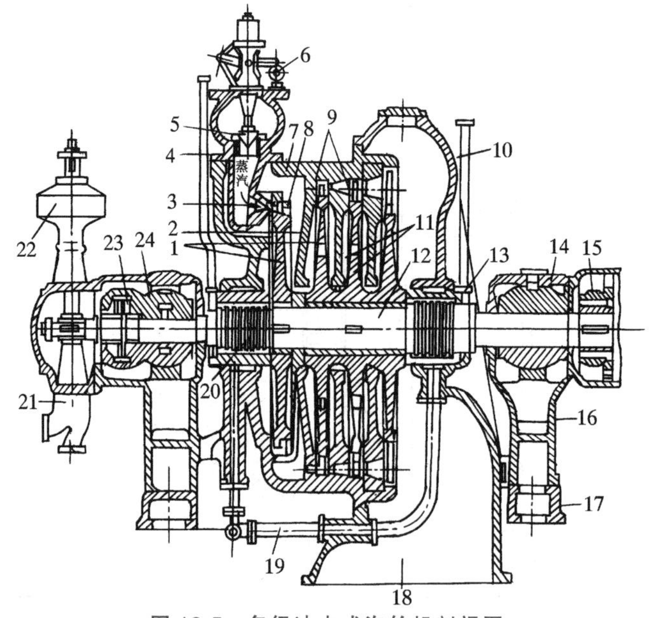

图 12-5　多级冲击式汽轮机剖视图

1—叶轮　2—隔板　3—第一级喷管　4—高压端轴封信号管　5—进汽阀　6—配汽凸轮轴　7—机壳　8—工作叶片
9—隔板上的喷管　10—低压端轴封信号管　11—隔板上的轴封　12—轴　13—低压端轴封　14—低压端的径向轴承
15—联轴器　16—轴承支架　17—基础架　18—排汽口　19—导管　20—高压端轴封
21—油泵　22—离心调速器　23—推力轴承　24—轴承

除了上述蒸汽动力循环装置外，地热电站、核能电站、太阳能电站以及余热利用等用以产生动力的许多装置，其工作原理大同小异，也是以蒸汽作为工质的动力循环装置。这些循环除上面所述的热工设备外，还涉及许多其他热工设备，并具有各自的特点。

第二节 朗肯循环

蒸汽动力循环中的锅炉、汽轮机、冷凝器和水泵是循环中的基本设备。最简单的蒸汽动力循环是利用这四个基本设备实现的朗肯循环，图 12-6 所示是循环的系统示意图，图 12-7 所示是朗肯循环的 T-s 图。

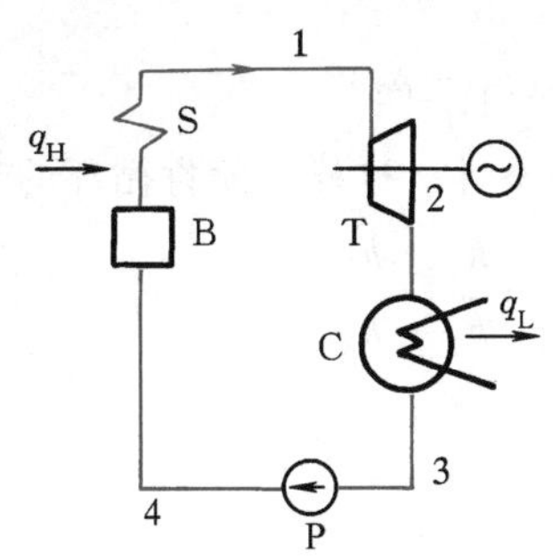

图 12-6 朗肯循环的系统示意图

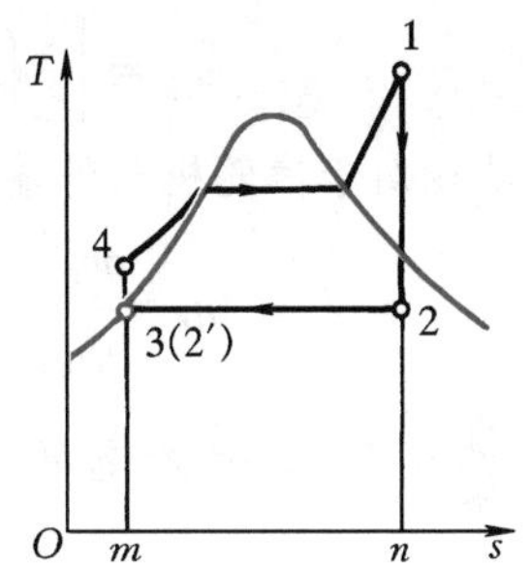

图 12-7 朗肯循环的 T-s 图

过程 4—1：水在锅炉 B 和过热器 S 中吸热，由未饱和水变为过热蒸汽。过程中工质与外界无技术功交换。忽略了工质流动过程的阻力，该过程为定压过程。

过程 1—2：过热蒸汽在汽轮机中膨胀并对外输出轴功，在汽轮机出口，工质通常达到低压下的湿蒸汽状态，称为乏汽。忽略工质的摩阻与散热，该过程为绝热可逆的定熵过程。

过程 2—3：在冷凝器中乏汽放热给冷却水，凝结成为冷凝器乏汽压力下的饱和水（故图 12-7 中又用 2′表示状态 3）。该过程可视为定压过程。

过程 3—4：凝结后的饱和水经水泵后压力提高，再次进入锅炉，完成一个循环。饱和水经水泵的升压过程可视为定熵过程。

一、朗肯循环的能量分析计算

在图 12-7 所示的朗肯循环中，单位质量工质在锅炉中吸热的过程是一定压过程，且对外无功量交换，根据稳定流动的能量方程，工质的吸热量为

$$q_H = h_1 - h_4$$

汽轮机中蒸汽膨胀对外所做的功（轴功）为

$$w_T = h_1 - h_2$$

工质在冷凝器中放出的热量为

$$q_L = h_2 - h_3$$

冷凝水经水泵所消耗的功（轴功）为

$$w_p = h_4 - h_3$$

循环净功为

$$w_0 = w_T - w_p = (h_1 - h_2) - (h_4 - h_3) = (h_1 - h_4) - (h_2 - h_3) = q_H - q_L$$

循环的热效率为

$$\eta_t=\frac{w_0}{q_H}=\frac{(h_1-h_2)-(h_4-h_3)}{h_1-h_4}$$

$$=1-\frac{q_L}{q_H}=1-\frac{h_2-h_3}{h_1-h_4} \tag{12-1a}$$

在上述热量、功及热效率的计算中，各状态点的焓值可根据循环的已知参数（p_1、T_1、p_2 等）以及各过程的特点查图或查表求得。至于水泵的耗功，由于水可看成不可压缩流体（v 不变），进入水泵的工质为汽轮机排汽压力下的饱和水，水泵出口的压力与锅炉中工质压力相等，均为 p_1，故有

$$w_p=\left|-\int_3^4 v\mathrm{d}p\right|=v_3(p_4-p_3)=v_2'(p_1-p_2)$$

水泵耗功相对于汽轮机对外输出功非常小，可以忽略不计。这样，朗肯循环的热效率为

$$\eta_t=\frac{w_0}{q_H}=\frac{(h_1-h_2)-(h_4-h_3)}{h_1-h_4}=\frac{h_1-h_2}{h_1-h_3} \tag{12-1b}$$

二、蒸汽参数对热效率的影响

1. 初温的影响

在相同初压 p_1 和背压（汽轮机排汽压力）p_2 下，将新汽温度从 T_1 提高到 T_{1a}，如图 12-8 所示，使朗肯循环的平均吸热温度有所提高，由 $\overline{T}_H$ 提高到 $\overline{T}_{Ha}$，而平均放热温度不变，由式（3-8）可知，循环的热效率得以提高。而且，初温的提高可使汽轮机的排汽干度从 x_2 增大到 x_{2a}，这有利于汽轮机的安全运行。但初温的提高受到设备（锅炉、汽轮机）材料耐高温强度的限制，故初温一般不超过 650℃。

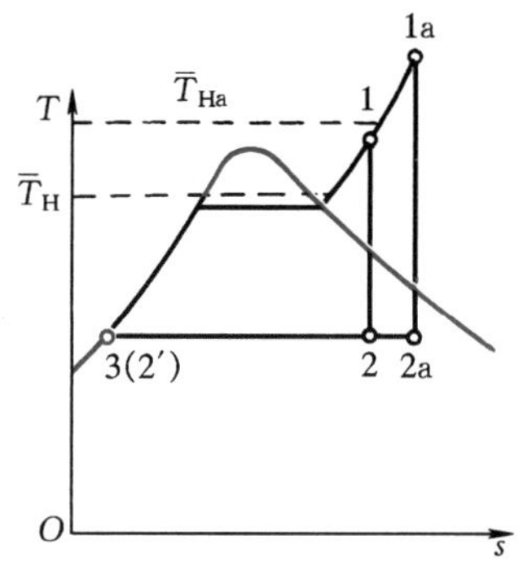

图 12-8 初温 T_1 对热效率的影响

2. 初压的影响

在相同初温 T_1 和背压 p_2 条件下，将新汽的压力从 p_1 提高到 p_{1a}，如图 12-9 所示，也可使朗肯循环的平均吸热温度升高，由 $\overline{T}_H$ 提高到 $\overline{T}_{Ha}$，而保持平均放热温度不变，使循环热效率得到提高。但初压的提高同样受材料强度（耐压强度）的限制。同时，初压的提高使汽轮机排汽干度从 x_2 降到 x_{2a}，排汽干度过低（一般不应小于 0.84），会危及汽轮机的安全运行。

3. 背压的影响

在相同初温 T_1 和初压 p_1 下，将排汽压力（背压）由 p_2 降低到 p_{2a}，如图 12-10 所示，则朗肯循环的平均放热温度明显下降，而平均吸热温度相对下降得极少，这样使循环的热效率得以提高。但由于相应于排汽压力的蒸汽饱和温度最低只能降低到环境温度，故背压的降低是有限度的。

综上所述，提高初参数 p_1、T_1，降低背压 p_2 均可提高循环热效率，但提高初参数受到金属性能和排汽干度等的限制，降低背压 p_2 受到环境温度的限制，因而改进的潜力不大。由于平均吸热温度与最高温度相差很大，提高平均吸热温度几乎不受什么限制，因而提高平均吸热温度是提高热效率的重要途径。采用再热、抽汽回热等措施是提高平均吸热温度的有效方法，详见下述。

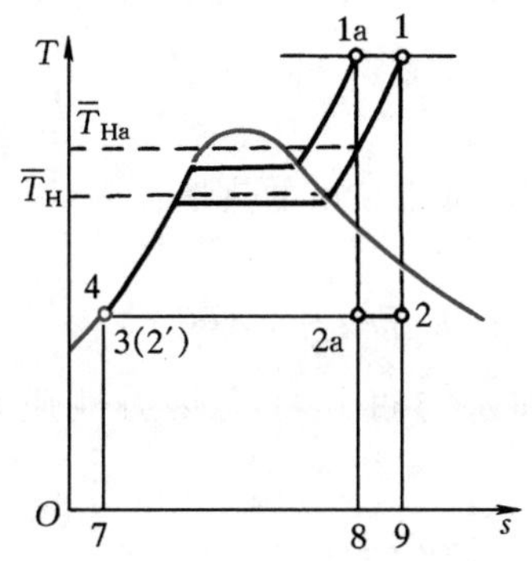

图 12-9　初压 p_1 对热效率的影响

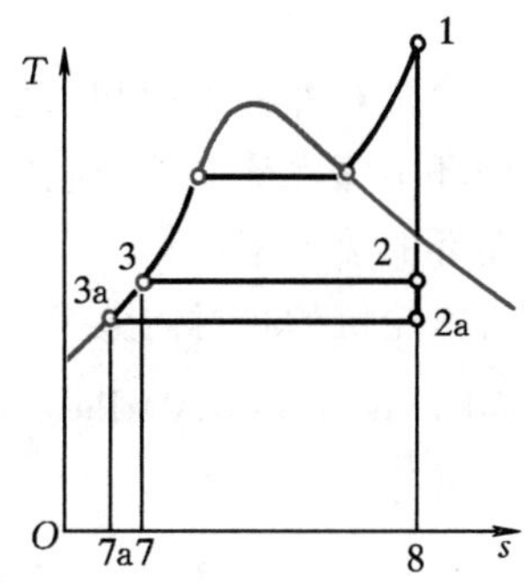

图 12-10　背压 p_2 对热效率的影响

三、有摩阻的实际循环

以上讨论的朗肯循环是理想的可逆循环，实际蒸汽动力装置中的过程是不可逆的，尤其是蒸汽在汽轮机中的膨胀过程。由于蒸汽在汽轮机中流速很高，汽流内部的摩擦损失及汽流与喷嘴内壁、叶片壁的摩擦损失不能忽略，叶片对汽流的阻力也相当大，这都使理想的可逆循环与实际循环有较大的差别。

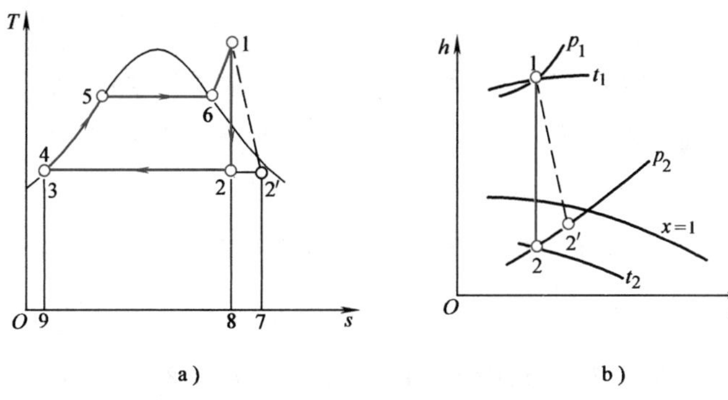

图 12-11　有摩阻的实际循环

图 12-11 所示是只考虑汽轮机中有摩擦损失时简单蒸汽动力循环的 T-s 图和 h-s 图。1—2 是蒸汽在汽轮机中的可逆绝热膨胀过程，1—2′是不可逆绝热膨胀过程。与燃气轮机一样，汽轮机中也采用相对内效率 η_T 描述其内部不可逆因素的大小，表达式仍为

$$\eta_T = \frac{w'_T}{w_T} = \frac{h_1 - h_{2'}}{h_1 - h_2} \tag{12-2}$$

η_T 的大小可由实验测量或经验确定。根据式（12-2）可得到

$$h_{2'} = h_1 - (h_1 - h_2)\eta_T$$

这样，可根据 $p_{2'}$和 $h_{2'}$查表或查图求得 2′点的其他参数。有关循环的其他状态点的状态参数的确定与可逆时的相同。忽略泵功时，实际循环热效率

$$\eta_i = \frac{w'_0}{q_H} \approx \frac{w'_T}{q_H} = \frac{h_1 - h_{2'}}{h_1 - h_3} = \frac{(h_1 - h_2)\eta_T}{h_1 - h_3} = \eta_t\eta_T$$

例 12-1 我国生产的 50MW 汽轮机发电机组，其新蒸汽压力 $p_1=9.0\mathrm{MPa}$，温度 $t_1=500℃$，汽轮机排气压力 $p_2=0.005\mathrm{MPa}$。若该装置实施朗肯循环，T-s 图如图 12-11a 所示，试求：

(1) 汽轮机对外输出功和水泵耗功；

(2) 循环中蒸汽从锅炉吸收的热量和向冷凝器中的冷却水放出的热量；

(3) 循环的热效率；

(4) 若汽轮机的相对内效率为 $\eta_T=0.86$，实际循环的热效率为多少？

解 (1) 由 $p_1=9.0\mathrm{MPa}$、$t_1=500℃$，查未饱和水与过热蒸汽热力性质表（表 A-9）得

$$h_1=3385\mathrm{kJ/kg},\quad s_1=6.656\mathrm{kJ/(kg\cdot K)}$$

1—2 是定熵过程，由 $p_2=0.005\mathrm{MPa}$、$s_1=s_2$ 查水蒸气的焓熵图（图 B-5）或热力性质表得

$$h_2=2030\mathrm{kJ/kg}$$

状态 3 为饱和水，查饱和水与饱和水蒸气热力性质表（表 A-8b），当 $p_2=0.005\mathrm{MPa}$ 时，有

$$h_3=h'_2=137.72\mathrm{kJ/kg}$$

$$v_3=v_{2'}=0.0010053\mathrm{m^3/kg},\quad s_3=s_{2'}=0.4761\mathrm{kJ/(kg\cdot K)}$$

3—4 为定熵过程，由 $p_4=p_1=9.0\mathrm{MPa}$、$s_4=s_3$，查水蒸气的焓熵图（图 B-5）得 $h_4=147\mathrm{kJ/kg}$

$$w_T=h_1-h_2=(3385-2030)\mathrm{kJ/kg}=1355\mathrm{kJ/kg}$$

$$w_p=h_4-h_3=(147-137.72)\mathrm{kJ/kg}=9.28\mathrm{kJ/kg}$$

或 $$w_p=v_{2'}(p_1-p_2)=0.0010053\times(9.0-0.005)\times10^3\mathrm{kJ/kg}=9.043\mathrm{kJ/kg}$$

(2) 单位质量工质在循环中的吸热量和放热量分别为

$$q_H=h_1-h_4=(3385-147)\mathrm{kJ/kg}=3238\mathrm{kJ/kg}$$

$$q_L=h_2-h_3=(2030-137.72)\mathrm{kJ/kg}=1892.28\mathrm{kJ/kg}$$

(3) 循环热效率为

$$\eta_t=\frac{w_0}{q_H}=1-\frac{q_L}{q_H}=1-\frac{1892.28}{3238}=41.6\%$$

(4) 求 $\eta_T=0.86$ 时，实际循环的热效率

$$\eta_i=\eta_t\eta_T=0.416\times0.86=35.8\%$$

讨论

蒸汽的热力性质必须通过查表或查图来确定。在考虑汽轮机摩擦损失后，循环的热效率有明显的减小，故在实际循环计算时汽轮机的摩擦损失不能忽略。然而，水泵的耗功与汽轮机的输出功相比非常小，在实际计算中常可忽略不计。在本例的情况下，若忽略水泵功 w_p，则热效率为 41.7%。

第三节 再热循环

为了在提高蒸汽初压的同时，不使排气干度下降，以致危及汽轮机的安全运行，在蒸汽动力循环中常常采用中间“再热”的措施，这样形成的循环称为再热循环。图 12-12a 所示是一再热循环的装置流程示意图。进入汽轮机的新蒸汽先在汽轮机中膨胀至某一中间状态 a 后，被引出到锅炉中的再热器 R 中再次加热至状态 b（温度通常等于新蒸汽温度），然后再进入汽轮机中继续膨胀至背压 p_2。从图 12-12b 的 T-s 图可以看到，再热循环 1—a—b—2—3—4—1 相对于无再热的朗肯循环 1—a—c—3—4—1，汽轮机排汽干度得到了提高。对于如图 12-12b 所示的再热循环在忽略水泵功时单位质量蒸汽的吸热量为

$$q_H = (h_1 - h_4) + (h_b - h_a)$$

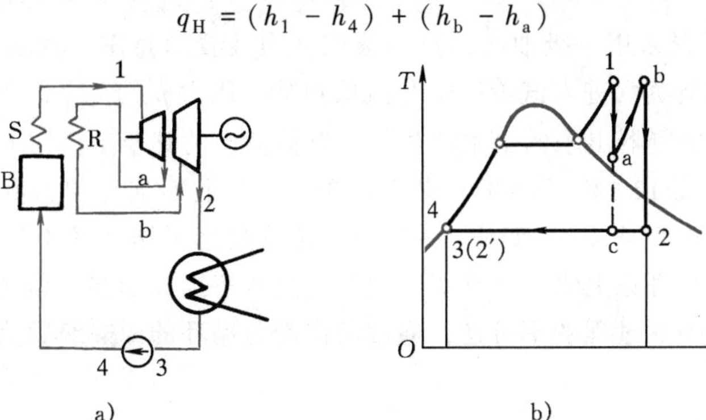

a)　　b)

图 12-12　再热循环

放热量

$$q_L = h_2 - h_3$$

净功量

$$w_0 = w_T = (h_1 - h_a) + (h_b - h_2)$$

热效率

$$\eta_t = \frac{w_0}{q_H} = \frac{(h_1 - h_a) + (h_b - h_2)}{(h_1 - h_4) + (h_b - h_a)} \tag{12-3}$$

显然，再热循环的中间再热压力的高、低对循环热效率有着重要的影响，可以通过数学优化确定。再热循环的中间再热压力工程上通常取为初压的 20%~30%。

由于再热后蒸汽循环的平均吸热温度可以得到提高，使循环热效率得到提高。因此，现代大型电站的蒸汽动力循环几乎无一例外地采用了再热循环。

第四节 抽汽回热循环

在朗肯循环中，平均吸热温度不高的主要原因是从未饱和水至饱和水的吸热过程温度较低。如能设法使工质在热源中的吸热不包括这一段，那么循环的平均吸热温度就会提高，使循环的热效率得到提高。鉴于采用如图 12-13 所示的极限回热的不可能性，工程上采用的是从汽轮机抽汽加热锅炉给水的抽汽回热循环。

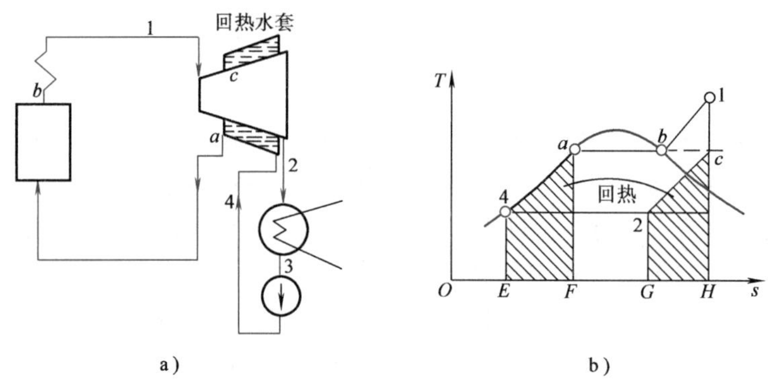

图 12-13 极限回热循环

如图 12-14a 所示是采用一级抽汽回热的蒸汽动力装置示意图，回热加热器采用混合式加热器。单位质量的新蒸汽进入汽轮机膨胀做功到某一压力 p_{0_1} 时，部分蒸汽 α 被抽出引入到回热加热器 R，对冷凝器出来的给水加热。没有被抽出的其余蒸汽（1-α）在汽轮机中继续膨胀至背压 p_2。从图 12-14b 所示的回热循环的 T-s 图上不难看到，由于采用了回热，使工质在锅炉中的吸热过程从 4—1 变成了 $0_1'$—1，显然提高了循环的平均吸热温度，从而提高了循环的热效率。从理论上讲，回热级数越多，热效率提高越多。但考虑到设备和管路的复杂性、投资及实际换热过程的不可逆，通常蒸汽动力循环的回热级数为 2~8 级。

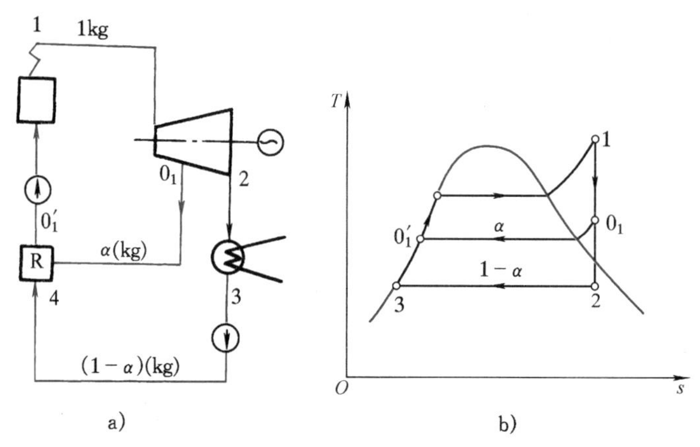

图 12-14 抽汽回热循环

a）装置示意图 b）T-s 图

对于如图 12-14 所示的忽略泵功的一级抽汽回热循环单位质量工质的吸热量

$$q_H = h_1 - h_{0_1'}$$

放热量

$$q_L = (1 - \alpha)(h_2 - h_3)$$

净功量

$$w_0 = w_T = (h_1 - h_{0_1}) + (1 - \alpha)(h_{0_1} - h_2)$$

热效率

$$\eta_t = \frac{w_0}{q_H} = \frac{(h_1 - h_{0_1}) + (1-\alpha)(h_{0_1} - h_2)}{h_1 - h_{0_1'}} \tag{12-4}$$

抽气量 α 可以根据混合式加热器的能量和质量守恒方程求取，从而有

$$\alpha = \frac{h_{0_1'} - h_3}{h_{0_1} - h_3} = \frac{h_{0_1'} - h_2'}{h_{0_1} - h_2'} \tag{12-5}$$

在实际工程中回热加热器大多数采用表面式加热器，其能量分析方法与混合式的一样。限于课程性质，这里不再介绍。

第五节　热电联产循环

现代蒸汽动力循环即使采用了高参数蒸汽、再热和回热等措施，其热效率也顶多达40%。燃烧所产生的热量中仍有60%左右最终排放到环境中，这不但使能量没有得到充分的利用，而且也造成了能源利用的热污染。

在实际工程中有许多工程和企业，不但需要电能而且需要热能。例如：化工、纺织印染和造纸等。这样，为了提高能源利用率，就可以利用蒸汽动力循环同时提供电能和热能，这就是热电联产循环（又称热电合供循环）。热电联产循环是提高蒸汽动力循环能量利用经济性的重要措施之一。

热电联产循环有两种形式：背压式热电联产循环和抽汽式热电联产循环。分别如图 12-15 和图 12-16 所示。

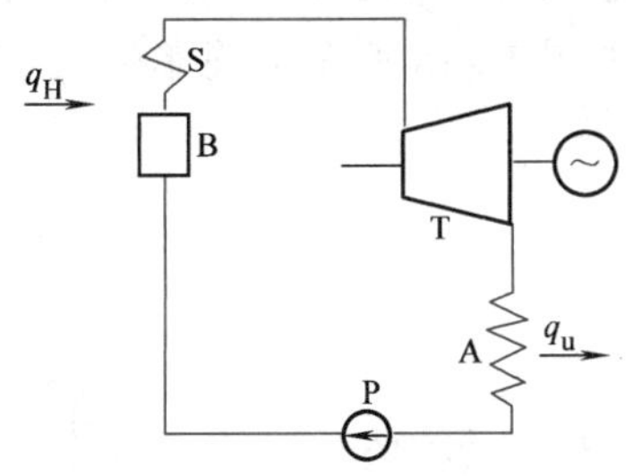

图 12-15　背压式热电联产循环

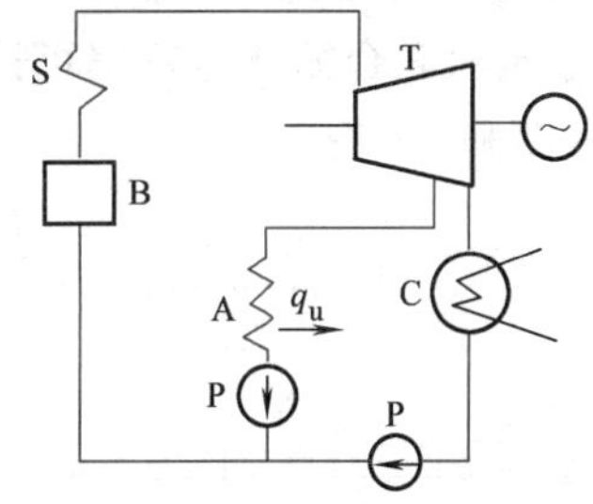

图 12-16　抽汽式热电联产循环

前已述及，降低背压是提高蒸汽动力循环热效率的措施之一，因此现代大型蒸汽动力循环的排汽压力在 4~5kPa。这样排汽的饱和温度仅为 29~33℃，如此温度下蒸汽所放出的热量没有什么用处。但如果将背压提高到 0.2MPa，排汽的饱和温度则为 120.24℃；如果将背压提高到 0.8MPa，排汽的饱和温度则为 170.44℃。这样温度的热能不但可以用来取暖，而且可以用于工业的加热设备。于是可以将汽轮机背压提高，将汽轮机的排汽用于供热，实现既供电又供热的热电联产蒸汽动力循环。同时供电和供热的发电厂称为热电厂。以提高汽轮机背压供热的热电联产循环称为背压式热电联产循环，背压式热电联产循环如图 12-15 所示，这种背压超过大气压力的汽轮机称为背压式汽轮机。由于背压式热电联产循环的热和电的生产相互约束，因此多用于自备电站。

为了克服背压式热电联产循环电、热生产相互制约的缺点，工程上多采用抽汽式热电联

产循环，如图 12-16 所示。抽汽式热电联产循环的供热来自汽轮机中间抽出的蒸汽，由于抽出的蒸汽量可以通过汽轮机的调节隔板调节，从而使热用户负荷的变化对电能生产无影响。

由于部分蒸汽被抽出供热，在同样吸热量的条件下做功减少，故热电联产循环的热效率减小。因此热电联产循环的能量利用经济性除热效率外，还可以用能量利用系数 ξ 表示，其定义式为

$$\xi=\frac{\text{已利用的热量}}{\text{工质从热源获得的热量}}=\frac{w_0+q_u}{q_H} \tag{12-6a}$$

若以燃料所放出的总热量作为计算基准，则有

$$\xi=\frac{\text{已利用的热量}}{\text{燃料的总发热量}}=\frac{w_0+q_u}{q_H/\eta_B} \tag{12-6b}$$

式中，q_u 为 1kg 蒸汽的供热量；η_B 为锅炉效率。

理想情况下热电联产循环的能量利用系数 ξ 可达到 100%，但由于各种损失和热电之间负荷的不协调性，实际热电联产循环的 ξ 为 70%左右。

第六节 燃气-蒸汽联合循环

燃气轮机循环中燃气轮机本体的进气温度可达 1300℃，而排气温度也在 400～650℃之间，所以热效率不是很高。蒸汽动力循环虽然排汽温度很低很理想（凝汽式汽轮机排汽温度约 30℃），但其上限温度为 650℃，热效率也不高。因此，如果将燃气轮机的排气作为蒸汽动力循环的热源构成燃气-蒸汽联合循环，则热效率会有较大的提高，采用了回热、再热的实际燃气-蒸汽联合循环热效率可达 57%。图 12-17 和图 12-18 所示为简单燃气-蒸汽联合循环的流程图和 T-s 图。

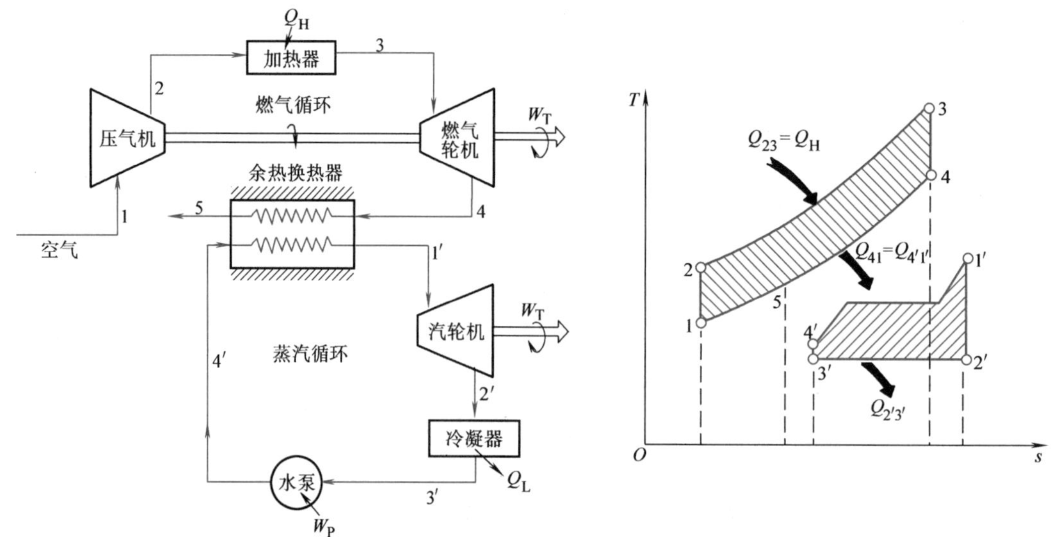

图 12-17 简单燃气-蒸汽联合循环的流程图

图 12-18 简单燃气-蒸汽联合循环的 T-s 图

在理想条件下，燃气轮机定压放热量可以通过余热加热器加热蒸汽动力循环的给水，以

产生水蒸气。因此联合循环的热效率为

$$\eta_t = 1 - \frac{Q_{2'3'}}{Q_{23}}$$

实际中由于放热过程 5—1 温度太低，放出的热量不能得到应用而排入大气，因此热效率为

$$\eta_t = 1 - \frac{Q_{2'3'} + Q_{51}}{Q_{23}}$$

本章小结

本章介绍了锅炉、汽轮机的基本构造和工作原理。对朗肯循环进行了能量分析计算，包括 q_H、q_L、w_0 和 η_t 的计算，并在 T-s 图上分析了蒸汽参数对循环热效率的影响。提出采用再热和抽汽回热是提高蒸汽动力循环的热效率的重要方法。对于考虑了黏性摩阻的蒸汽动力循环，引入了与燃气轮机相同的汽轮机相对内效率 η_T，用以表示蒸汽在汽轮机中不可逆因素的大小。

在对蒸汽参数对循环热效率的影响分析的基础上，提出了提高蒸汽动力循环能量利用经济性的方法与措施。

通过本章学习，要求读者：

1）掌握蒸汽动力各种循环的热力过程组成和热力循环的能量分析计算。

2）掌握提高蒸汽动力循环的能量利用经济性的途径与方法。

思考题

12-1　蒸汽动力循环的四大基本设备是什么？各起什么作用？

12-2　在朗肯循环中，为什么不把汽轮机排出的蒸汽直接压缩后送入锅炉中加热，而是冷却成水之后用水泵送入锅炉加热？

12-3　在简单蒸汽动力循环中，如果考虑蒸汽在汽轮机内的黏性摩阻，排汽的参数会发生哪些变化？哪些对循环是有利的？

12-4　提出再热循环的主要目的是什么？

12-5　再热和抽汽回热都是提高蒸汽动力循环热效率的有效措施，再热点和抽汽点是否可以任意选取？试在 T-s 图上定性分析。

12-6　蒸汽动力循环为什么不能采用极限回热循环？

12-7　无论是内燃机、燃气轮机还是蒸汽动力循环，各种实际循环的热效率都与工质的热力性质有关，这些事实是否与卡诺定理矛盾？

12-8　利用热电联产循环能否提高蒸汽动力循环的热效率？

12-9　你认为利用能量利用系数评价热电联产循环的能量利用经济性是否合理？为什么？

习 题

12-1 某锅炉每小时生产 4t 水蒸气，蒸汽出口的表压力 $p_{g2}=1.2\text{MPa}$，温度 $t_2=350℃$。设锅炉给水温度 $t_1=40℃$，锅炉效率 $\eta_B=0.8$，煤的发热量（热值）$q_C=2.97\times10^4\text{kJ/kg}$，试求每小时锅炉的耗煤量。

12-2 某蒸汽动力循环装置为朗肯循环。蒸汽的初压 $p_1=3.0\text{MPa}$，背压 $p_2=0.005\text{MPa}$，若初温分别为 300℃和 500℃，试求在忽略泵功条件下蒸汽在不同初温下的循环热效率 η_t 及蒸汽的终态干度 x_2。

12-3 某朗肯循环，水蒸气初温 $t_1=500℃$，背压 $p_2=0.005\text{MPa}$，试求在忽略泵功条件下当初压分别为 3.0MPa 和 5.0MPa 时的循环热效率 η_t 及排汽干度。

12-4 某简单蒸汽动力循环，水蒸气初温 $t_1=500℃$，背压 $p_2=0.005\text{MPa}$，当初压 $p_1=9.0\text{MPa}$ 时，试求循环热效率 η_t 及排汽干度。若上述参数不变，考虑蒸汽在汽轮机内的黏性摩阻，相对内效率 $\eta_T=0.82$，试进行同样的计算。

12-5 某火力发电厂按再热循环工作。锅炉出口蒸汽参数为 $p_1=10\text{MPa}$、$t_1=500℃$，汽轮机排汽压力 $p_2=0.004\text{MPa}$，蒸汽在进入汽轮机膨胀至 2.0MPa 时，被引出到锅炉再热器中再热至 500℃，然后又回到汽轮机中继续膨胀至排汽压力。设汽轮机和水泵中的过程都是理想的定熵过程，试求：

（1）由于再热，使乏汽的干度提高到多少？

（2）由于再热，循环的热效率提高了多少？

12-6 某单级抽汽回热蒸汽动力装置循环如图 12-14 所示，水蒸气进入汽轮机的状态参数为 9.0MPa、500℃，在 5kPa 下排入冷凝器。水蒸气在 1.0MPa 压力下抽出，送入混合式给水加热器加热给水。给水离开加热器的温度为抽气压力下的饱和温度。若忽略水泵功，试：

（1）画出循环的 T-s 图；

（2）求抽气量 α；

（3）求 1kg 水蒸气循环的吸热量 q_H 和循环放热量 q_L；

（4）求 1kg 水蒸气循环的净功量 w_0 和热效率 η_t。

12-7 某两级抽汽回热蒸汽动力装置循环如图 12-19 所示，水蒸气进入汽轮机的状态参数为 10.0MPa、550℃，在 5kPa 下排入冷凝器。水蒸气在 4MPa 和 0.5MPa 压力下抽出，送入混合式给水加热器加热给水。给水离开加热器的温度为抽气压力下的饱和温度。若忽略水泵功，试：

（1）画出循环的 T-s 图；

（2）求抽气量 α_1 和 α_2；

（3）求 1kg 水蒸气循环的吸热量 q_H 和循环放热量 q_L；

（4）求 1kg 水蒸气循环的净功量和 w_0 和热效率 η_t。

12-8 设有两个蒸汽再热动力装置循环，蒸汽的初参数都为 $p_1=12.0\text{MPa}$、$t_1=550℃$，

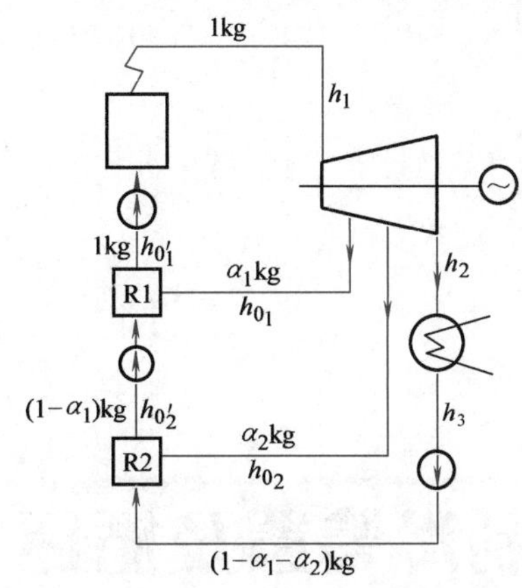

图 12-19　两级抽汽回热蒸汽动力装置循环

终压都为 $p_2 = 0.004$MPa。第一个再热循环再热时压力为 2.4MPa，另一个再热时压力为 0.5MPa，两个循环再热后蒸汽的温度都为 550℃。试确定这两个再热循环的热效率和终湿度，将所得的热效率、终湿度与朗肯循环做比较，以说明再热时压力的选择对循环的热效率和终湿度的影响。

注：湿度是指 1kg 湿蒸汽中所含饱和水的质量，即 $(1-x)$。

12-9　某余热利用装置采用朗肯循环回收 200℃ 的余热。工质为低沸点蒸气 R134a，循环新蒸气的温度为 150℃，压力为 5MPa，排气压力为 0.8MPa，试求循环单位质量工质对外所做的功为多少？热效率为多少？

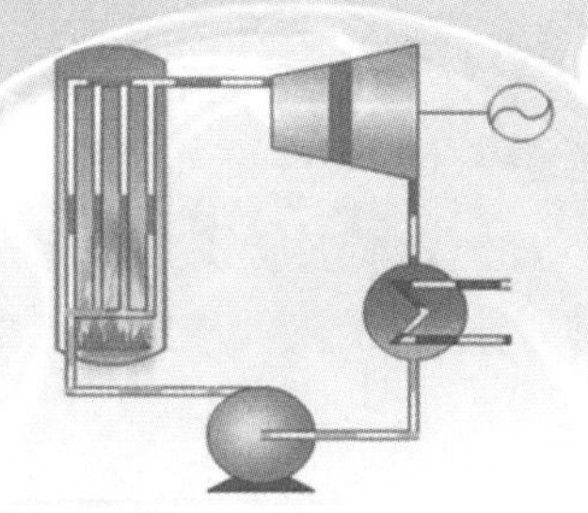

第十三章

制冷装置及循环

第一节　概　　述

在人们生产和生活中，常需要某一物体或空间的温度低于周围的环境温度，而且需要在相当长的时间内维持这一温度。为了获得并维持这一温度，必须用一定的方法将热量从低温物体移至周围的高温环境，这就是制冷。实现制冷的设备称为制冷装置，它是通过制冷工质（又称制冷剂）的循环过程将热量从低温物体（如冷藏室）移至高温物体（大气环境）的。根据热力学第二定律，热量从低温物体移至高温物体时，外界必须付出代价，这种代价通常是消耗机械能或热能。

制冷装置中进行的循环是逆循环，在消耗机械能作为补偿的循环中 1kg 制冷剂在低温下自冷藏室吸热 q_L，消耗机械净功 w_0，使其温度升高向外界放出热量 q_H。根据能量守恒定律 $q_H = q_L + w_0$，循环中从低温物体吸收的热量 q_L 与消耗的机械功 w_0 之比称为制冷系数 ε，（也可以把制冷系数称为制冷装置的工作性能系数，用符号 COP 表示），其表达式为

$$\varepsilon = \frac{q_L}{w_0} = \frac{q_L}{q_H - q_L} \tag{13-1}$$

在环境温度 T_H（T_0）与冷藏室的温度 T_L 之间进行的最简单的可逆循环是逆卡诺循环，如图 13-1 所示，它的制冷系数为

$$\varepsilon_c = \frac{q_L}{w_0} = \frac{q_L}{q_H - q_L} = \frac{T_L}{T_H - T_L} \tag{13-2}$$

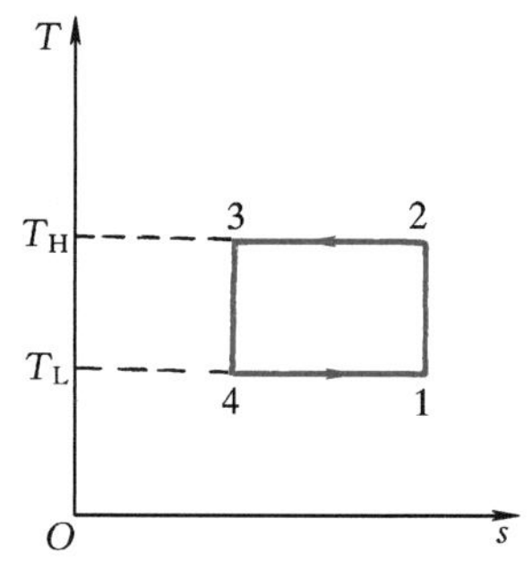

图 13-1　逆卡诺循环

在上式中，由于 $T_H > T_L$，制冷系数恒为正，且可以大于 1。当 T_H 一定时，$\Delta T = T_H - T_L$ 越小，ε_c 越大。为了不浪费机械能，在满足冷冻或冷藏的条件下，就不应该在冷藏库中维持比必要数值更低的温度。例如，为保存食物或药品，若 -5℃ 已满足要求，就不必把冷藏室的温度维持在 -10℃。

逆卡诺循环给人们提供了一个在一定温度范围内工作的最有效的制冷循环，整个循环是可逆的，而且制冷系数与循环中所采用的工质性质无关。但是实际制冷装置不是按逆卡诺循

环工作的，而是根据所用制冷工质的性质，采用不同的循环。按制冷工质的不同，制冷装置可分为空气制冷装置和蒸气制冷装置。

第二节　空气压缩制冷装置及循环

一、空气压缩制冷循环

由于空气定温加热和定温放热不易实现，故不能按逆卡诺循环运行。在空气压缩制冷循环中，用两个定压过程来代替逆卡诺循环的两个定温过程，故为逆布雷敦循环 1—2—3—4—1，其 p-v 图和 T-s 图如图 13-2 所示，实施这一循环的装置如图 13-3 所示。图中 T_L 为冷库中需要保持的温度，T_0（T_H）为环境温度。压气机可以是活塞式的或是叶轮式的。从冷库出来的空气（状态 1）$T_1=T_L$，进入压气机后被绝热压缩到状态 2，此时温度已高于 T_0；然后进入冷却器，在定压下将热量传给冷却水，达到状态 3，$T_3=T_0$；再进入膨胀机绝热膨胀到状态 4，此时温度已低于 T_L；最后进入冷库，在定压下自冷库吸收热量（称为制冷量），回到状态 1，完成循环。循环中空气排向高温热源的热量为

$$q_H=h_2-h_3$$

自冷库的吸热量为

$$q_L=h_1-h_4$$

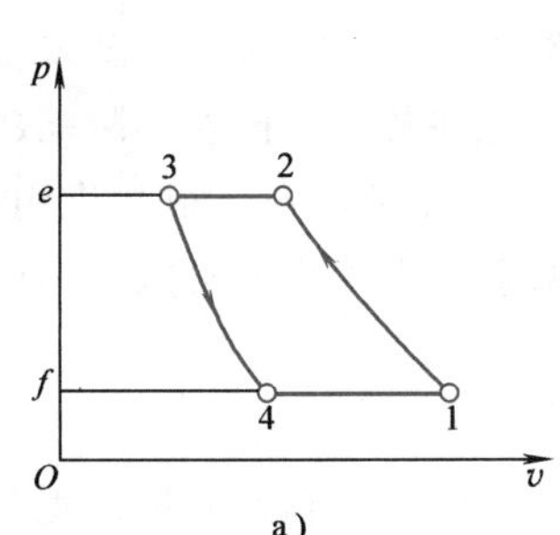

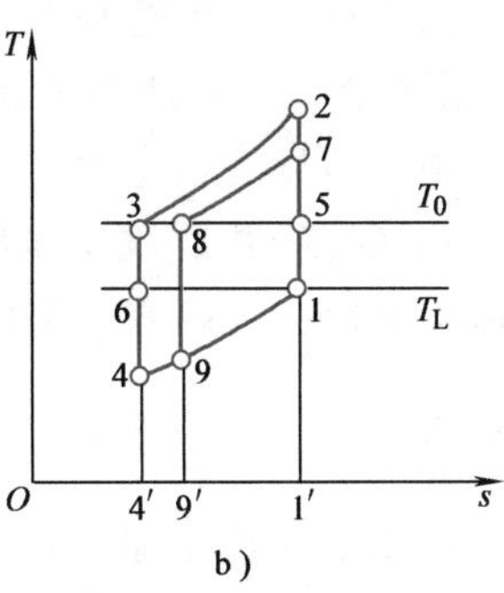

图 13-2　空气压缩制冷循环

图 13-3　空气压缩制冷循环装置流程图

在 T-s 图上 q_H 和 q_L 可分别用面积 234′1′2 和面积 411′4′4 表示，两者之差即为循环净热量 q_0，数值上等于净功 w_0，即

$$\begin{aligned}q_0&=q_H-q_L=(h_2-h_3)-(h_1-h_4)\\&=(h_2-h_1)-(h_3-h_4)\\&=w_C-w_T=w_0\end{aligned}$$

式中，w_C 和 w_T 分别是压气机所消耗的功和膨胀机输出的功。

循环的制冷系数为

$$\varepsilon=\frac{q_L}{w_0}=\frac{h_1-h_4}{(h_2-h_3)-(h_1-h_4)}\tag{13-3}$$

若近似取比热容为定值，则

$$\varepsilon=\frac{T_1-T_4}{(T_2-T_3)-(T_1-T_4)}=\frac{1}{\dfrac{T_2-T_3}{T_1-T_4}-1}$$

1—2 和 3—4 都是定熵过程，因而有

$$\frac{T_2}{T_1}=\left(\frac{p_2}{p_1}\right)^{\frac{\kappa-1}{\kappa}}=\frac{T_3}{T_4}$$

将上式代入制冷系数表达式可得

$$\varepsilon=\frac{1}{\dfrac{T_3}{T_4}-1}=\frac{T_4}{T_3-T_4}=\frac{T_1}{T_2-T_1}=\frac{1}{\left(\dfrac{p_2}{p_1}\right)^{\frac{\kappa-1}{\kappa}}-1}=\frac{1}{\pi^{\frac{\kappa-1}{\kappa}}-1} \tag{13-4}$$

式中，$\pi=p_2/p_1$，称为循环增压比。

在同样冷库温度和环境温度条件下，逆卡诺循环 1—5—3—6—1 的制冷系数为 $T_1/(T_3-T_1)$，显然大于式（13-4）所表示的空气压缩制冷循环的制冷系数。

由式（13-4）可见，空气压缩制冷循环的制冷系数与循环增压比 π 有关：π 越小，ε 越大；π 越大，则 ε 越小。但 π 减小会导致膨胀温差变小从而使循环制冷量减小，如图 13-2b 中循环 1—7—8—9—1 的增压比比循环 1—2—3—4—1 的增压比小，其制冷量（面积 199′1′1）小于循环 1—2—3—4—1 的制冷量（面积 144′1′1）。

空气压缩制冷循环的主要缺点是制冷量不大。这是因为空气的比热容较小，故在吸热过程 4—1 中每千克空气的吸热量（即制冷量）不多。为了提高制冷能力，空气的流量就要很大，如采用活塞式压气机和膨胀机，则不但设备很庞大、不经济，还涉及许多设备实际问题而难以实现。因此，在普冷范围（t_c>-50℃）内，除了某些飞机空调等场合外，很少应用，而且飞机机舱用的常常是开式空气压缩制冷，自膨胀机流出的低温空气直接吹入机舱。

二、回热式空气压缩制冷循环

近年来，在空气压缩制冷设备中应用了回热原理，并采用叶轮式压气机和膨胀机，克服了上述缺点，使空气压缩制冷设备有了广泛的应用和发展。这种循环已广泛应用于空气和其他气体（如氦气）的液化装置。

回热式空气压缩制冷循环装置流程图及 T-s 图如图 13-4 和图 13-5 所示。自冷库出来的空气（温度为 T_1，即低温热源温度 T_L），首先进入回热器升温到高温热源的温度 T_2（通常为环境温度 T_0），接着进入叶轮式压气机进行压缩，升温到 T_3、升压到 p_3。再进入冷却器，实现定压放热，降温至 T_4（理论上可达到高温热源温度 T_2），随后进入回热器进一步定压降温至 T_5（即低温热源温度 T_L）。接着进入叶轮式膨胀机实现定熵膨胀过程，降压至 p_6、降温至 T_6。最后进入冷库实现定压吸热，升温到 T_1，构成理想的回热循环，如图 13-5 所示。

在理想情况下，空气在回热器中的放热量（即图 13-5 中面积 $45gk4$）恰等于被预热的空气在过程 1—2 中的吸热量（图中面积 $12nm1$）。工质自冷库吸取的热量为面积 $61mg6$，排向外界环境的热量为面积 $34kn3$。这一循环的效果显然与没有回热的循环 13′5′61 相同。因两循环中的 q_L 和 q_0（q_H）完全相同，它们的制冷系数也是相同的。但是循环增压比从 $p_{3'}/p_1$ 下降到 p_3/p_2。这为采用增压比 π 不很高的叶轮式压气机和膨胀机提供了可能。叶轮式压气机和膨胀机具有流量大的特点，因而适宜于大制冷量的机组。此外，如不应用回热，则在压气机中至少要把工质从 T_L 压缩到 T_0 以上才有可能制冷（因工质要放热给大气环境）。而在气体液化等低温工程中 T_L 和 T_0 之间的温差很大，这就要求压气机有很高的 π，叶轮式压气机很难满足这种要求，应用回热解决了这一问题。而且，回热循环的 π 减小，也可使压缩过程和膨胀过程的不可逆损失减小。

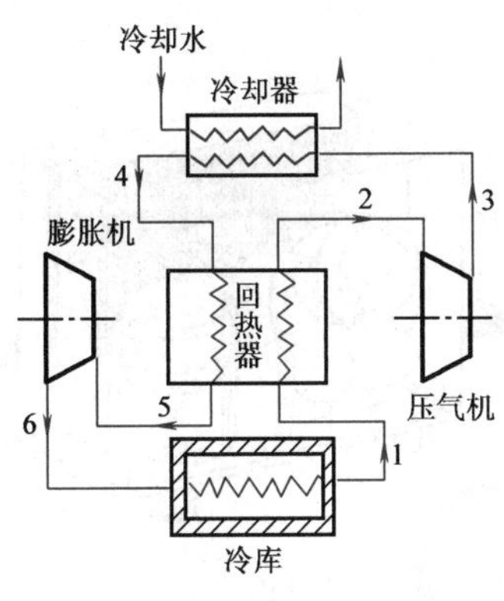

图 13-4 回热式空气压缩制冷循环装置流程图

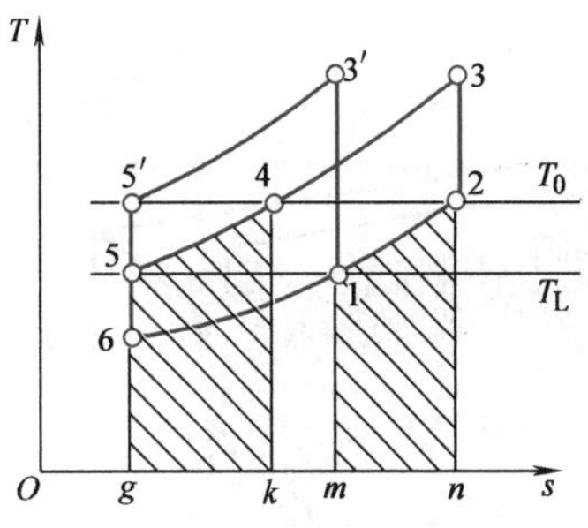

图 13-5 回热式空气压缩制冷循环装置 T-s 图

第三节 蒸气压缩制冷装置及循环

蒸气压缩制冷装置广泛地应用于空气调节、食品冷藏及一些生产工艺中。由于要求和用途不同，蒸气压缩制冷装置的结构及工作的温度范围也不同。图 13-6 所示是冰箱的结构图，图 13-7 所示是空调的结构图与系统图。在这两类装置中，都有压缩机、冷凝器、节流阀（毛细管）和蒸发器，这四大部件也是其他蒸气压缩制冷装置中的基本设备。将图 13-6 和图 13-7 的设备进行简化，就可得到图 13-8a 所示的一般蒸气压缩制冷装置的简图。

蒸气压缩制冷循环中常用的工质有氨和氟利昂（$C_mH_nF_xCl_yBr_z$——饱和碳氧化合物的卤素衍生物）等，它们的热力性质满足蒸气压缩制冷循环的要求[2-9]。

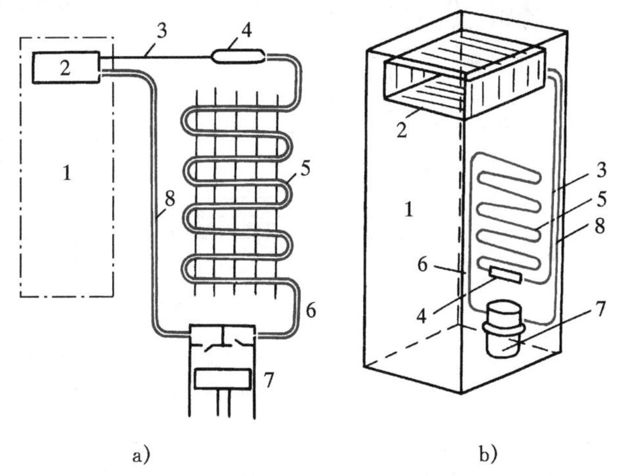

图 13-6 冰箱结构图

1—冷藏室 2—蒸发器 3—毛细管 4—过滤器 5—冷凝器 6—排气管 7—压气机 8—吸气管

在图 13-8a 中，处于饱和蒸气状态点 1 的制冷工质进入压气机被压缩到过热状态点 2，工质压力升高，温度也增加到环境温度以上。冷凝器将过热蒸气冷却冷凝到点 3，冷却冷凝是在定压下进行的，制冷剂从过热区冷凝放热到饱和液体，冷凝放热过程放出的热量排入大气环境。饱和液体经节流阀（或毛细管）进行绝热节流后，压力和温度都降低，进入两相区到达点 4，节流过程中有一小部分工质汽化。两相区的湿饱和蒸气从冷藏室吸收热量在蒸发器中汽化，汽化后的饱和蒸气再次进入压气机，从而完成了一个循环。蒸发器中工质的汽化压力可以通过节流阀的开度（或毛细管的长度）来调节，以达到控制冷藏空间温度的目的。图 13-8b 是制冷循环的 T-s 图，图中压缩、冷凝和蒸发都简化为可逆过程，3—4 是不可逆的绝热节流过程。

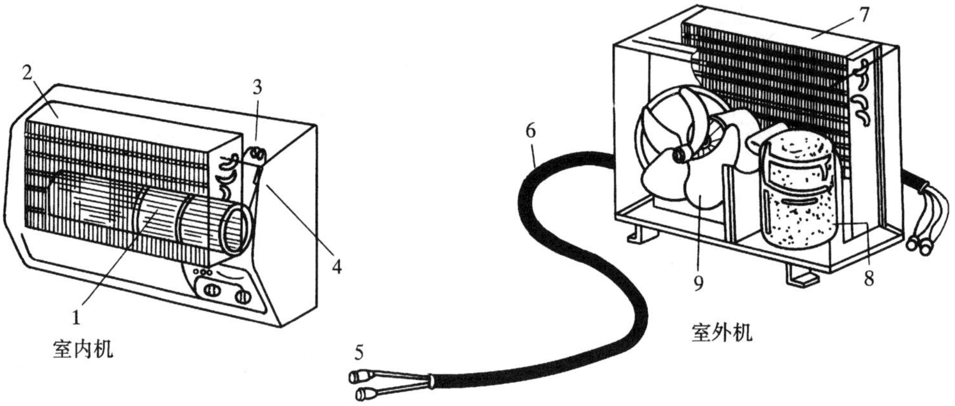

a)

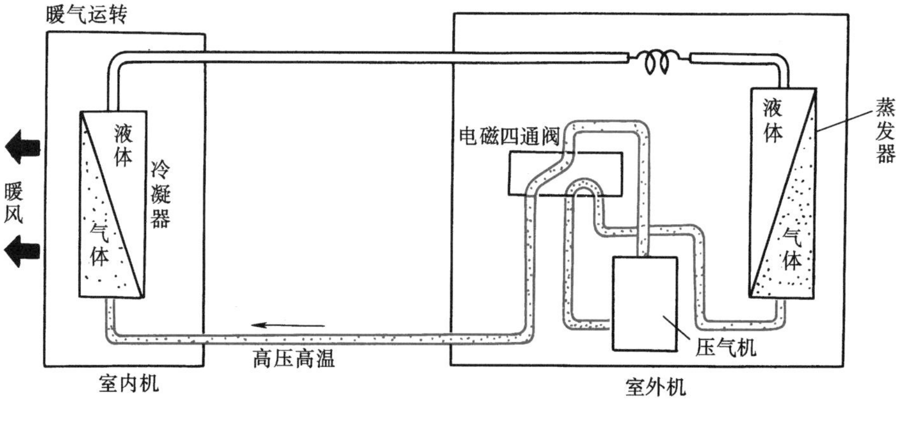

b)

图 13-7 空调的结构图与系统图

1—贯流风扇 2—蒸发器 3—毛细管 4—过滤器 5—快速接头

6—制冷管 7—冷凝器 8—压气机 9—排风风扇

在上述蒸气压缩制冷循环中，对单位质量工质，蒸气在冷藏室的蒸发器内所吸取的热量为

$$q_L = h_1 - h_4$$

在冷凝器中向环境空气（或冷却水）放出的热量为

$$q_H = h_2 - h_3$$

蒸气压缩制冷循环所耗净功即为压气机的耗功量，有

$$w_0 = w_C = h_2 - h_1$$

由于 3—4 为绝热节流过程，有

$$h_4 = h_3$$

故
$$w_0 = h_2 - h_1 = (h_2 - h_3) - (h_1 - h_4) = q_H - q_L$$

蒸气压缩制冷循环的制冷系数为

$$\varepsilon = \frac{q_L}{w_0} = \frac{h_1 - h_4}{h_2 - h_1} \tag{13-5}$$

上述式中各状态点的焓值，可根据已知的初态点的参数及循环各过程的特征逐个查制冷剂的热力性质表或图求取。实际工程中用于定量计算的制冷剂的热力性质图是压焓图（p-h 图），在 p-h 图上表示的蒸气压缩制冷循环如图 13-9 所示。

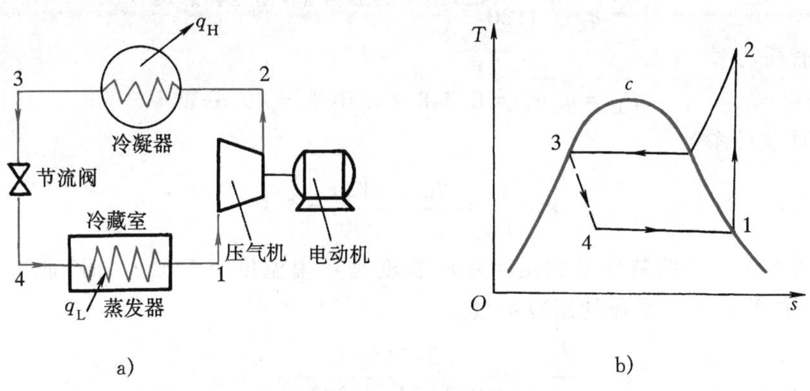

图 13-8　蒸气压缩制冷循环

a）系统图　b）T-s 图

例 13-1　某蒸气压缩制冷循环，用氨作为制冷剂。制冷量为 10^6kJ/h，冷凝器出口氨饱和液温度为 27℃，冷藏室（蒸发器）的温度为−13℃，试求：

（1）1kg 氨的制冷量和在冷凝器中放出的热量；

（2）压气机的耗功率；

（3）循环的制冷系数及相同温限逆卡诺循环的制冷系数。

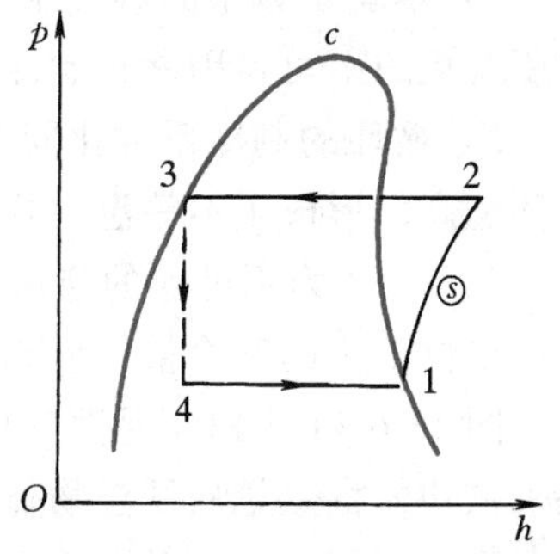

图 13-9　制冷循环在 p-h 图上的表示

解　循环的 T-s 图如图 13-8b 所示，根据已知条件和图示各过程特点查氨（NH_3）的压焓图（图 B-2），求取各状态点参数。

由 $h_3 = h_3\ (t_3)$，根据 $t_3 = 27$℃查得

$$h_3 = h_3' = 450\text{kJ/kg}$$

根据节流过程特点

$$h_4 = h_3 = 450\text{kJ/kg}$$

由蒸发器温度 $t_1 = -13$℃，查得

$$h_1 = h_1''(t_1) = 1570\text{kJ/kg}, \qquad s_1 = s_1'' = 6.2\text{kJ/(kg·K)}$$

1—2 为定熵过程，由 $p_2 = p_3$、$s_2 = s_1$ 查得

$$h_2 = 1770\text{kJ/kg}$$

（1）1*kg* 氨的制冷量（吸热量）和放热量

$$q_L = h_1 - h_3 = (1570 - 450)\text{kJ/kg} = 1120\text{kJ/kg}$$
$$q_H = h_2 - h_3 = (1770 - 450)\text{kJ/kg} = 1320\text{kJ/kg}$$

（2）压气机耗功率

压缩 1*kg* 氨耗功

$$w_C = h_2 - h_1 = (1770 - 1570)\text{kJ/kg} = 200\text{kJ/kg}$$

氨的质量流量

$$q_m = \frac{Q_L}{q_L} = \frac{10^6}{1120}\text{kg/h} = 893\text{kg/h} = 0.248\text{kg/s}$$

压气机消耗功率

$$P_C = q_m w_C = 0.248 \times 200\text{kW} = 49.6\text{kW}$$

（3）循环制冷系数

$$\varepsilon = \frac{q_L}{w_0} = \frac{q_L}{w_C} = \frac{1120}{200} = 5.6$$

同温限逆卡诺循环的制冷系数是指热源温度是环境温度（27℃）和冷源温度是蒸发器温度（-13℃）的逆卡诺循环的制冷系数。

$$\varepsilon = \frac{T_L}{T_H - T_L} = \frac{273+(-13)}{(273+27)-(273-13)} = 6.5$$

讨论

1）本题是典型的蒸气压缩制冷循环分析计算。计算中忽略了压气机的不可逆性。若考虑压气机的不可逆因素，制冷系数比计算的结果要小。

2）循环的制冷系数比同温度范围内的卡诺制冷系数小，这主要是由于压气机出口温度比环境高，形成了不等温放热。

3）3—4 为不可逆的绝热节流过程，若用膨胀机代替节流阀，可使制冷系数增大，也可提高单位工质的制冷量，但制冷系统设备增加。

图 13-6 和图 13-7 是蒸气压缩制冷循环的两类装置，它们都是逆循环，都是在循环中消耗机械功，将热量从低温物体传给高温物体。但由于用途不同，两者的蒸发温度（低温热源温度）不同，冰箱的蒸发温度要比空调的蒸发温度低得多。

第四节　热泵循环与其他制冷循环

一、热泵循环

在室外温度低于室内温度时，如果将大气环境作为逆循环的低温热源，将室内空间作为高温热源，则循环的目的是为了将热量从低温的大气环境传给高温的室内空间，这种装置称为热泵，相应的循环称为热泵循环。

热泵循环和制冷循环都是逆循环，两者的 *T-s* 图相同，不同的是工作温度范围，若热泵循环中消耗的机械功为 w_0，获得的热量为 q_H，从大气中吸收的热量为 q_L，根据热力学第一定律，$q_H = q_L + w_0$，热泵循环的热力学指标用供热（或供暖）系数 ε'表示，定义为

$$\varepsilon'=\frac{q_H}{w_0}=\frac{q_L+w_0}{w_0}=\varepsilon+1 \tag{13-6}$$

由式（13-6）可见，制冷系数越高，供热系数也越高。从式（13-6）还可知，热泵优于其他供暖装置（如用电加热器供暖），这是因为 q_H 中不仅包含有消耗的功 w_0 变成的热量，而且还有从环境吸得的热量 q_L，因而热泵是一种比较合理的供热装置。

经合理设计，同一装置可以轮换用来供热和制冷。在图 13-7 所示的空调系统中增加四通换向阀门后，就能控制工质在装置内的流动方向，冬季用来供热，夏季用来制冷，这样的空调称为双制式空调（冷暖空调）。图 13-10 所示是它的系统简图，当工质按虚线箭头方向流动时为供热循环；工质按实线箭头方向流动时为制冷循环。

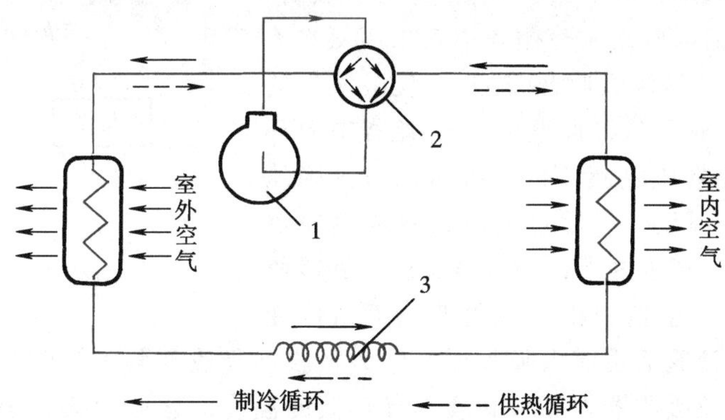

图 13-10 双制式空调（冷暖空调）系统简图

1—压气机 2—四通换向阀 3—毛细管节流装置

二、其他制冷循环

空气压缩和蒸气压缩制冷循环是以消耗机械功为补偿实现热量从低温传向高温的。除此之外，还可以以其他方式作为补偿进行制冷。其中常用的是蒸汽喷射式制冷循环和吸收式制冷循环。

图 13-11 所示为蒸汽喷射式制冷循环的系统简图，主要由锅炉、喷射器、冷凝器、节流阀、蒸发器和水泵等组成。由锅炉出来的蒸汽进入喷射器的喷管，在喷管中膨胀增速，并不断吸入由蒸发器出来的蒸汽，在混合室内混合后进入扩压管。在扩压管内减速增压，然后在冷凝器中凝结成饱和水。由冷凝器出来的饱和水分为两路，一路经给水泵到锅炉；另一路经节流阀降压降温到蒸发器吸热制冷，从而完成制冷蒸汽的循环。

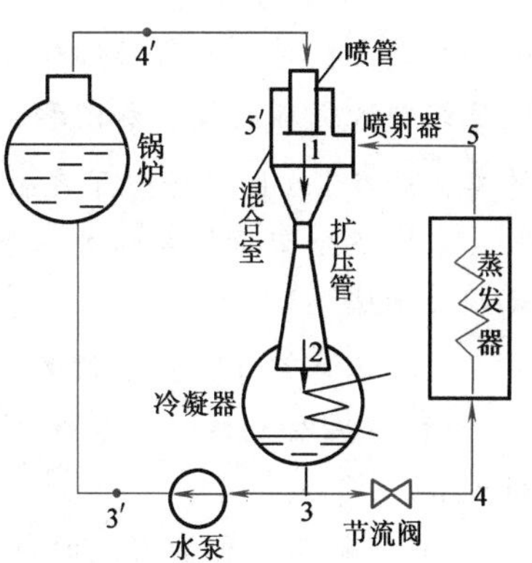

图 13-11 蒸汽喷射式制冷循环系统简图

在蒸汽喷射式制冷循环中，补偿主要不是耗功（水泵耗功很少），而是锅炉中吸收的热量 Q_H，因此喷射式制冷循环的能量利用经济性的指标不再是制冷系数，而是能量利用系数 ξ

$$\xi = \frac{Q_L}{Q_H} \tag{13-7}$$

蒸汽喷射式制冷循环与压缩式制冷循环相比的优点是不消耗功，可利用低参数的蒸汽，装置简单、紧凑。其缺点是热力学完善性较差，能量利用系数较低，且制冷温度只能在0℃以上。

图 13-12 所示是吸收式制冷循环的系统图。吸收式制冷循环的制冷剂是混合溶液，如氨水溶液，水-溴化锂溶液等。溶液中沸点较高的纯质是吸收剂；沸点较低且易挥发的纯质是制冷剂。例如，对于水-溴化锂溶液，溴化锂是吸收剂；对于氨水溶液，水是吸收剂。

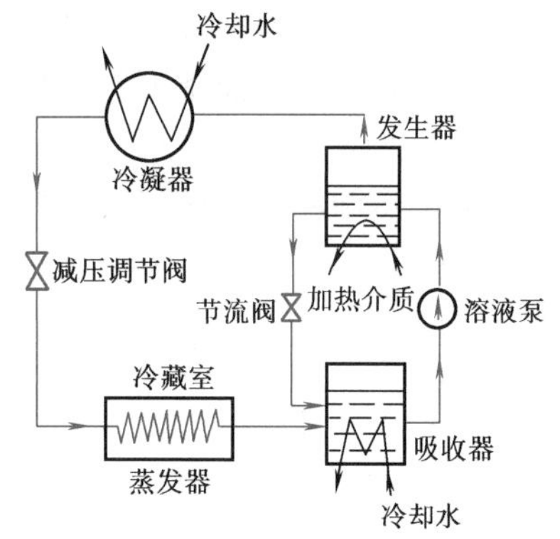

图 13-12 吸收式制冷循环的系统图

图 13-12 所示的吸收式制冷循环中若采用氨水溶液，氨气发生器从外热源吸收热量 Q_H，使溶液中的氨气蒸发变为高压氨蒸气，此蒸气在冷凝器中向环境放热（Q_0）而冷凝成氨液，再经减压调节阀降压降温至低于冷藏室温度，然后进入冷藏室的蒸发器吸热（制冷，Q_L），产生的干饱和氨蒸气进入到吸收器中。与此同时，发生器中由于氨气蒸发而浓度变小的水溶液经过节流阀后也流入吸收器，作为吸收剂吸收氨气。吸收过程放出的热量被冷却水带走，以保持吸收器内氨水溶液具有较低的温度而吸收更多的氨气。较浓的氨水溶液经溶液泵升压进入氨发生器，从而完成一个循环。

通过上面的叙述可见，由于溶液泵消耗的功很小，因此吸收式制冷的补偿主要是蒸气发生器中吸收的热量 Q_H，能量利用系数 ξ 仍为

$$\xi = \frac{Q_L}{Q_H} \tag{13-7a}$$

吸收式制冷循环通常用于温度相对较低的余热资源以及综合废热利用的场所。

本章小结

本章主要讨论空气压缩制冷循环和蒸气压缩制冷循环，介绍了空气压缩制冷循环和蒸气压缩制冷循环的设备和流程，进行了能量分析计算：包括 q_H、q_L、w_0 和制冷系数 ε 的计算，并在 T-s 图上进行了定性分析。

本章还介绍了热泵的工作原理，简单介绍了其他补偿形式的制冷循环：吸收式和喷射式制冷循环。

通过本章学习，要求读者：

1）掌握空气压缩制冷循环和蒸气压缩制冷循环的热力过程组成和热力循环的能量分析计算。

2）了解其他补偿形式的制冷循环和热泵循环。

思考题

13-1　如图 13-13 所示，设想当蒸气压缩制冷循环按 1—2—3—4′—1 运行时，循环的耗功未变，仍为 h_2-h_1，而制冷剂吸收的热量（即制冷量）增加了 h_4-$h_{4'}$，这显然是有利的。这种考虑有什么不对？

13-2　实际蒸气压缩制冷循环与逆卡诺循环有什么不同？实际蒸气压缩制冷循环为什么不按湿蒸气区的逆卡诺循环工作？

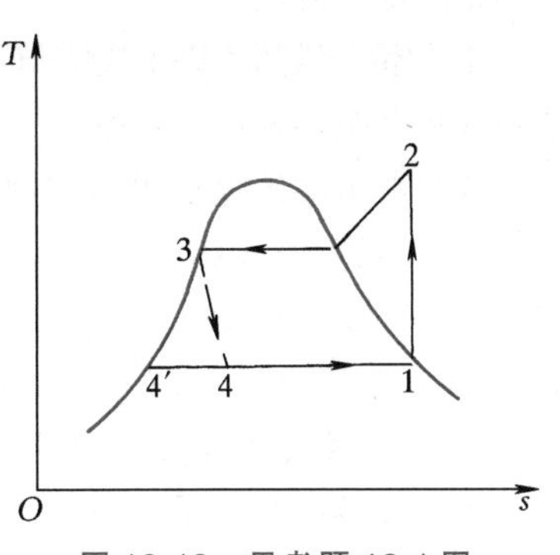

图 13-13　思考题 13-1 图

13-3　在空气压缩制冷循环中，是否可以用节流阀代替膨胀机？为什么？

13-4　在蒸气压缩制冷循环中，如果用膨胀机代替节流阀，有何优缺点？

13-5　节流过程存在不可避免的能量损失，但在蒸气压缩制冷循环中，为什么均采用节流阀？

13-6　热泵供热循环与制冷循环有何异同？试在 *T-s* 图上把两者表示出来。

13-7　其他制冷循环与蒸气压缩制冷循环的相同与不同点有哪些？

13-8　夏天使用的空调在冬天作为热泵用，此时各设备作用有何变化？

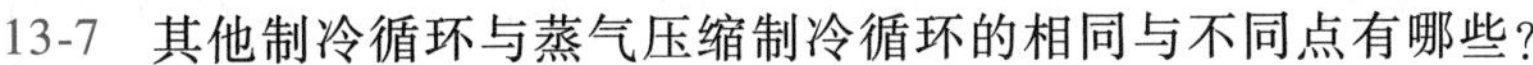

习　题

13-1　空气压缩制冷循环的运行温度为 $T_L=290\text{K}$，$T_0=310\text{K}$。如果循环增压比分别为 3 和 6，试分别计算它们的每千克工质的制冷量、耗功量和制冷系数。假定空气为理想气体，比定压热容 $c_p=1.005\text{kJ/(kg·K)}$，$\kappa=1.4$。

13-2　空气压缩制冷循环的运行温度为 $T_L=290\text{K}$，$T_0=310\text{K}$。如果循环增压比为 4，若压气机绝热效率 $\eta_{C,s}=0.82$，膨胀机的相对内效率 $\eta_T=0.84$，试分别计算它们的工作性能系数和每千克工质的制冷量。

13-3　某采用回热的空气压缩制冷循环，如果循环增压比为 3，冷库温度为-30℃，环境温度为 20℃，试求：

（1）循环中每千克工质的制冷量 q_L；

（2）循环净功 w_0 和制冷系数 ε。

13-4　某蒸气压缩制冷循环如图 13-8 所示。制冷剂为 R134a，蒸发器出口氨的温度为 $t_1=-15℃$，在冷凝器中冷凝后的 R134a 为饱和液，温度 $t_3=26.72℃$，试利用 R134a 热力性质表求：

（1）蒸发器中 R134a 的压力和冷凝器中 R134a 的压力；

(2) 循环的制冷量 q_L、循环净功 w_0 和制冷系数 ε；

(3) 若该装置的制冷能力为 $Q_L=42\times10^4$kJ/h，R134a 的流量为多大？

(4) 若用膨胀机代替节流阀，制冷系数为多少？

13-5 冬天室内取暖利用热泵。将 R134a 蒸气压缩式制冷机改为热泵，此时蒸发器放在室外，冷凝器放在室内。制冷机工作时可从室外大气环境吸收热量 q_L，R134a 蒸气经压缩后在冷凝器中凝结为液体放出热量 q_H，供室内取暖。设蒸发器中 R134a 的温度为-3℃，冷凝器中 R134a 蒸气温度为 27℃，试利用 p-h 图求：

(1) 热泵的供热系数；

(2) 室内供热 100000kJ/h 时，带动热泵所需的理论功率；

(3) 求循环的制冷系数；

(4) 当用电炉直接供给室内相同热量时，电炉的功率应为多少？

13-6 某蒸气压缩制冷装置采用氨（NH_3）为制冷剂，参见图 13-8。从蒸发器中出来的氨气的状态为 $t_1=-15$℃、$x_1=1.0$，进入压气机升温升压后进入冷凝器，在冷凝器中冷凝成饱和液氨，温度 $t_3=24.9$℃。从点 3 经节流阀降压、降温后成为干度较小的湿蒸气状态 4，再进入蒸发器汽化吸热，试利用氨蒸气的热力性质表：

(1) 求蒸发器管子中氨的压力 p_1 及冷凝器管子中氨的压力 p_2；

(2) 求 q_L、w_0 和制冷系数 ε，并在 T-s 图上表示 q_L；

(3) 设该装置每小时的制冷量为 42MJ，求氨的质量流量 q_m。

13-7 理想的氨蒸气压缩制冷装置进行的循环如图 13-8 所示，蒸发温度 $t_1=t_4=-10$℃，冷凝温度 $t_3=30.94$℃（即环境温度）。该制冷装置的制冷量为 8000kJ/h，已知氨在状态点 2 的焓为 1649kJ/kg。试利用氨蒸气的热力性质表求：

(1) 该制冷循环的制冷系数 ε；

(2) 制冷剂的质量流量 q_m；

(3) 压气机消耗的功率 P。

13-8 某氨蒸气压缩制冷装置进行的循环，蒸发温度 $t_1=t_4=-13$℃，冷凝温度 $t_3=27$℃（即环境温度）。若压气机的绝热效率为 0.82。试利用氨蒸气的 p-h 图求：

(1) 该制冷循环的制冷系数 ε；

(2) 制冷剂的质量流量 q_m；

(3) 压气机消耗的功率 P；

(4) 不可逆压缩过程和节流过程的熵产。

第四篇

化学热力学基础

在能源、动力、化工和环保等工程中，不但涉及能量转换的物理过程，而且常常涉及能量转换的化学反应过程；不但涉及热能和机械能、热量和功之间的相互转换，而且涉及化学能和热能、机械能等的相互转换，如：燃料的燃烧、煤的气化、燃料电池和锅炉给水的处理等。应用热力学基本原理研究化学反应过程的能量转换及伴随化学反应过程的物理化学过程就是化学热力学的内容。化学反应过程与一切物理过程一样也服从质量守恒原理、热力学第一定律和热力学第二定律。根据质量守恒原理可建立化学反应方程式；由热力学第一定律可得到化学反应中能量的转换关系；由热力学第二定律可得到化学反应的平衡条件，它预示着化学反应的方向和深度。本篇仍主要以理想气体为研究对象，介绍有化学反应过程的热力学第一定律的通用方程及其应用，利用热力学第二定律研究化学反应进行的方向和深度，并注意结合工程上的重要反应——燃烧展开讨论。

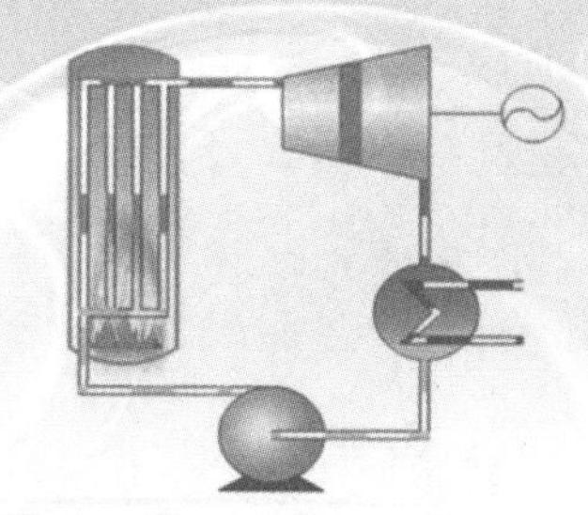

第十四章

化学热力学基础和分析

第一节　基本概念

一、理论反应方程

研究化学反应首先要列出理论化学反应式。理论化学反应式是指反应物完全转变为生成物的化学反应。例如甲烷的理论化学反应式为

$$CH_4(g)+O_2(g)\longrightarrow CO_2(g)+H_2O(g)$$

根据质量守恒原理，反应前后各化学元素的原子数目相等，故对反应式各组元配上相应的系数进行平衡，这些系数称为化学计量系数。各组元的化学计量系数 ν_i 对于用物质的量表示的反应方程即为各组元的物质的量 n_i，此时上述的反应式为

$$CH_4(g)+2O_2(g)=CO_2(g)+2H_2O(g)$$

单相系统化学反应的化学计量方程的一般形式为

$$\nu_a A_a+\nu_b A_b\longrightarrow\nu_c A_c+\nu_d A_d \tag{14-1a}$$

写成普遍式为

$$\sum_i \nu_i A_i=0 \tag{14-1b}$$

二、恰当混合物与理论空气量

能源与动力等工程中的燃烧反应，若以纯氧气为氧化剂，当燃料氧气比恰好等于化学计量方程的相应比例时的燃料氧气混合物称为恰当混合物。燃料氧气比大于恰当混合物的比例时，称为富混合物，反之称为贫混合物。恰当混合物的氧气量称为燃料燃烧的理论氧气量。实际工程中燃料燃烧以空气作为氧化剂，含氧量等于理论氧气量时的空气量称为燃料燃烧的理论空气量。工程计算中空气中氧气的摩尔分数为 21%，氮气的摩尔分数为 79%，即 1mol 氧气和 3.76mol 氮气组成 4.76mol 空气的折合摩尔质量为 29.0g/mol。

以空气为氧化剂时，甲烷燃烧的理论反应式为

$$CH_4+2O_2+2(3.76)N_2 \longrightarrow CO_2+2H_2O+7.52N_2$$

氮气为未参加反应。

实际燃烧不可能完全，在燃烧产物中总存在可燃物质，例如碳和一氧化碳。未来改善燃烧，常采用增加空气量的办法，即输入的空气量大于理论空气量。例如实际空气量为理论空气量的 1.25 倍，则甲烷的完全燃烧的反应式为

$$CH_4+1.25\times 2O_2+1.25\times 2(3.76)N_2 \longrightarrow CO_2+2H_2O+9.4N_2+0.5O_2$$

第二节　化学反应的热力学第一定律分析

各种不同分子结构的物质在确定的温度和压力下具有确定的化学能。在化学反应中，随着原子键的重新组合和新的分子结构形成，某些化学能被破坏了，而另一些化学能形成了。反应中被破坏的化学能总量与所形成的化学能总量并不相等，因而化学反应要释放或吸收能量（热或功），也就是说化学能与其他形式的能量可以相互转换。热力学第一定律应用于化学反应系统时，对于闭口系有

$$Q=\Delta U+W_A+W \tag{14-2a}$$

对于稳定流动系统有

$$Q=\Delta H+W_A+\Delta E_k+\Delta E_p \tag{14-2b}$$

式中：Q、W_A、W 分别为流动系统与外界交换的热量、有用功（即可用功）和膨胀功，正负号和前面各章的规定相同；ΔU 和 ΔH 分别为系统的热力学能增量和焓增量；ΔE_k 和 ΔE_p 分别为系统的动能增量和位能增量。多数化学过程，例如燃烧反应，有用功为零，且动能、位能增量可略去不计。

通常，化学反应不是在定容或定压的闭口系中就是在稳定流动的开口系中进行。对于闭口系的定容反应，当 $W_A=0$ 时，根据式（14-2a）有

$$Q=\Delta U \tag{14-3a}$$

若反应前后的温度又相等，则

$$Q_V=\Delta U_R \tag{14-3b}$$

式中，Q_V 称为定容热效应；ΔU_R 为定温定容反应中生成物与反应物的热力学能差，称为反应热力学能。对于闭口系的定压反应，当 $W_A=0$ 时，按（14-2a）有

$$Q=\Delta H \tag{14-4a}$$

若反应前后的温度又相等，则

$$Q_p=\Delta H_R \tag{14-4b}$$

式中，Q_p 称为定压热效应。ΔH_R 为定温定压反应中生成物与反应物的焓差，称为反应焓。

对于稳定流动系统，当 $W_A=0$，而 ΔE_k 和 ΔE_p 又可略去不计时，根据式（14-2b）可得到和式（14-4a）、式（14-4b）相同的第一定律表达式

$$Q=\Delta H$$

$$Q_p=\Delta H_R$$

反应热力学能和反应焓都是由于化学反应而不是由温度变化所引起的。定温定压下燃烧所释放的热量又称为热值，规定热值取正值；定温定压燃烧的反应焓又称为燃烧焓，并以 ΔH_c 表示（也有以 Δh_c 表示的）。所以燃料的热值等于 $|Q_p|$，等于 $-\Delta H_c$。一些燃料的标准

燃烧焓（1atm 即 101.325kPa 和 25℃下的燃烧焓）见表 A-14。燃烧产物中的水呈蒸汽状态时的热值称为低热值，以 $|Q_p|_L$ 表示；水呈液态时的热值称为高热值，以 $|Q_p|_H$ 表示。高低热值之差就是水的凝结热（汽化热）。

由式（14-3a）和式（14-4a）看到，根据 ΔU 和 ΔH 可求得常见的化学反应系统与外界交换的热量。因为理想气体的热力学能很容易根据焓的定义式得到，即

$$\Delta U=\Delta H-\Delta(pV)=\Delta H-R\Delta(nT) \tag{14-5}$$

而且工程上遇到的反应又以定压过程为多，因而 ΔH 的计算较为重要。式（14-5）中 n 为物质的量。对于无化学反应的系统，由于组元无变化，ΔH 的计算与零点的选取无关。在存在化学反应的系统中由于组元要发生变化，计算 ΔH 必须规定物质焓值的共同起点。在热化学计算中首先确定标准参考状态（此状态下，除压力、温度外的其他热力参数都在右上角标以“0”），规定在标准参考状态下，所有稳定形态的元素的焓值为零，并把定温定压下由元素形成化合物的反应中，有用功为零时所释放或吸收的热量定义为化合物的生成焓 ΔH_f。于是，元素和化合物的焓值就有了共同的计算起点，也就给化学反应系统的能量转换计算奠定了基础。迄今为止，热化学标准参考状态都选为：压力 $p_0=1\text{atm}=101.325\text{kPa}$，温度 $t_0=25℃$（$T_0=298\text{K}$）。根据生成焓 ΔH_f（也有以 Δh_f 表示的）的定义，对于每摩尔化合物有

$$\Delta H_f=H_{m,com}-\sum_i(\nu_iH_{m,i})_{ele} \tag{14-6a}$$

$$H_{m,com}=\Delta H_f+\sum_i(\nu_iH_{m,i})_{ele} \tag{14-6b}$$

下标“m”表示摩尔，“com”和“ele”分别表示化合物和元素。吸热反应的生成焓 ΔH_f 为正，放热反应的为负。在标准参考状态下生成焓 ΔH_f 为标准生成焓 ΔH_f^0，上式成为

$$H_{m,com}^0=\Delta H_f^0+\sum_i(\nu_iH_{m,i}^0)_{ele}=\Delta H_f^0 \tag{14-7}$$

可见，化合物在标准参考状态下的焓 $H_{m,com}^0$ 就等于它的标准生成焓 ΔH_f^0，因为标准参考状态下各稳定形态元素的焓值为零。任意状态下化合物的焓，等于标准生成焓加上化合物从标准参考状态到给定状态的焓的增量，即

$$H_m=\Delta H_f^0+[H_m(T,p)-H_m^0] \tag{14-8a}$$

式中，下标“com”已省略。上式表明，化合物的焓由两部分组成，一部分与给定温度、压力下由元素形成的化合物有关，另一部分与组元不变时的状态变化有关。前者就是生成焓，后者为物质的显焓变化。对于理想气体的反应，由于焓与压力无关，所以理想气体在任意温度 T 时的摩尔焓值为

$$H_m=\Delta H_f^0+(H_{m,T}-H_{m,298}) \tag{14-8b}$$

许多常用物质的标准生成焓 ΔH_f^0 可从表 A-15 查到，物质的显焓变化（$H_{m,T}-H_{m,298}$）可根据比热容数据计算得到。对于理想气体，显焓变化也可直接由理想气体热力性质表查到。

有了式（14-8a）就可计算化学反应系统的 ΔH 值，从而求得反应系统与外界交换的热量。将式（14-8a）代入式（14-4a）和（14-4b）得到

$$Q=\sum_P n_i(\Delta H_f^0+H_{m,T}-H_{m,298})_i-\sum_R n_i(\Delta H_f^0+H_{m,T}-H_{m,298})_i \tag{14-9a}$$

$$Q_p=\sum_P n_i(\Delta H_f^0+H_{m,T}-H_{m,298})_i-\sum_R n_i(\Delta H_f^0+H_{m,T}-H_{m,298})_i \tag{14-9b}$$

式中，“P”表示生成物，“R”表示反应物。因为

$$\Delta H_R^0 = \Delta H_c^0 = \sum_P n_i(\Delta H_f^0)_i - \sum_R n_i(\Delta H_f^0)_i$$

所以，式（14-9a）和式（14-9b）可写成

$$Q = \Delta H_c^0 + \sum_P n_i(H_{m,T} - H_{m,298})_i - \sum_R n_i(H_{m,T} - H_{m,298})_i \tag{14-10a}$$

$$Q_p = \Delta H_c^0 + \sum_P n_i(H_{m,T} - H_{m,298})_i - \sum_R n_i(H_{m,T} - H_{m,298})_i \tag{14-10b}$$

根据式（14-4a）及式（14-4b），并考虑到式（14-5），可得到理想气体在闭口系中定容反应且 $W_A=0$ 时的 Q 及 Q_V，即

$$\begin{aligned} Q &= \Delta H - R\Delta(nT) \\ &= \sum_P n_i(\Delta H_f^0 + H_{m,T} - H_{m,298})_i - \sum_R n_i(\Delta H_f^0 + H_{m,T} - H_{m,298})_i - \\ &\quad R\left[\sum_P (n_iT_2) - \sum_R (n_iT_1)\right] \end{aligned} \tag{14-11}$$

$$\begin{aligned} Q_V &= \Delta H - RT\Delta n \\ &= \sum_P n_i(\Delta H_f^0 + H_{m,T} - H_{m,298})_i - \sum_R n_i(\Delta H_f^0 + H_{m,T} - H_{m,298})_i - \\ &\quad RT\left[\sum_P n_i - \sum_R n_i\right] \end{aligned} \tag{14-12}$$

例 14-1　甲烷和氧气的恰当混合物进入燃烧室，燃烧反应的化学计量方程为

$$CH_4(g)+2O_2(g)=CO_2(g)+2H_2O(g)$$

式中，化学分子式后的符号（g）表示气相。

若此反应在 101.325kPa 和 25℃下进行，试求吸收或放出多少热量？

解　燃烧室中的定温定压燃烧反应可作为稳流过程来分析，进出口动能差、位能差都可略去不计，无轴功。反应在 25℃下进行，反应前后温度相同，所以反应物和生成物显焓变化均为零。根据式（14-9a）或式（14-9b）有

$$Q = Q_p = \sum_P n_i(\Delta H_f^0)_i - \sum_R n_i(\Delta H_f^0)_i$$

由表 A-15 查到 ΔH_f^0 的值为

$$(\Delta H_f^0)_{CO_2} = -393522\text{J/mol}, \quad (\Delta H_f^0)_{H_2O} = -241816\text{J/mol}$$

$$(\Delta H_f^0)_{CH_4} = -74873\text{J/mol}, \quad (\Delta H_f^0)_{O_2} = -0\text{J/mol}$$

代入上式，得到

$$\begin{aligned} Q &= 1\times(-393522)\text{J/mol}+2\times(-241816)\text{J/mol}-(-74873)\text{J/mol}-2\times0\text{J/mol} \\ &= -802281\text{J/mol} \end{aligned}$$

讨论

以上答案与燃烧是在纯氧还是在空气中进行无关，与氧化剂过量多少也无关。因为进出口温度都是 25℃，所以不参与燃烧的一切物质（例如 N_2 或过量 O_2）的焓可以消去。

例 14-2　初温 $T_1=400K$ 的甲烷气体，与 $T_1'=500K$ 的过剩 50%的空气进入燃烧室进行反应。反应在 101.325kPa 下进行，直到反应完成。生成气体的温度 $T_2=1740K$，试求传入燃烧室或燃烧室传出的热量为多少［J/mol（燃料）］?

解　甲烷和过剩 50%的空气的完全燃烧式为

$$CH_4(g)+3O_2(g)+3(3.76)N_2(g)=CO_2(g)+2H_2O(g)+11.28N_2(g)+O_2(g)$$

由于终温远远高于露点，故生成物中 H_2O 处于气态。又因为水蒸气的分压力只有 13.2kPa，因此水蒸气和其他生成气体一样可作为理想气体处理，它们的显焓数据都可从表 A-7 查到。

把查到的数据代入式（14-9a），得燃烧室传出热量

$$\begin{aligned}Q &= \sum_{P} n_i(\Delta H_f^0 + H_{m,T_2} - H_{m,298})_i - \sum_{R} n_i(\Delta H_f^0 + H_{m,T_1} - H_{m,298})_i \\ &= 1\times(-393522+85231-9364)\text{J/mol}+2\times(-241816+69550-9904)\text{J/mol}+ \\ &\quad 11.28\times(0+55516-8670)\text{J/mol}+1\times(0+58136-8683)\text{J/mol}-1\times \\ &\quad (-74873+13888.9-10018.7)\text{J/mol}-3\times(0+14767.3-8683)\text{J/mol}- \\ &\quad 11.28\times(0+14580.2-8670)\text{J/mol} \\ &= -118036.276\text{J/mol}\end{aligned}$$

讨论

例 14-1 中已求出 25℃下甲烷气体理论燃烧所放出的热量为 802281J/mol。本例题中有过剩空气，并且燃气被加热到 1740K。可见，25℃时所释放的能量中约有 85%用于把生成气加热到 1740K。

第三节　盖斯定律和基尔霍夫定律

一、盖斯定律

俄罗斯院士盖斯在 19 世纪初通过实验提出盖斯定律：热效应与过程无关，仅取决于反应前后系统的状态。

盖斯定律虽然是在热力学第一定律发现之前提出的，但盖斯定律可以利用热力学第一定律推出。因此，盖斯定律仍属于热力学第一定律的范畴。

利用盖斯定律可以根据已知的化学反应热效应计算那些未知或难以直接测量的化学反应热效应。例如，若已知化合物的生成热，其分解热与生成热在数值上相等，符号相反。再如碳的不完全燃烧反应

$$C+\frac{1}{2}O_2=CO+Q_p$$

由于这一反应很难单独进行，故其热效应 Q_p 很难测定。其热效应 Q_p 可以根据盖斯定律通过下列两个反应求取，即

$$C+O_2=CO_2+Q_{p1}$$

$$CO+\frac{1}{2}O_2=CO_2+Q_{p2}$$

这两个反应的热效应可以通过实验测得，也可通过式（14-9b）计算得到，即

$$Q_{p1}=-393791\text{J/mol}$$

$$Q_{p2}=-283190\text{J/mol}$$

由盖斯定律，求解的热效应 Q_p 为

$$Q_{p1}=Q_{p2}+Q_p$$
$$Q_p=Q_{p1}-Q_{p2}$$
$$=-393791\text{J/mol}-(-283190\text{J/mol})$$
$$=-110601\text{J/mol}$$

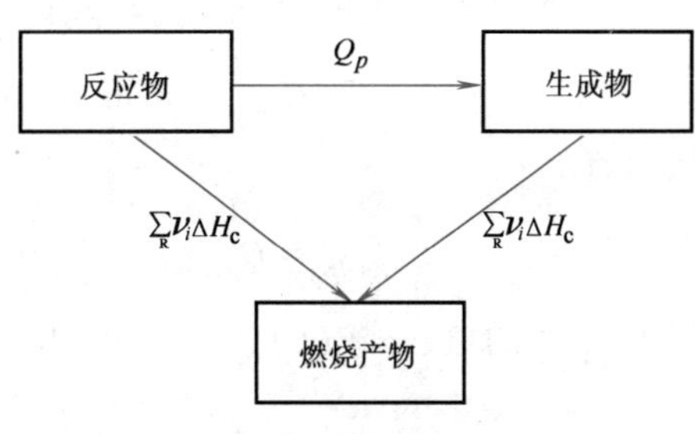

图 14-1　利用燃烧焓计算热效应的示意图

根据盖斯定律还可以用燃烧焓计算一些反应的热效应，即反应热效应等于反应物的燃烧焓的总和减去生成物的燃烧焓的总和，如图 14-1 所示。即

$$Q_p=\sum_R \nu_i \Delta H_{c,i}-\sum_P \nu_i \Delta H_{c,i}$$

二、基尔霍夫定律

盖斯定律虽然提供了由反应生成焓或燃烧焓计算热效应的依据和方法，但由于所查到的生成焓或燃烧焓都是标准状态下的值，因此只能计算标准状态下的热效应。其他状态的热效应的计算必须依据基尔霍夫定律，即

$$Q_p=\sum_P n_i(\Delta H_f^0)_i-\sum_R n_j(\Delta H_f^0)_j$$

由于理想气体的焓仅仅是温度的函数，故理想气体的反应热效应也只是温度的函数。用上式对温度求导，有

$$\left(\frac{\partial Q_p}{\partial T}\right)_p=\frac{\partial\left[\sum_P n_i(\Delta H_f^0)_i\right]}{\partial T}-\frac{\partial\left[\sum_R n_j(\Delta H_f^0)_j\right]}{\partial T}=\sum_P n_iC_{pi,m}-\sum_R n_jC_{pj,m} \tag{14-13}$$

上式即是基尔霍夫定律的数学表达式，基尔霍夫定律说明了反应热效应与温度的关系：反应热效应对温度的变化率仅取决于生成物总热容与反应物总热容之差。

例 14-3　试用基尔霍夫定律计算下列反应在 500K 时的热效应。

$$H_2+\frac{1}{2}O_2=H_2O$$

解　在标准状态 298. 15K 时，反应热效应为

$$Q_p=\sum_P n_i(\Delta H_f^0)_i-\sum_R n_j(\Delta H_f^0)_j=\Delta H^0_{f,H_2O}-\left(\Delta H^0_{f,H_2}+\frac{1}{2}\Delta H^0_{f,O_2}\right)$$

从表 A-15 查得

$$\Delta H^0_{f,H_2O}=-241826\text{J/mol}$$
$$\Delta H^0_{f,H_2}=0\text{J/mol},\quad \Delta H^0_{f,O_2}=0\text{J/mol}$$

$$Q_{p,298K}=\Delta H^0_{f,H_2O}-\left(\Delta H^0_{f,H_2}+\frac{1}{2}\Delta H^0_{f,O_2}\right)$$
$$=-241826\text{J/mol}-(0+0)\ \text{J/mol}=-241826\text{J/mol}$$

在标准状态 500K 时，根据基尔霍夫定律

$$\left(\frac{\partial Q_p}{\partial T}\right)_p=\sum_P n_iC_{pi,m}-\sum_R n_jC_{pj,m} \tag{a}$$

查表 A-3 得

$$C_{pm,H_2}=29.0856-0.8373\times10^{-3}T+2.0138\times10^{-6}T^2 \tag{b}$$

$$C_{pm,O_2}=25.8911+12.9874\times10^{-3}T-3.8644\times10^{-6}T^2 \tag{c}$$

$$C_{pm,H_2O}=30.3794+9.6212\times10^{-3}T+1.1848\times10^{-6}T^2 \tag{d}$$

从而有

$$Q_{p,500K}=Q_{p,298K}+\int_{298}^{500}C_{pm,H_2O}dT-\int_{298}^{500}C_{pm,H_2}dT-\int_{298}^{500}C_{pm,O_2}dT$$

将 $Q_{p,298K}$ 的值、式（b）、式（c）和式（d）代入到上式可得

$$\begin{aligned}Q_{p,500K}&=Q_{p,298K}+\int_{298}^{500}C_{pm,H_2O}dT-\int_{298}^{500}C_{pm,H_2}dT-\frac{1}{2}\int_{298}^{500}C_{pm,O_2}dT\\&=-241826\text{J/mol}+6951\text{J/mol}-5873.9\text{J/mol}-3011.5\text{J/mol}\\&=-243760.4\text{J/mol}\end{aligned}$$

第四节　绝热理论燃烧温度

上述根据盖斯定律和基尔霍夫定律所计算的热效应都是在定温条件下得到的。但是实际工程中的燃烧过程却使物系在燃烧过程放出热量的同时，反应物和生成物的温度也在升高。若燃烧在近乎绝热的条件下进行，忽略物系动能和位能的变化，并假定燃烧是完全的且不做有用功，则燃烧所产生的热量全部用于加热燃烧产物，此时燃烧产物所能达到的温度将达最大值，称之为绝热理论燃烧温度，用 T_{ad} 表示。绝热理论燃烧温度 T_{ad} 可以根据热力学第一定律及盖斯定律求取。

由式（14-9b）知

$$Q_p=\sum_P n_i(\Delta H_f^0+H_{m,T}-H_{m,298})_i-\sum_R n_i(\Delta H_f^0+H_{m,T}-H_{m,298})_i$$

$$Q_p=0$$

从而有

$$\sum_P n_i(\Delta H_f^0+H_{m,T_{ad}}-H_{m,298})_i=\sum_R n_i(\Delta H_f^0+H_{m,T_1}-H_{m,298})_i \tag{14-14}$$

式中，T_1 是反应物燃烧前的温度。

在计算绝热理论燃烧温度 T_{ad} 时可能要应用试凑迭代的方法。

事实上，实际工程中由于燃烧的不完全，燃烧过程又难免要散热，因此，燃烧过程实际所达到的温度总是低于绝热理论燃烧温度 T_{ad}。

例 14-4　25℃甲烷气体与过量50%的空气进入燃烧室进行反应。假定在燃烧室内绝热完全燃烧，试求绝热理论燃烧温度 T_{ad}。

解　甲烷气体与理论空气量的反应方程为

$$CH_4(g)+2O_2(g)+2(3.76)N_2\rightarrow CO_2(g)+2H_2O(g)+7.52N_2$$

甲烷气体与150%的理论空气量的反应方程为

$$CH_4(g)+3O_2(g)+3(3.76)N_2(g)\rightarrow CO_2(g)+2H_2O(g)+11.28N_2(g)+O_2(g)$$

由式（14-14）

$$\sum_P n_i(\Delta H_f^0+H_{m,T_{ad}}-H_{m,298})_i=\sum_R n_i(\Delta H_f^0+H_{m,T_1}-H_{m,298})_i$$

求取绝热理论燃烧温度 T_{ad}。

由表 A-15、表 A-7 查得 ΔH_f^0 和 $\Delta H_{m,T}$ 数据，见表 14-1。

将所查取的数据代入到式（14-14）得

$$(H_{m,T_{ad}})_{CO_2} + 2(H_{m,T_{ad}})_{H_2O} + (H_{m,T_{ad}})_{O_2} + 11.28(H_{m,T_{ad}})_{N_2} = 937930\text{J/mol}$$

经试凑得（误差不大于 0.003%）　　$T_{ad} = 1786\text{K}$。

表 14-1　查表所得的 ΔH_f^0 和 $H_{m,T}$ 值　　（单位：J/mol）

物质	ΔH_f^0	$H_{m,298K}$	$H_{m,1800K}$	$H_{m,1700K}$	$H_{m,1786K}$
CH_4	-74873	10018.7	114994.3	105887.7	114444.7
O_2	0	8683	60355.1	56638.3	59834.7
N_2	0	8670	57651.4	54102.5	57154.6
CO_2	-393522	9364	88807.3	82855.4	87974.0
H_2O	-241826	9904	72599.1	67666.1	71908.8

第五节　化学反应的热力学第二定律分析

以热力学第一定律来分析化学反应时，假设所研究的反应都能进行，而且能进行到底。然而，实际反应的实验测定表明，基于理论化学反应方程式的热力学第一定律的计算结果与实际并不相符。应用热力学第二定律对实际反应进行计算分析，能作出较为满意的理论预测。当然，所得结果仍然不能与实际过程完全符合，这是因为实际化学反应有一定的速度，而热力学并未考虑反应的化学动力学问题。尽管如此，在研究涉及化学反应的过程时，对反应系统进行热力学第二定律的分析仍不失为一种重要的手段。

根据热力学第二定律，孤立系（或确定质量的绝热系）的一切过程，包括化学反应在内，都自发地朝着熵增的方向，或者说朝着无效能增加的方向进行。当孤立系的熵（或无效能）达最大值时，系统达到平衡。不过，由于化学反应系统熵变的计算比较复杂，因而有必要根据熵增原理推导出更为实用的判据。

对于化学反应系统，热力学第二定律表达式同样是

$$dS \geqslant \frac{\delta Q}{T}$$

根据式（14-2a），对于可逆过程有

$$\delta Q = dU + p dV + \delta W_A$$

热力学第一定律和热力学第二定律联合的方程为

$$T dS \geqslant dU + p dV + \delta W_A \tag{14-15}$$

上式等号用于可逆反应，不等号用于不可逆反应。根据式（14-15）可以得到

定熵定容过程　　$-dU \geqslant \delta W_A$

定熵定压过程　　$-dH \geqslant \delta W_A$

定温定容过程　　$-dF \geqslant \delta W_A$

定温定压过程　　$-dG \geqslant \delta W_A$

上式说明，当系统在某两个参数不变的条件下进行可逆或不可逆过程时，做出的有用功将等

于或小于某一状态参数的减少。具有这一性质的状态参数称为热力学位（或热力学势）。例如，吉布斯函数 G 为定温定压过程的热力学位。以 Φ 表示热力学位，则以上四式可写成

$$-\mathrm{d}\Phi_{A,B} \geqslant \delta W_{\mathrm{A}} \geqslant 0$$

式中，A、B 表示与该热力学位相应的固定参数。由于自发反应的有用功不会小于零，对于可逆过程有

$$-\mathrm{d}\Phi_{A,B} = \delta W_{\mathrm{A}} > 0 \qquad -\mathrm{d}\Phi_{A,B} > 0 \tag{14-16}$$

对于不可逆过程有

$$-\mathrm{d}\Phi_{A,B} > \delta W_{\mathrm{A}} \geqslant 0 \qquad -\mathrm{d}\Phi_{A,B} > 0$$

可见，不论是可逆过程还是不可逆过程，都有 $-\mathrm{d}\Phi_{A,B}>0$，即化学反应总是自发地向系统热力学位减小的方向进行。所以热力学位的变化可用作自发反应方向的判据，当系统的热力学位达最小值时，系统达到平衡。因而有

过程自发方向的判据

$$-\mathrm{d}\Phi_{A,B} > 0 \tag{14-17a}$$

系统平衡的标志

$$-\mathrm{d}\Phi_{A,B} = 0 \tag{14-17b}$$

使系统的热力学位增加的反应是不可能自发进行的。

化学反应系统的基本特点是系统组元有变化，对于一个组元有变化的系统，任何一个广延参数是各组元的物质的量和 p、V、T、U、H、S 等变量中的某两个变量的函数。例如热力学能

$$U = U(V, S, n_1, n_2, \cdots)$$

即系统的热力学能由它的体积、熵和组元的物质的量确定。因此热力学能的变化不仅取决于体积和熵的变化，而且还与进入系统或从系统排出的物质的数量有关，即

$$\mathrm{d}U = \left(\frac{\partial U}{\partial S}\right)_{V,n}\mathrm{d}S + \left(\frac{\partial U}{\partial V}\right)_{S,n}\mathrm{d}V + \sum_{i=1}^{r}\left(\frac{\partial U}{\partial n_i}\right)_{S,V,n_{j(j\neq i)}}\mathrm{d}n_i \tag{14-18}$$

对于 H、F 和 G，也有类似于 U 的函数式，即

$$H = H(S, p, n_1, n_2, \cdots)$$
$$F = F(T, V, n_1, n_2, \cdots)$$
$$G = G(T, p, n_1, n_2, \cdots)$$

不过，在 U、H、F、G 四个函数中，只有热力学能 U 全由广延参数来描述，可以看到，U 是广延参数 S、V、n_i 的一阶齐次函数，可利用齐次函数的欧拉定理得到，即

$$U = \left(\frac{\partial U}{\partial S}\right)_{V,n}S + \left(\frac{\partial U}{\partial V}\right)_{S,n}V + \sum_{i=1}^{r}\left(\frac{\partial U}{\partial n_i}\right)_{S,V,n_{j(j\neq i)}}n_i \tag{14-19}$$

由第六章知

$$\left(\frac{\partial U}{\partial S}\right)_{V,n} = T \tag{a}$$

$$\left(\frac{\partial U}{\partial V}\right)_{S,n} = -p \tag{b}$$

并定义

$$\mu_i=\left(\frac{\partial U}{\partial n_i}\right)_{S,V,n_{j(j\neq i)}} \tag{14-20}$$

μ 称为化学势，μ_i 为第 i 组元的化学势。将式（a）、式（b）及式（14-20）代入式（14-19）得到

$$U = TS - pV + \sum_{i=1}^{r}\mu_i n_i \tag{14-21a}$$

即

$$G = \sum_{i=1}^{r}\mu_i n_i \tag{14-21b}$$

对于一个纯组元

$$G=\mu n$$

$$\mu=\frac{G}{n}=G_{\mathrm{m}} \tag{14-22}$$

纯组元的化学势与摩尔吉布斯函数 G_{m} 的数值相等。考虑到式（a）、式（b）和式（14-20），式（14-18）可写成

$$\mathrm{d}U = T\mathrm{d}S - p\mathrm{d}V + \sum_{i=1}^{r}\mu_i \mathrm{d}n_i \tag{14-23a}$$

因为

$$\mathrm{d}H=\mathrm{d}U+\mathrm{d}(pV)$$

$$\mathrm{d}F=\mathrm{d}U-\mathrm{d}(TS)$$

$$\mathrm{d}G=\mathrm{d}F+\mathrm{d}(pV)$$

式（14-23a）可变换成

$$\mathrm{d}H = T\mathrm{d}S + V\mathrm{d}p + \sum_{i=1}^{r}\mu_i \mathrm{d}n_i \tag{14-23b}$$

$$\mathrm{d}F = -S\mathrm{d}T - p\mathrm{d}V + \sum_{i=1}^{r}\mu_i \mathrm{d}n_i \tag{14-23c}$$

$$\mathrm{d}G = -S\mathrm{d}T + V\mathrm{d}p + \sum_{i=1}^{r}\mu_i \mathrm{d}n_i \tag{14-23d}$$

将式（14-23a）、式（14-23b）、式（14-23c）、式（14-23d）分别与 U、H、F、G 的类似于式（14-18）的微分式相比较，得到

$$\mu_i=\left(\frac{\partial U}{\partial n_i}\right)_{S,V,n_{j(j\neq i)}}=\left(\frac{\partial H}{\partial n_i}\right)_{S,p,n_{j(j\neq i)}}=\left(\frac{\partial F}{\partial n_i}\right)_{T,V,n_{j(j\neq i)}}=\left(\frac{\partial G}{\partial n_i}\right)_{T,p,n_{j(j\neq i)}} \tag{14-24}$$

反应平衡时，热力学位达最小值。因而根据式（14-23a~d），在四种情况下反应达平衡时有

$$\sum_{i=1}^{r}\mu_i \mathrm{d}n_i = 0 \tag{14-25}$$

现讨论一般的单相化学反应

$$\nu_a A_a+\nu_b A_b\rightarrow\nu_c A_c+\nu_d A_d$$

对于平衡状态下的微元反应，根据式（14-25）有

$$\mathrm{d}n_c\mu_c+\mathrm{d}n_d\mu_d-\mathrm{d}n_a\mu_a-\mathrm{d}n_b\mu_b=0$$

式中，$\mathrm{d}n_a$、$\mathrm{d}n_b$……为各组元物质的量的增量；μ_a、μ_b……为各组元的化学势。根据质量守恒原理，化学反应中参与反应的各组元（包括反应物和生成物）的物质的量之比必定等于

相应的化学计量系数之比。对于微元反应也是如此，所以

$$\frac{dn_a}{\nu_a}=\frac{dn_b}{\nu_b}=\frac{dn_c}{\nu_c}=\frac{dn_d}{\nu_d}=d\xi$$

代入上式得到

$$d\xi(\nu_c\mu_c+\nu_d\mu_d-\nu_a\mu_a-\nu_b\mu_b)=0$$

由于 $d\xi\neq0$，因而

$$\sum_i \nu_i\mu_i=0 \tag{14-26a}$$

或

$$\sum_P(\nu\mu)_i=\sum_R(\nu\mu)_i \tag{14-26b}$$

这就是所要推导的单相化学反应的平衡条件。对于各组元来说，化学势是强度量，决不能误认为物质的量为 n（mol）的物质的化学势为 $n\mu$。可是，作为化学反应的推动力来说，由于化学反应必定按照计量方程进行，因而考虑推动力时要根据化学计量系数将化学势加权，正如式（14-26a、b）所示。所以，把 $\sum_P(\nu\mu)_i$ 称为生成物的化学势，$\sum_R(\nu\mu)_i$ 称为反应物的化学势。至此，化学势的物理意义也比较清楚了。温差是热量传递的推动力，压差是功传递的推动力，化学势差则是质量传递的推动力。当 $\sum_i(\nu\mu)_i=0$ 时，系统的化学势差等于零。正如温差、压差等于零时系统达到热平衡、力平衡一样，化学势差等于零时系统达到化学平衡。若质量传递过程在均相系统中进行，那么化学势这种推动力使系统建立化学平衡；若在非均相系统中进行，即发生在相与相之间，则同时还形成相平衡。

化学反应进行时，参与反应的各组元的物量比严格符合相应的化学计量系数之比。因而，作为质量传递的推动力，对于给定的化学反应，只有参与反应的组元（包括反应物与生成物）的化学势才起作用。其他物质，包括多余的反应物以及惰性气体等不参与反应的物质，虽然也具有化学势，而且它们的存在要影响参与反应各组元的化学势的大小（因 $G_{m,i}$ 改变了），但在考虑给定反应的推动力时，只需计算参与反应的各组元的化学势。反应物的化学势为 $\sum_R(\nu\mu)_i$，生成物的化学势为 $\sum_P(\nu\mu)_i$。$\sum_i(\nu\mu)_i=0$ 时系统达到化学平衡；$\sum_i(\nu\mu)_i\neq0$ 时发生反应。根据 $\sum_i(\nu\mu)_i$ 的正负可判断反应的方向：

若 $\sum_i(\nu\mu)_i<0$，$\sum_P(\nu\mu)_i<\sum_R(\nu\mu)_i$，反应向右（生成物方向）进行；

若 $\sum_i(\nu\mu)_i>0$，$\sum_P(\nu\mu)_i>\sum_R(\nu\mu)_i$，反应向左（反应物方向）进行。

下面结合实例来阐明化学反应的方向与化学平衡。一闭口系中含有 CO 与 H_2O 各 1mol 的混合气体，在 $T=1000\text{K}$、$p=101.325\text{kPa}$ 下进行定温定压反应。反应的化学计量方程为

$$CO+H_2O\longrightarrow CO_2+H_2$$

开始时，只有反应物，发生的反应为

$$CO+H_2O\longrightarrow\varepsilon CO_2+\varepsilon H_2+(1-\varepsilon)CO+(1-\varepsilon)H_2O$$

式中，ε 称为反应度，即反应中每 1mol 主要反应物起反应的百分数。随着反应向右进行，ε 增大，即反应物减少而生成物增多。当 $\varepsilon=1-\alpha$ 时（α 为离解度）达到化学平衡

$$CO+H_2O\longrightarrow(1-\alpha)CO_2+(1-\alpha)H_2+\alpha CO+\alpha H_2O$$

反应进行中，系统的吉布斯函数 G_{tot}（系统中各组元的吉布斯函数之和）减小，平衡时 G_{tot} 达极小值。系统的 G_{tot} 为

$$G_{tot} = \sum_i n_i G_{m,i} = \varepsilon G_{m,CO_2} + \varepsilon G_{m,H_2} + (1-\varepsilon) G_{m,CO} + (1-\varepsilon)_{m,H_2O}$$

各状态下反应物与生成物的化学势为

$$\sum_R (\nu\mu)_i = \nu_{CO} G_{m,CO} + \nu_{H_2O} G_{m,H_2O}$$

$$\sum_P (\nu\mu)_i = \nu_{CO_2} G_{m,CO_2} + \nu_{H_2} G_{m,H_2}$$

理想气体混合物中组元 i 的摩尔吉布斯函数为

$$G_{m,i} = G_{m,i}^0 + RT\ln(p_i/p_0) \tag{14-27a}$$

根据式（14-22），组元 i 的化学势为

$$\mu_i = \mu_i^0 + RT\ln(p_i/p_0) \tag{14-27b}$$

式中，p_i 为组元 i 的分压力；$G_{m,i}$、μ_i 分别为组元 i 在 p_i、T 时的摩尔吉布斯函数与化学势；$G_{m,i}^0$、μ_i^0 分别为组元 i 在 $p_0(p_0=101.325\text{kPa})$、$T$ 时的摩尔吉布斯函数与化学势。

反应进行中 ν_i 不变，ε 增大，$G_{m,i}$ 随分压力 p_i 而变，但 G_{tot} 总是减小。随着反应的进行，生成物与反应物的化学势差逐渐减小。当 $\sum_i (\nu\mu)_i = 0$ 时达到化学平衡。计算结果见表 14-2 及图 14-2。

由表 14-2 及图 14-2 可以看到：在 ab 段，$\sum_P (\nu\mu)_i < \sum_R (\nu\mu)_i$，反应向右进行；在 bc 段，$\sum_P (\nu\mu)_i > \sum_R (\nu\mu)_i$，反应向左进行；在 b 点，$\sum_P \nu_i\mu_i = \sum_R \nu_i\mu_i$，达到化学平衡，这时 $\frac{dG_{tot}}{d\varepsilon}=0$，$G_{tot}$ 达极小值，但 $\sum_P n_i G_{m,i} \neq \sum_R n_i G_{m,i}$。在以上例题中，达化学平衡时

$$\sum_P n_i G_{m,i} = -434759\text{J}, \quad \sum_R n_i G_{m,i} = -361591\text{J}$$

$$G_{tot} = \sum_P n_i G_{m,i} + \sum_R n_i G_{m,i} = -796350\text{J}$$

表 14-2 总吉布斯函数与反应物、生成物的化学势

序号	1	2	3	4	5	6	7	8	9
ε	0	0.20	0.40	0.54	0.54594	0.58	0.60	0.80	1.0
G_{tot}/J	-783221	-792156	-795639	-796349	-796350	-796311	-796252	-793994	-796285
$\sum_P \nu_i\mu_i$/J	-∞	-813050	-801523	-796532	-796350	-795344	794780	-789996	-786285
$\sum_R \nu_i\mu_i$/J	-783221	-786932	-791716	-796135	-796350	-797648	-798459	-809986	-∞
反应方向	$\sum_P \nu_i\mu_i < \sum_R \nu_i\mu_i$ 反应向右进行				$\sum_P \nu_i\mu_i = \sum_R \nu_i\mu_i$ 化学平衡	$\sum_P \nu_i\mu_i > \sum_R \nu_i\mu_i$ 反应向左进行			
备注	图 14-2 上 a 点				图 14-2 上 b 点				图 14-2 上 c 点

在图 14-2 上，a 点与 c 点相比，虽然 $G_c<G_a$，但反应不可能自发地由 a 点到达 c 点。此例阐述了在不平衡状态的自发反应（不可逆反应）过程中，热力学位与化学势的变化以及系统达到化学平衡的状况。所谓可逆化学反应，就是在化学势差等于零（确切地说是化学势差无限小）的平衡状态下进行的化学反应。在平衡时增加反应物或减少生成物将改变各组元的化学势，以致 $\sum_{P}(\nu\mu)_i < \sum_{R}(\nu\mu)_i$，结果使反应向右进行。

最后，关于化学势还必须强调：化学势 μ 为强度量，其数值与摩尔吉布斯函数 G_m 相等。物质的量为 n 的物质组成的系统在平衡状态下，吉布斯函数 $G=nG_m$，但系统的化学势仍为 μ，不能误认为系统的化学势为 $n\mu$ 或 G。对于理想混合气体的某组元的化学势 μ_i 类同。这时，对质量传递起作用的是 $\sum_{P}(\nu\mu)_i$ 及 $\sum_{R}(\nu\mu)_i$ 之差。也就是说，在反应中，生成物与反应物的化学势差应该是按化学计量系数分别加权求和之差。系统化学势差的大小，说明化学反应推动力的大小，正负号表明化学反应的方向。

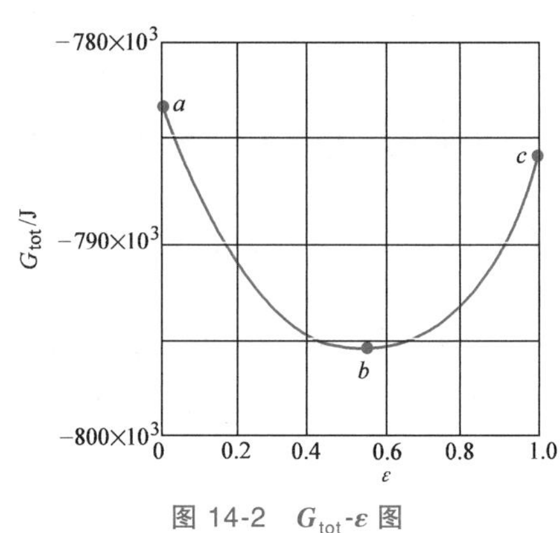

图 14-2 G_{tot}-ε 图

第六节　化学反应的平衡常数

化学反应达到平衡时，反应物的化学势与生成物的化学势相等。此时，反应物和生成物的浓度（或分压力）之间必存在一定的比例关系，这一比例关系称为化学反应的平衡常数。工程上遇到的大多数气体反应的反应混合物通常都可作为理想气体处理。现根据平衡条件式（14-26a）来推导理想气体的化学反应

$$\nu_a A_a+\nu_b A_b \longrightarrow \nu_c A_c+\nu_d A_d$$

的平衡常数。将式（14-27b）代入式（14-26a），经整理得到

$$(\nu_c\mu_c^0+\nu_d\mu_d^0-\nu_a\mu_a^0-\nu_b\mu_b^0)+RT\left(\nu_c\ln\frac{p_c}{p_0}+\nu_d\ln\frac{p_d}{p_0}-\nu_a\ln\frac{p_a}{p_0}-\nu_b\ln\frac{p_b}{p_0}\right)=0 \tag{14-28}$$

上式第一项为各组元在 p_0、T 时生成物的化学势与反应物的化学势之差，称为标准化学势差，以 ΔG_T^0 表示，即

$$\Delta G_T^0=\nu_c\mu_c^0+\nu_d\mu_d^0-\nu_a\mu_a^0-\nu_b\mu_b^0 \tag{14-29}$$

式（14-28）第二项可整理成

$$RT\ln\frac{\left(\dfrac{p_c}{p_0}\right)^{\nu_c}\left(\dfrac{p_d}{p_0}\right)^{\nu_d}}{\left(\dfrac{p_a}{p_0}\right)^{\nu_a}\left(\dfrac{p_b}{p_0}\right)^{\nu_b}}$$

于是式（14-28）可写成

$$\ln \frac{\left(\frac{p_c}{p_0}\right)^{\nu_c}\left(\frac{p_d}{p_0}\right)^{\nu_d}}{\left(\frac{p_a}{p_0}\right)^{\nu_a}\left(\frac{p_b}{p_0}\right)^{\nu_b}} = -\frac{\Delta G_T^0}{RT}$$

令

$$K_p = \frac{\left(\frac{p_c}{p_0}\right)^{\nu_c}\left(\frac{p_d}{p_0}\right)^{\nu_d}}{\left(\frac{p_a}{p_0}\right)^{\nu_a}\left(\frac{p_b}{p_0}\right)^{\nu_b}} \tag{14-30}$$

则

$$\ln K_p = -\frac{\Delta G_T^0}{RT} \tag{14-31a}$$

K_p 是以分压力表示的化学反应的平衡常数，其普遍式为

$$K_p = \frac{\prod\limits_{\mathrm{P}} \left(\frac{p_i}{p_0}\right)^{\nu_i}}{\prod\limits_{\mathrm{R}} \left(\frac{p_i}{p_0}\right)^{\nu_i}} \tag{14-31b}$$

由式（14-31a）可知，对于给定的化学反应，因为 ΔG_T^0 仅仅是温度的函数，所以 K_p 也只是温度的函数。

平衡常数还可用参与反应各组元的摩尔分数 x_i 或浓度 c_i 来表示。若物系的总压力为 p，以 $p_i = x_i p$ 代入式（14-30），有

$$K_p = \frac{x_c^{\nu_c} x_d^{\nu_d}}{x_a^{\nu_a} x_b^{\nu_b}}\left(\frac{p}{p_0}\right)^{\nu_c+\nu_d-\nu_a-\nu_b} = \frac{x_c^{\nu_c} x_d^{\nu_d}}{x_a^{\nu_a} x_b^{\nu_b}}\left(\frac{p}{p_0}\right)^{\Delta\nu}$$

令

$$K_x = \frac{x_c^{\nu_c} x_d^{\nu_d}}{x_a^{\nu_a} x_b^{\nu_b}} \tag{14-32}$$

于是

$$K_p = K_x\left(\frac{p}{p_0}\right)^{\Delta\nu} \tag{14-33}$$

K_x 是以摩尔分数表示的平衡常数。

浓度 c_i 是指单位体积内各组元的物质的量，显然 $c_i = \frac{n_i}{V}$，由 $p_i = \frac{n_i RT}{V} = c_i RT$ 代入式（14-30），得到

$$K_p = \frac{c_c^{\nu_c} c_d^{\nu_d}}{c_a^{\nu_a} c_b^{\nu_b}}\left(\frac{RT}{p_0}\right)^{\Delta\nu}$$

令

$$K_c = \frac{c_c^{\nu_c} c_d^{\nu_d}}{c_a^{\nu_a} c_b^{\nu_b}} \tag{14-34}$$

则

$$K_p = K_c\left(\frac{RT}{p_0}\right)^{\Delta\nu} \tag{14-35}$$

式中，K_c 是以浓度表示的化学平衡常数。

上一节以

$$CO+H_2O \longrightarrow O_2+H_2$$

的反应为实例来阐述化学反应的方向与化学平衡时，表 14-2 中第 5 列的数据是根据 $\sum_P \nu_i \mu_i = \sum_R \nu_i \mu_i$ 经过试凑，或按照$\frac{dG_{tot}}{d\varepsilon}=0$ 通过迭代法，例如牛顿迭代法求得的。本节介绍了平衡常数的概念后，还可根据 K_p 值求平衡时的 ε。上述反应化学平衡时有

$$CO+H_2O \longrightarrow (1-\alpha)CO_2+(1-\alpha)H_2+\alpha CO+\alpha H_2O$$

平衡时总物质的量 n 为

$$n=(1-\alpha)+(1-\alpha)+\alpha+\alpha=2$$

因该反应在 1atm 下进行，按 K_p 的以下表达式可方便地求取

$$K_p=\frac{p_{CO_2}p_{H_2}}{p_{CO}p_{H_2O}}=\frac{\left(\frac{1-\alpha}{2}\right)^2}{\left(\frac{\alpha}{2}\right)^2}=\frac{(1-\alpha)^2}{\alpha^2}$$

由参考文献［16］表 A-15 查得 $T=1000K$ 时，$K_p=1.38628$。于是

$$1.38628=\frac{(1-\alpha)^2}{\alpha^2}$$

解得 $$\alpha=0.459 \quad (\text{舍去负根})$$

$$\varepsilon=1-\alpha=0.541$$

与上节按 $\sum_P \nu_i \mu_i = \sum_R \nu_i \mu_i$ 直接计算得到的化学平衡时的反应度 $\varepsilon=0.54594$ 相比，差 0.9%。

关于平衡常数，必须指出以下几点。

1）由于式（14-26a）只需计算参与反应的各组元的化学势，因而平衡常数定义式中的分压力 p_i、浓度 c_i 或摩尔分数 x_i 分别指参与反应的各组元的相应量，其指数为化学计量系数。

2）K_p、K_c 和 K_x 都是理想气体化学反应的平衡常数。其中 K_p 和 K_c 仅是温度的函数，而 K_x 不仅与温度有关，还与压力有关。

3）式（14-31b）所示的 K_p 定义为标准的传统定义，即分子为生成物的分压力，分母为反应物的分压力。有些作者将其倒数定义为平衡常数。此外 K_p 值还与化学计量方程的写法有关。例如，在某温度下有下列反应，即

$$CO_2 \longrightarrow CO+\frac{1}{2}O_2 \tag{a}$$

$$CO+\frac{1}{2}O_2 \longrightarrow CO_2 \tag{b}$$

后一反应也能写成

$$2CO+O_2 \longrightarrow 2CO_2 \tag{c}$$

式（a）和式（b）所示反应的 K_p 值互成倒数：$(K_p)_a=\frac{1}{(K_p)_b}$。式（b）和式（c）的

K_p 的关系为：$(K_p)_c=(K_p)_b^2$。所以，在查阅 K_p 的图表时必须弄清反应的计量方程及作者对 K_p 的定义。

4）较为复杂反应的平衡常数往往可由简单反应的平衡常数求得。因为平衡常数仅取决于反应物与生成物，和中间过程无关。

例如

$$CO+H_2O \longrightarrow CO_2+H_2 \tag{a}$$

是以下两个简单反应的复合，即

$$CO+\frac{1}{2}O_2 \longrightarrow CO_2 \tag{b}$$

$$H_2+\frac{1}{2}O_2 \longrightarrow H_2O \tag{c}$$

式（b）、式（c）的平衡常数分别为

$$(K_p)_b=\frac{\dfrac{p_{CO_2}}{p_0}}{\dfrac{p_{CO}}{p_0}\left(\dfrac{p_{O_2}}{p_0}\right)^{1/2}},\quad (K_p)_c=\frac{\dfrac{p_{H_2O}}{p_0}}{\dfrac{p_{H_2}}{p_0}\left(\dfrac{p_{O_2}}{p_0}\right)^{1/2}}$$

式（a）的平衡常数则为

$$(K_p)_a=\frac{\dfrac{p_{CO_2}}{p_0}\dfrac{p_{H_2}}{p_0}}{\dfrac{p_{CO}}{p_0}\dfrac{p_{H_2O}}{p_0}}=\frac{(K_p)_b}{(K_p)_c}$$

5）若反应涉及液态和固态物质，仍可按式（14-30）求反应的 K_p 值，因为在高温下液态或固态物质先蒸发或升华成饱和蒸气，然后参与化学反应。在一定的温度下，饱和蒸气压为一定值，就可与平衡常数合在一起。例如

$$C(g)+CO_2 \longrightarrow 2CO$$

平衡常数为

$$K_p'=\frac{\left(\dfrac{p_{CO}}{p_0}\right)^2}{\dfrac{p_C}{p_0}\dfrac{p_{CO_2}}{p_0}}$$

p_0、p_C 为定值，于是

$$K_p=\frac{K_p' p_C}{p_0}=\frac{\left(\dfrac{p_{CO}}{p_0}\right)^2}{\dfrac{p_{CO_2}}{p_0}}$$

因而，确定多相反应的平衡常数时，不必考虑固态和液态物质，仍可按由单相反应导得的式（14-30）求 K_p 值。表 A-16 列出了某些常见的理想气体反应在 500～4550K 温度范围内的 K_p 的对数值。

6）平衡常数的大小反映了化学反应完全的程度，或者称反应的深度。根据本书的定义，平衡常数的值越大反应生成物的浓度越大，反应越完全。平衡常数又是计算平衡成分的重要依据。若已知理想气体化学反应的计量方程和反应达到平衡时的压力和温度，K_p 就确定了，即可求得平衡成分。因为：在理论上知道了反应的化学计量方程后，其标准化学势差 $-\Delta G_T^0$ 可以算得；如又知道温度，K_p 就确定了，再根据 K_p 的定义式就可计算平衡成分。通常，也可直接从热化学手册上查 K_p 值。知道了平衡成分就能得到给定条件下最多能获得的反应生成物的量。实际反应能获得的生成物不可能多于化学平衡所限定的数量。

7）1884 年勒·夏特列（Le Chatelier）在研究了各种外界作用力改变对化学反应平衡影响的基础上，提出了平衡移动定律，即勒·夏特列原理：处于平衡状态下的系统，当外界作用力改变时（例如外界压力、温度发生变化，使系统的压力、温度也随着变化），系统的平衡状态将朝着削弱外界作用力影响的方向移动。显然，平衡移动定律与稳定平衡定律相互一致。

例 14-5　在 298K、1.013×10^5Pa 下，$n_A : n_B = 1 : 2$ 的气体，A、B 的混合物进行如下化学反应：$A(g)+2B(g)\rightleftharpoons AB_2(g)$，当化学反应达到平衡时，有 70% 的气体起了反应，求反应的平衡常数 K_p。

解

$$A(g)+2B(g)\rightleftharpoons AB_2(g)$$

平衡时物质的量 n_i	0.3	2×0.3	0.7
平衡时摩尔分数 x_i	$\dfrac{0.3}{0.3+2\times0.3+0.7}$	$\dfrac{2\times0.3}{0.3+2\times0.3+0.7}$	$\dfrac{0.7}{0.3+2\times0.3+0.7}$
即：	0.1875	0.3750	0.4375
平衡时分压力 p_i	$0.1875p_0$	$0.3750p_0$	$0.4375p_0$

于是

$$K_p=\frac{p_{AB_2(g)}/p_0}{(p_A/p_0)(p_B/p_0)^2}=\frac{0.4375}{0.1875\times0.3750^2}=16.6$$

利用平衡移动定律，可以分析压力、温度和浓度等外界因素的变化对化学平衡的影响，例如：温度对化学平衡的影响与反应是吸热还是放热有关。对于吸热反应，提高温度时平衡朝着加强吸热反应的方向移动（以削弱温度的升高），即平衡右移，ε 增大；对于放热反应，提高温度时平衡朝着削弱放热反应的方向移动，即平衡左移，ε 减小。降低温度的情况相反。因此，提高温度有利于吸热反应，降低温度有利于放热反应。同理，可以分析压力、浓度等外界因素的变化对化学平衡的影响。

第七节　热力学第三定律

热力学第三定律是由研究低温现象得到的，并由量子统计力学理论支持的基本定律。它独立于热力学第一定律和热力学第二定律，其内容主要为能斯特（Nernst）热定理或绝对零度不能达到原理。

人们在测量低温电池电动势的温度系数时发现，随着温度接近绝对零度，电池反应的熵变趋于零。在研究氦的固体相变时，发现熵变与温度的七次方成正比，而且熵变随着温度降低而迅速趋于零。低温下的种种实验表明，在温度接近绝对零度时所进行的定温过程，系统的熵变趋于不变。1906 年能斯特研究了低温下各种化学反应的性质，提出能斯特热定理：“任何凝聚系在接近绝对零度时所进行的定温过程，物系的熵接近于不变。”即

$$\lim_{T\to 0}\Delta S_T=0 \tag{14-36}$$

1912 年能斯特根据他的热定理又推出以下原理：“不可能用有限的手续使一个物体冷却到绝对温度的零度。”要使物体温度降低必须使物体经过一个过程。这个过程可以是多种多样的，但不外乎绝热与非绝热两类。首先考虑绝热过程，由于

$$\lim_{T\to 0}\Delta S_T=0$$

因而在 0K 附近，定温线与定熵线趋于重合，绝热过程也就是定温过程，所以，想利用绝热过程来降低物体的温度是不可能的。那么非绝热过程能否使物体达到 0K 呢？非绝热过程可以是吸热过程也可以是放热过程，由于吸热过程的降温效率比放热过程低，故采用放热过程为佳。物体通过放热过程降温时，外界的温度必须低于物体的温度才行。要使物体的温度达到 0K，也就是说要找到一个温度比 0K 还要低的外界，否则就无法让该物体放热，但这却是矛盾和不可能的。因而，想通过放热过程使物体达到 0K 是办不到的。因此，没有任何过程能使物体的温度达到绝对零度。

能斯特热定理与绝对零度不能达到原理都可作为热力学第三定律的说法。后一种说法与热力学第一定律和热力学第二定律采用了同样的形式，都是说某种事情做不到。但是从实际意义上讲，热力学第三定律与热力学第一、第二定律却完全不同。热力学第一、第二定律明确指出，必须绝对放弃那种企图制造第一类和第二类永动机的梦想，但热力学第三定律却不阻止人们尽可能地去设法接近绝对零度。当然，温度越低，降低温度的工作就越困难。但是，只要温度不是绝对零度，理论上有可能使它再降低。随着低温技术的发展，所能达到的最低温度可能更接近于 0K。绝对零度不能达到原理，不可能由实验证实，它的正确性是由它的下列推论都与实际观测相符合而得到保证的。

推论 1 1911 年普朗克（Planck）又发展了能斯特的论断。根据能斯特热定理，凝聚系在绝对零度时所进行的任何反应和过程，其熵变为零，即绝对零度时各种物质的熵都相等，那么，聪明而又简单的选择是取绝对零度下各物质的熵为零。这就是普朗克对热定理的推论：“绝对零度下纯固体或纯液体的熵为零。”

普朗克的推论得到许多实验结果的支持。例如，液态氦、金属中的电子气以及许多晶体和非晶体的实验指出，它们的熵都随着温度趋于绝对零度而趋于零。

推论 2 西蒙（Simon）从经典的比热容理论指出，当温度趋于 0K 时，比热容趋于某一常数。根据他的理论，对于理想气体，有

$$s_2-s_1=c_V\ln\frac{T_2}{T_1}+R_g\ln\frac{v_2}{v_1}$$

当 $T_1\to 0$ 时，则 $s_1\to -\infty$（图 14-3a）。这显然与热定理的推论 1 不符，当然也与热定理相矛

盾。1907 年爱因斯坦根据比热容的量子理论指出：$T \to 0$ 时 $c_V \to 0$（图 14-3b）即

$$\lim_{T\to 0} c_p = \lim_{T\to 0} c_V = 0$$

若仅有这一推论，那么由图 14-3b 可见，通过有限步骤（例如图中 a-b-c 过程）就可达到绝对零度。因而热力学第三定律不仅要求绝对零度时凝结物体的比热容为零（推论 2），同时要求绝对零度时纯固体或纯液体的熵为零（推论 1）。也就是说，定压线或定容线在 $T=0$ 时应相聚于一点（图 14-3c）。换句话说，以有限的手续使物体冷却到绝对零度是办不到的。

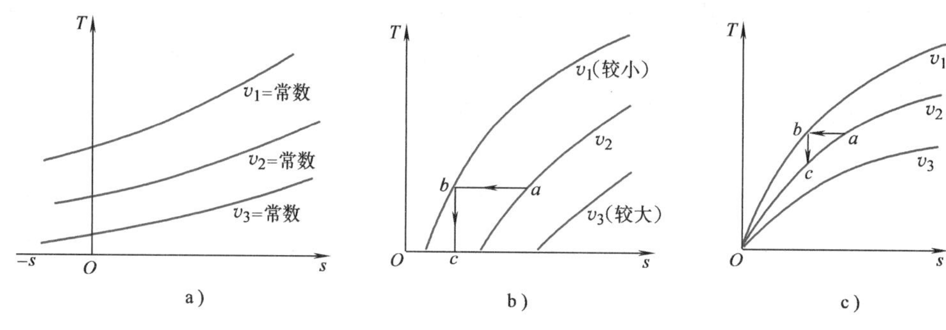

图 14-3 不同物质的 T-s 图

a）具有定比热容（不为零）的物质的 T-s 图　b）0K 时比热容为零（但不服从第三定律）的物质的 T-s 图

c）服从第三定律的物质的 T-s 图

研究化学反应或成分有变化的系统时，类似于规定焓的计算起点那样，需要人为地指定不同物质的熵的计算起点。热力学第三定律表明，绝对零度时纯固体或纯液体的熵为零，绝对零度就自然成为熵的计算起点。熵是物质的状态参数，与压力和温度有关。但由热力学第三定律可知，在绝对零度时，纯固体或纯液体的熵都为零，与压力无关，即 $\left(\dfrac{\partial s}{\partial p}\right)_{T=0}=0$。通常就根据 $p_0=1\text{atm}$ 时物质的比热容和潜热（焓）数据，求出 1atm 下任何温度时的绝对熵 $S_{\rm m}^0$，再进一步计算压力为任意值时的值。对于理想气体，可按下式计算：

$$S_{\rm m}(T,p)=S_{\rm m}^0(T,p_0)-R\ln p \tag{14-37}$$

纯物质的绝对熵，也可由统计或微观的方法求得。总之，热力学第三定律为计算物质的绝对熵奠定了基础。

热力学第三定律的两个推论（$T\to 0$ 时，$S\to 0$ 及 $c_V\to 0$）都得到了量子理论的支持，所以说热力学第三定律是一个量子力学的定律。系统在放热冷却过程中，能量减少，无序度降低，作为无序度量度的熵也减少。随着放热冷却，气态冷凝为液态，液态结晶固化为固态，系统变得越来越有“秩序”。当系统处于最低能态即基态时，系统只有一个量子态或者只有数目不大的量子态。系统的无序度达到最小，即 $T\to 0$ 时系统微态总数 $W\to 1$，所以 $S\to 0$。正由于极低温度下系统的“有序性”，因而很多物质在极低温度下表现出一般温度下所不可想象的特性，例如金属的超导性、液氦的超流动性，等等。

热力学第三定律的价值不仅在于提供了绝对熵的计算依据，在熵和亥姆霍兹函数的计算及制表工作以及化学反应的平衡计算中也发挥了重大作用，而且对低温下的实验研究，包括超低温下的物性研究起着重要的指导作用。

本章小结

本章针对能源利用中所涉及的燃烧等化学反应中的热力学问题，应用热力学基本原理进行了研究。应用热力学第一定律和盖斯定律讨论了反应热效应、反应焓、燃烧焓和理论绝热燃烧温度，并利用基尔霍夫定律分析了反应热效应和温度间的关系。应用热力学第二定律讨论了反应的方向性和深度，导出了化学平衡常数。本章还介绍了热力学第三定律。

通过本章学习，要求读者：

1）掌握利用标准生成焓计算化学反应前后焓差的方法，进而掌握化学反应热效应的计算。

2）掌握盖斯定律和基尔霍夫定律，会计算理论绝热燃烧温度。

3）理解化学反应平衡常数的含义、用途和计算。

4）了解热力学第三定律。

思考题

14-1　有化学反应的系统是简单可压缩系吗？

14-2　求解反应热效应的关键是反应前后焓差的计算，对于组分和成分都发生变化的化学反应系统，这个问题是如何解决的？

14-3　反应热与热效应有怎样的关系？

14-4　化学反应有正方向和逆方向，这是否意味着化学反应是可逆反应？

14-5　为什么氢的热值有高热值和低热值之分？

14-6　如何判断化学反应的方向性？

14-7　为什么在化学过程的分析计算中需要确定物质的绝对熵？

14-8　热力学第三定律有怎样的意义？

习　题

14-1　反应 $C+\frac{1}{2}CO_2 \longrightarrow CO$ 的标准定压热效应为-110603J/mol，试求反应的标准定容热效应。

14-2　计算下列反应的标准热效应：

（1）$2H_2(g)+O_2(g)\rightarrow 2H_2O(l)$；

（2）$CO(g)+\frac{1}{2}O_2(g)\longrightarrow CO_2(g)$。

14-3　甲烷和理论氧气的燃烧方程为

$$CH_4(g)+2O_2(g)\longrightarrow CO_2(g)+2H_2O(g)$$

如果反应在 1atm 和 25℃下进行，试求反应吸收或放出的热量。

14-4 水煤气反应为

$$CO(g)+H_2O(g)\longrightarrow CO_2(g)+H_2(g)$$

（1）利用生成焓的数据求取在 1atm 和 25℃下反应的热效应；

（2）验证水煤气反应的热效应等于下面两个反应热效应之和：

$$H_2O(g)\longrightarrow H_2(g)+\frac{1}{2}O_2(g)$$

$$CO(g)+\frac{1}{2}O_2(g)\rightarrow CO_2(g)$$

14-5 试求反应

$$CO(g)+H_2O(g)\longrightarrow CO_2(g)+H_2(g)$$

在 1atm 和 800℃下反应的热效应。已知气体比热容与温度成直线关系。

14-6 试确定初温为 400K 的甲烷气（CH_4）与 250%过量空气在 1atm 下完全燃烧时的绝热理论燃烧温度。

14-7 一氧化碳和理论空气量进行绝热定压燃烧。若忽略生成物的分解，试求最高燃烧温度为多少？假定反应物的初温为：（1）298K；（2）400K。

14-8 在 1atm、25℃时下面的反应能否自发进行：

$$Fe_3O_4(s)+CO(g)\rightarrow 3FeO(s)+CO_2(g)$$

已知：$(\Delta G_f^0)_{Fe_3O_4}=-1117876J/mol$，$(\Delta G_f^0)_{FeO}=-266998J/mol$，其余数据查表 A-15。

14-9 试求化学反应在 1000K 下的平衡常数 K_p，已测得平衡时混合物中各物质的量 $n_{CO_2}=1.2$，$n_{CO}=1.4$，$n_{H_2O}=0.74$。

$$CO(g)+H_2O(g)\longrightarrow CO_2(g)+H_2(g)$$

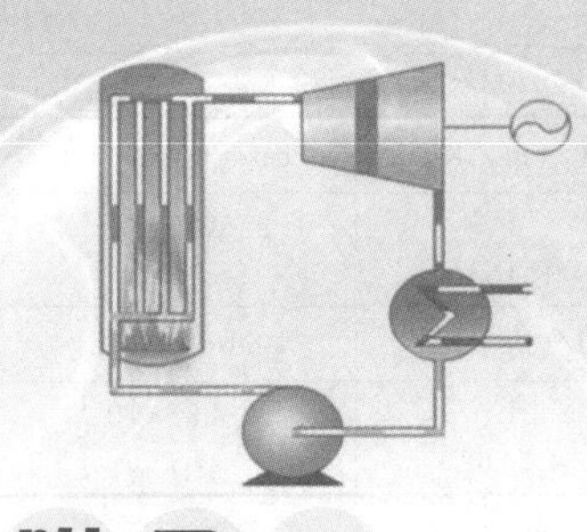

附录A

表 A-1　常用单位换算表

（一）压力单位换算

Pa	bar	at(kgf/cm^2)	atm	mmHg	mmH$_2$O(kgf/m^2)
帕	巴	工程大气压	标准大气压	毫米汞柱	毫米水柱
1×10^5	1	1.0197	9.8692×10^{-1}	7.5006×10^2	1.0197×10^4
1	1×10^{-5}	1.0197×10^{-5}	9.8692×10^{-6}	7.5006×10^{-3}	1.0197×10^{-1}
9.8067×10^4	9.8067×10^{-1}	1	9.6784×10^{-1}	7.3556×10^2	1×10^4
1.0133×10^5	1.0133	1.0332	1	7.6000×10^2	1.0332×10^4
1.3332×10^2	1.3332×10^{-3}	1.3595×10^{-3}	1.3158×10^{-3}	1	1.3595×10^1
9.8067	9.8067×10^{-5}	1×10^{-4}	9.6784×10^{-5}	7.3556×10^{-2}	1

（二）功、热量、能量单位换算

kJ	kgf · m	kcal	kW · h	
千焦	千克力 · 米	千卡	千瓦 · 小时	马力 · 小时
1	1.0197×10^2	2.3885×10^{-1}	2.7778×10^{-4}	3.7767×10^{-4}
9.8067×10^{-3}	1	2.3423×10^{-3}	2.7241×10^{-6}	3.7037×10^{-6}
4.1868	4.2694×10^2	1	1.163×10^{-3}	1.5812×10^{-3}
3.6007×10^3	3.671×10^5	8.5985×10^2	1	1.3596
2.6478×10^3	2.7005×10^5	6.3242×10^2	7.355×10^{-1}	1

（三）功率单位换算

W	kcal/h	kgf · m/s	
瓦	千卡/时	千克力 · 米/秒	马力
1	8.5985×10^{-1}	1.0197×10^{-1}	1.3596×10^{-3}
1.163	1	1.1859×10^{-1}	1.5812×10^{-3}
9.8065	8.4322	1	1.3333×10^{-2}
7.355×10^2	6.3242×10^2	75	1

(四) 其他单位换算

热流密度	W/m^2	$kcal/(m^2 \cdot h)$	热导率	$W/(m \cdot K)$	$kcal/(m \cdot h \cdot ℃)$
	1 1.163	8.5985×10^{-1} 1		1 1.163	8.5985×10^{-1} 1
表面传热系数	$W/(m^2 \cdot K)$	$kcal/(m^2 \cdot h \cdot ℃)$	比热容	$kJ/(kg \cdot K)$	$kcal/(kg \cdot ℃)$
	1 1.163	8.5985×10^{-1} 1		1 4.1868	2.3885×10^{-1} 1
动力黏度	$kg/(m \cdot s)$	$kgf \cdot s/m^2$	运动粘度 热扩散率	m^2/s	m^2/h
	1 9.8067	1.0197×10^{-1} 1		1 2.7778×10^{-4}	3600 1

表 A-2 常用气体的气体常数和定值比热容

物质		$M/$ (g/mol)	$c_p/$ [kJ/(kg·K)]	$C_{p,m}/$ [J/(mol·K)]	$c_V/$ [kJ/(kg·K)]	$C_{V,m}/$ [J/(mol·K)]	$R_g/$ [kJ/(kg·K)]	κ
氩	Ar	39.94	0.523	20.89	0.315	12.57	0.208	1.67
氦	He	4.003	5.200	20.81	3.123	12.50	2.077	1.67
氢	H_2	2.016	14.32	28.86	10.19	20.55	4.124	1.40
氮	N_2	28.02	1.038	29.08	0.742	20.77	0.297	1.40
氧	O_2	32.00	0.917	29.34	0.657	21.03	0.260	1.39
一氧化碳	CO	28.01	1.042	29.19	0.745	20.88	0.297	1.40
空气		28.97	1.004	29.09	0.718	20.78	0.287	1.40
水蒸气	H_2O	18.016	1.867	33.64	1.406	25.33	0.461	1.33
二氧化碳	CO_2	44.01	0.845	37.19	0.656	28.88	0.189	1.29
二氧化硫	SO_2	64.07	0.644	41.26	0.514	32.94	0.130	1.25
甲烷	CH_4	16.04	2.227	35.72	1.709	27.41	0.518	1.30
丙烷	C_3H_8	44.09	1.691	74.56	1.502	66.25	0.189	1.13

表 A-3 理想气体的摩尔定压热容公式

$C_{p,m}=a_0+a_1T+a_2T^2$, J/(mol·K), 298~1500K

气体		$a_0/$ [J/(mol·K)]	$a_1 \times 10^3/$ [J/(mol·K²)]	$a_2 \times 10^6/$ [J/(mol·K³)]
氢	H_2	29.0856	-0.8373	2.0138
氮	N_2	27.3146	5.2335	-0.0042
氧	O_2	25.8911	12.9874	-3.8644
氯	Cl_2	31.7191	10.1488	-4.0402
一氧化碳	CO	26.8742	6.9710	-0.8206
二氧化碳	CO_2	26.0167	43.5259	-14.8422
二氧化硫	SO_2	29.7932	39.8248	-14.6998①
水蒸气	H_2O	30.3794	9.6212	1.1848
甲烷	CH_4	14.1555	75.5466	-18.0032
乙烷	C_2H_6	9.4007	159.9399	-46.2599
丙烷	C_3H_8	10.0901	239.464	-73.4071
丁烷	C_4H_{10}	16.0940	307.1017	-94.8519
氨	NH_3	25.4808	36.8940	-6.3053
乙烯	C_2H_4	11.8486	119.7466	-36.5340
氧化氮	NO	29.3913	-1.5491	10.6595
乙炔	C_2H_2	30.6934	52.8457	-16.2824
硫化氢	H_2S	27.8924	21.4950	-3.5755

注：该表摘引自 Richard E Balzhiser, Michael R Samuels, John D Eliassen. Chemical Engineering Thermodynamics, 1972.

① 原文无负号。加负号后与统计计算结果才相符。

表 A-4a　气体的平均比定压热容 $c_p|_{0℃}^{t}$

[单位：kJ/(kg·K)]

温度/℃	气体						
	O_2	N_2	CO	CO_2	H_2O	SO_2	空气
0	0.915	1.039	1.040	0.815	1.859	0.607	1.004
100	0.923	1.040	1.042	0.866	1.873	0.636	1.006
200	0.935	1.043	1.046	0.910	1.894	0.662	1.012
300	0.950	1.049	1.054	0.949	1.919	0.687	1.019
400	0.965	1.057	1.063	0.983	1.948	0.708	1.028
500	0.979	1.066	1.075	1.013	1.978	0.724	1.039
600	0.993	1.076	1.086	1.040	2.009	0.737	1.050
700	1.005	1.087	1.098	1.064	2.042	0.754	1.061
800	1.016	1.097	1.109	1.085	2.075	0.762	1.071
900	1.026	1.108	1.120	1.104	2.110	0.775	1.081
1000	1.035	1.118	1.130	1.122	2.144	0.783	1.091
1100	1.043	1.127	1.140	1.138	2.177	0.791	1.100
1200	1.051	1.136	1.149	1.153	2.211	0.795	1.108
1300	1.058	1.145	1.158	1.166	2.243	—	1.117
1400	1.065	1.153	1.166	1.178	2.274	—	1.124
1500	1.071	1.160	1.173	1.189	2.305	—	1.131
1600	1.077	1.167	1.180	1.200	2.335	—	1.138
1700	1.083	1.174	1.187	1.209	2.363	—	1.144
1800	1.089	1.180	1.192	1.218	2.391	—	1.150
1900	1.094	1.186	1.198	1.226	2.417	—	1.156
2000	1.099	1.191	1.203	1.233	2.442	—	1.161
2100	1.104	1.197	1.208	1.241	2.466	—	1.166
2200	1.109	1.201	1.213	1.247	2.489	—	1.171
2300	1.114	1.206	1.218	1.253	2.512	—	1.176
2400	1.118	1.210	1.222	1.259	2.533	—	1.180
2500	1.123	1.214	1.226	1.264	2.554	—	1.184
2600	1.127	—	—	—	2.574	—	—
2700	1.131	—	—	—	2.594	—	—
2800	—	—	—	—	2.612	—	—
2900	—	—	—	—	2.630	—	—
3000	—	—	—	—	—	—	—

表 A-4b　气体的平均比定容热容 $c_V|_{0℃}^{t}$

[单位：kJ/(kg·K)]

温度/℃	气体						
	O_2	N_2	CO	CO_2	H_2O	SO_2	空气
0	0.655	0.742	0.743	0.626	1.398	0.477	0.716
100	0.663	0.744	0.745	0.677	1.411	0.507	0.719
200	0.675	0.747	0.749	0.721	1.432	0.532	0.724

（续）

温度/℃	气体						
	O_2	N_2	CO	CO_2	H_2O	SO_2	空气
300	0.690	0.752	0.757	0.760	1.457	0.557	0.732
400	0.705	0.760	0.767	0.794	1.486	0.578	0.741
500	0.719	0.769	0.777	0.824	1.516	0.595	0.752
600	0.733	0.779	0.789	0.851	1.547	0.607	0.762
700	0.745	0.790	0.801	0.875	1.581	0.624	0.773
800	0.756	0.801	0.812	0.896	1.614	0.632	0.784
900	0.766	0.811	0.823	0.916	1.648	0.645	0.794
1000	0.775	0.821	0.834	0.933	1.682	0.653	0.804
1100	0.783	0.830	0.843	0.950	1.716	0.662	0.813
1200	0.791	0.839	0.857	0.964	1.749	0.666	0.821
1300	0.798	0.848	0.861	0.977	1.781	—	0.829
1400	0.805	0.856	0.869	0.989	1.813	—	0.837
1500	0.811	0.863	0.876	1.001	1.843	—	0.844
1600	0.817	0.870	0.883	1.011	1.873	—	0.851
1700	0.823	0.877	0.889	1.020	1.902	—	0.857
1800	0.829	0.883	0.896	1.029	1.929	—	0.863
1900	0.834	0.889	0.901	1.037	1.955	—	0.869
2000	0.839	0.894	0.906	1.045	1.980	—	0.874
2100	0.844	0.900	0.911	1.052	2.005	—	0.879
2200	0.849	0.905	0.916	1.058	2.028	—	0.884
2300	0.854	0.909	0.921	1.064	2.050	—	0.889
2400	0.858	0.914	0.925	1.070	2.072	—	0.893
2500	0.863	0.918	0.929	1.075	2.093	—	0.897
2600	0.868	—	—	—	2.113	—	—
2700	0.872	—	—	—	2.132	—	—
2800	—	—	—	—	2.151	—	—
2900	—	—	—	—	2.168	—	—
3000	—	—	—	—	—	—	—

表 A-5 气体的平均比热容（直线关系式）

$c\big|_{t_1}^{t_2}=a+bt$， 0～1500℃ ［单位：kJ/(kg·K)］

气　体	平均比定容热容	平均比定压热容
空气	$0.7088+0.000093t$	$0.9956+0.000093t$
H_2	$10.12+0.0005945t$	$14.33+0.0005945t$
N_2	$0.7304+0.00008955t$	$1.032+0.00008955t$
O_2	$0.6594+0.0001065t$	$0.919+0.0001065t$
CO	$0.7331+0.00009681t$	$1.035+0.00009681t$
H_2O	$1.372+0.0003111t$	$1.833+0.0003111t$
CO_2	$0.6837+0.0002406t$	$0.8725+0.0002406t$

表 A-6　空气的热力性质

T/K	t/℃	h/(kJ/kg)	p_r	v_r	s^0/[kJ/(kg·K)]
200	-73. 15	201. 87	0. 3414	585. 2	6. 3000
210	-63. 15	211. 94	0. 4051	518. 39	6. 3491
220	-53. 15	221. 99	0. 4768	464. 41	6. 3959
230	-43. 15	232. 04	0. 5571	412. 85	6. 4406
240	-33. 15	242. 08	0. 6466	371. 17	6. 4833
250	-23. 15	252. 12	0. 7458	335. 21	6. 5243
260	-13. 15	262. 15	0. 8555	303. 92	6. 5636
270	-3. 15	272. 19	0. 9761	276. 61	6. 6015
280	6. 85	282. 22	1. 1084	252. 62	6. 6380
290	16. 85	292. 25	1. 2531	231. 43	6. 6732
300	26. 85	302. 29	1. 4108	212. 65	6. 7072
310	36. 85	312. 33	1. 5823	195. 92	6. 7401
320	46. 85	322. 37	1. 7682	180. 98	6. 7720
330	56. 85	332. 42	1. 9693	167. 57	6. 8029
340	66. 85	342. 47	2. 1865	155. 50	6. 8330
350	76. 85	352. 54	2. 4204	144. 60	6. 8621
360	86. 85	362. 61	2. 6720	134. 73	6. 8905
370	96. 85	372. 69	2. 9419	125. 77	6. 9181
380	106. 85	382. 79	2. 2312	117. 60	6. 9450
390	116. 85	392. 89	3. 5407	110. 15	6. 9731
400	126. 85	403. 01	3. 8712	103. 33	6. 9969
410	136. 85	413. 14	4. 2238	97. 069	7. 0219
420	146. 85	423. 29	4. 5993	91. 318	7. 0464
430	156. 85	433. 45	4. 9989	86. 019	7. 0703
440	166. 85	433. 62	5. 4234	81. 130	7. 0937
450	176. 85	453. 81	5. 8739	76. 610	7. 1166
460	186. 85	464. 02	6. 3516	72. 423	7. 1390
470	196. 85	474. 25	6. 8575	68. 538	7. 1610
480	206. 85	484. 49	7. 3927	64. 929	7. 1826
490	216. 85	494. 76	7. 9584	61. 570	7. 2037
500	226. 85	505. 04	8. 5558	58. 440	7. 2245
510	236. 85	515. 34	9. 1861	55. 519	7. 2249
520	246. 85	525. 66	9. 8506	52. 789	7. 2650
530	256. 85	536. 01	10. 551	50. 232	7. 2847
540	266. 85	546. 37	11. 287	47. 843	7. 3040
550	276. 85	556. 76	12. 062	45. 598	7. 3231
560	286. 85	567. 16	12. 877	43. 488	7. 3418
570	296. 85	577. 59	13. 732	41. 509	7. 3603
580	306. 85	588. 04	14. 630	39. 645	7. 3785
590	316. 85	598. 52	15. 572	37. 889	7. 3964

（续）

T/K	t/℃	h/(kJ/kg)	p_r	v_r	s^0/[kJ/(kg·K)]
600	326.85	609.02	16.559	36.234	7.4140
610	336.85	619.34	17.593	34.673	7.4314
620	346.85	630.08	18.676	33.198	7.4486
630	356.85	640.65	19.810	31.802	7.4655
640	366.85	651.24	20.995	30.483	7.4821
650	376.85	661.85	22.234	29.235	7.4986
660	386.85	672.49	23.528	28.052	7.5148
670	396.85	683.15	24.880	26.929	7.5309
680	406.85	693.84	26.291	25.864	7.5467
690	416.85	704.55	27.763	24.853	7.5623
700	426.85	715.28	29.298	23.892	7.5778
710	436.85	726.04	30.898	22.979	7.5931
720	446.85	736.82	32.565	22.110	7.6081
730	456.85	747.63	34.301	21.282	7.6230
740	466.85	758.46	36.109	20.494	7.6378
750	476.85	769.32	37.989	19.743	7.6523
760	486.85	780.19	39.945	19.026	7.6667
770	496.85	791.10	41.978	18.343	7.6810
780	506.85	802.02	44.092	17.690	7.6951
790	516.85	812.97	46.288	17.067	7.7090
800	526.85	823.94	48.568	16.472	7.7228
810	536.85	834.94	50.935	15.903	7.7365
820	546.85	845.96	53.392	15.358	7.7500
830	556.85	857.00	55.941	14.837	7.7634
840	566.85	868.06	58.584	14.338	7.7767
850	576.85	879.15	61.325	13.861	7.7898
860	586.85	890.26	64.165	13.403	7.8028
870	596.85	901.39	67.107	12.964	7.8156
880	606.85	912.54	70.155	12.544	7.8284
890	616.85	923.72	73.310	12.140	7.8410
900	626.85	934.91	76.576	11.753	7.8535
910	636.85	946.31	79.956	11.381	7.8659
920	646.85	957.37	83.452	11.024	7.8782
930	656.85	968.63	87.067	10.681	7.8904
940	666.85	979.90	90.805	10.352	7.9024
950	676.85	991.20	94.667	10.035	7.9144
960	686.85	1002.52	98.659	9.7305	7.9262
970	696.85	1013.86	102.78	9.4376	7.9380
980	706.85	1025.22	107.04	9.1555	7.9496
990	716.85	1036.60	111.43	8.8845	7.9612

（续）

T/K	t/℃	h/(kJ/kg)	p_r	v_r	s^0/[kJ/(kg·K)]
1000	726.85	1047.99	115.97	8.6229	7.9727
1010	736.85	1059.41	120.65	8.3713	7.9840
1020	746.85	1070.84	125.49	8.1281	7.9953
1030	756.85	1082.30	130.47	7.8945	8.0065
1040	766.85	1093.77	135.60	7.6696	8.0175
1050	776.85	1105.26	140.90	7.4521	8.0285
1060	786.85	1116.76	146.36	7.2424	8.0394
1070	796.85	1128.28	151.98	7.0404	8.0503
1080	806.85	1139.82	157.77	6.8454	8.0610
1090	816.85	1151.38	163.74	6.6569	8.0716
1100	826.85	1162.95	169.88	6.4752	8.0822
1110	836.85	1174.54	176.20	6.2997	8.0927
1120	846.85	1186.15	182.71	6.1299	8.1031
1130	856.85	1197.77	189.40	5.9662	8.1134
1140	866.85	1209.40	196.29	5.8077	8.1237
1150	876.85	1221.06	203.38	5.6544	8.1339
1160	886.85	1232.72	210.66	5.5065	8.1440
1170	896.85	1244.41	218.15	5.3633	8.1540
1180	906.85	1256.10	225.85	5.2247	8.1639
1190	916.85	1267.82	233.77	5.0905	8.1738
1200	926.85	1279.54	241.90	4.9607	8.1836
1210	936.85	1291.28	250.25	4.8352	8.1934
1220	946.85	1303.04	258.83	4.7135	8.2031
1230	956.85	1314.81	267.64	4.5957	8.2127
1240	966.85	1326.59	276.69	4.4815	8.2222
1250	976.85	1338.39	285.98	4.3709	8.2317
1260	986.85	1350.20	295.51	4.2638	8.2411
1270	996.85	1362.03	305.30	4.1598	8.2504
1280	1006.85	1373.86	315.33	4.0592	8.2597
1290	1016.85	1385.71	325.63	3.9616	8.2690
1300	1026.85	1397.58	336.19	3.8669	8.2781
1310	1036.85	1409.45	347.02	3.7750	8.2872
1320	1046.85	1421.34	358.13	3.6858	8.2963
1330	1056.85	1433.24	369.51	3.5994	8.3052
1340	1066.85	1445.16	381.19	3.5153	8.3142
1350	1076.85	1457.08	393.15	3.4338	8.3230
1360	1086.85	1469.02	405.40	3.3547	8.3318
1370	1096.85	1480.97	417.96	3.2778	8.3406
1380	1106.85	1492.93	430.82	3.2032	8.3493
1390	1116.85	1504.91	444.00	3.1306	8.3579

（续）

T/K	t/℃	h/(kJ/kg)	p_r	v_r	s^0/[kJ/(kg·K)]
1400	1126.85	1516.89	457.49	3.0602	8.3665
1410	1136.85	1528.89	471.30	2.9917	8.3751
1420	1146.85	1540.89	485.44	2.9252	8.3836
1430	1156.85	1552.91	499.92	2.8605	8.3920
1440	1166.85	1564.94	514.74	2.7975	8.4006
1450	1176.85	1576.98	529.90	2.7364	8.4092
1460	1186.85	1589.03	545.42	2.6768	8.4170
1470	1196.85	1601.09	561.29	2.6190	8.4252
1480	1206.85	1613.17	577.53	2.5626	8.4334
1490	1216.85	1625.25	594.13	2.5079	8.4451
1500	1226.85	1637.34	611.12	2.4545	8.4496
1510	1236.85	1649.44	628.48	2.4026	8.4577
1520	1246.85	1661.56	646.4	2.3521	8.4657
1530	1256.85	1673.68	664.38	2.3029	8.4736
1540	1266.85	1685.81	682.94	2.2550	8.4815
1550	1276.85	1697.95	701.89	2.2083	8.4894
1560	1286.85	1710.10	721.27	2.1629	8.4972
1570	1296.85	1722.26	741.06	2.1186	8.5050
1580	1306.85	1734.43	761.29	2.0754	8.5127
1590	1316.85	1746.61	781.94	2.0334	8.5204
1600	1326.85	1758.80	803.04	1.9924	8.5280
1610	1336.85	1771.00	824.59	1.9525	8.5356
1620	1346.85	1783.21	846.60	1.9135	8.5432
1630	1356.85	1795.42	869.06	1.8756	8.5507
1640	1366.85	1807.64	892.00	1.8386	8.5582
1650	1376.85	1819.88	915.41	1.8025	8.5656
1660	1386.85	1832.12	936.31	1.7673	8.5730
1670	1396.85	1844.37	963.70	1.7329	8.5804
1680	1406.85	1856.63	988.59	1.6994	8.5877
1690	1416.85	1868.89	1013.99	1.6667	8.5950
1700	1426.85	1881.17	1039.9	1.6348	8.6022
1725	1451.85	1911.89	1107.0	1.5583	8.6201
1750	1476.85	1942.66	1177.4	1.4863	8.6378
1775	1501.85	1973.48	1251.4	1.4184	8.6553
1800	1526.85	2004.34	1329.0	1.3544	8.6726
1825	1551.85	2035.25	1410.4	1.2904	8.6897
1850	1576.85	2066.21	1495.6	1.2370	8.7065
1875	1601.85	2097.20	1584.9	1.1830	8.7231
1900	1626.85	2128.25	1678.4	1.1320	8.7396
1925	1651.85	2159.33	1776.2	1.0838	8.7558
1950	1676.85	2190.45	1878.4	1.0381	8.7719

（续）

T/K	t/℃	h/(kJ/kg)	p_r	v_r	s^0/[kJ/(kg·K)]
1975	1701.85	2221.61	1985.3	0.99481	8.7878
2000	1726.85	2252.82	2096.9	0.95379	8.8035
2025	1751.85	2284.05	2213.5	0.91484	8.8190
2050	1776.85	2315.33	2335.1	0.87791	8.8344
2075	1801.85	2346.64	2461.9	0.84284	8.8495
2100	1826.85	2377.99	2594.2	0.80950	8.8646
2125	1851.85	2409.38	2732.0	0.77782	8.8794
2150	1876.85	2440.80	2785.6	0.74767	8.8941
2175	1901.85	2472.25	3025.0	0.71901	8.9087
2200	1926.85	2503.73	3180.6	0.69169	8.9230
2225	1951.85	2535.25	3342.5	0.66567	8.9373
2250	1976.85	2566.80	3510.8	0.64088	8.9514
2275	2001.85	2598.38	3685.8	0.61723	8.9654
2300	2026.85	2630.00	3876.6	0.59468	8.9792
2325	2051.85	2661.64	4056.5	0.57315	8.9929
2350	2076.85	2693.32	4252.6	0.55260	9.0064
2375	2101.85	2725.02	4456.2	0.532.97	9.0198
2400	2126.85	2756.75	4667.4	0.51420	9.0331
2425	2151.85	2788.51	4886.5	0.49627	9.0463
2450	2176.85	2820.31	5113.7	0.47911	9.0593
2475	2201.85	2852.12	5394.2	0.46269	9.0722
2500	2226.85	2883.97	5593.2	0.44697	9.0851
2525	2251.85	2915.84	5846.0	0.43192	9.0977
2550	2276.85	2947.74	6107.7	0.41751	9.1103
2575	2301.85	2979.67	6978.7	0.40369	9.1228
2600	2326.85	3011.63	6659.2	0.39044	9.1351
2625	2351.85	3043.61	6949.4	0.37773	9.1474
2650	2376.85	3075.61	7249.5	0.36554	9.1595
2675	2401.85	3107.64	7559.8	0.35385	9.1715
2700	2426.85	3139.70	7880.6	0.34261	9.1835
2725	2451.85	3171.78	8212.1	0.33183	9.1953
2750	2476.85	3203.88	8554.7	0.32146	9.2070
2775	2501.85	3236.01	8908.4	0.31150	9.2186
2800	2526.85	3268.16	9273.7	0.30193	9.2302
2825	2551.85	3300.33	9650.9	0.292.72	9.2416
2850	2576.85	3332.53	10040.0	0.28386	9.2530
2875	2601.85	3364.75	10441.6	0.27534	9.2642
2900	2626.85	3396.99	10855.8	0.26714	9.2754
2925	2651.85	3429.25	11283.0	0.25924	9.2865

注：本表引自 J B Jones，R E Dugan. Engineering thermodynamics. New Jersey：Prentice Hall Inc.，1996.

表 A-7 常用气体的摩尔焓和摩尔熵

[H_m 的单位：J/mol，S_m^0 的单位：J/(mol·K)]

T/K	CO		CO_2		H_2		H_2O		N_2		T/K
	H_m	S_m^0	H_m	S_m^0	H_m	S_m^0	H_m	S_m^0	H_m	S_m^0	
200	5804.9	185.991	5951.8	199.980	5667.8	119.303	6626.8	175.506	5803.1	179.944	200
298.15	8671.0	197.653	9364.0	213.795	8467.0	130.680	9904.0	188.834	8670.0	191.609	298.15
300	8724.9	197.833	9432.8	214.025	8520.4	130.858	9966.1	189.042	8723.9	191.789	300
400	11646.2	206.236	13366.7	225.314	11424.9	139.212	13357.0	198.792	11640.4	200.179	400
500	14601.4	212.828	17668.9	234.901	14348.6	145.736	16830.2	206.538	14580.2	206.737	500
600	17612.7	218.317	22271.3	243.284	17278.6	151.078	20405.9	213.054	17564.2	212.176	600
700	20692.6	223.063	27120.0	250.754	20215.1	155.604	24096.2	218.741	20606.6	216.865	700
800	23845.9	227.273	32172.6	257.498	23166.4	159.545	27907.2	223.828	23715.2	221.015	800
900	27070.6	231.070	37395.9	263.648	26141.9	163.049	31842.5	228.461	26891.8	224.756	900
1000	30359.8	234.535	42763.1	269.302	29147.3	166.215	35904.6	232.740	30132.2	228.169	1000
1100	33705.1	237.723	48248.2	274.529	32187.4	169.112	40094.1	236.732	33428.8	231.311	1100
1200	37099.6	240.676	53836.7	279.391	35266.4	171.791	44412.4	240.489	36778.0	234.255	1200
1300	40537.1	243.428	59512.8	283.934	38386.7	174.289	48851.4	244.041	40173.0	236.942	1300
1400	44012.0	246.003	65263.1	288.195	41549.8	176.633	53403.6	247.414	43607.8	239.487	1400
1500	47519.3	248.422	71076.3	292.206	44756.1	178.845	58061.6	250.628	47077.1	241.881	1500
1600	51054.8	250.704	76943.0	295.992	48005.7	180.942	62818.1	253.697	50576.6	244.139	1600
1700	54614.9	252.862	82855.4	299.576	51297.9	182.937	67666.1	256.636	54102.5	246.276	1700
1800	58196.5	254.909	88807.3	302.978	54631.5	184.843	72599.1	259.455	57651.4	248.305	1800
1900	61796.9	256.856	94793.9	306.215	58004.8	186.666	77610.7	262.165	61220.9	250.235	1900
2000	65413.9	258.711	100811.2	309.301	61416.1	188.416	82694.7	264.772	64808.5	252.075	2000
2100	69045.8	260.483	106856.4	312.250	64863.3	190.098	87845.6	267.285	68412.5	253.833	2100
2200	72691.0	262.179	112927.3	315.075	68344.2	191.717	93057.9	269.710	72031.5	255.517	2200
2300	76348.3	263.805	119022.2	317.784	71856.8	193.279	98326.7	272.052	75664.0	257.132	2300
2400	80016.7	265.366	125139.6	320.387	75399.0	194.786	103647.3	274.316	79309.1	258.683	2400
2500	83695.4	266.867	131278.2	322.893	78969.1	196.243	109015.5	276.508	82965.7	260.176	2500
2600	87383.4	268.314	137436.6	325.308	82565.7	197.654	114427.7	278.630	86632.9	261.614	2600
2700	91080.2	269.709	143613.0	327.639	86187.7	199.021	119880.3	280.688	90309.8	263.001	2700
2800	94785.0	271.056	149805.2	329.891	89834.8	200.347	125370.6	282.685	93995.3	264.342	2800
2900	98497.0	272.359	156010.3	332.069	93507.9	201.636	130896.2	284.624	97688.2	265.638	2900
3000	102215.2	273.620	162224.3	334.175	97205.4	202.890	136455.2	286.508	101387.1	266.892	3000

（续）

T/K	NO		CH_4		C_2H_2		C_2H_4		O_2		T/K
	H_m	S_m^0	H_m	S_m^0	H_m	S_m^0	H_m	S_m^0	H_m	S_m^0	
200	6253.1	198.797	6691.7	173.733	6076.7	185.062	6818.6	204.417	5814.7	193.481	200
298.15	9192.0	210.758	10018.7	186.233	10005.4	200.93	10511.6	219.308	8683.0	205.147	298.15
300	9247.1	210.942	10089.9	186.471	10093.7	201.231	10597.4	219.595	8737.3	205.329	300
400	12234.2	219.534	13888.9	197.367	14843.4	214.853	15406.8	233.362	11708.9	213.872	400
500	15262.9	226.290	18225.3	207.019	20118.2	226.605	21188.4	246.224	14767.3	220.693	500
600	18358.2	231.931	23151.4	215.984	25783.2	236.924	27850.1	258.347	17926.1	226.449	600
700	21528.3	236.817	28659.1	224.463	31759.0	246.130	35281.9	269.789	21181.4	231.466	700
800	24770.9	241.146	34704.6	232.528	38003.7	254.465	43372.8	280.584	24519.3	235.922	800
900	28079.3	245.042	41232.6	240.212	44496.0	262.109	52072.1	290.771	27924.0	239.931	900
1000	31449.2	248.591	48200.7	247.550	51217.3	269.188	61180.4	300.411	31384.4	243.576	1000
1100	34871.9	251.853	55567.3	254.568	58143.2	275.788	70773.3	309.551	34893.5	246.921	1100
1200	38339.5	254.870	63290.1	261.285	65261.1	281.980	80761.2	318.239	38441.1	250.007	1200
1300	41845.3	257.676	71325.4	267.716	72552.1	287.815	91092.2	326.506	42022.9	252.874	1300
1400	45383.8	260.298	79634.7	273.872	79999.2	393.333	101721.0	334.382	45635.9	255.551	1400
1500	48950.2	262.759	88183.9	279.770	87587.2	298.568	112608.4	341.893	49277.4	258.064	1500
1600	52540.4	265.076	96943.5	285.422	95302.5	303.547	123720.8	349.064	52945.4	260.431	1600
1700	56151.1	267.265	105887.7	290.844	103133.1	308.294	135029.5	355.919	56638.3	262.670	1700
1800	59779.5	269.339	114994.3	296.049	111068.3	312.829	146510.3	362.481	60355.1	264.794	1800
1900	63423.4	271.309	124244.4	301.050	119098.8	317.171	158142.9	368.770	64094.9	266.816	1900
2000	67081.0	273.185	133621.7	305.860	127216.2	321.334	169910.5	374.805	67857.5	268.746	2000
2100	70750.9	274.975	143112.5	310.490	135413.3	325.334	181799.2	380.606	71642.6	270.593	2100
2200	74432.0	276.688	152705.1	314.952	143683.8	329.181	193797.1	386.187	75450.0	272.364	2200
2300	78123.4	278.329	162389.7	319.257	152022.0	332.887	205894.6	391.564	79279.7	274.066	2300
2400	81824.5	279.904	172157.5	323.414	160422.9	336.463	218082.9	396.752	83131.9	275.706	2400
2500	85534.6	281.418	182001.0	327.432	168882.0	339.916	230354.4	401.761	87006.2	277.287	2500
2600	89253.1	282.877	191913.1	331.320	177395.1	343.254	242701.4	406.603	90902.6	278.815	2600
2700	92979.3	284.283	201886.9	335.084	185958.3	346.486	255115.9	411.289	94820.6	280.294	2700
2800	96712.4	285.641	211915.6	338.731	194567.7	349.617	267589.1	415.825	98759.4	281.726	2800
2900	100451.2	286.953	221991.7	342.267	203219.6	352.653	280110.9	420.219	102717.9	283.115	2900
3000	104194.5	288.222	232106.8	345.696	211909.8	355.599	292669.1	424.476	106694.5	284.464	3000

注：本表引自 J B Jones，R E Dugan. Engineering thermodynamics. New Jersey：Prentice Hall Inc.，1996.

表 A-8a 饱和水与饱和水蒸气热力性质表（按温度排列）

温度	压力	比体积		比焓		汽化热	比熵	
t/℃	p/MPa	v'/(m³/kg)	v''/(m³/kg)	h'/(kJ/kg)	h''/(kJ/kg)	r/(kJ/kg)	s'/[kJ/(kg·K)]	s''/[kJ/(kg·K)]
0.00	0.0006112	0.00100022	206.154	−0.05	2500.51	2500.6	−0.0002	9.1544
0.01	0.0006117	0.00100021	206.012	0.00	2500.53	2500.5	0.0000	9.1541
1	0.0006571	0.00100018	192.464	4.18	2502.35	2498.2	0.0153	9.1278
2	0.0007059	0.00100013	179.787	8.39	2504.19	2495.8	0.0306	9.1014
4	0.0008135	0.00100008	157.151	16.82	2507.87	2491.1	0.0611	9.0493
5	0.0008725	0.00100008	147.048	21.02	2509.71	2488.7	0.0763	9.0236
6	0.0009352	0.00100010	137.670	25.22	2511.55	2486.3	0.0913	8.9982
8	0.0010728	0.00100019	120.868	33.62	2515.23	2481.6	0.1213	8.9480
10	0.0012279	0.00100034	106.341	42.00	2518.90	2476.9	0.1510	8.8988
12	0.0014025	0.00100054	93.756	50.38	2522.57	2472.2	0.1805	8.8504
14	0.0015985	0.00100080	82.828	58.76	2526.24	2467.5	0.2098	8.8029
15	0.0017053	0.00100094	77.910	62.95	2528.07	2465.1	0.2243	8.7794
16	0.0018183	0.00100110	73.320	67.13	2529.90	2462.8	0.2388	8.7562
18	0.0020640	0.00100145	65.029	75.50	2533.55	2458.1	0.2677	8.7103
20	0.0023385	0.00100185	57.786	83.86	2537.20	2453.3	0.2963	8.6652
22	0.0026444	0.00100229	51.445	92.23	2540.84	2448.6	0.3247	8.6210
24	0.0029846	0.00100276	45.884	100.59	2544.47	2443.9	0.3530	8.5774
25	0.0031687	0.00100302	43.362	104.77	2546.29	2441.5	0.3670	8.5560
26	0.0033625	0.00100328	40.997	108.95	2548.10	2439.2	0.3810	8.5347
28	0.0037814	0.00100383	36.694	117.32	2551.73	2434.4	0.4089	8.4927
30	0.0042451	0.00100442	32.899	125.68	2555.35	2429.7	0.4366	8.4514
35	0.0056263	0.00100605	25.222	146.59	2564.38	2417.8	0.5050	8.3511
40	0.0073811	0.00100789	19.529	167.50	2573.36	2405.9	0.5723	8.2551
45	0.0095897	0.00100993	15.2636	188.42	2582.30	2393.9	0.6386	8.1630
50	0.0123446	0.00101216	12.0365	209.33	2591.19	2381.9	0.7038	8.0745
55	0.015752	0.00101455	9.5723	230.24	2600.02	2369.8	0.7680	7.9896
60	0.019933	0.00101713	7.6740	251.15	2608.79	2357.6	0.8312	7.9080
65	0.025024	0.00101986	6.1992	272.08	2617.48	2345.4	0.8935	7.8295
70	0.031178	0.00102276	5.0443	293.01	2626.10	2333.1	0.9550	7.7540
75	0.038565	0.00102582	4.1330	313.96	2634.63	2320.7	1.0156	7.6812
80	0.047376	0.00102903	3.4086	334.93	2643.06	2308.1	1.0753	7.6112
85	0.057818	0.00103240	2.8288	355.92	2651.40	2295.5	1.1343	7.5436
90	0.070121	0.00103593	2.3616	376.94	2659.63	2282.7	1.1926	7.4783

（续）

温度	压力	比体积		比　焓		汽化热	比　熵	
t/℃	p/ MPa	v'/ (m^3/kg)	v''/ (m^3/kg)	h'/ (kJ/kg)	h''/ (kJ/kg)	r/ (kJ/kg)	s'/ [kJ/(kg·K)]	s''/ [kJ/(kg·K)]
95	0.084533	0.00103961	1.9827	397.98	2667.73	2269.7	1.2501	7.4154
100	0.101325	0.00104344	1.6736	419.06	2675.71	2256.6	1.3069	7.3545
110	0.143243	0.00105156	1.2106	461.33	2691.26	2229.9	1.4186	7.2386
120	0.198483	0.00106031	0.89219	503.76	2706.18	2202.4	1.5277	7.1297
130	0.270018	0.00106968	0.66873	546.38	2720.39	2174.0	1.6346	7.0272
140	0.361190	0.00107972	0.50900	589.21	2733.81	2144.6	1.7393	6.9302
150	0.47571	0.00109046	0.39286	632.28	2746.35	2114.1	1.8420	6.8381
160	0.61766	0.00110193	0.30709	657.62	2757.92	2082.3	1.9429	6.7502
170	0.79147	0.00111420	0.24283	719.25	2768.42	2049.2	2.0420	6.6661
180	1.00193	0.00112732	0.19403	763.22	2777.74	2014.5	2.1396	6.5852
190	1.25417	0.00114136	0.15650	807.56	2785.80	1978.2	2.2358	6.5071
200	1.55366	0.00115641	0.12732	852.34	2792.47	1940.1	2.3307	6.4312
210	1.90617	0.00117258	0.10438	897.62	2797.65	1900.0	2.4245	6.3571
220	2.31783	0.00119000	0.086157	943.46	2801.20	1857.7	2.5175	6.2846
230	2.79505	0.00120882	0.071553	989.95	2803.00	1813.0	2.6096	6.2130
240	3.34459	0.00122922	0.059743	1037.2	2802.88	1765.7	2.7013	6.1422
250	3.97351	0.00125145	0.050112	1085.3	2800.66	1715.4	2.7926	6.0716
260	4.68923	0.00127579	0.042195	1134.3	2796.14	1661.8	2.8837	6.0007
270	5.49956	0.00130262	0.035637	1184.5	2789.05	1604.5	2.9751	5.9292
280	6.41273	0.00133242	0.030165	1236.0	2779.08	1543.1	3.0668	5.8564
290	7.43746	0.00136582	0.025565	1289.1	2765.81	1476.7	3.1594	5.7817
300	8.58308	0.00140369	0.021669	1344.0	2748.71	1404.7	3.2533	5.7042
310	9.8597	0.00144728	0.018343	1401.2	2727.01	1325.9	3.3490	5.6226
320	11.278	0.00149844	0.015479	1461.2	2699.72	1238.5	3.4475	5.5356
330	12.851	0.00156008	0.012987	1524.9	2665.30	1140.4	3.5500	5.4408
340	14.593	0.00163728	0.010790	1593.7	2621.32	1027.6	3.6586	5.3345
350	16.521	0.00174008	0.008812	1670.3	2563.39	893.0	3.7773	5.2104
360	18.657	0.00189423	0.006958	1761.1	2481.68	720.6	3.9155	5.0536
370	21.033	0.00221480	0.004982	1891.7	2338.79	447.1	4.1125	4.8076
372	21.542	0.00236530	0.004451	1936.1	2282.99	346.9	4.1796	4.7173
373.99	22.064	0.003106	0.003106	2085.9	2085.87	0.0	4.4092	4.4092

注：该表引自参考文献［10］。

表 A-8b 饱和水与饱和水蒸气热力性质表（按压力排列）

压力	温度	比体积		比 焓		汽化热	比 熵	
p/ MPa	t/℃	v'/ (m^3/kg)	v''/ (m^3/kg)	h'/ (kJ/kg)	h''/ (kJ/kg)	r/ (kJ/kg)	s'/ [kJ/(kg·K)]	s''/ [kJ/(kg·K)]
0. 001	6. 9491	0. 0010001	129. 185	29. 21	2513. 29	2484. 1	0. 1056	8. 9735
0. 002	17. 5403	0. 0010014	67. 008	73. 58	2532. 71	2459. 1	0. 2611	8. 7220
0. 003	24. 1142	0. 0010028	45. 666	101. 07	2544. 68	2443. 6	0. 3546	8. 5758
0. 004	28. 9533	0. 0010041	34. 796	121. 30	2553. 45	2432. 2	0. 4221	8. 4725
0. 005	32. 8793	0. 0010053	28. 191	137. 72	2560. 55	2422. 8	0. 4761	8. 3930
0. 006	36. 1663	0. 0010065	23. 738	151. 47	2566. 48	2415. 0	0. 5208	8. 3283
0. 007	38. 9967	0. 0010075	20. 528	163. 31	2571. 56	2408. 3	0. 5589	8. 2737
0. 008	41. 5075	0. 0010085	18. 102	173. 81	2576. 06	2402. 3	0. 5924	8. 2266
0. 009	43. 7901	0. 0010094	16. 204	183. 36	2580. 15	2396. 8	0. 6226	8. 1854
0. 010	45. 7988	0. 0010103	14. 673	191. 76	2583. 72	2392. 0	0. 6490	8. 1481
0. 015	53. 9705	0. 0010140	10. 022	225. 93	2598. 21	2372. 3	0. 7548	8. 0065
0. 020	60. 0650	0. 0010172	7. 6497	251. 43	2608. 90	2357. 5	0. 8320	7. 9068
0. 025	64. 9726	0. 0010198	6. 2047	271. 96	2617. 43	2345. 5	0. 8932	7. 8298
0. 030	69. 1041	0. 0010222	5. 2296	289. 26	2624. 56	2335. 3	0. 9440	7. 7671
0. 040	75. 8720	0. 0010264	3. 9939	317. 61	2636. 10	2318. 5	1. 0260	7. 6688
0. 050	81. 3388	0. 0010299	3. 2409	340. 55	2645. 31	2304. 8	1. 0912	7. 5928
0. 060	85. 9496	0. 0010331	2. 7324	359. 91	2652. 97	2293. 1	1. 1454	7. 5310
0. 070	89. 9556	0. 0010359	2. 3654	376. 75	2659. 55	2282. 8	1. 1921	7. 4789
0. 080	93. 5107	0. 0010385	2. 0876	391. 71	2665. 33	2273. 6	1. 2330	7. 4339
0. 090	96. 7121	0. 0010409	1. 8698	405. 20	2670. 48	2265. 3	1. 2696	7. 3943
0. 100	99. 634	0. 0010432	1. 6943	417. 52	2675. 14	2257. 6	1. 3028	7. 3589
0. 120	104. 810	0. 0010473	1. 4287	439. 37	2683. 26	2243. 9	1. 3609	7. 2978
0. 140	109. 318	0. 0010510	1. 2368	458. 44	2690. 22	2231. 8	1. 4110	7. 2462
0. 150	111. 378	0. 0010527	1. 15953	467. 17	2693. 35	2226. 2	1. 4338	7. 2232
0. 160	113. 326	0. 0010544	1. 09159	475. 42	2696. 29	2220. 9	1. 4552	7. 2016
0. 180	116. 941	0. 0010576	0. 97767	490. 76	2701. 69	2210. 9	1. 4946	7. 1623
0. 200	120. 240	0. 0010605	0. 88585	504. 78	2706. 53	2201. 7	1. 5303	7. 1272
0. 250	127. 444	0. 0010672	0. 71879	535. 47	2716. 83	2181. 4	1. 6075	7. 0528
0. 300	133. 556	0. 0010732	0. 60587	561. 58	2725. 26	2163. 7	1. 6721	6. 9921
0. 350	138. 891	0. 0010786	0. 52427	584. 45	2732. 37	2147. 9	1. 7278	6. 9407
0. 400	143. 642	0. 0010835	0. 46246	604. 87	2738. 49	2133. 6	1. 7769	6. 8961

（续）

压力	温度	比体积		比焓		汽化热	比熵	
p/MPa	t/℃	v'/(m^3/kg)	v''/(m^3/kg)	h'/(kJ/kg)	h''/(kJ/kg)	r/(kJ/kg)	s'/[kJ/(kg·K)]	s''/[kJ/(kg·K)]
0.450	147.939	0.0010882	0.41396	623.38	2743.85	2120.5	1.8210	6.8567
0.500	151.867	0.0010925	0.37486	640.35	2748.59	2108.2	1.8610	6.8214
0.600	158.863	0.0011006	0.31563	670.67	2756.66	2086.0	1.9315	6.7600
0.700	164.983	0.0011079	0.27281	697.32	2763.29	2066.0	1.9925	6.7079
0.800	170.444	0.0011148	0.24037	721.20	2768.86	2047.7	2.0464	6.6625
0.900	175.389	0.0011212	0.21491	742.90	2773.59	2030.7	2.0948	6.6222
1.00	179.916	0.0011272	0.19438	762.84	2777.67	2014.8	2.1388	6.5859
1.10	184.100	0.0011330	0.17747	781.35	2781.21	1999.9	2.1792	6.5529
1.20	187.995	0.0011385	0.16328	798.64	2784.29	1985.7	2.2166	6.5225
1.30	191.644	0.0011438	0.15120	814.89	2786.99	1972.1	2.2515	6.4944
1.40	195.078	0.0011489	0.14079	830.24	2789.37	1959.1	2.2841	6.4683
1.50	198.327	0.0011538	0.13172	844.82	2791.46	1946.6	2.3149	6.4437
1.60	210.410	0.0011586	0.12375	858.69	2793.29	1934.6	2.3440	6.4206
1.70	204.346	0.0011633	0.11668	871.96	2794.91	1923.0	2.3716	6.3988
1.80	207.151	0.0011679	0.11037	884.67	2796.33	1911.7	2.3979	6.3781
1.90	209.838	0.0011723	0.104707	896.88	2797.58	1900.7	2.4230	6.3583
2.00	212.417	0.0011767	0.099588	908.64	2798.66	1890.0	2.4471	6.3395
2.50	223.990	0.0011973	0.079949	961.93	2802.14	1840.2	2.5543	6.2559
3.00	233.893	0.0012166	0.066662	1008.2	2803.19	1794.9	2.6454	6.1854
3.50	242.597	0.0012348	0.057054	1049.6	2802.51	1752.9	2.7250	6.1238
4.00	250.394	0.0012524	0.049771	1087.2	2800.53	1713.4	2.7962	6.0688
4.50	257.477	0.0012694	0.044052	1121.8	2797.51	1675.7	2.8607	6.0187
5.00	263.980	0.0012862	0.039439	1154.2	2793.64	1639.5	2.9201	5.9724
6.00	275.625	0.0013190	0.032440	1213.3	2783.82	1570.5	3.0266	5.8885
7.00	285.869	0.0013515	0.027371	1266.9	2771.72	1504.8	3.1210	5.8129
8.00	295.048	0.0013843	0.023520	1316.5	2757.70	1441.2	3.2066	5.7430
9.00	303.385	0.0014177	0.020485	1363.1	2741.92	1378.9	3.2854	5.6771
10.0	311.037	0.0014522	0.018026	1407.2	2724.46	1317.2	3.3591	5.6139
12.0	324.715	0.0015260	0.014263	1490.7	2684.50	1193.8	3.4952	5.4920
14.0	336.707	0.0016097	0.011486	1570.4	2637.07	1066.7	3.6220	5.3711
16.0	347.396	0.0017099	0.009311	1649.4	2580.21	930.8	3.7451	5.2450
18.0	357.034	0.0018402	0.007503	1732.0	2509.45	777.4	3.8715	5.1051
20.0	365.789	0.0020379	0.005870	1827.2	2413.05	585.9	4.0153	4.9322
22.0	373.752	0.0027040	0.003684	2013.0	2084.02	71.0	4.2969	4.4066
22.064	373.99	0.003106	0.003106	2085.9	2085.87	0.0	4.4092	4.4092

注：该表引自参考文献［10］。

表 A-9 未饱和水与过热蒸汽热力性质表

p	0.002MPa			0.006MPa			0.01MPa		
饱和参数	t_s=17.540℃ v'=0.0010014 v''=67.007 h'=73.58 h''=2532.7 s'=0.2611 s''=8.7220			t_s=35.166℃ v'=0.0010065 v''=23.738 h'=151.47 h''=2566.5 s'=0.5208 s''=8.3283			t_s=45.799℃ v'=0.0010103 v''=14.673 h'=191.76 h''=2583.7 s'=0.6490 s''=8.1481		
t/℃	v/(m³/kg)	h/(kJ/kg)	s/[kJ/(kg·K)]	v/(m³/kg)	h/(kJ/kg)	s/[kJ/(kg·K)]	v/(m³/kg)	h/(kJ/kg)	s/[kJ/(kg·K)]
0	0.0010002	-0.05	-0.0002	0.0010002	-0.05	-0.0002	0.0010002	-0.04	-0.0002
10	0.0010003	42.00	0.1510	0.0010003	42.01	0.1510	0.0010003	42.01	0.1510
20	67.578	2537.3	8.7378	0.0010018	83.87	0.2963	0.0010018	83.87	0.2963
40	72.212	2574.9	8.8617	24.036	2573.8	8.3517	0.0010079	167.51	0.5723
50	74.526	2593.7	8.9207	24.812	2592.7	8.4113	14.869	2591.8	8.1732
60	76.839	2612.5	8978.0	25.587	2611.6	8.4690	15.336	2610.8	8.2313
80	81.462	2650.1	9.0878	27.133	2649.5	8.5794	16.268	2648.9	8.3422
100	86.083	2687.9	9.1918	28.678	2687.4	8.6838	17.196	2686.9	8.4471
120	90.703	2725.8	9.2909	30.220	2725.4	8.7831	18.124	2725.1	8.5466
140	95.321	2763.9	9.3854	31.762	2763.6	8.8778	19.050	2763.3	8.6414
150	97.630	2783.0	9.4311	32.533	2782.7	8.9235	19.513	2782.5	8.6873
160	99.939	2802.2	9.4759	33.303	2801.9	8.9684	19.976	2801.7	8.7322
180	104.556	2840.7	9.5627	34.843	2840.5	9.0553	20.901	2840.2	8.8192
200	109.173	2879.4	9.6463	36.384	2879.2	9.1389	21.826	2879.0	8.9029
250	120.714	2977.1	9.8425	40.233	2976.9	9.3353	24.136	2976.8	9.0994
300	132.254	3076.2	10.0235	44.080	3076.1	9.5164	26.448	3078.0	9.2805
350	143.794	3176.8	10.1918	47.928	3176.7	9.6847	28.755	3176.6	9.4488
400	155.333	3278.9	10.3493	51.775	3278.8	9.8422	31.063	3278.7	9.6064
450	166.872	3382.4	10.4977	55.622	3382.3	9.9906	33.372	3382.3	9.7548
500	178.410	3487.5	10.6382	59.468	3487.5	10.1311	35.680	3487.4	9.8953
550	189.949	3594.4	10.7722	63.315	3594.4	10.2651	37.988	3594.3	10.0293
600	201.487	3703.4	10.9008	67.161	3703.4	10.3937	40.296	3703.4	10.1579
700	224.564	3928.8	11.1451	74.854	3928.8	10.6380	44.912	3928.8	10.4022
800	247.640	4162.8	11.3739	82.546	4162.8	10.8668	49.527	4162.8	10.6311

（续）

p	0.02MPa			0.06MPa			0.10MPa		
饱和参数	t_s=60.065℃ v'=0.0010172 v''=7.6497 h'=251.43 h''=2608.9 s'=0.8320 s''=7.9068			t_s=85.950℃ v'=0.0010331 v''=2.7324 h'=359.91 h''=2653.0 s'=1.1454 s''=7.5310			t_s=99.634℃ v'=0.0010431 v''=1.6943 h'=417.52 h''=2675.1 s'=1.3028 s''=7.3589		
t/℃	v/(m³/kg)	h/(kJ/kg)	s/[kJ/(kg·K)]	v/(m³/kg)	h/(kJ/kg)	s/[kJ/(kg·K)]	v/(m³/kg)	h/(kJ/kg)	s/[kJ/(kg·K)]
0	0.0010002	-0.03	-0.0002	0.0010002	0.01	-0.0002	0.0010002	0.05	-0.0002
10	0.0010003	42.02	0.1510	0.0010003	42.06	0.1510	0.0010003	42.10	0.1510
20	0.0010018	83.88	0.2963	0.0010018	83.92	0.2963	0.0010018	83.96	0.2963
40	0.0010079	167.52	0.5723	0.0010079	167.55	0.5723	0.0010078	167.59	0.5723
50	0.0010122	209.34	0.7038	0.0010121	209.37	0.7037	0.0010121	209.40	0.7037
60	0.0010171	251.15	0.8312	0.0010171	251.19	0.8312	0.0010171	251.22	0.8312
80	8.1181	2647.4	8.0189	0.0010290	334.94	1.0753	0.0010290	334.97	1.0753
100	8.5855	2685.8	8.1246	2.8446	2680.9	7.6073	1.6961	2675.9	7.3609
120	9.0514	2724.1	8.2248	3.0030	2720.3	7.7101	1.7931	2716.3	7.4665
140	9.5163	2762.5	8.3201	3.1602	2759.4	7.8072	1.8889	2756.2	7.5654
150	9.7484	2781.8	8.3661	3.2385	2778.9	7.8539	1.9364	2776.0	7.6128
160	9.9804	2801.0	8.4111	3.3167	2798.4	7.8995	1.9838	2795.8	7.6590
180	10.4439	2839.7	8.4984	3.4726	2837.5	7.9877	2.0783	2835.3	7.7482
200	10.9071	2878.5	8.5822	3.6281	2876.7	8.0722	2.1723	2874.8	7.8334
250	12.0639	2976.5	8.7790	4.0157	2975.1	8.2701	2.4061	2973.8	8.0324
300	13.2197	3075.8	8.9602	4.4023	3074.8	8.4519	2.6388	3073.8	8.2148
350	14.3748	3176.5	9.1287	4.7883	3175.7	8.6207	2.8709	3174.9	8.3840
400	15.5296	3278.6	9.2863	5.1739	3278.0	8.7786	3.1027	3277.3	8.5422
450	16.6842	3382.2	9.4347	5.5592	3381.7	8.9272	3.3342	3381.2	8.6909
500	17.8386	3487.3	9.5753	5.9444	3486.9	9.0679	3.5656	3486.5	8.8317
550	18.9928	3594.2	9.7093	6.3294	3593.9	9.2020	3.7968	3593.5	8.9659
600	20.1470	3703.3	9.8379	6.7144	3703.0	9.3306	4.0279	3702.7	9.0946
700	22.4552	3928.7	10.0823	7.4842	3928.5	9.5750	4.4900	3928.2	9.3391
800	24.7632	4162.7	10.3111	8.2538	4162.6	9.8040	4.9519	4162.4	9.5681

（续）

p	0.20MPa			0.50MPa			1.0MPa		
饱和参数	t_s = 120.240℃ v' = 0.0010605 v'' = 0.88590 h' = 504.78 h'' = 2706.5 s' = 1.5303 s'' = 7.1272			t_s = 151.867℃ v' = 0.0010925 v'' = 0.37490 h' = 640.55 h'' = 2748.6 s' = 1.8610 s'' = 6.8214			t_s = 179.916℃ v' = 0.0011272 v'' = 0.19440 h' = 762.84 h'' = 2777.7 s' = 2.1388 s'' = 6.5859		
t/℃	v/(m^3/kg)	h/(kJ/kg)	s/[kJ/(kg·K)]	v/(m^3/kg)	h/(kJ/kg)	s/[kJ/(kg·K)]	v/(m^3/kg)	h/(kJ/kg)	s/[kJ/(kg·K)]
0	0.0010001	0.15	-0.0002	0.0010000	0.46	-0.0001	0.0009997	0.97	-0.0001
10	0.0010002	42.20	0.1510	0.0010001	42.49	0.1510	0.0009999	42.98	0.1509
20	0.0010018	84.05	0.2963	0.0010016	84.33	0.2962	0.0010014	84.80	0.2961
40	0.0010078	167.67	0.5722	0.0010077	167.94	0.5721	0.0010074	168.38	0.5719
50	0.0010121	209.49	0.7037	0.0010119	209.75	0.7035	0.0010117	210.18	0.7033
60	0.0010170	251.31	0.8311	0.0010169	251.56	0.8310	0.0010167	251.98	0.8307
80	0.0010290	335.05	1.0752	0.0010288	335.29	1.0750	0.0010286	335.69	1.0747
100	0.0010434	419.14	1.3068	0.0010432	419.36	1.3066	0.0010430	419.74	1.3062
120	0.0010603	503.76	1.5277	0.0010601	503.97	1.5275	0.0010599	504.32	1.5270
140	0.93511	2748.0	7.2300	0.0010796	589.30	1.7392	0.0010793	589.62	1.7386
150	0.95968	2768.6	7.2793	0.0010904	632.30	1.8420	0.0010901	632.61	1.8414
160	0.98407	2789.0	7.3271	0.38358	2767.2	6.8647	0.0011017	675.84	1.9424
180	1.03241	2829.6	7.4187	0.40450	2811.7	6.9651	0.19443	2777.9	6.5864
200	1.08030	2870.0	7.5058	0.42487	2854.9	7.0585	0.20590	2827.3	6.6931
250	1.19878	2970.4	7.7076	0.47432	2960.0	7.2697	0.23264	2941.8	6.9233
300	1.31617	3071.2	7.8917	0.52255	3063.6	7.4588	0.25793	3050.4	7.1216
350	1.43294	3172.9	8.0618	0.57012	3167.0	7.6319	0.28247	3157.0	7.2999
400	1.54932	3275.8	8.2205	0.61729	3271.1	7.7924	0.30658	3263.1	7.4638
450	1.66546	3379.9	8.3697	0.66420	3376.0	7.9428	0.33043	3369.6	7.6163
500	1.78142	3485.4	8.5108	0.71094	3482.2	8.0848	0.35410	3476.8	7.7597
550	1.89726	3592.6	8.6452	0.75755	3589.9	8.2198	0.37764	3585.4	7.8958
600	2.01301	3701.9	8.7740	0.80408	3699.6	8.3491	0.40109	3695.7	8.0259
700	2.24433	3927.7	9.0187	0.89694	3925.9	8.5944	0.44781	3923.0	8.2722
800	2.47549	4161.9	9.2478	0.98965	4160.5	8.8239	0.49436	4158.2	8.5023

（续）

p	2.0MPa			3.0MPa			4.0MPa		
饱和参数	t_s = 212.417℃ v' = 0.0011767　v'' = 0.099600 h' = 908.64　h'' = 2798.7 s' = 2.4471　s'' = 6.3395			t_s = 233.893℃ v' = 0.0012166　v'' = 0.066700 h' = 1008.2　h'' = 2803.2 s' = 2.6454　s'' = 6.1854			t_s = 250.394℃ v' = 0.0012524　v'' = 0.049800 h' = 1087.2　h'' = 2800.5 s' = 2.7962　s'' = 6.0688		
t/℃	v/(m³/kg)	h/(kJ/kg)	s/[kJ/(kg·K)]	v/(m³/kg)	h/(kJ/kg)	s/[kJ/(kg·K)]	v/(m³/kg)	h/(kJ/kg)	s/[kJ/(kg·K)]
0	0.0009992	1.99	0.0000	0.0009987	3.01	0.0000	0.0009982	4.03	0.0001
10	0.0009994	43.95	0.1508	0.0009989	44.92	0.1507	0.0009984	45.89	0.1507
20	0.0010009	85.74	0.2959	0.0010005	86.68	0.2957	0.0010000	87.62	0.2955
40	0.0010070	169.27	0.5715	0.0010066	170.15	0.5711	0.0010061	171.04	0.5708
50	0.0010113	211.04	0.7028	0.0010108	211.90	0.7024	0.0010104	212.77	0.7019
60	0.0010162	252.82	0.8302	0.0010158	253.66	0.8296	0.0010153	254.50	0.8291
80	0.0010281	336.48	1.0740	0.0010276	337.28	1.0734	0.0010272	338.07	1.0727
100	0.0010425	420.49	1.3054	0.0010420	421.24	1.3047	0.0010415	421.99	1.3039
120	0.0010593	505.03	1.5261	0.0010587	505.73	1.5252	0.0010582	506.44	1.5243
140	0.0010787	590.27	1.7376	0.0010781	590.92	1.7366	0.0010774	591.58	1.7355
150	0.0010894	633.22	1.8403	0.0010888	633.84	1.8392	0.0010881	634.46	1.8381
160	0.0011009	676.43	1.9412	0.0011002	677.01	1.9400	0.0010995	677.60	1.9389
180	0.0011265	763.72	2.1382	0.0011256	764.23	2.1369	0.0011248	764.74	2.1355
200	0.0011560	852.52	2.3300	0.0011549	852.93	2.3284	0.0011539	853.31	2.3268
250	0.111412	2901.5	6.5436	0.070564	2854.7	6.2855	0.0012514	1085.3	2.7925
300	0.125449	3022.6	6.7648	0.081126	2992.4	6.5371	0.058821	2959.5	6.3595
350	0.138564	3136.2	6.9550	0.090520	3114.4	6.7414	0.066436	3091.5	6.5805
400	0.151190	3246.8	7.1258	0.099352	3230.1	6.9199	0.073401	3212.7	6.7677
450	0.163523	3356.4	7.2828	0.107864	3343.0	7.0817	0.080016	3329.2	6.9347
500	0.175666	3465.9	7.4293	0.116174	3454.9	7.2314	0.086417	3443.6	7.0877
550	0.187679	3576.2	7.5675	0.124349	3566.9	7.3718	0.092676	3557.5	7.2304
600	0.199598	3687.8	7.6991	0.132427	3679.9	7.5051	0.098836	3671.9	7.3653
700	0.223245	3917.0	7.9476	0.148388	3911.1	7.7557	0.110956	3905.1	7.6181
800	0.246726	4153.6	8.1790	0.164180	4149.0	7.9884	0.122907	4144.3	7.8521

（续）

p	5.0MPa			6.0MPa			7.0MPa		
饱和参数	t_s=263.980℃ v'=0.0012861 v''=0.039400 h'=1154.2 h''=2793.6 s'=2.9200 s''=5.9724			t_s=275.625℃ v'=0.0013190 v''=0.032400 h'=1213.3 h''=2783.8 s'=3.0266 s''=5.8885			t_s=285.869℃ v'=0.0013515 v''=0.027400 h'=1266.9 h''=2771.7 s'=3.1210 s''=5.8129		
t/℃	v/(m³/kg)	h/(kJ/kg)	s/[kJ/(kg·K)]	v/(m³/kg)	h/(kJ/kg)	s/[kJ/(kg·K)]	v/(m³/kg)	h/(kJ/kg)	s/[kJ/(kg·K)]
0	0.0009977	5.04	0.0002	0.0009972	6.05	0.0002	0.0009967	7.07	0.0003
10	0.0009979	46.87	0.1506	0.0009975	47.83	0.1505	0.0009970	48.80	0.1504
20	0.0009996	88.55	0.2952	0.0009991	89.49	0.2950	0.0009986	90.42	0.2948
40	0.0010057	171.92	0.5704	0.0010052	172.81	0.5700	0.0010048	173.69	0.5696
50	0.0010099	213.63	0.7015	0.0010095	214.49	0.7010	0.0010091	215.35	0.7005
60	0.0010149	255.34	0.8286	0.0010144	256.18	0.8280	0.0010140	257.01	0.8275
80	0.0010267	338.87	1.0721	0.0010262	339.67	1.0714	0.0010258	340.46	1.0708
100	0.0010410	422.75	1.3031	0.0010404	423.50	1.3023	0.0010399	424.25	1.3016
120	0.0010576	507.14	1.5234	0.0010571	507.85	1.5225	0.0010565	508.55	1.5216
140	0.0010768	592.23	1.7345	0.0010762	592.88	1.7335	0.0010756	593.54	1.7325
150	0.0010874	635.09	1.8370	0.0010868	635.71	1.8359	0.0010861	636.34	1.8348
160	0.0010988	678.19	1.9377	0.0010981	678.78	1.9365	0.0010974	679.37	1.9353
180	0.0011240	765.25	2.1342	0.0011231	765.76	2.1328	0.0011223	766.28	2.1315
200	0.0011529	853.75	2.3253	0.0011519	854.17	2.3237	0.0011510	854.59	2.3222
250	0.0012496	1085.2	2.7901	0.0012478	1085.2	2.7877	0.0012460	1085.2	2.7853
300	0.045301	2923.3	6.2064	0.036148	2883.1	6.0656	0.029457	2837.5	5.9291
350	0.051932	3067.4	6.4477	0.042213	3041.9	6.3317	0.035225	3014.8	6.2265
400	0.057804	3194.9	6.6448	0.047382	3176.4	6.5395	0.039917	3157.3	6.4465
450	0.063291	3315.2	6.8170	0.052128	3300.9	6.7179	0.044143	3286.2	6.6314
500	0.068552	3432.2	6.9735	0.056632	3420.6	6.8781	0.048110	3408.9	6.7954
550	0.073664	3548.0	7.1187	0.060983	3538.4	7.0257	0.051917	3528.7	6.9456
600	0.078675	3663.9	7.2553	0.065228	3665.7	7.1640	0.055617	3647.5	7.0857
700	0.088494	3899.0	7.5102	0.073515	3892.9	7.4212	0.062811	3886.7	7.3451
800	0.098142	4139.6	7.7456	0.081630	4134.9	7.6579	0.069833	4130.1	7.5831

（续）

p	8.0MPa			9.0MPa			10.0MPa		
饱和参数	t_s=295.048℃ v'=0.0013843 v''=0.023520 h'=1316.5 h''=2757.7 s'=3.2066 s''=5.7430			t_s=303.385℃ v'=0.0014177 v''=0.020500 h'=1363.1 h''=2741.9 s'=3.2854 s''=5.6771			t_s=311.037℃ v'=0.0014522 v''=0.018000 h'=1407.2 h''=2724.5 s'=3.3591 s''=5.6139		
t/℃	v/(m^3/kg)	h/(kJ/kg)	s/[kJ/(kg·K)]	v/(m^3/kg)	h/(kJ/kg)	s/[kJ/(kg·K)]	v/(m^3/kg)	h/(kJ/kg)	s/[kJ/(kg·K)]
0	0.0009962	8.08	0.0003	0.0009957	9.08	0.0004	0.0009952	10.09	0.0004
10	0.0009965	49.77	0.1502	0.0009961	50.74	0.1501	0.0009956	51.70	0.1500
20	0.0009982	91.36	0.2946	0.0009977	92.29	0.2944	0.0009973	93.22	0.2942
40	0.0010044	174.57	0.5692	0.0010039	175.46	0.5688	0.0010035	176.34	0.5684
50	0.0010086	216.21	0.7001	0.0010082	217.07	0.6996	0.0010078	217.93	0.6992
60	0.0010136	257.85	0.8270	0.0010131	258.69	0.8265	0.0010127	259.53	0.8259
80	0.0010253	341.26	1.0701	0.0010248	342.06	1.0695	0.0010244	342.85	1.0688
100	0.0010395	425.01	1.3008	0.0010390	425.76	1.3000	0.0010385	426.51	1.2993
120	0.0010560	509.26	1.5207	0.0010554	509.97	1.5199	0.0010549	510.68	1.5190
140	0.0010750	594.19	1.7314	0.0010744	594.85	1.7304	0.0010738	595.50	1.7294
150	0.0010855	636.96	1.8337	0.0010848	637.59	1.8327	0.0010842	638.22	1.8316
160	0.0010967	679.97	1.9342	0.0010960	680.56	1.9330	0.0010953	681.16	1.9319
180	0.0011215	766.80	2.1302	0.0011207	767.32	2.1288	0.0011199	767.84	2.1275
200	0.0011500	855.02	2.3207	0.0011490	855.44	2.3191	0.0011481	855.88	2.3176
250	0.0012443	1085.2	2.7829	0.0012425	1085.3	2.7806	0.0012408	1085.3	2.7783
300	0.024255	2784.5	5.7899	0.0014018	1343.5	3.2514	0.0013975	1342.3	3.2469
350	0.029940	2986.1	6.1282	0.025786	2955.3	6.0342	0.022415	2922.1	5.9423
400	0.034302	3137.5	6.3622	0.029921	3117.1	6.2842	0.026402	3095.8	6.2109
450	0.038145	3271.3	6.5540	0.033474	3256.0	6.4835	0.029735	3240.5	6.4184
500	0.041712	3397.0	6.7221	0.036733	3385.0	6.6560	0.032750	3372.8	6.5954
550	0.045113	3518.8	6.8749	0.039817	3509.0	6.8114	0.035582	3499.1	6.7537
600	0.048403	3639.2	7.0168	0.042789	3630.8	6.9552	0.038297	3622.5	6.8992
700	0.054778	3880.5	7.2784	0.048526	3874.1	7.2190	0.043522	3867.7	7.1652
800	0.060982	4125.2	7.5178	0.054096	4120.2	7.4596	0.048584	4115.1	7.4072

（续）

p	15.0MPa			20.0MPa			30.0MPa		
饱和参数	$t_s=342.196℃$ $v'=0.0016571$ $v''=0.010300$ $h'=1609.8$ $h''=2610.0$ $s'=3.6836$ $s''=5.3091$			$t_s=365.789℃$ $v'=0.0020379$ $v''=0.0058702$ $h'=1827.2$ $h''=2413.1$ $s'=4.0153$ $s''=4.9322$					
t/℃	v/(m^3/kg)	h/(kJ/kg)	s/[kJ/(kg·K)]	v/(m^3/kg)	h/(kJ/kg)	s/[kJ/(kg·K)]	v/(m^3/kg)	h/(kJ/kg)	s/[kJ/(kg·K)]
0	0.0009928	15.10	0.0006	0.0009904	20.08	0.0006	0.0009857	29.92	0.0005
10	0.0009933	56.51	0.1494	0.0009911	61.29	0.1488	0.0009866	70.77	0.1474
20	0.0009951	97.87	0.2930	0.0009929	102.50	0.2919	0.0009887	111.71	0.2895
40	0.0010014	180.74	0.5665	0.0009992	185.13	0.5645	0.0009951	193.87	0.5606
50	0.0010056	222.22	0.6969	0.0010035	226.50	0.6946	0.0009993	235.05	0.6900
60	0.0010105	263.72	0.8233	0.0010084	267.90	0.8207	0.0010042	276.25	0.8156
80	0.0010221	346.84	1.0656	0.0010199	350.82	1.0624	0.0010155	358.78	1.0562
100	0.0010360	430.29	1.2955	0.0010336	434.06	1.2917	0.0010290	441.64	1.2844
120	0.0010522	514.23	1.5146	0.0010496	517.79	1.5103	0.0010445	524.95	1.5019
140	0.0010708	598.80	1.7244	0.0010679	602.12	1.7195	0.0010622	608.82	1.7100
150	0.0010810	641.37	1.8262	0.0010779	644.56	1.8210	0.0010719	651.00	1.8108
160	0.0010919	684.16	1.9262	0.0010886	687.20	1.9206	0.0010822	693.36	1.9098
180	0.0011159	770.49	2.1210	0.0011121	773.19	2.1147	0.0011048	778.72	2.1024
200	0.0011434	858.08	2.3102	0.0011389	860.36	2.3029	0.0011303	865.12	2.2890
250	0.0012327	1085.6	2.7671	0.0012251	1086.2	2.7564	0.0012110	1087.9	2.7364
300	0.0013777	1337.3	3.2260	0.0013605	1333.4	3.2072	0.0013317	1327.9	3.1742
350	0.011469	2691.2	5.4403	0.0016645	1645.3	3.7275	0.0015522	1608.0	3.6420
400	0.015652	2974.6	5.8798	0.0099458	2816.8	5.5520	0.0027929	2150.6	4.4721
450	0.018449	3156.5	6.1408	0.0127013	3060.7	5.9025	0.0067363	2822.1	5.4433
500	0.020797	3309.0	6.3449	0.0147681	3239.3	6.1415	0.0086761	3083.3	5.7934
550	0.022913	3448.3	6.5195	0.0165471	3393.7	6.3352	0.0101580	3276.6	6.0359
600	0.024882	3580.7	6.6757	0.0181655	3536.3	6.5035	0.0114310	3442.9	6.2321
700	0.028558	3836.2	6.9529	0.0211259	3805.1	6.7951	0.0136544	3739.8	6.5545
800	0.032064	4089.3	7.2004	0.0238669	4065.1	7.0494	0.0156431	4016.4	6.8251

注：该表引自参考文献［10］。

表 A-10　氨（NH_3）饱和液与饱和蒸气的热力性质

温度	压力	比体积		比焓		比熵	
t/℃	p/kPa	v'/(m³/kg)	v''/(m³/kg)	h'/(kJ/kg)	h''/(kJ/kg)	s'/[kJ/(kg·K)]	s''/[kJ/(kg·K)]
-30	119.5	0.001476	0.96339	44.26	1404.0	0.1856	5.7778
-25	151.6	0.001490	0.77119	66.58	1411.2	0.2763	5.6947
-20	190.2	0.001504	0.62334	89.05	1418.0	0.3657	5.6155
-15	236.3	0.001519	0.50838	111.66	1424.6	0.4538	5.5397
-10	290.9	0.001534	0.41808	134.41	1430.8	0.5408	5.4673
-5	354.9	0.001550	0.34648	157.31	1436.7	0.6266	5.3997
0	429.6	0.001556	0.28920	180.36	1442.2	0.7114	5.3309
5	515.9	0.001583	0.24299	203.58	1447.3	0.7951	5.2666
10	615.2	0.001600	0.20504	226.97	1452.0	0.8779	5.2045
15	728.6	0.001619	0.17462	250.54	1456.3	0.9598	5.1444
20	857.5	0.001638	0.14922	274.30	1460.2	1.0408	5.0860
25	1003.2	0.001658	0.12813	298.25	1463.5	1.1210	5.0293
30	1167.0	0.001680	0.11049	322.42	1466.3	1.2005	4.9738
35	1350.4	0.001702	0.09567	346.80	1468.6	1.2792	4.9169
40	1554.9	0.001725	0.08313	371.43	1470.2	1.3574	4.8662
45	1782.0	0.001750	0.07428	396.31	1471.2	1.4350	4.8136
50	2033.1	0.001777	0.06337	421.48	1471.5	1.5121	4.7614
55	2310.1	0.001804	0.05555	446.96	1471.0	1.5888	4.7095
60	2614.4	0.001834	0.04880	472.79	1469.7	1.6652	4.6577
65	2947.8	0.001866	0.04296	499.01	1467.5	1.7415	4.6057
70	3312.0	0.001900	0.03787	525.69	1464.4	1.8178	4.5533
75	3709.0	0.001937	0.03341	552.88	1460.1	1.8943	4.5001
80	4140.5	0.001978	0.02951	580.69	1454.6	1.9712	4.4458
85	4608.6	0.002022	0.02606	609.21	1447.8	2.0488	4.3901
90	5115.3	0.002071	0.02300	638.59	1439.4	2.1273	4.3325
95	5662.9	0.002126	0.02028	668.99	1429.2	2.2073	4.2723
100	6253.7	0.002188	0.01784	700.64	1416.9	2.2893	4.2088
105	6890.4	0.002261	0.01546	733.87	1402.0	2.3740	4.1407
110	7575.7	0.002347	0.01363	769.15	1383.7	2.4625	4.0665
115	8313.3	0.002452	0.01178	807.21	1361.0	2.5566	3.9833
120	9107.2	0.002589	0.01003	849.36	1331.7	2.6593	3.8861
132.3	11333.2	0.004255	0.00426	1085.85	1085.9	3.2316	3.2316

表 A-11 过热氨（NH_3）蒸气的热力性质

	p=50kPa(t_s=-46.53℃)			p=75kPa(t_s=-39.16℃)			p=100kPa(t_s=-33.60℃)		
t	v	h	s	v	h	s	v	h	s
℃	m³/kg	kJ/kg	kJ/(kg·K)	m³/kg	kJ/kg	kJ/(kg·K)	m³/kg	kJ/kg	kJ/(kg·K)
-30	2.34484	1413.4	6.2333	1.55321	1410.1	6.0247	1.15727	1406.7	5.8734
-20	2.44631	1434.6	6.3187	1.62221	1431.7	6.1120	1.21007	1428.8	5.9626
-10	2.54711	1455.7	6.4006	1.69050	1453.3	6.1953	1.21263	1450.8	6.0477
0	2.64736	1476.9	6.4795	1.75823	1474.8	6.2756	1.31362	1472.6	6.1291
10	2.74716	1498.1	6.5556	1.82551	1496.2	6.3527	1.36465	1494.4	6.2073
20	2.84661	1519.3	6.6293	1.89243	1517.7	6.4272	1.41532	1516.1	6.2826
30	2.94578	1540.6	6.7008	1.95906	1539.2	6.4993	1.46569	1537.7	6.3553
40	3.04472	1562.0	6.7703	2.02547	1560.7	6.5693	1.51582	1559.5	6.4258
50	3.14348	1583.5	6.8379	2.09168	1582.4	6.6373	1.56577	1581.2	6.4943
60	3.24209	1605.1	6.9038	2.15775	1604.1	6.7036	1.61557	1603.1	6.5609
70	3.34058	1626.9	6.9682	2.22369	1626.0	6.7683	1.66525	1625.1	6.6258
80	3.43897	1648.8	7.0312	2.28954	1648.0	6.8315	1.71482	1647.1	6.6892
100	3.63551	1693.2	7.1533	2.42099	1692.4	6.9539	1.81373	1691.7	6.8120
120	3.83183	1738.2	7.2708	2.55221	1737.5	7.0716	1.91240	1736.9	6.9300
140	4.02797	1783.9	7.3842	2.68326	1783.4	7.1853	2.01091	1782.8	7.0439
160	4.22398	1830.4	7.4941	2.81418	1829.9	7.2953	2.10927	1829.4	7.1540
180	4.41988	1877.7	7.6008	2.94499	1877.2	7.4021	2.20754	1876.8	7.2609

	p=125kPa(t_s=-29.07℃)			p=150kPa(t_s=-25.22℃)			p=200kPa(t_s=-18.86℃)		
t	v	h	s	v	h	s	v	h	s
℃	m³/kg	kJ/kg	kJ/(kg·K)	m³/kg	kJ/kg	kJ/(kg·K)	m³/kg	kJ/kg	kJ/(kg·K)
-20	0.96271	1425.9	5.8446	0.79774	1422.9	5.7465	—	—	—
-10	1.00506	1448.3	5.9314	0.83364	1445.7	5.8349	0.61926	1440.6	5.6791
0	1.04682	1470.5	6.0141	0.86892	1468.3	5.9189	0.64648	1463.8	5.7659
10	1.08811	1492.5	6.0933	0.90373	1490.6	5.9992	0.67319	1486.8	5.8484
20	1.12903	1514.4	6.1694	0.93815	1512.8	6.0761	0.69951	1509.4	5.9270
30	1.16964	1536.3	6.2428	0.97227	1534.8	6.1502	0.72553	1531.9	6.0025
40	1.21003	1558.2	6.3138	1.00615	1556.9	6.2217	0.75129	1554.3	6.0751
50	1.25022	1580.1	6.3827	1.03984	1578.9	6.2910	0.77685	1576.6	6.1453
60	1.29026	1602.1	6.4496	1.07338	1601.0	6.3583	0.80226	1598.9	6.2133
70	1.33017	1624.1	6.5149	1.10678	1623.2	6.3238	0.82754	1621.3	6.2794
80	1.36998	1646.3	6.5785	1.14009	1645.4	6.4877	0.85271	1643.7	6.3437
100	1.44937	1691.0	6.7017	1.20646	1690.2	6.6112	0.90282	1688.8	6.4679
120	1.52852	1736.3	6.8199	1.27259	1735.6	6.7297	0.95268	1734.4	6.5869
140	1.60749	1782.2	6.9339	1.33855	1781.7	6.8439	1.00237	1780.6	6.7015
160	1.68633	1828.9	7.0443	1.40437	1828.4	6.9544	1.05192	1827.4	6.8123
180	1.76507	1876.3	7.1513	1.47009	1875.9	7.0615	1.10136	1875.0	6.9196
200	1.84371	1924.5	7.2553	1.53572	1924.1	7.1656	1.15072	1923.3	7.0239
220	1.92229	1973.4	7.3566	1.60127	1973.1	7.2670	1.20000	1972.4	7.1255

（续）

p=250kPa(t_s=-13.66℃)				p=300kPa(t_s=-9.24℃)			p=350kPa(t_s=-5.36℃)		
t	v	h	s	v	h	s	v	h	s
℃	m^3/kg	kJ/kg	kJ/(kg·K)	m^3/kg	kJ/kg	kJ/(kg·K)	m^3/kg	kJ/kg	kJ/(kg·K)
0	0.51293	1459.3	5.6441	0.42382	1454.7	5.5420	0.36011	1449.9	5.4532
10	0.53481	1482.9	5.7288	0.44251	1478.9	5.6290	0.37654	1474.9	5.5427
20	0.55629	1506.0	5.8093	0.46077	1502.6	5.7113	0.39251	1499.1	5.6270
30	0.57745	1529.0	5.8861	0.47870	1525.9	5.7896	0.40814	1522.9	5.7068
40	0.59835	1551.7	5.9599	0.49636	1549.0	5.8645	0.42350	1546.3	5.7828
50	0.61904	1574.3	6.0309	0.51382	1571.9	5.9365	0.43865	1569.5	5.8557
60	0.63958	1596.8	6.0997	0.53111	1594.7	6.0060	0.45362	1592.6	5.9259
70	0.65998	1619.4	6.1663	0.54827	1617.5	6.0732	0.46846	1615.5	5.9938
80	0.68028	1641.9	6.2312	0.56532	1640.2	6.1385	0.48319	1638.4	6.0596
100	0.72063	1687.3	6.3561	0.59916	1685.8	6.2642	0.51240	1684.3	6.1860
120	0.76073	1733.1	6.4756	0.63276	1731.8	6.3842	0.54135	1730.5	6.3066
140	0.80065	1779.4	6.5906	0.66618	1778.3	6.4996	0.57012	1777.2	6.4223
160	0.84044	1826.4	6.7016	0.69946	1825.4	6.6109	0.59876	1824.4	6.5340
180	0.88012	1874.1	6.8093	0.73263	1873.2	6.7188	0.62728	1872.3	6.6421
200	0.91972	1922.5	6.9138	0.76572	1921.7	6.8235	0.65571	1920.9	6.7470
220	0.95923	1971.6	7.0155	0.79872	1970.9	6.9254	0.68407	1970.2	6.8491

p=400kPa(t_s=-1.89℃)				p=500kPa(t_s=4.13℃)			p=600kPa(t_s=9.28℃)		
t	v	h	s	v	h	s	v	h	s
℃	m^3/kg	kJ/kg	kJ/(kg·K)	m^3/kg	kJ/kg	kJ/(kg·K)	m^3/kg	kJ/kg	kJ/(kg·K)
10	0.32701	1470.7	5.4663	0.25757	1462.3	5.3340	0.21115	1453.4	5.2205
20	0.34129	1495.6	5.5525	0.26949	1488.3	5.4244	0.22154	1480.8	5.3156
30	0.35520	1519.8	5.6338	0.28103	1513.5	5.5090	0.23152	1507.1	5.4037
40	0.36884	1543.6	5.7111	0.29227	1538.1	5.5889	0.24118	1532.5	5.4862
50	0.38226	1567.1	5.7850	0.30328	1562.3	5.6647	0.25059	1557.3	5.5641
60	0.39550	1550.9	5.8560	0.31410	1586.1	5.7373	0.25981	1581.6	5.6383
70	0.40860	1613.6	5.9244	0.32478	1609.6	5.8070	0.26888	1605.7	5.7094
80	0.42160	1636.7	5.9907	0.33535	1633.1	5.8744	0.27783	1629.5	5.7778
100	0.44732	1682.8	6.1179	0.35621	1679.8	6.0031	0.29545	1676.8	5.9081
120	0.47379	1729.2	6.2390	0.37681	1726.6	6.1253	0.31281	1724.0	6.0314
140	0.49808	1776.0	6.3552	0.39722	1773.8	6.2422	0.32997	1771.5	6.1491
160	0.52323	1823.4	6.4671	0.41748	1821.4	6.3548	0.34699	1819.4	6.2623
180	0.54827	1871.4	6.5755	0.43764	1869.6	6.4636	0.36389	1867.8	6.3717
200	0.57321	1920.1	6.6806	0.45771	1918.5	6.5691	0.38071	1916.9	6.4776
220	0.59809	1969.5	6.7828	0.47770	1968.1	6.6717	0.39745	1966.6	6.5806
240	0.62289	2019.6	6.8825	0.49763	2018.3	6.7717	0.41412	2017.1	6.6808
260	0.64764	2070.5	6.9797	0.51749	2069.3	6.8692	0.43073	2068.2	6.7786
280	0.67234	2122.1	7.0747	0.53731	2121.1	6.9644	0.44729	2120.1	6.8741

（续）

$p=700\text{kPa}(t_s=13.80℃)$				$p=800\text{kPa}(t_s=17.85℃)$			$p=900\text{kPa}(t_s=21.52℃)$		
t	v	h	s	v	h	s	v	h	s
℃	m³/kg	kJ/kg	kJ/(kg·K)	m³/kg	kJ/kg	kJ/(kg·K)	m³/kg	kJ/kg	kJ/(kg·K)
20	0.18721	1473.0	5.2196	0.16138	1464.9	5.1328	—	—	—
30	0.19610	1500.4	5.3115	0.16947	1493.5	5.2287	0.14872	1486.5	5.1530
40	0.20464	1526.7	5.3968	0.17720	1520.8	5.3171	0.15582	1514.7	5.2447
50	0.21293	1552.2	5.4770	0.18465	1547.0	5.3996	0.16263	1541.7	5.3296
60	0.22101	1577.1	5.5529	0.19189	1572.5	5.4774	0.16922	1567.9	5.4093
70	0.22894	1601.6	5.6254	0.19896	1597.5	5.5513	0.17563	1593.3	5.4847
80	0.23674	1625.8	5.6949	0.20590	1622.1	5.6219	0.18191	1618.4	5.5565
100	0.25205	1673.7	5.8268	0.21949	1670.6	5.7555	0.19416	1667.5	5.6919
120	0.26709	1721.4	5.9512	0.23280	1718.7	5.8811	0.20612	1716.1	5.8187
140	0.28193	1769.2	6.0698	0.24590	1766.9	6.0006	0.21787	1764.5	5.9389
160	0.29663	1817.3	6.1837	0.25886	1815.3	6.1150	0.22948	1813.2	6.0541
180	0.31121	1866.0	6.2935	0.27170	1864.2	6.2254	0.24097	1862.4	6.1647
200	0.32570	1915.3	6.3999	0.28445	1913.6	6.3322	0.25236	1912.0	6.2721
220	0.34012	1965.2	6.5032	0.29712	1963.7	6.4358	0.26368	1962.3	6.3762
240	0.35447	2015.8	6.6037	0.30973	2014.5	6.5367	0.27493	2013.2	6.4774
260	0.36876	2067.1	6.7018	0.32228	2065.9	6.6350	0.28612	2064.8	6.5760
$p=1000\text{kPa}(t_s=24.90℃)$				$p=1200\text{kPa}(t_s=30.94℃)$			$p=1400\text{kPa}(t_s=36.26℃)$		
t	v	h	s	v	h	s	v	h	s
℃	m³/kg	kJ/kg	kJ/(kg·K)	m³/kg	kJ/kg	kJ/(kg·K)	m³/kg	kJ/kg	kJ/(kg·K)
30	0.13206	1479.1	5.0826						
40	0.13868	1508.5	5.1778	0.11287	1495.4	5.0564	0.09432	1481.6	4.9463
50	0.14499	1536.3	5.2654	0.11846	1525.1	5.1497	0.09942	1513.4	5.0462
60	0.15106	1563.1	5.3471	0.12378	1553.3	5.2357	0.10423	1543.1	5.1370
70	0.15695	1589.1	5.4240	0.12890	1580.5	5.3159	0.10882	1571.5	5.2209
80	0.16270	1614.6	5.4971	0.13387	1606.8	5.3916	0.11324	1598.8	5.2994
100	0.17389	1664.3	5.6342	0.14347	1658.0	5.5325	0.12172	1651.4	5.4443
120	0.18477	1713.4	5.7622	0.15275	1708.0	5.6631	0.12986	1702.5	5.5775
140	0.19545	1762.2	5.8834	0.16181	1757.5	5.7860	0.13777	1752.8	5.7023
160	0.20597	1811.2	5.9992	0.17071	1807.1	5.9031	0.14552	1802.9	5.8208
180	0.21638	1860.5	6.1105	0.17950	1856.9	6.0156	0.15315	1853.2	5.9343
200	0.22669	1910.4	6.2182	0.18819	1907.1	6.1241	0.16068	1903.8	6.0437
220	0.23693	1960.8	6.3226	0.19680	1957.9	6.2292	0.16813	1955.0	6.1495
240	0.24710	2011.9	6.4241	0.20534	2009.3	6.3313	0.17551	2006.7	6.2523
260	0.25720	2063.6	6.5229	0.21382	2061.3	6.4308	0.18283	2059.0	6.3523
280	0.26726	2116.0	6.6194	0.22225	2114.0	6.5278	0.19010	2111.9	6.4498

注：本表数据来源 C Borgnakke, R E Sonntag. Thermodynamic and transport properties. New York: JohnWiley & Sons Inc., 1997.

表 A-12a　R134a 饱和性质表（按温度排列）

t/ ℃	p_s/ kPa	v''/ (m^3/kg×10^{-3})	v'/ (m^3/kg×10^{-3})	h'' (kJ/kg)	h' (kJ/kg)	s''/ [kJ/(kg·K)]	s'/ [kJ/(kg·K)]
-85.00	2.56	5899.997	0.64884	345.37	94.12	1.8702	0.5348
-80.00	3.87	4045.366	0.65501	348.41	99.89	1.8535	0.5668
-75.00	5.72	2816.477	0.66106	351.48	105.68	1.8379	0.5974
-70.00	8.27	2004.070	0.66719	354.57	111.46	1.8239	0.6272
-65.00	11.72	1442.296	0.67327	357.68	117.38	1.8107	0.6562
-60.00	16.29	1055.363	0.67947	360.81	123.37	1.7987	0.6847
-55.00	22.24	785.161	0.68583	363.95	129.42	1.7878	0.7127
-50.00	29.90	593.412	0.69238	367.10	135.54	1.7782	0.7405
-45.00	39.58	454.926	0.69916	370.25	141.72	1.7695	0.7678
-40.00	51.69	353.529	0.70619	373.40	147.96	1.7618	0.7949
-35.00	66.63	278.087	0.71348	376.54	154.26	1.7549	0.8216
-30.00	84.85	221.302	0.72105	379.67	160.62	1.7488	0.8479
-25.00	106.86	177.937	0.72892	382.79	167.04	1.7434	0.8740
-20.00	133.18	144.450	0.73712	385.89	173.52	1.7387	0.8997
-15.00	164.36	118.481	0.74572	388.97	180.04	1.7346	0.9253
-10.00	201.00	97.832	0.75463	392.01	186.63	1.7309	0.9504
-5.00	243.71	81.304	0.76388	395.01	193.29	1.7276	0.9753
0.00	293.14	68.164	0.77365	397.98	200.00	1.7248	1.0000
5.00	349.96	57.470	0.78384	400.90	206.78	1.7223	1.0244
10.00	414.88	48.721	0.79453	403.76	213.63	1.7201	1.0486
15.00	488.60	41.532	0.80577	406.57	220.55	1.7182	1.0727
20.00	571.88	35.576	0.81762	409.30	227.55	1.7165	1.0965
25.00	665.49	30.603	0.83017	411.96	234.63	1.7149	1.1202
30.00	770.21	26.424	0.84347	414.52	241.80	1.7135	1.1437
35.00	886.87	22.899	0.85768	416.99	249.07	1.7121	1.1672
40.00	1016.32	19.893	0.87284	419.34	256.44	1.7108	1.1906
45.00	1159.45	17.320	0.88919	421.55	263.94	1.7093	1.2139
50.00	1317.19	15.112	0.90394	423.62	271.57	1.7078	1.2373
55.00	1490.52	13.203	0.92634	425.51	279.36	1.7061	1.2607
60.00	1680.47	11.538	0.94775	427.18	287.33	1.7041	1.2842
65.00	1888.17	10.808	0.97175	428.61	295.51	1.7016	1.3080
70.00	2114.81	8.788	0.99902	429.70	303.94	1.6986	1.3321
75.00	2361.75	7.638	1.03073	430.38	312.71	1.6948	1.3568
80.00	2630.48	6.601	1.06869	430.53	321.92	1.6898	1.3822
85.00	2922.80	5.647	1.11621	429.86	331.74	1.6829	1.4089
90.00	3240.89	4.751	1.18024	427.99	342.54	1.6732	1.4379
95.00	3587.80	3.851	1.27926	423.70	355.23	1.6574	1.4714
100.00	3969.25	2.779	1.53410	412.19	375.04	1.6230	1.5234
101.00	4051.31	2.382	1.96810	404.50	392.88	1.6018	1.5707
101.15	4064.00	1.969	1.96850	393.07	393.07	1.5712	1.5712

注：该表引自朱明善等著《绿色环保制冷剂 HFC—134a 热物理性质》，科学出版社，1995。

表 A-12b R134a 饱和性质表（按压力排列）

p_s/kPa	t/℃	v''/(m^3/kg×10^{-3})	v'/(m^3/kg×10^{-3})	h'' (kJ/kg)	h' (kJ/kg)	s'' [kJ/(kg·K)]	s' [kJ/(kg·K)]
10.00	-67.32	1676.284	0.67044	356.24	114.63	1.8166	0.6428
20.00	-56.74	868.908	0.68352	362.86	127.30	1.7915	0.7030
30.00	-49.94	591.338	0.69247	367.14	135.62	1.7780	0.7408
40.00	-44.81	450.539	0.69942	370.37	141.95	1.7692	0.7688
50.00	-40.64	364.782	0.70527	373.00	147.16	1.7627	0.7914
60.00	-37.08	306.836	0.71041	375.24	151.64	1.7577	0.8105
80.00	-31.25	234.033	0.71913	378.90	159.04	1.7503	0.8414
100.00	-26.45	189.737	0.72667	381.89	165.15	1.7451	0.8665
120.00	-22.37	159.324	0.73319	384.42	170.43	1.7409	0.8875
140.00	-18.82	137.972	0.73920	386.63	175.04	1.7378	0.9059
160.00	-15.64	121.490	0.74461	388.58	179.20	1.7351	0.9220
180.00	-12.79	108.637	0.74955	390.31	182.95	1.7328	0.9364
200.00	-10.14	98.326	0.75438	391.93	186.45	1.7310	0.9497
250.00	-4.35	79.485	0.76517	395.41	194.16	1.7273	0.9786
300.00	0.63	66.694	0.77492	398.36	200.85	1.7245	1.0031
350.00	5.00	57.477	0.78383	400.90	206.77	1.7223	1.0244
400.00	8.93	50.444	0.79220	403.16	212.16	1.7206	1.0435
450.00	12.44	45.016	0.79992	405.14	217.00	1.7191	1.0604
500.00	15.72	40.612	0.80744	406.96	221.55	1.7180	1.0761
550.00	18.75	36.955	0.81461	408.62	225.79	1.7619	1.0906
600.00	21.55	33.870	0.82129	410.11	229.74	1.7158	1.1038
650.00	24.21	31.327	0.82813	411.54	233.50	1.7152	1.1164
700.00	26.72	29.081	0.83465	412.85	237.09	1.7144	1.1283
800.00	31.32	25.428	0.84714	415.18	243.71	1.7131	1.1500
900.00	35.50	22.569	0.85911	417.22	249.80	1.7120	1.1695
1000.00	39.39	20.228	0.87091	419.05	255.53	1.7109	1.1877
1200.00	46.31	16.708	0.89371	422.11	265.93	1.7089	1.2201
1400.00	52.48	14.130	0.91633	424.58	275.42	1.7069	1.2489
1600.00	57.94	12.198	0.93864	426.52	284.01	1.7049	1.2745
1800.00	62.92	10.664	0.96140	428.04	292.07	1.7027	1.2981
2000.00	67.56	9.398	0.98526	429.21	299.80	1.7002	1.3203
2200.00	71.74	8.375	1.00948	429.99	306.95	1.6974	1.3406
2400.00	75.72	7.482	1.03576	430.45	314.01	1.6941	1.3604
2600.00	79.42	6.714	1.06391	430.54	320.83	1.6904	1.3792
2800.00	82.93	6.036	1.09510	430.28	327.59	1.6861	1.3977
3000.00	86.25	5.421	1.13032	429.55	334.34	1.6809	1.4159
3200.00	89.39	4.860	1.17107	428.32	341.14	1.6746	1.4342
3400.00	92.33	4.340	1.21992	426.45	348.12	1.6670	1.4527
4064.00	101.15	1.969	1.96850	393.07	393.07	1.5712	1.5712

注：该表来源同表 A-12a。

表 A-13 R134a 过热蒸气热力性质表

	$p=0.05\text{MPa}(t_s=-40.64℃)$			$p=0.10\text{MPa}(t_s=-26.45℃)$		
$t/$ ℃	$v/$ (m^3/kg)	$h/$ (kJ/kg)	$s/$ [kJ/(kg·K)]	$v/$ (m^3/kg)	$h/$ (kJ/kg)	$s/$ [kJ/(kg·K)]
-20.0	0.40477	388.69	1.8282	0.19379	383.10	1.7510
-10.0	0.42195	396.49	1.8584	0.20742	395.08	1.7975
0.0	0.43898	404.43	1.8880	0.21633	403.20	1.8282
10.0	0.45586	412.53	1.9171	0.22508	411.44	1.8578
20.0	0.47273	420.79	1.9458	0.23379	419.81	1.8868
30.0	0.48945	429.21	1.9740	0.24242	428.32	1.9154
40.0	0.50617	437.79	2.0019	0.25094	436.98	1.9435
50.0	0.52281	446.53	2.0294	0.25945	445.79	1.9712
60.0	0.53945	455.43	2.0565	0.26793	454.76	1.9985
70.0	0.55602	464.50	2.0833	0.27637	463.88	2.0255
80.0	0.57258	473.73	2.1098	0.28477	473.15	2.0521
90.0	0.58906	483.12	2.1360	0.29313	482.58	2.0784

	$p=0.15\text{MPa}(t_s=-17.20℃)$			$p=0.20\text{MPa}(t_s=-10.14℃)$		
$t/$ ℃	$v/$ (m^3/kg)	$h/$ (kJ/kg)	$s/$ [kJ/(kg·K)]	$v/$ (m^3/kg)	$h/$ (kJ/kg)	$s/$ [kJ/(kg·K)]
-10.0	0.13584	393.63	1.7607	0.09998	392.14	1.7329
0.0	0.14203	401.93	1.7916	0.10486	400.63	1.7646
10.0	0.14813	410.32	1.8218	0.10961	409.17	1.7953
20.0	0.15410	418.81	1.8512	0.11426	417.79	1.8252
30.0	0.16002	427.42	1.8801	0.11881	426.51	1.8545
40.0	0.16586	436.17	1.9085	0.12332	435.34	1.8831
50.0	0.17168	445.05	1.9365	0.12775	444.30	1.9113
60.0	0.17742	454.08	1.9640	0.13215	453.39	1.9390
70.0	0.18313	463.25	1.9911	0.13652	462.62	1.9663
80.0	0.18883	472.57	2.0179	0.14086	471.98	1.9932
90.0	0.19449	482.04	2.0443	0.14516	481.50	2.0197
100.0	0.20016	491.66	2.0704	0.14945	491.15	2.0460

（续）

$p=0.25\text{MPa}(t_s=-4.35℃)$				$p=0.30\text{MPa}(t_s=0.63℃)$		
t/ ℃	v/ (m^3/kg)	h/ (kJ/kg)	s/ [kJ/(kg·K)]	v/ (m^3/kg)	h/ (kJ/kg)	s/ [kJ/(kg·K)]
0.0	0.08253	399.30	1.7427			
10.0	0.08647	408.00	1.7740	0.07103	406.81	1.7560
20.0	0.09031	416.76	1.8044	0.07434	415.70	1.7868
30.0	0.09406	425.58	1.8340	0.07756	424.64	1.8168
40.0	0.09777	434.51	1.8630	0.08072	433.66	1.8461
50.0	0.10141	443.54	1.8914	0.08381	442.77	1.8747
60.0	0.10498	452.69	1.9192	0.08688	451.99	1.9028
70.0	0.10854	461.98	1.9467	0.08989	461.33	1.9305
80.0	0.11207	471.39	1.9738	0.09288	470.80	1.9576
90.0	0.11557	480.95	2.0004	0.09583	480.40	1.9844
100.0	0.11904	490.64	2.0268	0.09875	490.13	2.0109
110.0	0.12250	500.48	2.0528	0.10168	500.00	2.0370

$p=0.40\text{MPa}(t_s=8.93℃)$				$p=0.50\text{MPa}(t_s=15.72℃)$		
t/ ℃	v/ (m^3/kg)	h/ (kJ/kg)	s/ [kJ/(kg·K)]	v/ (m^3/kg)	h/ (kJ/kg)	s/ [kJ/(kg·K)]
20.0	0.05433	413.51	1.7578	0.04227	411.22	1.7336
30.0	0.05689	422.70	1.7886	0.04445	420.68	1.7653
40.0	0.05939	431.92	1.8185	0.04656	430.12	1.7960
50.0	0.06183	441.20	1.8477	0.04860	439.58	1.8257
60.0	0.06420	450.56	1.8762	0.05059	449.09	1.8547
70.0	0.06655	460.02	1.9042	0.05253	458.68	1.8830
80.0	0.06886	469.59	1.9316	0.05444	468.36	1.9108
90.0	0.07114	479.28	1.9587	0.05632	478.14	1.9382
100.0	0.07341	489.09	1.9854	0.05817	488.04	1.9651
110.0	0.07564	499.03	2.0117	0.06000	498.05	1.9915
120.0	0.07786	509.11	2.0376	0.06183	508.19	2.0177
130.0	0.08006	519.31	2.0632	0.06363	518.46	2.0435

（续）

t/℃	$p=0.60$MPa($t_s=21.55$℃) v/(m^3/kg)	h/(kJ/kg)	s/[kJ/(kg·K)]	$p=0.70$MPa($t_s=26.72$℃) v/(m^3/kg)	h/(kJ/kg)	s/[kJ/(kg·K)]
30.0	0.03613	418.58	1.7452	0.03013	416.37	1.7270
40.0	0.03798	428.26	1.7766	0.03183	426.32	1.7593
50.0	0.03977	437.91	1.8070	0.03344	436.19	1.7904
60.0	0.04149	447.58	1.8364	0.03498	446.04	1.8204
70.0	0.04317	457.31	1.8652	0.03648	455.91	1.8496
80.0	0.04482	467.10	1.8933	0.03794	465.82	1.8780
90.0	0.04644	476.99	1.9209	0.03936	475.81	1.9059
100.0	0.04802	486.97	1.9480	0.04076	485.89	1.9333
110.0	0.04959	497.06	1.9747	0.04213	496.06	1.9602
120.0	0.05113	507.27	2.0010	0.04348	506.33	1.9867
130.0	0.05266	517.59	2.0270	0.04483	516.72	2.0128
140.0	0.05417	528.04	2.0526	0.04615	527.23	2.0385

t/℃	$p=0.80$MPa($t_s=31.32$℃) v/(m^3/kg)	h/(kJ/kg)	s/[kJ/(kg·K)]	$p=0.90$MPa($t_s=35.50$℃) v/(m^3/kg)	h/(kJ/kg)	s/[kJ/(kg·K)]
40.0	0.02718	424.31	1.7435	0.02355	422.19	1.7287
50.0	0.02867	434.41	1.7753	0.02494	432.57	1.7613
60.0	0.03009	444.45	1.8059	0.02626	442.81	1.7925
70.0	0.03145	454.47	1.8355	0.02752	453.00	1.8227
80.0	0.03277	464.52	1.8644	0.02874	463.19	1.8519
90.0	0.03406	474.62	1.8926	0.02992	473.40	1.8804
100.0	0.03531	484.79	1.9202	0.03106	483.67	1.9083
110.0	0.03654	495.04	1.9473	0.03219	494.01	1.9375
120.0	0.03775	505.39	1.9740	0.03329	504.43	1.9625
130.0	0.03895	515.84	2.0002	0.03438	514.95	1.9889
140.0	0.04013	526.40	2.0261	0.03544	525.57	2.0150

（续）

	$p=1.0\text{MPa}(t_s=39.39℃)$			$p=1.1\text{MPa}(t_s=42.99℃)$		
t/ ℃	v/ (m^3/kg)	h/ (kJ/kg)	s/ [kJ/(kg·K)]	v/ (m^3/kg)	h/ (kJ/kg)	s/ [kJ/(kg·K)]
40.0	0.02061	419.97	1.7145			
50.0	0.02194	430.64	1.7481	0.01947	428.64	1.7355
60.0	0.02319	441.12	1.7800	0.02066	439.37	1.7682
70.0	0.02437	451.49	1.8107	0.02178	449.93	1.7994
80.0	0.02551	461.82	1.8404	0.02285	460.42	1.8296
90.0	0.02660	472.16	1.8692	0.02388	470.89	1.8588
100.0	0.02766	482.53	1.8974	0.02488	481.37	1.8873
110.0	0.02870	492.96	1.9250	0.02584	491.89	1.9151
120.0	0.02971	503.46	1.9520	0.02679	502.48	1.9424
130.0	0.03071	514.05	1.9787	0.02771	513.14	1.9692
140.0	0.03169	524.73	2.0048	0.02862	523.88	1.9955
150.0	0.03265	535.52	2.0306	0.02951	534.72	2.0214

	$p=1.2\text{MPa}(t_s=46.31℃)$			$p=1.3\text{MPa}(t_s=49.44℃)$		
t/ ℃	v/ (m^3/kg)	h/ (kJ/kg)	s/ [kJ/(kg·K)]	v/ (m^3/kg)	h/ (kJ/kg)	s/ [kJ/(kg·K)]
50.0	0.01739	426.53	1.7233	0.01559	424.30	1.7113
60.0	0.01854	437.55	1.7569	0.01673	435.65	1.7459
70.0	0.01962	448.33	1.7888	0.01778	446.68	1.7785
80.0	0.02064	458.99	1.8194	0.01875	457.52	1.8096
90.0	0.02161	469.60	1.8490	0.01968	468.28	1.8397
100.0	0.02255	480.19	1.8778	0.02057	478.99	1.8688
110.0	0.02346	490.81	1.9059	0.02144	489.72	1.8972
120.0	0.02434	501.48	1.9334	0.02227	500.47	1.9249
130.0	0.02521	512.21	1.9603	0.02309	511.28	1.9520
140.0	0.02606	523.02	1.9868	0.02388	522.16	1.9787
150.0	0.02689	533.92	2.0129	0.02467	533.12	2.0049

（续）

$p=1.4MPa(t_s=52.48℃)$				$p=1.5MPa(t_s=55.23℃)$		
t/℃	v/(m^3/kg)	h/(kJ/kg)	s/[kJ/(kg·K)]	v/(m^3/kg)	h/(kJ/kg)	s/[kJ/(kg·K)]
60.0	0.01516	433.66	1.7351	0.01379	431.57	1.7245
70.0	0.01618	444.96	1.7685	0.01479	443.17	1.7588
80.0	0.01713	456.01	1.8003	0.01572	454.45	1.7912
90.0	0.01802	466.92	1.8308	0.01658	465.54	1.8222
100.0	0.01888	477.77	1.8602	0.01741	476.52	1.8520
110.0	0.01970	488.60	1.8889	0.01819	487.47	1.8810
120.0	0.02050	499.45	1.9168	0.01895	498.41	1.9092
130.0	0.02127	510.34	1.9442	0.01969	509.38	1.9367
140.0	0.02202	521.28	1.9710	0.02041	520.40	1.9637
150.0	0.02276	532.30	1.9973	0.02111	531.48	1.9902

$p=1.6MPa(t_s=57.94℃)$				$p=1.7MPa(t_s=60.45℃)$		
t/℃	v/(m^3/kg)	h/(kJ/kg)	s/[kJ/(kg·K)]	v/(m^3/kg)	h/(kJ/kg)	s/[kJ/(kg·K)]
60.0	0.01256	429.36	1.7139			
70.0	0.01356	441.32	1.7493	0.01247	439.37	1.7398
80.0	0.01447	452.84	1.7824	0.01336	451.17	1.7738
90.0	0.01532	464.11	1.8139	0.01419	462.65	1.8058
100.0	0.01611	475.25	1.8441	0.01497	473.94	1.8365
110.0	0.01687	486.31	1.8734	0.01570	485.14	1.8661
120.0	0.01760	497.36	1.9018	0.01641	496.29	1.8948
130.0	0.01831	508.41	1.9296	0.01709	507.43	1.9228
140.0	0.01900	519.50	1.9568	0.01775	518.60	1.9502
150.0	0.01966	530.65	1.9834	0.01839	529.81	1.9770

（续）

	$p=2.0\text{MPa}(t_s=67.57℃)$			$p=3.0\text{MPa}(t_s=86.26℃)$		
t/℃	v/(m^3/kg)	h/(kJ/kg)	s/[kJ/(kg·K)]	v/(m^3/kg)	h/(kJ/kg)	s/[kJ/(kg·K)]
70.0	0.00975	432.85	1.7112			
80.0	0.01065	445.76	1.7483			
90.0	0.01146	457.99	1.7824	0.00585	436.84	1.7011
100.0	0.01219	469.84	1.8146	0.00669	452.92	1.7448
110.0	0.01288	481.47	1.8454	0.00737	467.11	1.7824
120.0	0.01352	492.97	1.8750	0.00796	480.41	1.8166
130.0	0.01415	504.40	1.9037	0.00850	493.22	1.8488
140.0	0.01474	515.82	1.9317	0.00899	505.72	1.8794
150.0	0.01532	527.24	1.9590	0.00946	518.04	1.9089

	$p=4.0\text{MPa}(t_s=100.35℃)$			$p=5.0\text{MPa}$		
t/℃	v/(m^3/kg)	h/(kJ/kg)	s/[kJ/(kg·K)]	v/(m^3/kg)	h/(kJ/kg)	s/[kJ/(kg·K)]
60.0				0.00092	285.68	1.2700
70.0				0.00096	301.31	1.3163
80.0				0.00100	317.85	1.3638
90.0				0.00108	335.94	1.4143
100.0				0.00122	357.51	1.4728
110.0	0.00424	445.56	1.7112	0.00171	394.74	1.5711
120.0	0.00498	463.93	1.7586	0.00289	437.91	1.6825
130.0	0.00554	479.52	1.7977	0.00363	461.41	1.7416
140.0	0.00603	493.90	1.8330	0.00417	479.51	1.7859
150.0	0.00647	507.59	1.8657	0.00462	495.48	1.8241
160.0	0.00687	520.87	1.8967	0.00502	510.34	1.8588
170.0	0.00725	533.88	1.9264	0.00537	524.53	1.8912

表 A-14　一些物质在 25℃时的燃烧焓 ΔH_c^0　　（单位：kJ/kg）

物　质	分子式	相对分子质量 M_r	H_2O 在燃烧产物中为液体	H_2O 在燃烧产物中为气体
甲烷(气体)	CH_4	16.043	-55496	-50010
乙烷(气体)	C_2H_6	30.070	-51875	-47484
丙烷(气体)	C_3H_8	44.094	-50343	-46352
丙烷(液体)	C_3H_8	44.094	-49973	-45982
丁烷(气体)	C_4H_{10}	58.124	-49011	-45351
丁烷(液体)	C_4H_{10}	58.124	-49130	-45344
辛烷(气体)	C_8H_{18}	114.232	-48256	-44788
辛烷(液体)	C_8H_{18}	114.232	-47893	-44425
苯(气体)	C_6H_6	78.114	-42266	-40576
苯(液体)	C_6H_6	78.114	-41831	-40141
柴油(液体)	$C_{14.4}H_{24.9}$	198.06	-45700	-42934
甲醇(气体)	CH_3OH	32.042	-23840	-21093
乙醇(气体)	C_2H_5OH	46.069	-30596	-27731
氢(气体)	H_2	2.016	-286028	-241997
碳(石墨)	C	12.011	-3937191	-393791
一氧化碳(气体)	CO	28.011	-283190	-283190

注：本表引自 C Borgnakke，R E Sonntag. Thermodynamic and Transport Properties. New York：John Wiley & Sons Inc.，1997.

表 A-15　一些物质的标准生成焓、标准吉布斯函数和 25℃、100kPa 时的绝对熵

物　质	分子式	相对分子质量 M_r	ΔH_f^0	ΔG_f^0	S_m^0
			J/mol	J/mol	J/(mol · K)
水(g)	H_2O	18.015	-241826	-228582	188.834
水(l)	H_2O	18.015	-285830	-237141	69.950
过氧化氢(g)	H_2O_2	34.015	-136106	-105445	232.991
臭氧(g)	O_3	47.998	+142674	+163184	238.932
碳(石墨)(s)	C	12.011	0	0	5.740
一氧化碳(g)	CO	28.011	-110527	-137163	197.653
二氧化碳(g)	CO_2	44.010	-393522	-394389	213.795
甲烷(g)	CH_4	16.043	-74873	-50768	186.251
乙炔(g)	C_2H_2	26.038	+226731	+209200	200.958
乙烯(g)	C_2H_4	28.054	+52467	+68421	219.330
乙烷(g)	C_2H_6	30.070	-84740	-32885	229.597
丙烯(g)	C_3H_6	42.081	+20430	+62825	267.066
丙烷(g)	C_3H_8	44.094	-103900	-23393	269.917
丁烷(g)	C_4H_{10}	58.124	-126200	-15970	306.647
戊烷(g)	C_5H_{12}	72.151	-146500	-8208	348.945

（续）

物　质	分子式	相对分子质量 M_r	ΔH_f^0 J/mol	ΔG_f^0 J/mol	S_m^0 J/(mol·K)
苯(g)	C_6H_6	78.114	+82980	+129765	269.562
己烷(g)	C_6H_{14}	86.178	-167300	+28	387.979
庚烷(g)	C_7H_{16}	100.20511	-187900	+8227	427.805
辛烷(g)	C_8H_{18}	4.232	-208600	+16660	466.514
辛烷(l)	C_8H_{18}	114.232	-250105	+6741	360.575
甲醇(g)	CH_3OH	32.042	-201300	-162551	239.709
乙醇(g)	C_2H_5OH	46.069	-235000	-168319	282.444
氨(g)	NH_3	17.031	-45720	-16128	192.572
柴油(l)	$C_{14.4}H_{24.9}$	198.06	-174000	+178919	525.90
硫(s)	S	32.06	0	0	32.056
二氧化硫(g)	SO_2	64.059	-296842	-300125	248.212
三氧化硫(g)	SO_3	80.058	-395765	-371016	256.769
氧化氮(g)	N_2O	44.013	+82050	+104179	219.957
硝基甲烷(l)	CH_3NO_2	61.04	-113100	-14439	171.80
氢(g)	H_2	2.016	0	0	130.67
氮(g)	N_2	28.02	0	0	191.61
氧(g)	O_2	32.00	0	0	205.16

注：本表引自 C Borgnakke，R E Sonntag. Thermodynamic and Transport Properties. New York：John Wiley & Sons Inc.，1997.

表 A-16　一些化学反应的平衡常数 K_p 的对数（lg）值

对于反应 $bB+dD \rightleftharpoons gG+rR$，　$K_p=\dfrac{p_G^g p_R^r}{p_B^b p_D^d}$

T/K	$H_2 \rightleftharpoons 2H$	$O_2 \rightleftharpoons 2O$	$N_2 \rightleftharpoons 2N$	$H_2O(g) \rightleftharpoons H_2+\frac{1}{2}O_2$	$H_2O(g) \rightleftharpoons OH+\frac{1}{2}H_2$	$CO_2 \rightleftharpoons CO+\frac{1}{2}O_2$	$\frac{1}{2}O_2+\frac{1}{2}N_2 \rightleftharpoons NO$	$CO_2+H_2 \rightleftharpoons CO+H_2O$
298	-71.224	-81.208	-159.600	-40.018	-46.181	-45.066	-15.171	-5.013
500	-40.316	-45.890	-92.672	-22.886	-26.208	-25.025	-8.783	-2.139
1000	-17.292	-19.614	-43.056	-10.062	-11.322	-10.221	-4.062	-0.159
1500	-9.512	-10.790	-26.434	-5.725	-6.314	-5.316	-2.487	+0.400
1800	-6.896	-7.836	-20.874	-4.270	-4.638	-3.693	-1.962	+0.577
2000	-5.580	-6.356	-18.092	-3.540	-3.799	-2.884	-1.699	+0.656
2200	-4.502	-5.142	-15.810	-2.942	-3.113	-2.226	-1.484	+0.716
2400	-3.600	-4.130	-13.908	-2.443	-2.541	-1.679	-1.305	+0.764
2500	-3.202	-3.684	-13.070	-2.224	-2.158	-1.440	-1.227	+0.784
2600	-2.834	-3.272	-12.298	-2.021	-2.057	-1.219	-1.154	+0.802
2800	-2.718	-2.536	-10.914	-1.658	-1.642	-0.825	-1.025	+0.833

（续）

T/K	$H_2 \rightleftharpoons 2H$	$O_2 \rightleftharpoons 2O$	$N_2 \rightleftharpoons 2N$	$H_2O(g) \rightleftharpoons H_2+\frac{1}{2}O_2$	$H_2O(g) \rightleftharpoons OH+\frac{1}{2}H_2$	$CO_2 \rightleftharpoons CO+\frac{1}{2}O_2$	$\frac{1}{2}O_2+\frac{1}{2}N_2 \rightleftharpoons NO$	$CO_2+H_2 \rightleftharpoons CO+H_2O$
3000	-1.606	-1.898	-9.716	-1.343	-1.282	-0.485	-0.913	+0.858
3200	-1.106	-1.340	-8.664	-1.067	-0.967	-0.189	-0.815	+0.878
3500	-0.462	-0.620	-7.312	-0.712	-0.563	+0.190	-0.690	+0.902
4000	+0.402	+0.340	-5.504	-0.238	-0.025	+0.692	-0.524	+0.930
4500	+1.074	+1.086	-4.094	+0.133	+0.394	+1.079	-0.397	+0.947
5000	+1.612	+1.636	-2.962	+0.430	+0.728	+1.386	+0.296	+0.956

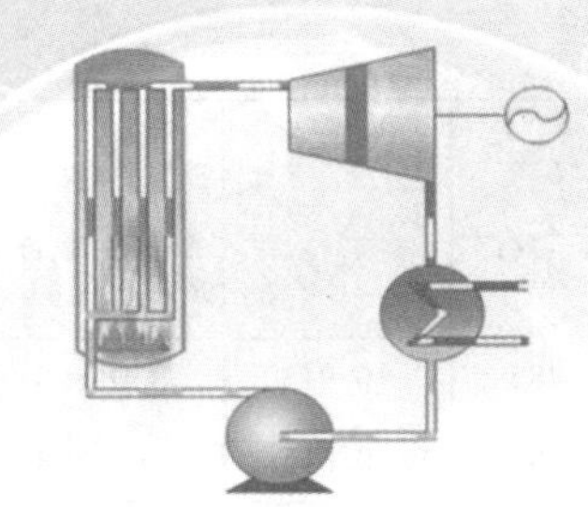

附录 B

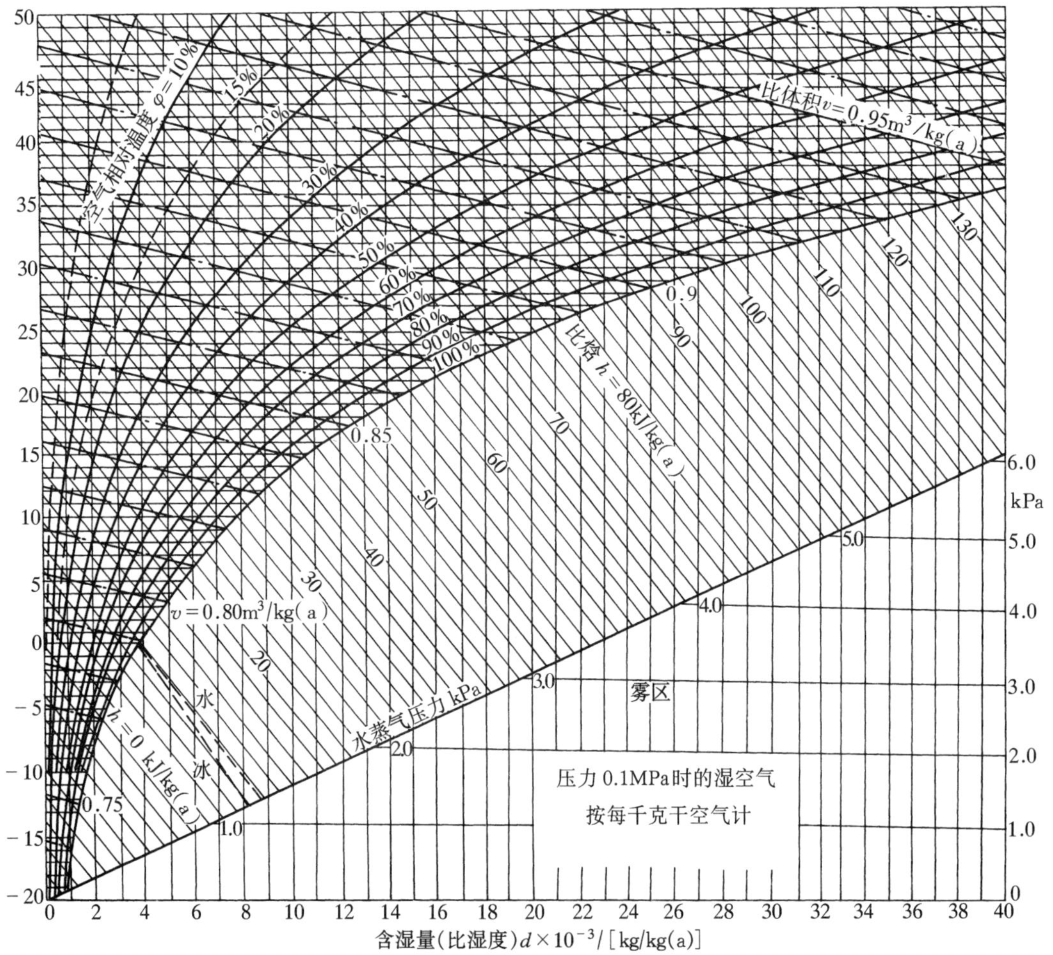

图 B-1　湿空气的焓湿图（$p_b = 0.1\text{MPa}$）

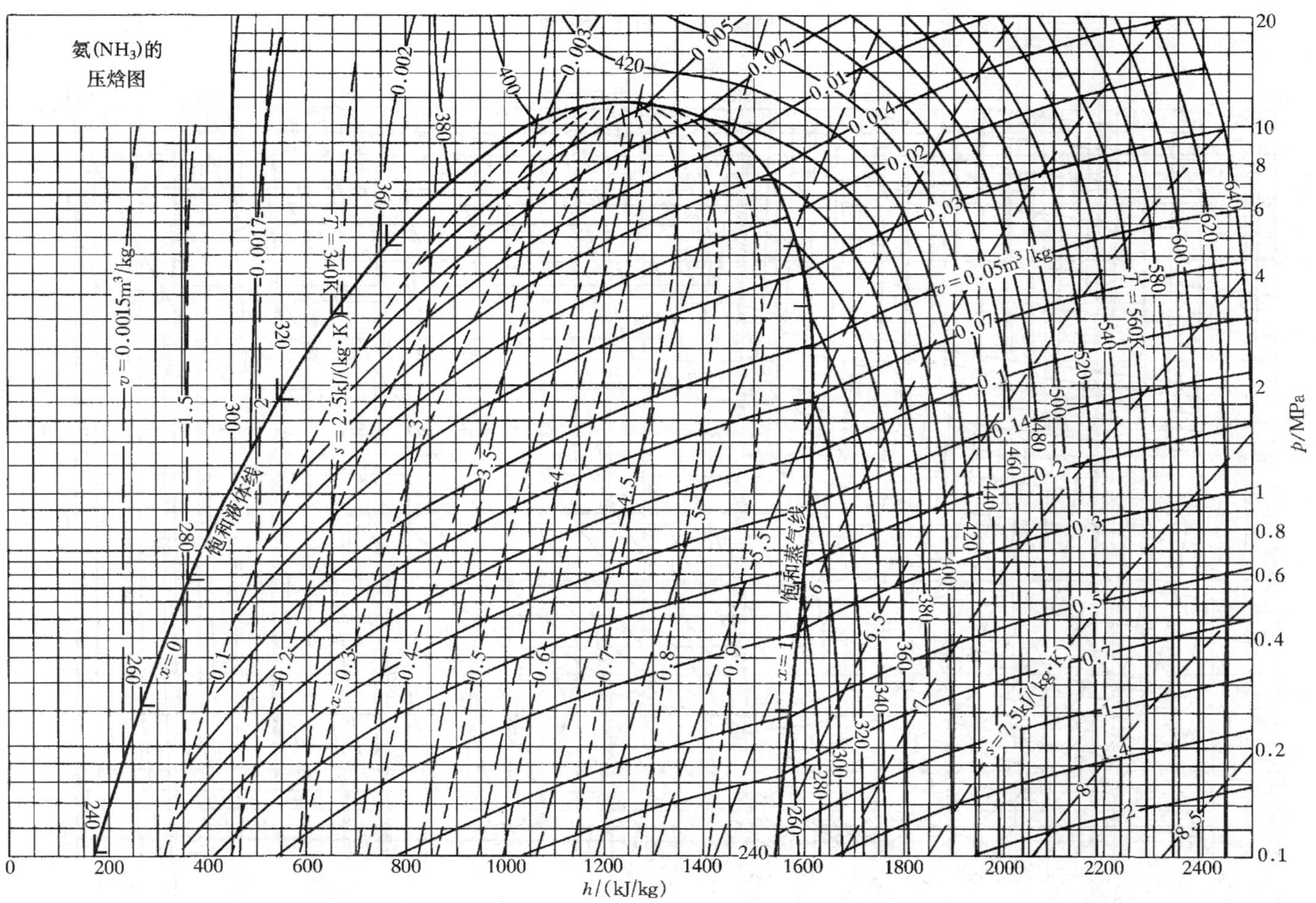

图 B-2 氨（NH_3）的压焓图

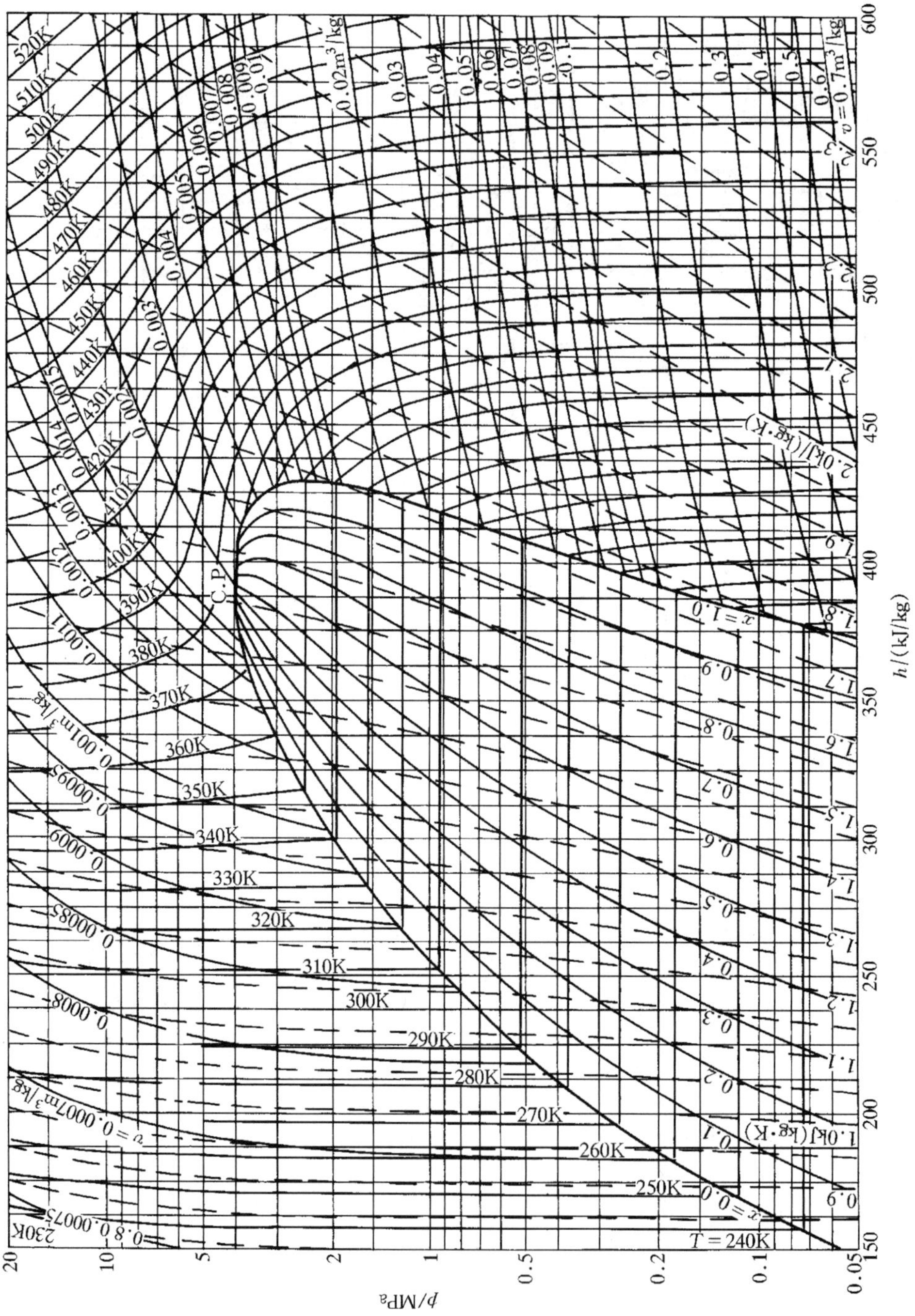

图 B-3 R134a 的压焓图

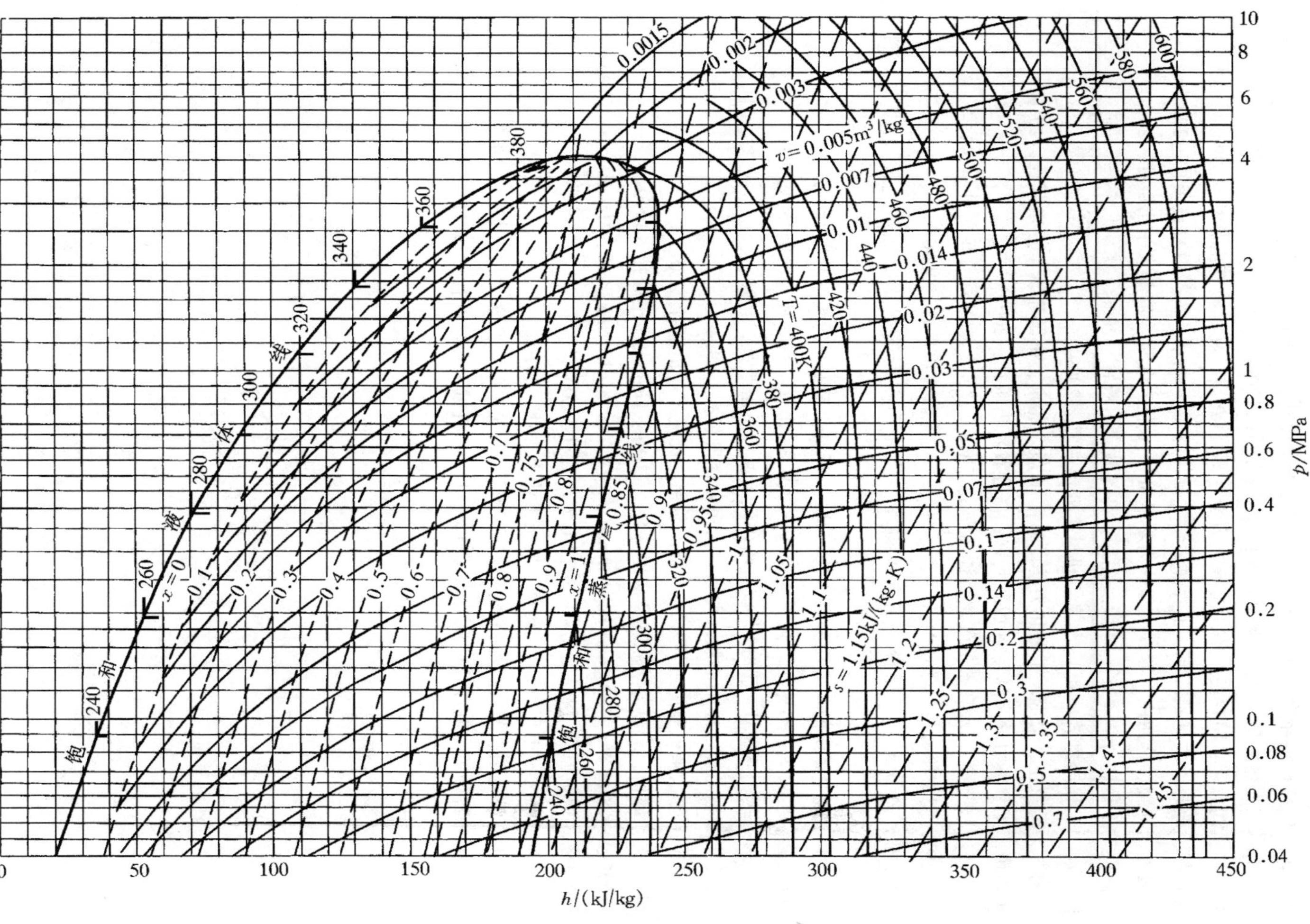

图 B-4 R12 的压焓图

参 考 文 献

[1] 黄素逸. 能源科学导论 [M]. 北京：中国电力出版社，1999.

[2] 章学来. 工程热力学 [M]. 北京：人民交通出版社，2011.

[3] 刘桂玉，刘志刚，阴建民，等. 工程热力学 [M]. 北京：高等教育出版社，1998.

[4] 曾丹苓，敖越，朱克雄，等. 工程热力学 [M]. 3 版. 北京：高等教育出版社，2002.

[5] 朱明善，刘颖，林兆庄，等. 工程热力学 [M]. 2 版. 北京：清华大学出版社，2011.

[6] 严家騄. 工程热力学 [M]. 4 版. 北京：高等教育出版社，2006.

[7] 杨玉顺. 工程热力学 [M]. 北京：机械工业出版社，2009.

[8] 谭羽非，吴家正，朱彤. 工程热力学 [M]. 6 版. 北京：中国建筑工业出版社，2016.

[9] 童钧耕. 工程热力学 [M]. 4 版. 北京：高等教育出版社，2007.

[10] 严家騄，余晓福. 水和水蒸气热力性质图表 [M]. 北京：高等教育出版社，1995.

[11] 杨世铭，陶文铨. 传热学 [M]. 4 版. 北京：高等教育出版社，2006.

[12] 刘志刚，刘成定，赵冠春. 工质热物理性质计算程序的编制及应用 [M]. 北京：科学出版社，1992.

[13] 傅秦生. 能量系统的热力学分析方法 [M]. 西安：西安交通大学出版社，2005.

[14] 郝玉福，吴淑美，邓先琛. 热工理论基础 [M]. 北京：高等教育出版社，1993.

[15] 赵玉珍. 热工原理 [M]. 哈尔滨：哈尔滨工业大学出版社，1990.

[16] 蒋汉文. 热工学 [M]. 2 版. 北京：人民教育出版社，1994.

[17] 傅秦生. 热工基础与应用 [M]. 3 版. 北京：机械工业出版社，2015.

[18] 蒋汉文，邱信立. 热力学原理及应用 [M]. 上海：同济大学出版社，1990.

[19] ZEMANSKY M W. Heat and Thermodynamics [M]. 5th ed. New York：McGraw-Hill，1968.

[20] 樊泉桂. 锅炉原理 [M]. 北京：中国电力出版社，2004.

[21] 冉景煜. 热力发电厂 [M]. 北京：机械工业出版社，2010.

[22] 吴业正，韩宝琦，等. 制冷原理及设备 [M]. 西安：西安交通大学出版社，1987.

[23] 张祉祐，石秉三. 制冷及低温技术 [M]. 北京：机械工业出版社，1981.